スバラシク実力がつくと評判の

# 偏微分方程式 キャンパス・ゼミ

大学の数学がこんなに分かる！ 単位なんて楽に取れる！

馬場敬之

マセマ出版社

# ◆ はじめに ◆

みなさん，こんにちは。数学の**馬場 敬之（ばば けいし）**です。これまで発刊した**「キャンパス・ゼミ」シリーズ（微分積分，線形代数，確率統計，複素関数など…）**は，多くの読者の皆様にご愛読頂き，大学数学学習の新たなスタンダードとして定着してきたようです。

そして今回，**「偏微分方程式キャンパス・ゼミ 改訂 6」**を上梓することが出来て，心より嬉しく思っています。

この**「偏微分方程式キャンパス・ゼミ 改訂 6」**は，これまで発刊した微分方程式に関するキャンパス・ゼミシリーズ**「常微分方程式キャンパス・ゼミ」**，**「フーリエ解析キャンパス・ゼミ」**，**「ラプラス変換キャンパス・ゼミ」**の完結編と言えるもので，これを学習することにより様々な偏微分方程式が解けるようになります。

**微分方程式**は **1** 変数関数の**常微分方程式**と多変数関数の**偏微分方程式**の **2** つに大別されます。熱伝導や振動など物理的な問題を考えるとき，独立変数として時刻以外に位置 (または変位 ) を表す座標が少なくとも **1** つは必要となるので，一般に物理的な問題を微分方程式で表す場合，必然的にそれは偏微分方程式になるのです。これは経済や経営工学など他の分野においても同様です。

しかし，このように重要な偏微分方程式ですが，それをいざ解こうとすると，**1** 階偏微分方程式でも，**ラグランジュの偏微分方程式**や**完全微分方程式**など，複雑でかつテクニカルな解法が必要であるため，最初の時点で挫折してしまう方が多いかも知れません。しかし，**2** 階偏微分方程式には，**波動方程式**や**熱伝導方程式**，それに**ラプラス方程式**と物理学上とても重要な偏微分方程式が含まれるので，理論解析を必要とされる方は必ず，この偏微分方程式の解法 (**変数分離法**と**フーリエ解析**など…) を修得する必要があるのです。さらに，これらを**円柱座標**や**球座標**で表示した場合，その解には**ベッセル関数**や**ルジャンドル多項式**や**ルジャンドル陪関数**が現れるため，数学的にも物理学的にも非常に重要なテーマを含んでいるのです。

この難しいけれど重要な偏微分方程式を，基本的な微分積分の知識とやる気さえあれば，どなたでも **1**，**2** ヶ月程度でマスターできるように，グラフをふんだ

んに使い**マセマ流の親切で丁寧な解説**を駆使して，
この**「偏微分方程式キャンパス・ゼミ 改訂 6」**を書き上げました。
これまでの類書にないほど分かりやすい偏微分方程式の参考書に仕上がったと秘かに自負しています。読者の皆様のご評価を頂けると幸いです。

この**「偏微分方程式キャンパス・ゼミ 改訂 6」**は，全体が **4** 章から構成されており，各章をさらにそれぞれ **10** ～ **20** ページ程度のテーマに分けていますので，非常に読みやすいはずです。偏微分方程式は難しいものだと思っている方も，まず **1** 回この本を流し読みされることをお勧めします。初めは難しい公式の証明などは飛ばしても構いません。**全微分と偏微分，スカラー値関数とベクトル値関数，勾配ベクトルと発散と回転，ラプラシアン，ラグランジュの偏微分方程式，完全微分方程式，シャルピーの解法，波動方程式** $u_{tt} = v^2\Delta u$**，熱伝導方程式** $u_t = a\Delta u$**，ラプラス方程式** $\Delta u = 0$**，変数分離法，フーリエサイン級数と 2 重フーリエサイン級数，フーリエ変換，調和関数，ラプラシアンの円柱座標表示，ラプラシアンの球座標表示，ベッセルの微分方程式とベッセル関数，ルジャンドルの微分方程式とルジャンドル多項式，ルジャンドルの陪微分方程式とルジャンドル陪関数**などなど，次々と専門的な内容が目に飛び込んできますが，不思議と違和感なく読みこなしていけるはずです。この**通し読みだけなら，おそらく数日もあれば十分**のはずです。これで**偏微分方程式の全体像**をつかむ事ができるのです。

そして，**1** 回通し読みが終わったら，後は各テーマの詳しい解説文を**精読**して，例題，演習問題，実践問題を**実際に自力で解きながら**，勉強を進めていって下さい。　この精読が終わったならば，後はご自身で納得がいくまで何度でも**繰り返し練習**することです。この反復練習により本物の実践力が身に付き，**「難解な偏微分方程式もご自身の言葉で自在に語れる」**ようになるのです。こうなれば，**「数学の単位はもちろん，大学院の入試も共に楽勝のはずです！」**

この**「偏微分方程式キャンパス・ゼミ 改訂 6」**により，皆さんがこの**奥深くて面白い偏微分方程式の世界**を堪能されることを心より願っています。

マセマ代表　馬場　敬之（けいし）

この改訂 **6** では，新たに **Appendix**(付録) で **div(grad** $u$**)** と **rot(grad** $u$**)** の問題を追加しました。

# ◆ 目 次 ◆

## 講義1 偏微分方程式のプロローグ



## 講義2 1 階偏微分方程式



## 講義3 2 階線形偏微分方程式

## 講義4 円柱・球座標での偏微分方程式

講 義
Lecture
# 1

# 偏微分方程式のプロローグ

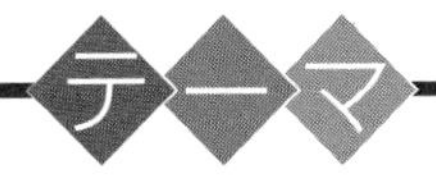


▶ 常微分と常微分方程式
$$\left( u' + P(x) \cdot u = Q(x) \right)$$

▶ 偏微分と全微分
$$\left( du = \frac{\partial u}{\partial x} dx + \frac{\partial u}{\partial y} dy \right)$$

▶ ベクトル解析の基本
$$\left( \mathrm{grad}\, u = \nabla u,\ \mathrm{div}\, \boldsymbol{u} = \nabla \cdot \boldsymbol{u},\ \mathrm{rot}\, \boldsymbol{u} = \nabla \times \boldsymbol{u} \right)$$

▶ 偏微分方程式のプロローグ
$$\left( \frac{\partial u}{\partial x} + k \frac{\partial u}{\partial y} = 0,\ \frac{\partial^2 u}{\partial t^2} = v^2 \frac{\partial^2 u}{\partial x^2} \right)$$

# §1. 常微分方程式の解法

さァ，これから“**偏微分方程式**”の講義を始めよう。1変数関数の微分を“**常微分**”，多変数関数の微分を“**偏微分**”といい，したがって，1変数関数 $u(x)$ の微分方程式を“**常微分方程式**”(*ordinary differential equation*), また, 多変数関数 $u(x, y)$ などの微分方程式を“**偏微分方程式**”(*partial differential equation*) と呼ぶことは，既に御存知だと思う。

一般に，経時変化する熱伝導や振動などの物理的な問題を考える場合，独立変数として時刻 $t$ 以外に位置 (または変位) を表す座標が少なくとも1つは必要となるので，様々な物理現象を表す微分方程式は必然的に偏微分方程式にならざるを得ない。だから，学生，社会人を問わず理工系の方々，および文系でも経済など数学を必要とする方々は，この偏微分方程式の解法に当然習熟しておく必要があるんだね。

しかし，ここではまず，偏微分方程式の解説に入る前に，その基礎となる常微分方程式について，簡単な例題を解きながら，その基本的な解法パターンを教えようと思う。

## ● まず，常微分方程式から始めよう！

1変数関数 $u(x)$ の導関数 (常微分) $u'(x) = \dfrac{du}{dx}$ は，

$$\frac{du}{dx} = \lim_{\Delta x \to 0} \frac{u(x+\Delta x) - u(x)}{\Delta x} \quad \cdots\cdots(*a)$$

図1　常微分と微分係数

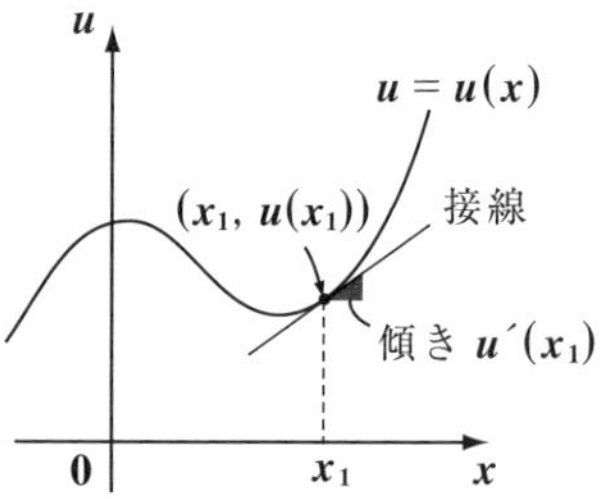

で定義される。この意味は $(*a)$ の極限がある関数に収束するとき，それを $u(x)$ の導関数 $u'(x) = \dfrac{du}{dx}$ とおくということなんだね。そして，微分可能，すなわち $u'(x)$ が存在するとき，変数 $x$ に定数 $x_1$ を代入したものを微分係数といい，これは図1に示すように，曲線 $u = u(x)$ 上の点 $(x_1, u(x_1))$ における曲線の接線の傾きを表す。以上が，1階の導関数 (微

分係数)に関する基本事項なんだね。

さらに，必要な階数だけ微分可能な **1** 変数関数 $u(x)$ の **2** 階，**3** 階，…，$n$ 階，…の導関数(常微分)は次のように表すことも大丈夫だね。

・**2** 階導関数　$u''(x) = u^{(2)}(x) = \dfrac{d^2u}{dx^2}$

・**3** 階導関数　$u'''(x) = u^{(3)}(x) = \dfrac{d^3u}{dx^3}$

……………………………………………………

・$n$ 階導関数　$u^{(n)}(x) = \dfrac{d^nu}{dx^n}$

……………………………………………………

では次，"常微分方程式"についても簡単に解説しておこう。でも何故"偏微分方程式"の講義に，常微分方程式の解説をするのかって？それは，偏微分方程式を解く際に様々な工夫をして，常微分方程式の形にもち込むことが多いからなんだ。だから，ここで，常微分方程式の基本的な解法についてだけでも復習しておくことにしよう。

### 常微分方程式

$x$ の **1** 変数関数 $u(x)$ について，$x$ と $u$ と $u'$，$u''$，…との関係式を，$u(x)$ の常微分方程式といい，この常微分方程式をみたす関数のことを，その常微分方程式の解という。そして，この解を求めることを常微分方程式を解くという。

一般に $n$ 階の常微分方程式は，

$F(x, u, u', u'', \cdots, u^{(n)}) = 0$　の形で表される。

そして，$u, u', u'', \cdots, u^{(n)}$ がすべて **1** 次式であるとき，"**線形**"といい，そうでないとき"**非線形**"という。いくつか例を示そう。

(1) $u' + 2xu = 0$ ←〔**1** 階線形常微分方程式〕

(2) $(u')^2 = 4u$ ←〔$(u')^2$ があるので，**1** 階非線形常微分方程式〕

(3) $u' + 2xu = 2x$ ←〔$u' + P(x) \cdot u = Q(x)$ 型の **1** 階線形常微分方程式〕

(4) $u'' - u' - 6u = 0$ ←〔定数係数 **2** 階線形常微分方程式〕

(5) $u'' + 9u = 0$ ←〔$u'' + \omega^2 u = 0$ 型の **2** 階線形常微分方程式〕

## ● 1階常微分方程式を解いてみよう！

常微分方程式の解法には様々なパターンがあり，これらを詳しく勉強されたい方には，「**常微分方程式キャンパス・ゼミ**」(**マセマ**)をお読みになることを勧める。ここでは，これから偏微分方程式を解いていくために必要な最小限の知識を整理・確認するために，前述した**5**題の常微分方程式を実際に解いていくことにしよう。

まず，常微分方程式の最も基本的な解法パターンは，次に示す“**変数分離形**”なんだね。

**変数分離形の解法**

$\frac{du}{dx}=g(x)\cdot h(u)$ ……① $(h(u)\neq 0)$ の形の微分方程式を“**変数分離形**”の微分方程式と呼び，その一般解は次のように求める。

①を変形して，

$$\underbrace{\frac{1}{h(u)}du}_{(u\text{の式})\times du}=\underbrace{g(x)\,dx}_{(x\text{の式})\times dx}$$

左辺は$(u$の式$)\times du$，右辺は$(x$の式$)\times dx$とそれぞれ変数を分離して，$\int$を付けて積分すればいい。

$$\int\frac{1}{h(u)}du=\int g(x)\,dx$$

それでは，次の変数分離形の微分方程式を実際に解いてみよう。

例題1　関数 $u(x)$ について，次の微分方程式の一般解を求めよう。

(1) $u'+2xu=0$ ……①　　(2) $(u')^2=4u$ ……②

(1) まず，$\frac{du}{dx}+2xu=0$ ……① を変形して，

$$\frac{du}{dx}=-2xu \qquad \underbrace{\frac{1}{u}du}_{(u\text{の式})\times du}=\underbrace{-2x\,dx}_{(x\text{の式})\times dx}$$

←変数を分離した！

$$\int\frac{1}{u}du=-\int 2x\,dx \qquad \log|u|=-x^2+C_1 \qquad |u|=e^{-x^2+C_1}$$

(log は“自然対数”を表す。$C_1$：任意定数)

$\therefore u(x)=\pm e^{C_1}\cdot e^{-x^2}=Ce^{-x^2}$ ……①′ $(C$：任意定数$)$となって，答えだ。

($\pm e^{C_1}$：これを新たに任意定数$C$とおく。)

このように，**1** 階の常微分方程式を解くと，その解は **1** つの任意定数 $C$ を

（このCは，1でも，−5でも，$\sqrt{2}$ でも何でもかまわない。）

含んだ形で求められる。この解を，“**一般解**”という。

ここでさらに，たとえば，条件：$u(0)=1$ などが与えられたとすると，これを一般解①´に代入して，

$1=C\cdot e^{-0^2}$ より，$C=1$ と $C$ の値が決定されて，$u(x)=e^{-x^2}$ と求まる。このように，与えられた条件により任意定数 $C$ がある値に決定された解のことを“**特殊解**”という。これも覚えておこう。

**(2)** 非線形常微分方程式：$(u')^2=4u$ ……② についても，これを変形して，

$u'=\pm 2\sqrt{u}$ $\quad \dfrac{du}{dx}=\pm 2\cdot u^{\frac{1}{2}}$ とすると，これも変数分離できて，

$u^{-\frac{1}{2}}du=\underline{\pm 2}\,dx$ $\quad \int u^{-\frac{1}{2}}du=\pm 2\int dx$

（定数だけれど，これを（$x$ の式）と考える。）

$2u^{\frac{1}{2}}=\pm 2x+\underline{C_1}$ $\quad \sqrt{u}=\pm x+C_2$ 　この両辺を **2** 乗して，

（これを $2C_2$ とおくと）

$u=(\pm x+C_2)^2=(x\underline{\pm C_2})^2$

（± も含めて，これを定数 $C$ とおく。）

$\therefore\ u(x)=(x+C)^2$ （$C$：任意定数） となって，答えだね。

それでは次，$u'+P(x)\cdot u=Q(x)$ ……$(*b)$ の形の常微分方程式の解法についても解説しておこう。ここでもし，$\underline{Q(x)=0}$ であるならば，

（これは，$Q(x)$ が恒等的に **0** であるという意味だ。）

$u'+P(x)\cdot u=0$ $\quad \dfrac{du}{dx}=-P(x)\cdot u$ $\quad \int\dfrac{1}{u}\,du=-\int P(x)\,dx$

と，変数分離形の解法で解けるのはいいね。

では，$Q(x)\neq 0$ のとき，$(*b)$ の一般解 $u(x)$ はどうなるのか，についても解説しておこう。これも，基本的な **1** 階線形常微分方程式だから，その解も公式として覚えておいた方がいい。もちろん，導き方も共に覚えておくと，より忘れないはずだ。

## $u' + P(x) \cdot u = Q(x)$ の解法

1 階線形常微分方程式：$u' + P(x) \cdot u = Q(x)$ ……$(*b)$

の一般解は，$u(x) = e^{-\int P(x)dx}\left\{\int Q(x) \cdot e^{\int P(x)dx}dx + C\right\}$ ……$(*c)$

である。

$(*b)$ の $Q(x) = 0$ のとき，$u' + P(x)u = 0$ ……$(*b)'$ ← これを $(*b)$ の"**同伴方程式**"という。

$(*b)'$ を解いて，$\dfrac{du}{dx} = -P(x)u$

$$\int \frac{1}{u}du = -\int P(x)dx \qquad \log|u| = -\int P(x)dx + C_1$$ ← 変数分離形による解法

$$|u(x)| = e^{-\int P(x)dx + C_1} \qquad u(x) = \underline{\pm e^{C_1}} \cdot e^{-\int P(x)dx}$$

（これを新たに任意定数 $C$ とおく。）

$\therefore$ $(*b)'$ の一般解は，$u(x) = \underline{C} \cdot e^{-\int P(x)dx}$ ……③ となる。

（$(*b)$ の解を求めるために，これを $x$ の関数 $C(x)$ とおく。）

ここで，$(*b)$ の解を求めるために，③の定数 $C$ を $x$ の関数 $C(x)$ と考えることにする。定数 $C$ を変化させて $C(x)$ とするので，これを"**定数変化法**"という。

よって，$u(x) = C(x) \cdot e^{-\int P(x)dx}$ ……③$'$

（$(f \cdot g)' = f' \cdot g + f \cdot g'$）

$$u'(x) = C'(x) \cdot e^{-\int P(x)dx} + C(x) \cdot \underbrace{\left\{-\int P(x)dx\right\}'}_{\{-P(x)\}} e^{-\int P(x)dx}$$

$$= C'(x) \cdot e^{-\int P(x)dx} - C(x) \cdot P(x) \cdot e^{-\int P(x)dx} \quad \cdots\cdots ③''$$

③$'$ と③$''$ を $(*b)$ に代入すると，

$$\underbrace{C'(x) \cdot e^{-\int P(x)dx} - C(x) \cdot P(x) \cdot e^{-\int P(x)dx}}_{u'} + P(x) \cdot \underbrace{C(x) \cdot e^{-\int P(x)dx}}_{u} = Q(x)$$

よって，$C'(x) \cdot e^{-\int P(x)dx} = Q(x)$ より，$C'(x) = Q(x)e^{\int P(x)dx}$

両辺を積分して，$C(x) = \int Q(x)e^{\int P(x)dx}dx + C$ ……④ となる。

④を③$'$ に代入して，$(*b)$ の一般解 $u(x)$ が，

$$u(x) = e^{-\int P(x)dx}\left\{\int Q(x) \cdot e^{\int P(x)dx}dx + C\right\} \quad \cdots\cdots (*c)$$ と求まる。

納得いった？ 少し長いけれど，重要公式だから覚えておこう。

> 例題 2　関数 $u(x)$ について，次の微分方程式の一般解を求めよう。
> (3) $u' + 2xu = 2x$　……⑤

(3) 常微分方程式：$u' + \underbrace{2x}_{P(x)} \cdot u = \underbrace{2x}_{Q(x)}$　……⑤　は，

$u' + P(x) \cdot u = Q(x)$ ……(∗b) の形をしているので，この一般解の公式：

$u(x) = e^{-\int P(x)dx}\left\{\int Q(x) \cdot e^{\int P(x)dx}dx + C\right\}$　……(∗c)　を用いて，

$$u(x) = e^{-\overbrace{\int 2x\,dx}^{x^2}}\left\{\int 2x \cdot e^{\overbrace{\int 2x\,dx}^{x^2}}dx + C\right\}$$

$$= e^{-x^2}\left(\underbrace{\int 2xe^{x^2}dx}_{e^{x^2}} + C\right) = e^{-x^2}(e^{x^2} + C)$$

∴ 一般解 $u(x) = Ce^{-x^2} + 1$　となる。大丈夫だった？

## ● 定数係数 2 階線形常微分方程式も解いてみよう！

では，次の形の定数係数 2 階線形常微分方程式：

$u'' + au' + bu = 0$　……⑥　($a, b$：定数)

の解法についても簡単に解説しておこう。

⑥の解が，$u = e^{\lambda x}$　……⑥′　($\lambda$：定数)　の形で与えられることが容易に推定できると思う。このとき，

$u' = \lambda e^{\lambda x}$　……⑥″，　$u'' = \lambda^2 e^{\lambda x}$　……⑥‴　より，

⑥′，⑥″，⑥‴ を⑥に代入すると，

$\lambda^2 e^{\lambda x} + a\lambda e^{\lambda x} + be^{\lambda x} = 0$　　$(\lambda^2 + a\lambda + b)e^{\lambda x} = 0$

ここで，$e^{\lambda x} > 0$ より，両辺を $e^{\lambda x}$ で割って，特性方程式($\lambda$ の 2 次方程式)：

$\lambda^2 + a\lambda + b = 0$　……⑦　が導ける。

この判別式を $D = a^2 - 4b$　とおくと，

( i ) $D > 0$ のとき，⑦は相異なる 2 実数解 $\lambda_1$，$\lambda_2$　をもつので，

⑥の一般解は，$u(x) = C_1 e^{\lambda_1 x} + C_2 e^{\lambda_2 x}$　($C_1$，$C_2$：任意定数)

( ii ) $D = 0$ のとき，⑦は重解 $\lambda_1$ をもつので，

⑥の一般解は，$u(x) = C_1 e^{\lambda_1 x} + C_2 x e^{\lambda_1 x}$　($C_1$，$C_2$：任意定数)　となる。

(iii) $D<0$ のとき，⑦は虚数解 $\alpha\pm\beta i\ (\beta\neq 0)$ をもつので，

⑥の一般解は，$u(x)=e^{\alpha x}(C_1\cos\beta x+C_2\sin\beta x)$

$(C_1,\ C_2$：任意定数$)$ となる。

以上をまとめて，下に示そう。

**$u''+au'+bu=0$ の解法**

定数係数 2 階線形常微分方程式：

$u''+au'+bu=0$ ……⑥ $(a,\ b$：定数$)$

の特性方程式：$\lambda^2+a\lambda+b=0$ ……⑦ の判別式を $D=a^2-4b$ とおくと，

(i) $D>0$ のとき，⑥の一般解は，

$u(x)=C_1e^{\lambda_1 x}+C_2e^{\lambda_2 x}$ $(C_1,\ C_2$：任意定数$)$ となり，

(ii) $D=0$ のとき，⑥の一般解は，

$u(x)=C_1e^{\lambda_1 x}+C_2xe^{\lambda_1 x}$ $(C_1,\ C_2$：任意定数$)$ となる。

(iii) $D<0$ のとき，⑥の一般解は

$u(x)=e^{\alpha x}(C_1\cos\beta x+C_2\sin\beta x)$ $(C_1,\ C_2$：任意定数$)$ となる。

ここで特に，$a=0,\ b=\omega^2\ (\omega>0)$ のとき，← これは $D<0$ のときだ。

⑥は単振動の微分方程式：

$u''+\omega^2u=0$ ……⑧ となり，この一般解は，

$u(x)=C_1\cos\omega x+C_2\sin\omega x$ となる。← $\omega$ は，物理的には角振動数のことだ。

実際に，⑧の特性方程式：$\lambda^2+\omega^2=0$ を解くと，$\lambda^2=-\omega^2$

$\therefore\ \lambda=\pm\sqrt{-\omega^2}=\pm i\omega$ ← 異なる 2 虚数解

よって，⑧の一般解は，

$u(x)=C_1'\underbrace{e^{i\omega x}}_{\cos\omega x+i\sin\omega x}+C_2'\underbrace{e^{-i\omega x}}_{\cos(-\omega x)+i\sin(-\omega x)=\cos\omega x-i\sin\omega x}$ ← オイラーの公式 $e^{i\theta}=\cos\theta+i\sin\theta$

$=\underbrace{(C_1'+C_2')}_{これを新たに,\ C_1}\cos\omega x+\underbrace{(C_1'i-C_2'i)}_{C_2 とおく}\sin\omega x$

$\therefore\ u(x)=C_1\cos\omega x+C_2\sin\omega x$ となるんだね。

$u''+\omega^2u=0$ の一般解が，$u(x)=C_1\cos\omega x+C_2\sin\omega x$ になること，これも頻出なので，シッカリ頭に入れておこう。

それでは，この定数係数 **2** 階線形常微分方程式の解法についても，次の例題で練習しておこう。

> 例題 **3**　関数 $u(x)$ について，次の微分方程式の一般解を求めよう。
> **(4)** $u'' - u' - 6u = 0$ ……⑨　　**(5)** $u'' + 9u = 0$ ……⑩

**(4)** 定数係数 **2** 階線形常微分方程式 : $u'' - u' - 6u = 0$
の解を $u = e^{\lambda x}$ とおくと，特性方程式は，
$\lambda^2 - \lambda - 6 = 0$ ……⑨′ となる。これを解いて，
$(\lambda - 3)(\lambda + 2) = 0$　$\lambda = 3,\ -2$ となる。←（相異なる **2** 実数解）
$\therefore$ 一般解 $u(x) = C_1e^{3x} + C_2e^{-2x}$　（$C_1$，$C_2$ : 任意定数）

> この $e^{3x}$ と $e^{-2x}$ は⑨の基本解と呼ばれるもので，これらの一次結合の形で，一般解が与えられるんだね。

**(5)** 単振動の微分方程式 : $u'' + \underset{\text{"}}{9}\,u = 0$ ……⑩（$\omega^2$ と考える）
の一般解 $u(x)$ は，
$u(x) = C_1\cos 3x + C_2\sin 3x$　（$C_1$，$C_2$ : 任意定数）
である。⑩の形の微分方程式はアッという間に答えを導いてもいいと思う。

> $u'' + \omega^2u = 0$ の一般解は，
> $u = C_1\cos\omega x + C_2\sin\omega x$

> もちろん，これに三角関数の合成公式 : $A\cos x + B\sin x = \sqrt{A^2 + B^2}\cos(x - \varphi)$ を利用して，
> 一般解 $u(x) = C\cos(3x - \varphi)$　（$C$，$\varphi$ : 任意定数）と表してもいい。
> $\left(\text{ただし，} C = \sqrt{{C_1}^2 + {C_2}^2},\ \cos\varphi = \dfrac{C_1}{C},\ \sin\varphi = \dfrac{C_2}{C}\right)$

以上で，典型的な常微分方程式の解法についての解説は終了です。これ以外にも，偏微分方程式を解く上で重要な役割を演じる常微分方程式はいくつかあるんだけれど，まずここまでの基本知識をシッカリ頭に入れておこう。これ以外のものについては，この後の解説の中で順次必要に応じて示していくつもりだ。

# §2. 偏微分と全微分

1 変数関数の微分を "常微分"，多変数関数の微分を "偏微分" というと言ったが，実は多変数関数にも "スカラー値関数" と "ベクトル値関数" の 2 種類がある。ここでは，これらスカラー値関数とベクトル値関数の偏微分について具体例を解きながら解説しよう。

さらに，微分には，"全微分" という重要な概念がある。これは，特に 1 階偏微分方程式を解く際に非常に重要な役割を演じるので，その図形的な意味も含めてシッカリ頭に入れておこう。

## ● まず，常微分方程式から始めよう！

一般に多変数関数には，"スカラー値関数" と "ベクトル値関数" の 2 種類あるが，ここではまず "スカラー値関数" の例を下に示そう。

(1) $u(x, y) = 2x^2y$
(2) $u(x, y) = \log(x^2 + y^2 + 1)$ ← 2 変数スカラー値関数
(3) $u(x, y, z) = \sin(x + y^2 + 2z)$ ← 3 変数スカラー値関数

たとえば，$x = 1$，$y = 2$ のとき，

(1) $u(1, 2) = 2 \cdot 1^2 \cdot 2 = 4$，　(2) $u(1, 2) = \log(1^2 + 2^2 + 1) = \log 6$

とスカラー ( 実数 ) 値をとるので，(1)，(2) の $u(x, y)$ を 2 変数のスカラー値関数というんだね。同様に，$x = 1$，$y = 2$，$z = -1$ のとき，

(3) $u(1, 2, -1) = \sin(1 + 2^2 + 2 \cdot (-1)) = \sin 3$ と，これもスカラー値をとる。

では，2 変数および 3 変数のスカラー値関数 $u$ の**偏微分**の定義を以下に示そう。

**2 変数関数 $u(x, y)$ の偏微分**

2 変数関数 $u(x, y)$ について，

(1) $x$ による偏微分 $\dfrac{\partial u}{\partial x} = u_x = \lim_{\Delta x \to 0} \dfrac{u(x + \Delta x, y) - u(x, y)}{\Delta x}$ $\cdots(*d)$

(2) $y$ による偏微分 $\dfrac{\partial u}{\partial y} = u_y = \lim_{\Delta y \to 0} \dfrac{u(x, y + \Delta y) - u(x, y)}{\Delta y}$ $\cdots(*d)'$

## 3 変数関数 $u(x, y, z)$ の偏微分

3 変数関数 $u(x, y, z)$ について,

(1) $x$ による偏微分 $\dfrac{\partial u}{\partial x} = u_x = \lim_{\Delta x \to 0} \dfrac{u(x+\Delta x, y, z) - u(x, y, z)}{\Delta x}$ …$(*e)$

(2) $y$ による偏微分 $\dfrac{\partial u}{\partial y} = u_y = \lim_{\Delta y \to 0} \dfrac{u(x, y+\Delta y, z) - u(x, y, z)}{\Delta y}$ …$(*e)'$

(3) $z$ による偏微分 $\dfrac{\partial u}{\partial z} = u_z = \lim_{\Delta z \to 0} \dfrac{u(x, y, z+\Delta z) - u(x, y, z)}{\Delta z}$ …$(*e)''$

これら偏微分の定義は，常微分のときと同様に，右辺の極限がある関数に収束するとき，それを $x$ (または $y$，または $z$) の**偏微分**，または**偏導関数**とおく，という意味なんだね。

そして，たとえば 1 変数関数 $u(x)$ と，2 変数関数 $u(x, y)$ について同じ $x$ による微分であっても，常微分 $\dfrac{du}{dx}\left(= \dfrac{du(x)}{dx}\right)$ と区別して偏微分であることを明記するために，$\dfrac{\partial u}{\partial x}\left(= \dfrac{\partial u(x, y)}{\partial x}\right)$ と表す。さらに，$x$ による

("ラウンド $x$ 分のラウンド $u$" または "ラウンド $u$，ラウンド $x$" と読む。)

偏微分 $\dfrac{\partial u}{\partial x}$ は $u_x$ と略記することも多いので覚えておこう。同様に，

$u_y = \dfrac{\partial u}{\partial y}$, $u_z = \dfrac{\partial u}{\partial z}$ と表せる。

($u_z$: $u = u(x, y, z)$ について)

($u_y$: $u = u(x, y)$，または，$u = u(x, y, z)$ について)

さらに，2 階の偏微分 (偏導関数) についても，

$$u_{xx} = \frac{\partial^2 u}{\partial x^2} = \frac{\partial}{\partial x}\left(\frac{\partial u}{\partial x}\right),\quad u_{yy} = \frac{\partial^2 u}{\partial y^2} = \frac{\partial}{\partial y}\left(\frac{\partial u}{\partial y}\right),\quad u_{zz} = \frac{\partial^2 u}{\partial z^2} = \frac{\partial}{\partial z}\left(\frac{\partial u}{\partial z}\right)$$

$$u_{xy} = \frac{\partial^2 u}{\partial y \partial x} = \frac{\partial}{\partial y}\left(\frac{\partial u}{\partial x}\right),\quad u_{yx} = \frac{\partial^2 u}{\partial x \partial y} = \frac{\partial}{\partial x}\left(\frac{\partial u}{\partial y}\right)$$ などと表す。

($u_{xy}$: $u$ を $x$ で偏微分したものを，さらに $y$ で偏微分したもの。つまり，$x$ が先で，$y$ が後。)

($u_{yx}$: $u$ を $y$ で偏微分したものを，さらに $x$ で偏微分したもの。つまり，$y$ が先で，$x$ が後。)

そして，$u_{xy}$ と $u_{yx}$ が共に連続ならば，

シュワルツの定理：$u_{xy} = u_{yx}$ が成り立つ。これも重要公式だ。

それでは，2 変数関数 $u(x, y)$，$v(x, y)$ について，次の公式が成り立つことも覚えておこう。これは常微分の公式と同じだから覚えやすいはずだ。また 3 変数関数の偏微分についても同様の公式が成り立つことも分かると思う。

### 偏微分の計算公式

$u(x, y)$ と $v(x, y)$ が，$x$，$y$ について共に偏微分可能とする。

(1) $(ku)_x = ku_x$　　$(ku)_y = ku_y$　($k$ : 実数定数)

(2) $(u \pm v)_x = u_x \pm v_x$　　$(u \pm v)_y = u_y \pm v_y$　( 複号同順 )

(3) $(u \cdot v)_x = u_x v + u v_x$　　$(u \cdot v)_y = u_y v + u v_y$

(4) $\left(\dfrac{u}{v}\right)_x = \dfrac{u_x v - u v_x}{v^2}$　　$\left(\dfrac{u}{v}\right)_y = \dfrac{u_y v - u v_y}{v^2}$

(5) $u = u(x, y)$ が，$v = v(x, y)$ により，$u = u(v) = u(v(x, y))$ と表されるとき，次の合成関数の偏微分公式が成り立つ。

$$\frac{\partial u}{\partial x} = \frac{du}{dv} \cdot \frac{\partial v}{\partial x}, \qquad \frac{\partial u}{\partial y} = \frac{du}{dv} \cdot \frac{\partial v}{\partial y}$$

$u$ は $v$ の 1 変数関数なので，$d$ を使う。

$v$ は $x$ と $y$ の 2 変数関数なので，$\partial$ を使う。

それでは，次の例題で実際に偏微分の計算をやってみよう。実際の計算では常微分のときと同様に，($*d$) や ($*e$) などの極限の公式は使わずにテクニカルに計算すればいいんだね。

例題 4　次の関数の偏導関数 $u_x$，$u_y$，$u_{xx}$，$u_{yy}$，$u_{xy}\ (= u_{yx})$ を求めよう。

(1) $u(x, y) = 2x^2y$　　(2) $u(x, y) = \log(x^2 + y^2 + 1)$

(1) $u_x = \dfrac{\partial u}{\partial x} = (2x^2 y)_x = 2 \cdot 2x \cdot y = \underline{4xy}$　（$y$：定数扱い）

$u_y = \dfrac{\partial u}{\partial y} = (2x^2 y)_y = 2x^2 \cdot 1 = \underline{2x^2}$　（$2x^2$：定数扱い）

定数扱い

$$u_{xx}=\frac{\partial^2 u}{\partial x^2}=\frac{\partial}{\partial x}\left(\frac{\partial u}{\partial x}\right)=\frac{\partial}{\partial x}(4x\boxed{y})=(4xy)_x=4\cdot 1\cdot y=4y$$

定数扱い

$$u_{yy}=\frac{\partial^2 u}{\partial y^2}=\frac{\partial}{\partial y}\left(\frac{\partial u}{\partial y}\right)=\frac{\partial}{\partial y}(\boxed{2x^2})=0$$

定数扱い

$$u_{xy}=\frac{\partial^2 u}{\partial y\partial x}=\frac{\partial}{\partial y}\left(\frac{\partial u}{\partial x}\right)=\frac{\partial}{\partial y}(\boxed{4x}y)=4x\cdot 1=4x$$

ここで，$u_{yx}=\frac{\partial^2 u}{\partial x\partial y}=\frac{\partial}{\partial x}\left(\frac{\partial u}{\partial y}\right)=\frac{\partial}{\partial x}(2x^2)=(2x^2)_x=4x$ となって，シュワルツの定理 $u_{xy}=u_{yx}$ が成り立っていることが分かる。

(2) $u_x=\frac{\partial u}{\partial x}=\{\log(x^2+y^2+1)\}_x$

定数扱い

$$=\frac{(x^2+\boxed{y^2+1})_x}{x^2+y^2+1}=\frac{2x}{x^2+y^2+1}$$

$v=x^2+y^2+1$ とおいて，$\frac{\partial u}{\partial x}=\frac{du}{dv}\cdot\frac{\partial v}{\partial x}=\frac{1}{v}\cdot v_x$ を用いた。

定数扱い

$$u_y=\frac{\partial u}{\partial y}=\{\log(x^2+y^2+1)\}_y=\frac{(\boxed{x^2}+y^2+1)_y}{x^2+y^2+1}=\frac{2y}{x^2+y^2+1}$$

$$u_{xx}=\frac{\partial^2 u}{\partial x^2}=\frac{\partial}{\partial x}\left(\frac{\partial u}{\partial x}\right)=\frac{\partial}{\partial x}\left(\frac{2x}{x^2+y^2+1}\right)$$

公式：$\left(\frac{u}{v}\right)_x=\frac{u_xv-uv_x}{v^2}$

定数扱い

$$=2\cdot\frac{1\cdot(x^2+y^2+1)-x\cdot(x^2+\boxed{y^2+1})_x}{(x^2+y^2+1)^2}$$

$$=\frac{2(x^2+y^2+1-2x^2)}{(x^2+y^2+1)^2}=\frac{2(-x^2+y^2+1)}{(x^2+y^2+1)^2}$$

$$u_{yy}=\frac{\partial^2 u}{\partial y^2}=\frac{\partial}{\partial y}\left(\frac{\partial u}{\partial y}\right)=\left(\frac{2y}{x^2+y^2+1}\right)_y=\frac{2(x^2-y^2+1)}{(x^2+y^2+1)^2}$$

$u_{xx}$ と同様の計算

定数扱い　定数扱い

$$u_{xy}=\frac{\partial}{\partial y}\left(\frac{\partial u}{\partial x}\right)=\left(\frac{\boxed{2x}}{x^2+y^2+1}\right)_y=2x\cdot(-1)(x^2+y^2+1)^{-2}\cdot(\boxed{x^2}+y^2+1)_y$$

$$=-\frac{2x\cdot 2y}{(x^2+y^2+1)^2}=-\frac{4xy}{(x^2+y^2+1)^2}$$

$u_{yx}=\frac{\partial}{\partial x}\left(\frac{\partial u}{\partial y}\right)$ も同じ結果になる。自分で確認してみよう。

## ● 偏微分係数 $u_x(x_1,\ y_1)$ と $u_y(x_1,\ y_1)$ の意味を押さえよう！

一般に，2 変数関数 $u = u(x,\ y)$ は，図 1 に示すように，$xyu$ 座標空間上で 1 つの曲面を表す。

図 1　曲面 $u = u(x,\ y)$

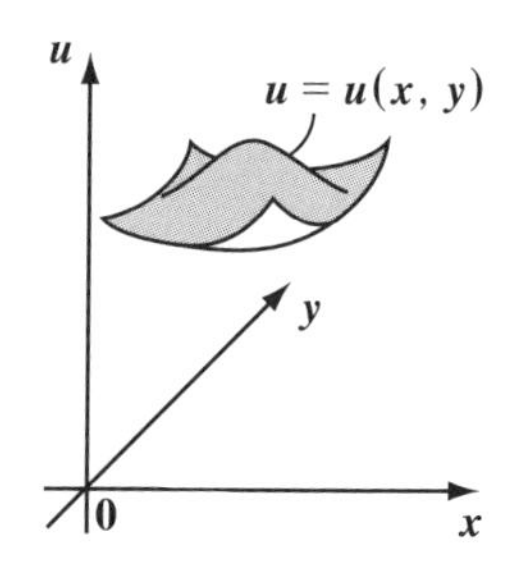


そして，2 変数関数 $u = u(x,\ y)$ 上の点 $(x_1,\ y_1)$ における 2 つの偏微分係数 $u_x(x_1,\ y_1)$ と $u_y(x_1,\ y_1)$ の図形的な意味は次のようになることも頭に入れておこう。

### 偏微分係数 $u_x(x_1,\ y_1)$，$u_y(x_1,\ y_1)$ の意味

(Ⅰ) $u_x(x_1,\ y_1)$ の意味

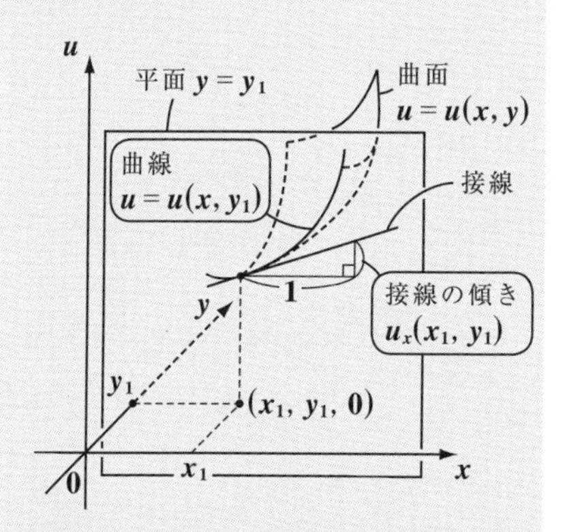


曲面 $u = u(x,\ y)$ と平面 $y = y_1$ とでできる曲線 $u = u(x,\ y_1)$ に，$x = x_1$ における接線が存在するとき，"**$x$ に関して偏微分可能**"という。その接線の傾きを"**$x$ に関する偏微分係数**"と呼び，$u_x(x_1,\ y_1)$ や $\dfrac{\partial u(x_1,\ y_1)}{\partial x}$ などと表す。

(Ⅱ) $u_y(x_1,\ y_1)$ の意味

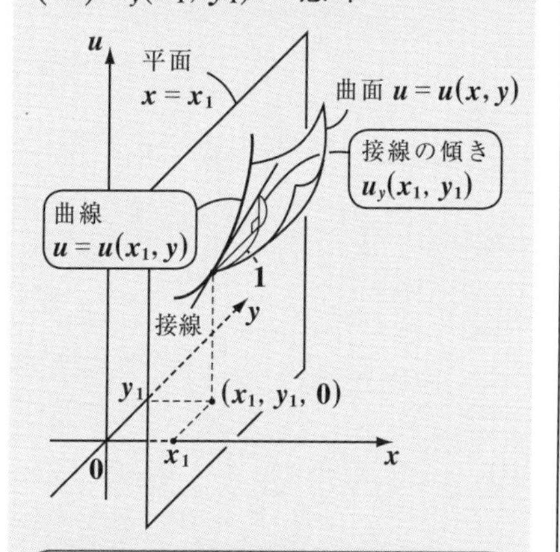


曲面 $u = u(x,\ y)$ と平面 $x = x_1$ とでできる曲線 $u = u(x_1,\ y)$ に，$y = y_1$ における接線が存在するとき，"**$y$ に関して偏微分可能**"という。その接線の傾きを"**$y$ に関する偏微分係数**"と呼び，$u_y(x_1,\ y_1)$ や $\dfrac{\partial u(x_1,\ y_1)}{\partial y}$ などと表す。

## ● 全微分と偏微分の関係も押さえておこう！

ではまず，2変数関数 $u=u(x,\ y)$ の全微分について解説しておこう。図2(i)に示すように，$xyu$ 座標空間上において $u=u(x,\ y)$ は1つの曲面を表す。

(i) $x$ についての偏微分

$u_x=\dfrac{\partial u(x,\ y)}{\partial x}$ は，$y$ を定数とみなして $x$ で微分したものであり，これは曲面 $u=u(x,\ y)$ の $x$ 軸方向の接線(AB)の傾きを表す。

(ii) $y$ についての偏微分

$u_y=\dfrac{\partial u(x,\ y)}{\partial y}$ は，$x$ を定数とみなして $y$ で微分したものであり，これは曲面 $u=u(x,\ y)$ の $y$ 軸方向の接線(AD)の傾きを表す。

図2　全微分と偏微分の関係

(i)

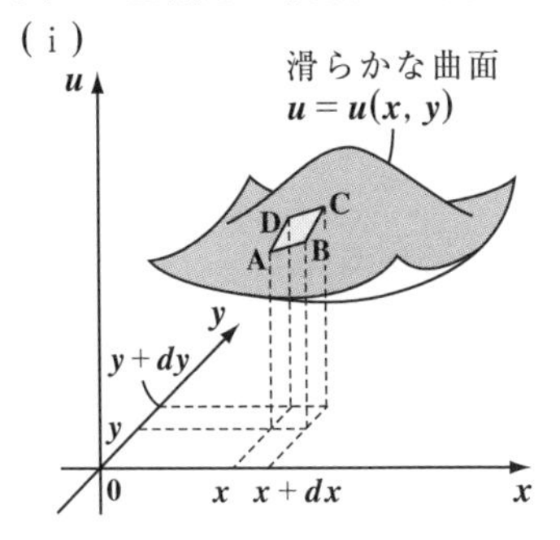


(ii)

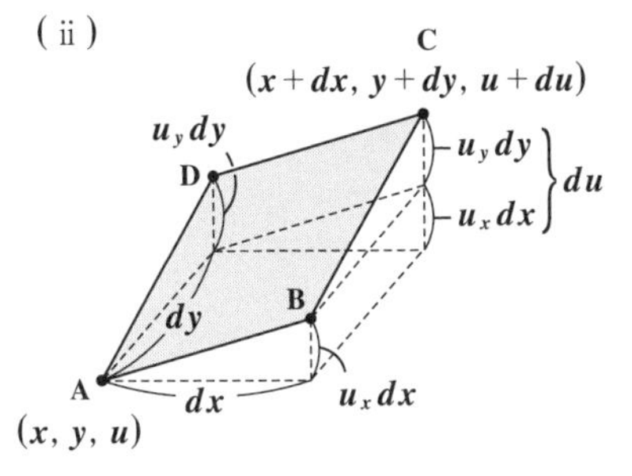


ここで，“**全微分可能**”な曲面 $u=u(x,\ y)$ とは，図2(i)に示すように曲面上の任意の点 $\mathrm{A}(x,\ y,\ u)$ において接平面が存在するような滑らかな曲面のことなんだね。よって，これは2つの区間 $[x,\ x+dx]$ と $[y,\ y+dy]$ の微小な範囲において，図2(ii)に示すように，曲面 $u=u(x,\ y)$ が，微小な平行四辺形(微小平面)ABCDで近似できることを表している。

このとき，図2(ii)から，**全微分** $du$ は，$u_xdx$ と $u_ydy$ の和として次のように表される。

$$du=u_xdx+u_ydy \quad \cdots\cdots(*f)$$

$$\left[\text{または，}du=\frac{\partial u}{\partial x}dx+\frac{\partial u}{\partial y}dy \quad \cdots\cdots(*f)'\right]$$

この全微分 $du$ は，3変数関数 $u=u(x,\ y,\ z)$ についても同様に定義できる。以上をまとめて，基本事項として示そう。

## 全微分の定義

(1) 全微分可能な2変数関数 $u=u(x,\ y)$ について，

全微分 $du$ は，$du=u_x dx+u_y dy$ ……$(*f)$

$\left[\text{または，}\ du=\dfrac{\partial u}{\partial x}dx+\dfrac{\partial u}{\partial y}dy\ \cdots\cdots(*f)'\right]$

で定義される。

(2) 全微分可能な3変数関数 $u=u(x,\ y,\ z)$ について，

全微分 $du$ は，$du=u_x dx+u_y dy+u_z dz$ ……$(*g)$

$\left[\text{または，}\ du=\dfrac{\partial u}{\partial x}dx+\dfrac{\partial u}{\partial y}dy+\dfrac{\partial u}{\partial z}dz\ \cdots(*g)'\right]$

で定義される。

ここで，全微分可能な2変数関数 $u=u(x,\ y)$ 上の点 $\mathrm{A}(x,\ y,\ u)$ における接平面の法線ベクトルを $\boldsymbol{h}$ とおくとき，この $\boldsymbol{h}$ が，

$\boldsymbol{h}=[-u_x,\ -u_y,\ 1]$ ……$(*)$ と表されることを示そう。

基礎知識として，ベクトルの“**外積**”の知識が要るので，その基本事項を下に示しておく。

## ベクトルの外積

2つのベクトル $\boldsymbol{a}=[a_1,\ a_2,\ a_3]$，$\boldsymbol{b}=[b_1,\ b_2,\ b_3]$ について，

$\boldsymbol{a}$ と $\boldsymbol{b}$ の外積は次のように定義される。

$\boldsymbol{a}\times\boldsymbol{b}=[a_2b_3-a_3b_2,\ a_3b_1-a_1b_3,\ a_1b_2-a_2b_1]$

$a_1\quad a_2\quad a_3\quad a_1$
$b_1\quad b_2\quad b_3\quad b_1$
$,a_1b_2-a_2b_1][a_2b_3-a_3b_2,\ a_3b_1-a_1b_3$

$\boldsymbol{a}\times\boldsymbol{b}=\boldsymbol{c}$ とおくと，外積 $\boldsymbol{c}$ は右図に示すように，

(i) $\boldsymbol{a}$ と $\boldsymbol{b}$ の両方に直交し，その向きは，$\boldsymbol{a}$ から $\boldsymbol{b}$ に向かうように回したとき右ネジが進む向きと一致する。

(ii) また，その大きさ $\|\boldsymbol{c}\|$ は，$\boldsymbol{a}$ と $\boldsymbol{b}$ を2辺にもつ平行四辺形の面積に等しい。

よって，$\|\boldsymbol{c}\|=S=\|\boldsymbol{a}\|\|\boldsymbol{b}\|\sin\theta$ となる。

($\theta$: $\boldsymbol{a}$ と $\boldsymbol{b}$ のなす角)

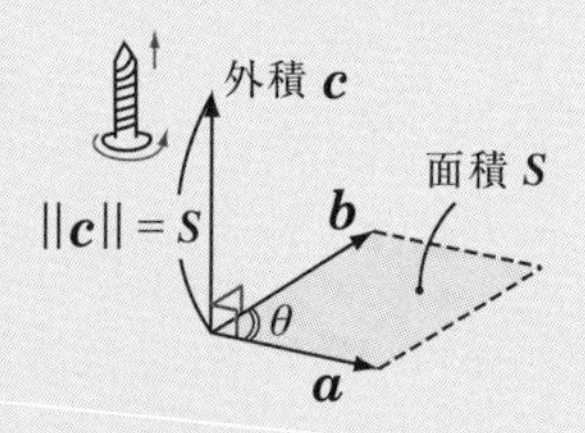

図 **3** に示すような，全微分可能な滑らかな曲面 $u=u(x,\ y)$ 上の点 $\mathrm{A}(x,\ y,\ u)$ における接平面上の微小な平行四辺形 **ABCD** を考える。この微小な平行四辺形の **2** 辺 **AB** と **AD** を有向線分にもつ **2** つの微小ベクトルを，

$$\begin{cases} d\boldsymbol{a}=[dx,\ 0,\ u_x dx] & \cdots\cdots① \\ d\boldsymbol{b}=[0,\ dy,\ u_y dy] & \cdots\cdots② \end{cases}$$

とおく。①を微小量 $dx$ で，②を微小量 $dy$ で割ったベクトルをそれぞれ図 **3**(ⅱ) に示すように

$\boldsymbol{a}=[1,\ 0,\ u_x]$，$\boldsymbol{b}=[0,\ 1,\ u_y]$

とおく。

すると，曲面 $u=u(x,\ y)$ 上の点 A における接平面の法線ベクトル $\boldsymbol{h}$ は，$\boldsymbol{a}$ と $\boldsymbol{b}$ の外積で表される。

よって，$\boldsymbol{h}=\boldsymbol{a}\times\boldsymbol{b}$

$=[-u_x,\ -u_y,\ 1]\ \cdots(*)$

となるんだね。

この結果は，“**ラグランジュの偏微分方程式**”(**P50**) の解法を理解するのに重要な鍵となるので，シッカリ頭に入れておいてくれ。

図 **3**　接平面の法線ベクトル $\boldsymbol{h}$

(ⅰ)

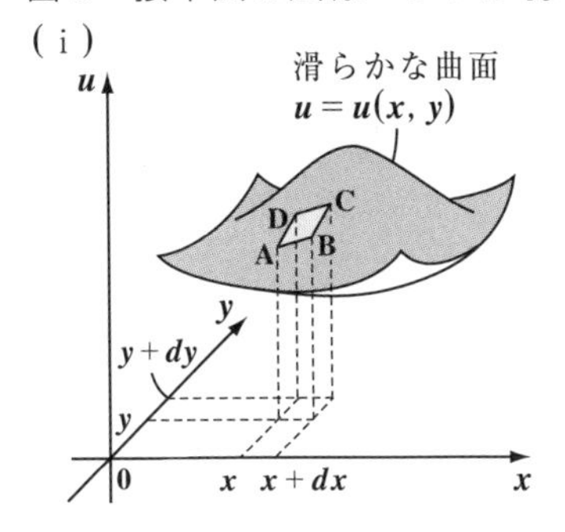


(ⅱ)

h = [−u_x, −u_y, 1]
b = [0, 1, u_y]
a = [1, 0, u_x]
da = [dx, 0, u_x dx]
db = [0, dy, u_y dy]
A B C D

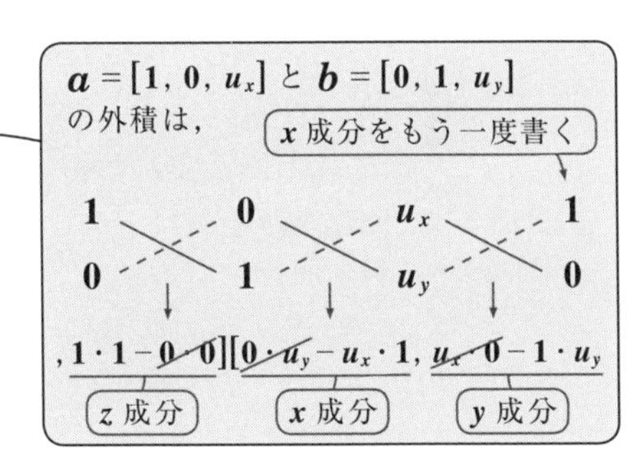

## ● ベクトル値関数にも慣れよう！

これまで，スカラー値関数についてのみ解説してきたけれど，関数には**P23** で示した曲面 $u = u(x, y)$ の法線ベクトル $\boldsymbol{h} = [-u_x, -u_y, 1]$ のように，ベクトルの形で表されるものもある。これを"**ベクトル値関数**"という。

ベクトル値関数の例をいくつか下に示そう。

(1) $\boldsymbol{u}(x, y) = [xy, x + y]$ ←(2 次元の 2 変数ベクトル値関数)

(2) $\boldsymbol{v}(x, y) = [x^2y, xy^2, e^{x+y}]$ ←(3 次元の 2 変数ベクトル値関数)

(3) $\boldsymbol{w}(x, y, z) = [\sin(x+y), xy, yz]$ ←(3 次元の 3 変数ベクトル値関数)

これら多変数のベクトル値関数の偏微分は，各成分毎に行えばいい。ベクトル値関数の偏微分の公式を下に示そう。

### ベクトル値関数の偏微分

3 次元の 3 変数ベクトル値関数 $\boldsymbol{u}(x, y, z) = [u_1, u_2, u_3]$ について，

(各成分 $u_1$, $u_2$, $u_3$ がそれぞれ 3 変数 $x$, $y$, $z$ の関数，つまり $u_1(x, y, z)$, $u_2(x, y, z)$, $u_3(x, y, z)$ なんだね。)

(i) $x$ に関する偏微分

$$\boldsymbol{u}_x = \frac{\partial \boldsymbol{u}}{\partial x} = \left[\frac{\partial u_1}{\partial x}, \frac{\partial u_2}{\partial x}, \frac{\partial u_3}{\partial x}\right] = [u_{1x}, u_{2x}, u_{3x}]$$

(ii) $y$ に関する偏微分

$$\boldsymbol{u}_y = \frac{\partial \boldsymbol{u}}{\partial y} = \left[\frac{\partial u_1}{\partial y}, \frac{\partial u_2}{\partial y}, \frac{\partial u_3}{\partial y}\right] = [u_{1y}, u_{2y}, u_{3y}]$$

(iii) $z$ に関する偏微分

$$\boldsymbol{u}_z = \frac{\partial \boldsymbol{u}}{\partial z} = \left[\frac{\partial u_1}{\partial z}, \frac{\partial u_2}{\partial z}, \frac{\partial u_3}{\partial z}\right] = [u_{1z}, u_{2z}, u_{3z}]$$

基本事項では，3 次元の 3 変数ベクトル値関数の偏微分についてのみ示したけれど，2 次元や，2 変数ベクトル値関数の偏微分についても同様に行えばいいことが分かると思う。

それでは，次の例題でベクトル値関数の偏導関数を具体的に計算してみよう。

> 例題 5　次のベクトル値関数 $\boldsymbol{u}$, $\boldsymbol{v}$, $\boldsymbol{w}$ の偏導関数 $\boldsymbol{u}_x$, $\boldsymbol{u}_y$, $\boldsymbol{v}_x$, $\boldsymbol{v}_y$, $\boldsymbol{w}_x$, $\boldsymbol{w}_y$, $\boldsymbol{w}_z$ を求めよう。
> (1) $\boldsymbol{u}(x, y) = [xy, x+y]$　　(2) $\boldsymbol{v}(x, y) = [x^2y, xy^2, e^{x+y}]$
> (3) $\boldsymbol{w}(x, y, z) = [\sin(x+y), xy, yz]$

(1) $\boldsymbol{u}(x, y) = [xy, x+y]$ について,

定数扱い

$$\boldsymbol{u}_x = [(x\boxed{y})_x, (x+\boxed{y})_x] = [1 \cdot y, 1] = [y, 1]$$

定数扱い

$$\boldsymbol{u}_y = [(\boxed{x}y)_y, (\boxed{x}+y)_y] = [x \cdot 1, 1] = [x, 1]$$

(2) $\boldsymbol{v}(x, y) = [x^2y, xy^2, e^{x+y}]$ について,

定数扱い　合成関数の微分

$$\boldsymbol{v}_x = [(x^2\boxed{y})_x, (x\boxed{y^2})_x, (e^{x+\boxed{y}})_x] = [2x \cdot y, 1 \cdot y^2, \underline{(x+y)_x \cdot e^{x+y}}]$$
$$= [2xy, y^2, e^{x+y}]$$

定数扱い　合成関数の微分

$$\boldsymbol{v}_y = [(\boxed{x^2}y)_y, (\boxed{x}y^2)_y, (e^{\boxed{x}+y})_y] = [x^2 \cdot 1, x \cdot 2y, \underline{(x+y)_y \cdot e^{x+y}}]$$
$$= [x^2, 2xy, e^{x+y}]$$

(3) $\boldsymbol{w}(x, y, z) = [\sin(x+y), xy, yz]$ について,

定数扱い　合成関数の微分

$$\boldsymbol{w}_x = [(\sin(x+\boxed{y}))_x, (x\boxed{y})_x, (\boxed{yz})_x] = [\underline{(x+y)_x \cdot \cos(x+y)}, 1 \cdot y, 0]$$
$$= [\cos(x+y), y, 0]$$

定数扱い　合成関数の微分

$$\boldsymbol{w}_y = [(\sin(\boxed{x}+y))_y, (\boxed{x}y)_y, (y\boxed{z})_y] = [\underline{(x+y)_y \cdot \cos(x+y)}, x \cdot 1, 1 \cdot z]$$
$$= [\cos(x+y), x, z]$$

定数扱い

$$\boldsymbol{w}_z = [(\boxed{\sin(x+y)})_z, (\boxed{xy})_z, (\boxed{y}z)_z] = [0, 0, y \cdot 1]$$
$$= [0, 0, y]$$

どう？　これで，ベクトル値関数の偏微分にも慣れただろう？

# §3. ベクトル解析の基本

それでは次，“**ベクトル解析**”について，簡単に解説しておこう。電磁気学の“**マクスウェルの方程式**”を習っておられる方は，$\mathrm{div}\,\boldsymbol{D}=\rho$ や $\mathrm{rot}\,\boldsymbol{E}=-\dfrac{\partial \boldsymbol{B}}{\partial t}$ など，これらがベクトル解析の記号法で表されることを御存知だと思う。そして，偏微分方程式を理解し，また形式的にスッキリした形で表現するために，このベクトル解析の知識は欠かせない。

ここでは，“**勾配ベクトル**” $\mathrm{grad}\,u$，“**発散**” $\mathrm{div}\,\boldsymbol{u}$，“**回転**” $\mathrm{rot}\,\boldsymbol{u}$ について，その定義と物理的な意味について整理しておこう。

## ● 勾配ベクトル grad *u* の定義はこれだ！

**2** 変数と **3** 変数のスカラー値関数 $u(x,\ y)$ と $u(x,\ y,\ z)$ に対して，その“**勾配ベクトル**” $\underline{\mathrm{grad}\,u}$ の定義は次の通りだ。

（これは，“グラディエント $u$”と読む。）

**勾配ベクトル grad *u* の定義**

(Ⅰ) **2** 変数スカラー値関数 $u(x,\ y)$ の**勾配ベクトル**（または“**グラディエント**”）$\mathrm{grad}\,u$ は次のように定義される。

$$\mathrm{grad}\,u=\left[\frac{\partial u}{\partial x},\ \frac{\partial u}{\partial y}\right]=[u_x,\ u_y] \quad \cdots\cdots(*h)$$

(Ⅱ) **3** 変数スカラー値関数 $u(x,\ y,\ z)$ の**勾配ベクトル**（または“**グラディエント**”）$\mathrm{grad}\,u$ は次のように定義される。

$$\mathrm{grad}\,u=\left[\frac{\partial u}{\partial x},\ \frac{\partial u}{\partial y},\ \frac{\partial u}{\partial z}\right]=[u_x,\ u_y,\ u_z] \quad \cdots\cdots(*h)'$$

スカラー値関数 $u$ に対して，そのグラディエント $\mathrm{grad}\,u$ はベクトル値関数になっていること，また，その各成分はそれぞれ $x$，$y$，$(z)$ と異なる変数で偏微分されたものであることに気を付けよう。

それでは，実際に勾配ベクトル $\mathrm{grad}\,u$ を次の例題で計算してみることにしよう。

例題 6　(1) $u(x,\ y)=e^{-x^2-y^2}$ の $\mathbf{grad}\,u$ を求めてみよう。
(2) $u(x,\ y,\ z)=xy^2+2z$ の $\mathbf{grad}\,u$ を求めてみよう。

(1) 2 変数スカラー値関数 $u(x,\ y)=e^{-x^2-y^2}$ の勾配ベクトルは，定義より，

$$\mathbf{grad}\,u=\left[\frac{\partial u}{\partial x},\ \frac{\partial u}{\partial y}\right]=\left[(e^{-x^2-y^2})_x,\ (e^{-x^2-y^2})_y\right]$$

$$=\left[(-x^2\underbrace{-y^2}_{\text{定数扱い}})_x\cdot e^{-x^2-y^2},\ (\underbrace{-x^2}_{\text{定数扱い}}-y^2)_y\cdot e^{-x^2-y^2}\right]$$

$$=\left[-2xe^{-x^2-y^2},\ -2ye^{-x^2-y^2}\right]$$ となる。

（$x$，$y$ 成分共に，$-x^2-y^2=t$ とでもおいて，合成関数の偏微分を行った！）

(2) 3 変数スカラー値関数 $u(x,\ y,\ z)=xy^2+2z$ の勾配ベクトルも定義より，

$$\mathbf{grad}\,u=\left[\frac{\partial u}{\partial x},\ \frac{\partial u}{\partial y},\ \frac{\partial u}{\partial z}\right]=\left[(x\underbrace{y^2}_{\text{定数扱い}}+\underbrace{2z}_{\text{定数扱い}})_x,\ (\underbrace{x}_{\text{定数扱い}}y^2+\underbrace{2z}_{\text{定数扱い}})_y,\ (\underbrace{xy^2}_{\text{定数扱い}}+2z)_z\right]$$

$$=[y^2,\ 2xy,\ 2]$$ となるんだね。大丈夫だった？

それでは，例題 6(1) の $u=u(x,\ y)=e^{-x^2-y^2}$ を使って，$\mathbf{grad}\,u$ の図形的な意味を解説しよう。図 1(ⅰ) に示すように，曲面 $u=u(x,\ y)$ に対して，$u(x,\ y)=k$ ($k$ は，$0<k<1$ を満たす定数) とおいて等位曲線を求めると，

$e^{-x^2-y^2}=k$　　$-(x^2+y^2)=\log k$

$x^2+y^2=\log\dfrac{1}{k}$　となって，

半径 $\sqrt{\log\dfrac{1}{k}}$ の円を表す。この等位曲線上の点 $\mathrm{P}(x,\ y)$ における接線と，その点 P における勾配ベクトル $\mathbf{grad}\,u=-2e^{-x^2-y^2}[x,\ y]$ は必ず直交し，$\mathbf{grad}\,u$ の向きはこの曲面を上昇する最大傾斜の向きと一致する。これが，$\mathbf{grad}\,u$ が勾配ベクトルと呼ばれる所以なんだね。納得いった？

図 1　$\mathbf{grad}\,u$ の図形的意味

(ⅰ)

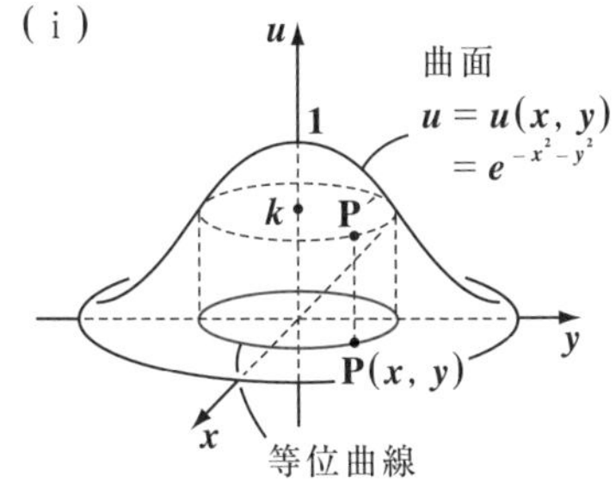


(ⅱ)

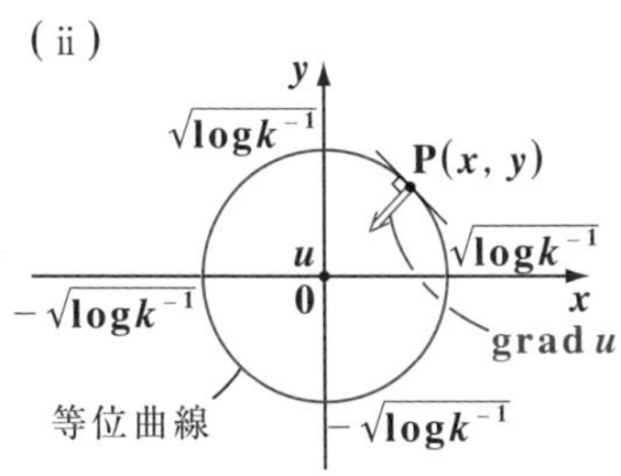

ここで，ベクトル解析の記号法の **1** つ，**"ナブラ"**（または **"ハミルトン演算子"**）$\nabla$ についても解説しておこう。

（Ⅰ）**2** 変数関数 $u(x, y)$ に対して，$\nabla$（ナブラ）を，

$\nabla = \left[ \frac{\partial}{\partial x}, \frac{\partial}{\partial y} \right]$ と定義する。

この $\nabla$ は形式的にはベクトルのようだけれど，これだけでは何の意味もない。**2** 変数関数 $u(x, y)$ に作用して，初めて次のように $\mathbf{grad}\,u$ となるんだ。

$$\mathbf{grad}\,u = \nabla u = \left[ \frac{\partial}{\partial x}, \frac{\partial}{\partial y} \right] u = \left[ \frac{\partial u}{\partial x}, \frac{\partial u}{\partial y} \right]$$

（Ⅱ）同様に，**3** 変数関数 $u(x, y, z)$ に対して，$\nabla$（ナブラ）を，

$\nabla = \left[ \frac{\partial}{\partial x}, \frac{\partial}{\partial y}, \frac{\partial}{\partial z} \right]$ と定義する。

これも，**3** 変数関数 $u$ に作用して，初めて次のように $\mathbf{grad}\,u$ となる。

$$\mathbf{grad}\,u = \nabla u = \left[ \frac{\partial}{\partial x}, \frac{\partial}{\partial y}, \frac{\partial}{\partial z} \right] u = \left[ \frac{\partial u}{\partial x}, \frac{\partial u}{\partial y}, \frac{\partial u}{\partial z} \right]$$

でも，何故 $\nabla$（ナブラ）などという，ベクトルもどきの演算子を定義する必要があるのか，分からないって？ それは，この後に解説する **"発散"** $\mathbf{div}\,\boldsymbol{u}$ や **"回転"** $\mathbf{rot}\,\boldsymbol{u}$ も，形式的にこの $\nabla$（ナブラ）とベクトル値関数 $\boldsymbol{u}$ との内積や外積のように統一的に表すことができて，都合がいいからなんだね。

## ● 発散 div $\boldsymbol{u}$ についても解説しよう！

**2** 変数と **3** 変数のベクトル値関数 $\boldsymbol{u}(x, y)$ と $\boldsymbol{u}(x, y, z)$ について，その **"発散"**（または **"ダイヴァージェンス"**）$\mathbf{div}\,\boldsymbol{u}$ の定義は下の通りだ。

**発散 div $u$ の定義**

（Ⅰ）**2** 変数ベクトル値関数 $\boldsymbol{u}(x, y) = [u_1(x, y), u_2(x, y)]$ の**発散**（または **"ダイヴァージェンス"**）$\mathbf{div}\,\boldsymbol{u}$ は次のように定義される。

$$\mathbf{div}\,\boldsymbol{u} = \frac{\partial u_1}{\partial x} + \frac{\partial u_2}{\partial y} = u_{1x} + u_{2y} \quad \cdots\cdots(*i)$$

（Ⅱ）**3** 変数ベクトル値関数 $\boldsymbol{u}(x, y, z) = [u_1(x, y, z), u_2(x, y, z), u_3(x, y, z)]$ の**発散**（または **"ダイヴァージェンス"**）$\mathbf{div}\,\boldsymbol{u}$ は次のように定義される。

$$\mathbf{div}\,\boldsymbol{u} = \frac{\partial u_1}{\partial x} + \frac{\partial u_2}{\partial y} + \frac{\partial u_3}{\partial z} = u_{1x} + u_{2y} + u_{3z} \quad \cdots\cdots(*i)'$$

ベクトル値関数 $\boldsymbol{u}$ に対して，その発散 $\mathbf{div}\,\boldsymbol{u}$ はスカラー値関数になるんだね。また，$\mathbf{div}\,\boldsymbol{u}$ は形式的に $\nabla$ と $\boldsymbol{u}$ の内積のような形で表すことができる。すなわち，

(Ⅰ) **2** 変数ベクトル値関数 $\boldsymbol{u}(x,\,y)$ について，

$$\mathbf{div}\,\boldsymbol{u}=\nabla\cdot\boldsymbol{u}=\left[\frac{\partial}{\partial x},\,\frac{\partial}{\partial y}\right]\cdot[u_1,\,u_2]=\frac{\partial u_1}{\partial x}+\frac{\partial u_2}{\partial y}=u_{1x}+u_{2y}$$ となるし，

(Ⅱ) **3** 変数ベクトル値関数 $\boldsymbol{u}(x,\,y,\,z)$ について，

$$\mathbf{div}\,\boldsymbol{u}=\nabla\cdot\boldsymbol{u}=\left[\frac{\partial}{\partial x},\,\frac{\partial}{\partial y},\,\frac{\partial}{\partial z}\right]\cdot[u_1,\,u_2,\,u_3]$$
$$=\frac{\partial u_1}{\partial x}+\frac{\partial u_2}{\partial y}+\frac{\partial u_3}{\partial z}=u_{1x}+u_{2y}+u_{3z}$$ となる。

もちろん，本当の内積は，“各成分同士の積の和”のことだけれど，$\mathbf{div}\,\boldsymbol{u}$ の場合は，“$\nabla$ が $\boldsymbol{u}$ の各成分に作用したものの和”であることに気を付けよう。

それでは，次の例題で実際に発散 $\mathbf{div}\,\boldsymbol{u}$ を計算してみよう。

例題 **7**　(1) $\boldsymbol{u}(x,\,y)=[x^2y,\,xy^2]$ の $\mathbf{div}\,\boldsymbol{u}$ を求めてみよう。
(2) $\boldsymbol{u}(x,\,y,\,z)=[e^{xy},\,e^{yz},\,e^{zx}]$ の $\mathbf{div}\,\boldsymbol{u}$ を求めてみよう。

(1) **2** 変数ベクトル値関数 $\boldsymbol{u}=[x^2y,\,xy^2]$ の発散は，定義より，

$$\mathbf{div}\,\boldsymbol{u}=\frac{\partial}{\partial x}(x^2y)+\frac{\partial}{\partial y}(xy^2)=(x^2\cdot\boxed{y})_x+(\boxed{x}\cdot y^2)_y$$
（定数扱い）（定数扱い）
$$=2x\cdot y+x\cdot 2y=4xy$$ となる。

(2) **3** 変数ベクトル値関数 $\boldsymbol{u}=[e^{xy},\,e^{yz},\,e^{zx}]$ の発散は，定義より，

$$\mathbf{div}\,\boldsymbol{u}=\frac{\partial}{\partial x}(e^{xy})+\frac{\partial}{\partial y}(e^{yz})+\frac{\partial}{\partial z}(e^{zx})$$
（定数扱い）（定数扱い）（定数扱い）
$$=(e^{x\boxed{y}})_x+(e^{y\boxed{z}})_y+(e^{z\boxed{x}})_z$$
$$=(xy)_x\cdot e^{xy}+(yz)_y\cdot e^{yz}+(zx)_z\cdot e^{zx}$$ ←各成分に対して，合成関数の偏微分を行った。
$$=y\cdot e^{xy}+z\cdot e^{yz}+x\cdot e^{zx}$$ となる。大丈夫？

では，この $\mathbf{div}\,\boldsymbol{u}$ の物理的な意味についても簡単に解説しておこう。一般にベクトル値関数 $\boldsymbol{u}(x,\,y)$ (または，$\boldsymbol{u}(x,\,y,\,z)$) は，平面 (または空間) における流れ場と考えることができる。平面や空間の各点を水が流れてい

る様子をベクトルで表現していると思えばいい。そして，この流れ場の各点に対して，$\mathrm{div}\,\boldsymbol{u}>0$ であれば湧き出しがあり，逆に $\mathrm{div}\,\boldsymbol{u}<0$ であれば吸込みがあり，$\mathrm{div}\,\boldsymbol{u}=0$ であれば，湧き出しも吸込みもないことを表している。

例題 7(1) の発散 $\mathrm{div}\,\boldsymbol{u}=4xy$ を例にとると，

(i) $x>0$ かつ $y>0$，または $x<0$ かつ $y<0$ では，
（第 1 象限）（第 3 象限）
$\mathrm{div}\,\boldsymbol{u}=4xy>0$ となるので，第 1 象限と第 3 象限では湧き出しがあり，

(ii) $x<0$ かつ $y>0$，または $x>0$ かつ $y<0$ では，
（第 2 象限）（第 4 象限）
$\mathrm{div}\,\boldsymbol{u}=4xy<0$ となるので，第 2 象限と第 4 象限では吸込みがあり，

(iii) $y=0$，または $x=0$ では，
（$x$ 軸）（$y$ 軸）
$\mathrm{div}\,\boldsymbol{u}=4xy=0$ となるので，$x$ 軸および $y$ 軸上の点では，湧き出しも吸込みもない，と言えるんだね。納得いった？



$\mathrm{div}\,\boldsymbol{u}$ の物理的な意味をより正確に知りたい方は，「**電磁気学キャンパス・ゼミ**」や「**ベクトル解析キャンパス・ゼミ**」で学習して下さい。

次，勾配ベクトルと発散を組み合わせて新たな演算子を定義してみよう。3 変数スカラー値関数 $u(x, y, z)$ の勾配ベクトルをとると，

$\mathrm{grad}\,u=\left[\frac{\partial u}{\partial x}, \frac{\partial u}{\partial y}, \frac{\partial u}{\partial z}\right]$ となり，これは 3 次元のベクトル値関数なので，この発散をとることができる。すなわち，$\mathrm{div}(\mathrm{grad}\,u)$ は，

$$\mathrm{div}(\mathrm{grad}\,u)=\nabla\cdot(\nabla u)=\left[\frac{\partial}{\partial x}, \frac{\partial}{\partial y}, \frac{\partial}{\partial z}\right]\cdot\left[\frac{\partial u}{\partial x}, \frac{\partial u}{\partial y}, \frac{\partial u}{\partial z}\right]$$

$$=\frac{\partial}{\partial x}\left(\frac{\partial u}{\partial x}\right)+\frac{\partial}{\partial y}\left(\frac{\partial u}{\partial y}\right)+\frac{\partial}{\partial z}\left(\frac{\partial u}{\partial z}\right)$$

$$=\frac{\partial^2 u}{\partial x^2}+\frac{\partial^2 u}{\partial y^2}+\frac{\partial^2 u}{\partial z^2}\quad(=u_{xx}+u_{yy}+u_{zz})$$ となる。

ここで，$\nabla\cdot(\nabla u)=\nabla^2 u=\Delta u$ とおくと，
（ギリシャ文字“デルタ”）

$\Delta = \nabla^2 = \nabla \cdot \nabla = \frac{\partial^2}{\partial x^2} + \frac{\partial^2}{\partial y^2} + \frac{\partial^2}{\partial z^2}$ となる。この $\Delta$(デルタ)を新たな演算子として定義し，これを"**ラプラスの演算子**"または"**ラプラシアン**"と呼ぶ。

**2** 変数スカラー値関数 $u(x, y)$ のラプラシアン $\Delta$ は当然，

$\Delta = \frac{\partial^2}{\partial x^2} + \frac{\partial^2}{\partial y^2}$ のことであり，$\Delta u = \frac{\partial^2 u}{\partial x^2} + \frac{\partial^2 u}{\partial y^2}$ となる。大丈夫？

ここで，

(Ⅰ) 偏微分方程式：$\Delta u = v$ のことを，

ただし $v$ は $v(x, y, z)$ か，または $v(x, y)$ のこと。

具体的には，$u_{xx} + u_{yy} + u_{zz} = v$ または，$u_{xx} + u_{yy} = v$ のこと。

"**ポアソンの方程式**"(*Poisson's equation*)と呼び，

(Ⅱ) 偏微分方程式：$\Delta u = 0$ のことを，

典型的な **2** 階線形偏微分方程式

具体的には，$u_{xx} + u_{yy} + u_{zz} = 0$ または，$u_{xx} + u_{yy} = 0$ のこと。

"**ラプラスの方程式**"(*Laplace's equation*)と呼ぶ。

これらも頻出の **2** 階偏微分方程式なので頭に入れておいてくれ。

## ● 回転 rot $u$ も習得しよう！

回転の対象となるベクトル値関数 $u$ は，その性質上すべて **3** 次元のベクトル値関数 $u(x, y, z)$ を想定している。ではまず，回転 $\mathrm{rot}\, u$ の定義を下に示そう。

### 回転 rot $u$ の定義

**3** 変数ベクトル値関数 $u(x, y, z) = [u_1(x, y, z),\ u_2(x, y, z),\ u_3(x, y, z)]$ の**回転**(または"**ローテイション**") $\mathrm{rot}\, u$ は次のように定義される。

$$\mathrm{rot}\, u = \left[ \frac{\partial u_3}{\partial y} - \frac{\partial u_2}{\partial z},\ \frac{\partial u_1}{\partial z} - \frac{\partial u_3}{\partial x},\ \frac{\partial u_2}{\partial x} - \frac{\partial u_1}{\partial y} \right]$$

$$= [u_{3y} - u_{2z},\ u_{1z} - u_{3x},\ u_{2x} - u_{1y}] \quad \cdots\cdots (*j)$$

$\mathrm{rot}\, u$ は，ナブラ $\nabla$ を利用すると右のように，外積の計算と同様に求めることができる。よって，

$\mathrm{rot}\, u = \nabla \times u$ と表すこともできるんだね。

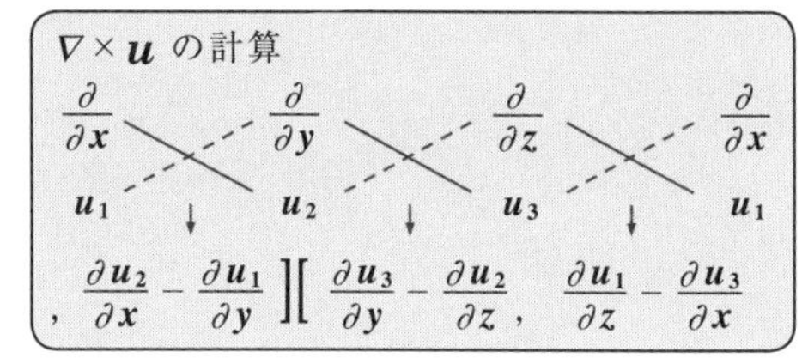

それでは次の例題で，実際に $\mathrm{rot}\,\boldsymbol{u}$ を計算してみよう。

例題 8　(1) $\boldsymbol{u}(x, y, z) = [yz, zx, xy]$ の $\mathrm{rot}\,\boldsymbol{u}$ を求めてみよう。
　　　　(2) $\boldsymbol{u}(x, y, z) = [e^{-y}, e^{-z}, e^{-x}]$ の $\mathrm{rot}\,\boldsymbol{u}$ を求めてみよう。

**(1)** 3 変数ベクトル値関数

$\boldsymbol{u}(x, y, z) = [yz, zx, xy]$

の回転 $\mathrm{rot}\,\boldsymbol{u}$ は，定義より，

$\mathrm{rot}\,\boldsymbol{u} = \nabla\times\boldsymbol{u}$ の計算

$$\frac{\partial}{\partial x}\quad\frac{\partial}{\partial y}\quad\frac{\partial}{\partial z}\quad\frac{\partial}{\partial x}$$
$$yz\quad zx\quad xy\quad yz$$
$$, z-z][x-x,\ y-y$$

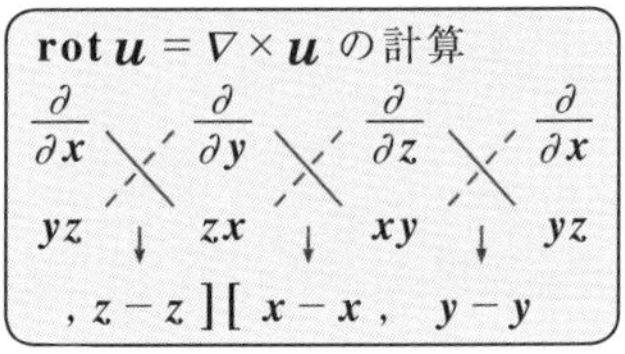

$$\mathrm{rot}\,\boldsymbol{u} = \left[\frac{\partial}{\partial y}(xy) - \frac{\partial}{\partial z}(zx),\right.$$
（定数扱い）（定数扱い）

$$\left.\frac{\partial}{\partial z}(yz) - \frac{\partial}{\partial x}(xy),\ \frac{\partial}{\partial x}(zx) - \frac{\partial}{\partial y}(yz)\right]$$
（定数扱い）（定数扱い）（定数扱い）（定数扱い）

$$= [x-x,\ y-y,\ z-z] = [0, 0, 0] = \boldsymbol{0}$$ となる。

**(2)** 3 変数ベクトル値関数

$\boldsymbol{u}(x, y, z) = [e^{-y}, e^{-z}, e^{-x}]$

の回転 $\mathrm{rot}\,\boldsymbol{u}$ は，定義より，

$\mathrm{rot}\,\boldsymbol{u} = \nabla\times\boldsymbol{u}$ の計算

$$\frac{\partial}{\partial x}\quad\frac{\partial}{\partial y}\quad\frac{\partial}{\partial z}\quad\frac{\partial}{\partial x}$$
$$e^{-y}\quad e^{-z}\quad e^{-x}\quad e^{-y}$$
$$, 0+e^{-y}][0+e^{-z},\ 0+e^{-x}$$

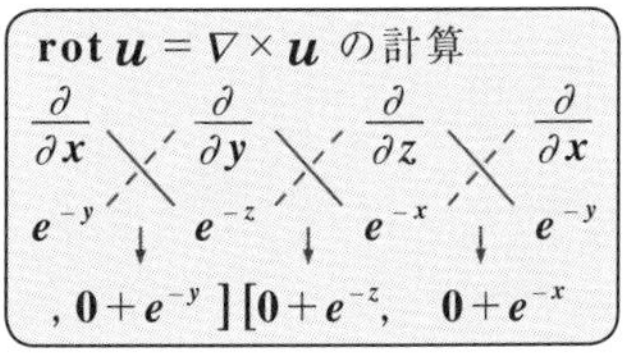

$$\mathrm{rot}\,\boldsymbol{u} = \left[\frac{\partial}{\partial y}(e^{-x}) - \frac{\partial}{\partial z}(e^{-z}),\right.$$
（定数扱い）

$$\left.\frac{\partial}{\partial z}(e^{-y}) - \frac{\partial}{\partial x}(e^{-x}),\ \frac{\partial}{\partial x}(e^{-z}) - \frac{\partial}{\partial y}(e^{-y})\right]$$
（定数扱い）（定数扱い）

$$= [0+e^{-z},\ 0+e^{-x},\ 0+e^{-y}]$$

$$= [e^{-z}, e^{-x}, e^{-y}]$$ となって，答えだ。大丈夫だった？

このベクトル値関数 $\boldsymbol{u} = [u_1, u_2, u_3]$ の $\mathrm{rot}\,\boldsymbol{u}$ の計算は少し複雑に見えるかもしれないけれど，この覚え方を下に模式図で示そう。

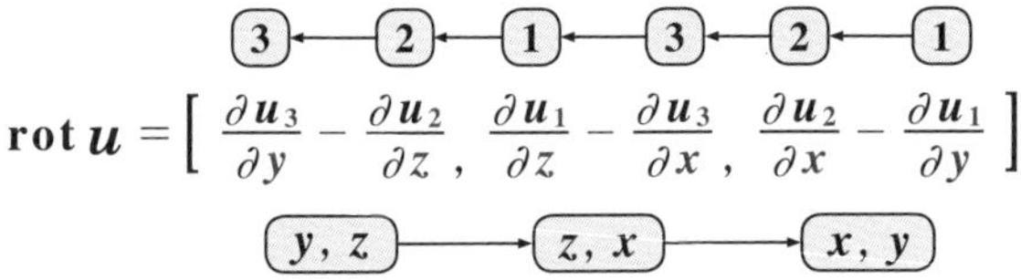

③←②←①←③←②←①

$$\mathrm{rot}\,\boldsymbol{u} = \left[\frac{\partial u_3}{\partial y} - \frac{\partial u_2}{\partial z},\ \frac{\partial u_1}{\partial z} - \frac{\partial u_3}{\partial x},\ \frac{\partial u_2}{\partial x} - \frac{\partial u_1}{\partial y}\right]$$

$y, z$ → $z, x$ → $x, y$

・分母は左から右に，$(y, z) \to (z, x) \to (x, y)$　と並んでおり，
・分子は右から左に，　③←②←①←③←②←①　と並んでいる。

この特徴をつかんでおけば，間違えずに覚えられるはずだ。

それでは，この回転 $\mathrm{rot}\,\boldsymbol{u}$ の物理的な意味についても簡単に解説しておこう。3変数ベクトル値関数 $\boldsymbol{u} = [u_1, u_2, u_3]$ を，$xyz$ 座標空間において水の流れを表すベクトル場であると考えると，この流れ場により空間内の各点に渦(回転作用)が存在しているかどうかを，この回転 $\mathrm{rot}\,\boldsymbol{u}$ で調べることができるんだね。

つまり，例題8(1)の $\boldsymbol{u} = [yz, zx, xy]$ の回転 $\mathrm{rot}\,\boldsymbol{u}$ は，

$\mathrm{rot}\,\boldsymbol{u} = \boldsymbol{0}$　となるので，この流れ場($xyz$ 座標空間)の中のいずれの点においても，渦は存在しないことが分かる。このように，$\mathrm{rot}\,\boldsymbol{u} = \boldsymbol{0}$ をみたす $\boldsymbol{u}$ による流れ場を"**渦なし場**"ということも覚えておくといいよ。

これに対して，例題8(2)の $\boldsymbol{u} = [e^{-y}, e^{-z}, e^{-x}]$ の回転 $\mathrm{rot}\,\boldsymbol{u}$ は，

$\mathrm{rot}\,\boldsymbol{u} = [\underbrace{e^{-z}}_{\oplus}, \underbrace{e^{-x}}_{\oplus}, \underbrace{e^{-y}}_{\oplus}] \neq \boldsymbol{0}$　であるので，この流れ場($xyz$ 座標空間)の中のいずれの点においても渦(回転作用)が存在することが分かるんだね。

> $\mathrm{rot}\,\boldsymbol{u}$ の物理的な意味をより正確に知りたい方は，「**電磁気学キャンパス・ゼミ**」や「**ベクトル解析キャンパス・ゼミ**」で学習して下さい。

最後に，3変数スカラー値関数 $u(x, y, z)$ の勾配ベクトル

$\mathrm{grad}\,u = \nabla u = \left[\dfrac{\partial u}{\partial x}, \dfrac{\partial u}{\partial y}, \dfrac{\partial u}{\partial z}\right]$ は，3次元のベクトル値関数になるので，この回転が求められる。実際にこれを計算すると，

$$\mathrm{rot}(\mathrm{grad}\,u) = \nabla \times \underbrace{(\nabla u)}_{[u_x,\, u_y,\, u_z]}$$
$$= [\underbrace{u_{zy} - u_{yz}}_{0}, \underbrace{u_{xz} - u_{zx}}_{0}, \underbrace{u_{yx} - u_{xy}}_{0}]$$
$$= [0, 0, 0] = \boldsymbol{0}$$　となる。

> ただし，シュワルツの定理 $u_{yz} = u_{zy}$, $u_{zx} = u_{xz}$, $u_{xy} = u_{yx}$ を使った！

> $\nabla \times (\nabla u)$ の計算
> $\dfrac{\partial}{\partial x}$ ╳ $\dfrac{\partial}{\partial y}$ ╳ $\dfrac{\partial}{\partial z}$ ╳ $\dfrac{\partial}{\partial x}$
> $u_x$ ↓ $u_y$ ↓ $u_z$ ↓ $u_x$
> $, u_{yx} - u_{xy}][u_{zy} - u_{yz}, u_{xz} - u_{zx}$

これから，スカラー値関数がどのようなものであっても，常に，

$$\mathrm{rot}(\mathrm{grad}\,u) = \nabla \times (\nabla u) = \boldsymbol{0} \quad \cdots\cdots (*k)$$

が成り立つ。この公式は，1階偏微分方程式の解法で重要な役割を演じるので，シッカリ頭に入れておこう。

# §4. 偏微分方程式のプロローグ

準備が整ったので，偏微分方程式のプロローグとして，これから本書で扱う偏微分方程式の種類とその解法等について，全体像を示そう。

偏微分方程式の解法は，きわめてテクニカルな面が強いため，ともすればテクニックの森に迷い込んでしまいがちになる恐れがあるんだね。従って，本格的な解説に入る前に，まず対象となる偏微分方程式の種類や型を予め知っておくことは，とても有意義だと思う。

ここではまず，常微分方程式と偏微分方程式の違いを比較して示そう。そして，講義の対象となる **1** 階偏微分方程式と **2** 階線形偏微分方程式の様々な種類とその特徴について概説するつもりだ。

## ● 偏微分方程式の解には，任意関数が付く！

まず，最も簡単な同型の方程式の例で，常微分方程式と偏微分方程式の一般解の違いを示しておこう。

(ⅰ) **1** 変数関数 $u = u(x)$ について，

常微分方程式 $\dfrac{du}{dx} = 1$ ……① ← 1 階線形常微分方程式

の一般解は，①の両辺を $x$ で積分して，

$$u(x) = \int 1\,dx = x + C \quad \cdots\cdots ①' \quad (C:\text{任意定数})$$ となる。これに対して，

(ⅱ) **2** 変数関数 $u = u(x, y)$ について，

偏微分方程式 $\dfrac{\partial u}{\partial x} = 1$ ……② ← 1 階線形偏微分方程式

の一般解は，②の両辺を $x$ で積分して，

$$u(x, y) = \int 1\,dx = x + \underline{f(y)} \quad \cdots\cdots ②' \quad (f(y):\text{任意関数})$$

$f(y)$ は，$f(y) = \sin y$，$f(y) = y^2$，$f(y) = e^{-y}$ などなど… 任意なんだね。

このように，常微分方程式の一般解①′につく任意定数 $C$ の代わりに，偏微分方程式の一般解②′では，$y$ の任意関数 $f(y)$ が付く。この $f(y)$ は文字通り任意で，$f(y)$ は，$\sin y$，$y^2$，$e^{-y}$ などなど… 何でもかまわない。

なぜなら，$u(x, y)=x+\sin y$ でも，$u(x, y)=x+y^2$ でも，…，これを $x$ で偏微分すると，すべて，

$\frac{\partial u}{\partial x}=1$ となって，②の偏微分方程式を満たすからなんだね。

図 1
(ⅰ) 常微分方程式 $\frac{du}{dx}=1$ の解

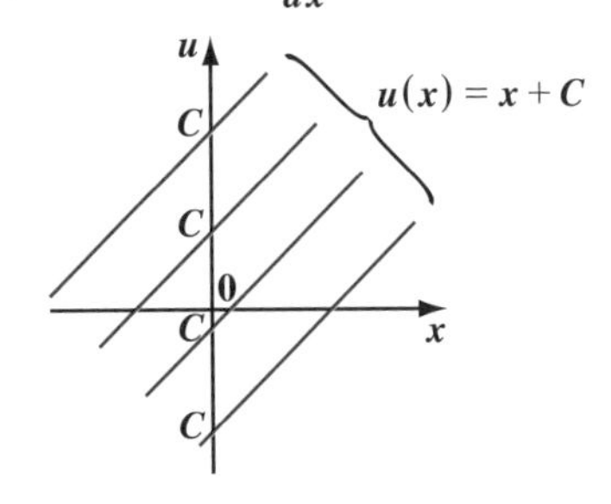


(ⅱ) 偏微分方程式 $\frac{\partial u}{\partial x}=1$ の解
($f(y)=y^2$ のとき)

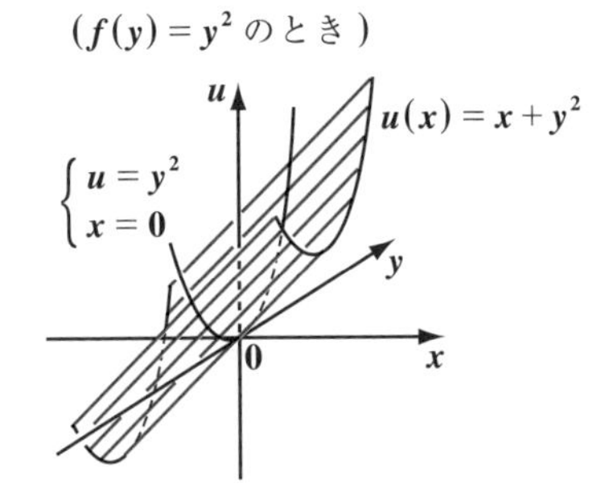


また，これら一般解①´と②´のグラフについても確認しておこう。図 1(ⅰ) に示すように，常微分方程式の一般解：

$u(x)=x+C$ ……①´ は，

任意定数 $C$ の値により，$xu$ 座標平面上を直線が上下に動く任意性をもつことが分かるね。これに対して，偏微分方程式の一般解：

$u(x, y)=x+f(y)$ ……②´ は，

まず，$y$ の任意関数 $f(y)$ の任意性のため，その解のヴァリエーションが非常に大きいこと，さらに図 1(ⅱ) のように，たとえ $f(y)=y^2$ と $f(y)$ を確定したとしても，その解 $u(x, y)=x+y^2$ は，$xyu$ 座標空間上の曲面を表す。これから，②´は①´に比べてかなり複雑な形状であることが分かると思う。

このように，同型の微分方程式でも，常微分方程式の一般解に比べて，偏微分方程式の一般解の方が，その多様性が非常に大きいんだね。これから，偏微分方程式を解く際には，"**初期条件**" (***initial condition***) や "**境界条件**" (***boundary condition***) などの制約条件を与えて，一般解ではなく，任意関数を確定した "**特殊解**" (または "**特解**") の形で求めることが多いことも頭に入れておこう。

それでは，偏微分方程式に慣れてもらうため，ここではまず，易しい偏微分方程式をいくつか解いてみることにしよう。

例題 9　2 変数関数 $u = u(x, y)$ について，次の偏微分方程式の一般解を求めよう。

(1) $\dfrac{\partial u}{\partial y} = \cos(xy)$　$(x \neq 0)$　　　(2) $\dfrac{\partial^2 u}{\partial x \partial y} = 0$

(1) $\dfrac{\partial u}{\partial y} = \cos(xy)$　$(x \neq 0)$　の両辺を $y$ で積分して，

$y$ での積分では，これは定数扱い

$u_y = \cos(xy)$ とも表せる。

$$u(x, y) = \frac{1}{x}\sin(xy) + f(x) \quad (f(x) : \text{任意関数})$$ となる。

(2) $\dfrac{\partial^2 u}{\partial x \partial y} = 0$　より，$\dfrac{\partial}{\partial x}\left(\dfrac{\partial u}{\partial y}\right) = 0$

$u_{yx} = 0$ とも表せる。

この両辺をまず $x$ で積分して，

$$\frac{\partial u}{\partial y} = h(y) \quad (h(y) : \text{任意関数})$$

この両辺をさらに $y$ で積分して，

$$u(x, y) = \int h(y)\,dy + f(x) \quad (f(x) : \text{任意関数})$$

新たに $g(y)$ とおく。

ここで，新たに $\int h(y)\,dy = g(y)$ とおくと，

$$u(x, y) = f(x) + g(y) \quad (f(x),\ g(y) : \text{任意関数})$$ となる。

これで，簡単な偏微分方程式であれば，解けるようになっただろう？

ここで，$u = u(x, y)$ に対して，

$\dfrac{\partial u}{\partial x} = 1$ ……②　や，$\dfrac{\partial u}{\partial y} = u$ ……③　や，$\left(\dfrac{\partial u}{\partial x}\right)^2 + \left(\dfrac{\partial u}{\partial y}\right)^2 = 1$ ……④

これは，$u_x = 1$　　$u_y = u$　　$(u_x)^2 + (u_y)^2 = 1$ と表してもいい。

などは，$u$ を $x$ または $y$ で 1 階しか偏微分していないので，**"1 階偏微分方程式"** と呼ぶ。

これに対して，$u=u(x,\,t)$ や，$u=u(x,\,y,\,z)$ に対して，

$$\frac{\partial u}{\partial t}=\frac{\partial^2 u}{\partial x^2}\ \cdots\cdots⑤ \quad や，\quad \frac{\partial^2 u}{\partial x^2}+\frac{\partial^2 u}{\partial y^2}+\frac{\partial^2 u}{\partial z^2}=0\ \cdots\cdots⑥$$

これは，$u_t=u_{xx}$

$u_{xx}+u_{yy}+u_{zz}=0$ （または $\Delta u=0$） と表してもいい。

$\Delta$ はラプラシアン (P30) のこと。

などは，$u$ を $x$ または $y$ または $z$ で 2 階偏微分しているので，**“2 階偏微分方程式”** と呼ぶ。

②，③，⑤，⑥は，$u$，$u_x$，$u_y$，$u_{xx}$，$u_{yy}$，…など，未知関数とその偏導関数がすべて 1 次式であるので，これを **“線形偏微分方程式”** という。これに対して，そうでない④のような方程式を **“非線形偏微分方程式”** という。

そして，2 変数関数 $u=u(x,\,y)$ について，1 階偏微分方程式の一般解には 1 つの任意関数が，2 階偏微分方程式の一般解には 2 つの任意関数が含まれる。一般に，$k$ 階偏微分方程式の一般解には $k$ 個の任意関数 ($k=1,\,2,\,\cdots$) が含まれることも覚えておくといいよ。

## ● 1 階線形偏微分方程式について

2 変数関数 $u=u(x,\,y)$ について，

1 階線形偏微分方程式：$\frac{\partial u}{\partial x}+k\frac{\partial u}{\partial y}=0$ ……(a) （$k$：定数）

の一般解が，$u=f(kx-y)$ ……(b) （$f$：任意関数）であることを導いてみよう。

まず，新たな変数 $s$ と $t$ を，次のように定義する。

$$\begin{cases} s=kx-y \\ t=x \end{cases}\ \cdots\cdots(c) \qquad すると，\quad \begin{cases} x=t \\ y=kt-s \end{cases}\ \cdots\cdots(c)' \quad より，$$

変数 $x$，$y$ から，変数 $s$，$t$ に変換できる。ここで，$u_t$ を求めてみよう。

$$u_t=\frac{\partial u}{\partial t}=\frac{\partial x}{\partial t}\cdot\frac{\partial u}{\partial x}+\frac{\partial y}{\partial t}\cdot\frac{\partial u}{\partial y}=\frac{\partial u}{\partial x}+k\frac{\partial u}{\partial y}=0 \quad ((a)より)$$

$(t)_t=1$　　$(kt-s)_t=k$ （(c)′ より）

これは，$u_t=u_x\cdot x_t+u_y\cdot y_t$ と表せる。連鎖的，機械的に変形できる！

これから，$\frac{\partial u}{\partial t}=0$ より，$u=f(s)$ （$f$：任意関数）

よって，1 階線形偏微分方程式(a)の一般解は，

$$u(x,\,y)=f(s)=f(kx-y)\ \cdots\cdots(b)$$ であることが導けたんだね。

$(a)$ の 1 階線形偏微分方程式は，
“ラグランジュの偏微分方程式”

$$\frac{\partial u}{\partial x}+k\frac{\partial u}{\partial y}=0 \quad \cdots\cdots(a)$$

の 1 種なので，より統一的に一般解を求める方法が存在するんだけれど，変数変換により連鎖的に偏微分を変形していく手法は，この後も重要な役割を演じるので，ここでシッカリ練習しておこう。

それでは，この後の講義で詳しく解説することになる 1 階偏微分方程式とその解法パターンを簡単にここで紹介しておこう。

### 1 階偏微分方程式の紹介

**(1) ラグランジュの偏微分方程式**

2 変数関数 $u=u(x, y)$ についてのラグランジュの偏微分方程式は，

$$P\cdot u_x+Q\cdot u_y=R \quad \cdots\cdots(*l)$$

( ここで，$P=P(x, y)$，$Q=Q(x, y)$，$R=R(x, y)$)

であり，これは特性方程式：

$$\frac{dx}{P}=\frac{dy}{Q}=\frac{du}{R} \quad \cdots\cdots(*l)'$$ を利用して解く。

**(2) 完全微分方程式**

**全微分方程式：**

$$P(x, y, z)\,dx+Q(x, y, z)\,dy+R(x, y, z)\,dz=0 \quad \cdots\cdots(*m)$$ について，

$f=[P, Q, R]$ とおくとき，$\mathrm{rot}\,f=0$ すなわち，

$R_y=Q_z$ かつ $P_z=R_x$ かつ $Q_x=P_y$ が成り立つならば，

$(*m)$ は完全微分方程式であり，その一般解は次のようになる。

$$\int_{x_0}^{x}P(x, y, z)\,dx+\int_{y_0}^{y}Q(x_0, y, z)\,dy+\int_{z_0}^{z}R(x_0, y_0, z)\,dz=C \quad \cdots\cdots(*m)'$$

**(3) 一般の 1 階線形偏微分方程式 ( シャルピーの解法 )**

2 変数関数 $u=u(x, y)$ について，一般の 1 階偏微分方程式は，

$$F(x, y, u, p, q)=0 \quad \cdots\cdots(*n)$$ と表される。

( ただし，$p=u_x$，$q=u_y$)

これは，特性方程式：

$$\frac{dx}{F_p}=\frac{dy}{F_q}=\frac{du}{pF_p+qF_q}=-\frac{dp}{F_x+pF_u}=-\frac{dq}{F_y+qF_u} \quad \cdots\cdots(*n)'$$

を利用して解く。

ほとんどの方が，“何コレ？” と思われていることだと思う。確かにたかだか1階の偏微分方程式でも，その解法はかなりテクニカルで複雑に思えるかも知れないね。本格的な解説は次章ですることにして，ここでは簡単な紹介にとどめる。

## (1) ラグランジュの偏微分方程式

$$P\cdot\frac{\partial u}{\partial x}+Q\cdot\frac{\partial u}{\partial y}=R \quad \cdots\cdots(*l) \quad (P, Q, R: \text{いずれも } x \text{ と } y \text{ の関数})$$

が，典型的な1階線形偏微分方程式なんだけれど，これを解くのに，

特性方程式：$\frac{dx}{P}=\frac{dy}{Q}=\frac{du}{R}$ ……$(*l)'$ を利用する。

実は，先ほど解いた偏微分方程式：$1\cdot\frac{\partial u}{\partial x}+k\cdot\frac{\partial u}{\partial y}=0$ ……(a) も，（$1$ は $P$，$k$ は $Q$，$0$ は $R$）

$P=1$，$Q=k$，$R=0$ とおけば，これは，ラグランジュの偏微分方程式であることが分かると思う。よって，この特性方程式は，

（この場合，いずれも定数関数）

$$\underbrace{\frac{dx}{1}=\frac{dy}{k}}_{(\text{i})}=\frac{du}{0}$$

（(ii)：$\frac{dy}{k}=\frac{du}{0}$）（形式上，分母に $0$ がきても気にしない！）となるんだね。

これを，(i)，(ii) に分けて実際に解いてみると，

(i) $\frac{dx}{1}=\frac{dy}{k}$ より，　$k\int dx=\int dy$　　$kx=y+C_1$

$\therefore C_1=kx-y$ ……(d)　$(C_1:\text{任意定数})$

(ii) $\frac{dy}{k}=\frac{du}{0}$ より，　$du=0$　　両辺を $u$ で積分して，$u=C_2$

$\therefore C_2=u$ ……(e)　$(C_2:\text{任意定数})$

ここで，2つの任意定数の間に関数関係 $C_2=f(C_1)$ があるものとして，（$C_2$ は $u$，$C_1$ は $kx-y$）

これに(d)，(e)を代入すると，P37で求めたものと同じ一般解

$u(x, y)=f(kx-y)$ ……(b) を導くことができるんだね。

エッ，でも何故特性方程式をもち出したり，2つの任意定数の間に関数関係をもち込んだりするのかって？ それは，ここでは説明しない。ただ，紹介しただけだ。次章での解説を楽しみにしてくれ。

**(2) 完全微分方程式**

$P\,dx + Q\,dy + R\,dz = 0$ ……$(*m)$ の形の微分方程式を**全微分方程式**という。ここで，3 変数スカラー値関数 $u(x, y, z)$ が全微分可能であれば，その全微分 $du$ は，

$du = u_x dx + u_y dy + u_z dz$ ……(a) となる。

これから，$P = u_x$，$Q = u_y$，$R = u_z$ であれば，$(*m)$ は，

$du = \underset{u_x}{P}\,dx + \underset{u_y}{Q}\,dy + \underset{u_z}{R}\,dz = 0$，すなわち $du = 0$ となるので，一般解

$u(x, y, z) = C$ ( 任意定数 ) が導けるんだね。

そして，この $P = u_x$ かつ $Q = u_y$ かつ $R = u_z$ となるための必要十分条件が，$\boldsymbol{f} = [P, Q, R]$ とおいたとき，$\mathrm{rot}\,\boldsymbol{f} = \boldsymbol{0}$ になると言っているんだね。この詳しい解説も次章でする。

**(3)** 2 変数関数 $u(x, y)$ の一般の 1 階偏微分方程式は，$x$ と $y$ と $u$ とその偏導関数 $p(= u_x)$，$q(= u_y)$ の関係式として，

$F(x, y, u, p, q) = 0$ ……$(*n)$ の形で表すことができる。

これを解くためには，少し複雑な形をしているけれど，特性方程式：

$$\frac{dx}{F_p} = \frac{dy}{F_q} = \frac{du}{pF_p + qF_q} = -\frac{dp}{F_x + pF_u} = -\frac{dq}{F_y + qF_u} \quad \cdots\cdots(*n)'$$

を利用することになる。当然，$F_p$ は $F$ を $p(= u_x)$ で偏微分したものであり，$F_q$ は $F$ を $q(= u_y)$ で偏微分したもののことなんだね。他も同様だ。実際に，この特性方程式を覚えることは大変だと思うけれど，このようにして，様々な 1 階偏微分方程式が解けることは当然知っておいてほしい。この 1 階偏微分方程式の解法を"**シャルピーの解法**"という。これについても，何故このような特性方程式が導けるのか？ も含めて，次章で分かりやすく解説するつもりだ。

偏微分方程式を初めて学ぶ方にとって，1 階偏微分方程式の解法は相当難しく感じると思う。事実，解法手順だけでなく，その理論的背景まで考えると，1 階偏微分方程式のレベルはかなり高いと言える。でも，次章ではできるだけ丁寧に解説するので，すべて理解できると思う。楽しみにしてほしい。

## ● 2階線形偏微分方程式も紹介しよう！

それでは次，この後，その解法を詳しく解説する2階線形偏微分方程式についても，下にまとめて紹介しておこう。

### 2階線形偏微分方程式の紹介

**(1) 波動方程式**

(i) $\frac{\partial^2 u}{\partial t^2} = v^2 \frac{\partial^2 u}{\partial x^2}$ ……………………………(∗o) ←1次元波動方程式

(ii) $\frac{\partial^2 u}{\partial t^2} = v^2\left(\frac{\partial^2 u}{\partial x^2} + \frac{\partial^2 u}{\partial y^2}\right)$ ……………(∗o)′ ←2次元波動方程式

(iii) $\frac{\partial^2 u}{\partial t^2} = v^2\left(\frac{\partial^2 u}{\partial x^2} + \frac{\partial^2 u}{\partial y^2} + \frac{\partial^2 u}{\partial z^2}\right)$ ……(∗o)″ ←3次元波動方程式

($v$：正の定数) ((∗o)′，(∗o)″ の右辺は $v^2 \Delta u$ と表せる。)

↑ラプラシアン (P31)

**(2) 熱伝導方程式 ( 拡散方程式 )**

(i) $\frac{\partial u}{\partial t} = a \frac{\partial^2 u}{\partial x^2}$ ……………………………(∗p) ←1次元熱伝導方程式

(ii) $\frac{\partial u}{\partial t} = a\left(\frac{\partial^2 u}{\partial x^2} + \frac{\partial^2 u}{\partial y^2}\right)$ ……………(∗p)′ ←2次元熱伝導方程式

(iii) $\frac{\partial u}{\partial t} = a\left(\frac{\partial^2 u}{\partial x^2} + \frac{\partial^2 u}{\partial y^2} + \frac{\partial^2 u}{\partial z^2}\right)$ ……(∗p)″ ←3次元熱伝導方程式

($a$：正の定数) ((∗p)′，(∗p)″ の右辺は $a\Delta u$ と表せる。)

**(3) ラプラス方程式**

(i) $\frac{\partial^2 u}{\partial x^2} + \frac{\partial^2 u}{\partial y^2} = 0$ ……………(∗q) ←2次元ラプラス方程式

(ii) $\frac{\partial^2 u}{\partial x^2} + \frac{\partial^2 u}{\partial y^2} + \frac{\partial^2 u}{\partial z^2} = 0$ ……(∗q)′ ←3次元ラプラス方程式

((∗q)，(∗q)′ の左辺は $\Delta u$ と表せる。)

波動や熱伝導など，いずれも物理現象を支配する重要な2階線形偏微分方程式で，物理的には，$t$ は時刻を，そして，$x$，$y$，$z$ は位置 ( または，変位 ) を表す独立変数と考えていいんだね。

(1) の波動方程式の中で最も基本的なものが，(i) 1次元波動方程式：

$\frac{\partial^2 u}{\partial t^2} = v^2 \frac{\partial^2 u}{\partial x^2}$ ……(∗o) なんだね。

この1次元波動方程式$(*o)$は，弦の振動だけでなく，マクスウェルの方程式から導かれる電磁波も表す重要な方程式で，次のような進行波と後退波から成るダランベールの一般解をもつ。

1次元波動方程式
$$\frac{\partial^2 u}{\partial t^2} = v^2 \frac{\partial^2 u}{\partial x^2} \quad \cdots\cdots(*o)$$

## ダランベールの解

位置$x$と時刻$t$の2変数関数$u(x, t)$の1次元波動方程式：

$$\frac{\partial^2 u}{\partial x^2} = \frac{1}{v^2}\cdot\frac{\partial^2 u}{\partial t^2} \quad \cdots\cdots(*o) \quad \text{の一般解は，}$$

$$u(x, t) = f\left(t - \frac{x}{v}\right) + g\left(t + \frac{x}{v}\right) \quad \cdots\cdots(*r) \quad \text{となる。}$$

（$f\left(t - \frac{x}{v}\right)$：進行波，$g\left(t + \frac{x}{v}\right)$：後退波）

（ただし，$f$，$g$は2階微分可能な任意関数）

2階の偏微分方程式なので，一般解は2つの任意関数$f$, $g$を含む。

この解を，“**ダランベールの解**”という。

ここで，$(*o)$がダランベールの解をもつことを示しておこう。

まず，新たな変数$\eta$と$\xi$を，$\eta = t - \frac{x}{v}$ ……①，$\xi = t + \frac{x}{v}$ ……② とおくと，

$$\frac{①+②}{2} \text{より，} t = \frac{1}{2}(\eta + \xi) \quad \therefore t_\eta = t_\xi = \frac{1}{2} \quad \leftarrow \frac{\partial t}{\partial \eta} = \frac{\partial t}{\partial \xi} = \frac{1}{2}$$

$$\frac{②-①}{2} \times v \text{より，} x = \frac{v}{2}(\xi - \eta) \quad \therefore x_\eta = -\frac{v}{2},\ x_\xi = \frac{v}{2} \quad \leftarrow \frac{\partial x}{\partial \eta} = -\frac{v}{2},\ \frac{\partial x}{\partial \xi} = \frac{v}{2}$$

連鎖的な偏微分の変形の準備だ！

ここで，$u$は，$x$と$t$を介して，変数$\eta$と$\xi$の2変数関数，すなわち，

$u = u(x, t) = u(x(\eta, \xi), t(\eta, \xi))$ と考えることができるので，

・まず，$u$を$\xi$で偏微分すると，（連鎖的，機械的に変形できる！）

$$\frac{\partial u}{\partial \xi} = u_\xi = u_x \cdot \underbrace{x_\xi}_{\frac{v}{2}} + u_t \cdot \underbrace{t_\xi}_{\frac{1}{2}} = \frac{v}{2}u_x + \frac{1}{2}u_t \quad \cdots\cdots③$$

となる。これをさらに$\eta$で偏微分すると，

$$\frac{\partial}{\partial\eta}\left(\frac{\partial u}{\partial\xi}\right)=\frac{\partial^2 u}{\partial\eta\partial\xi}=(u_\xi)_\eta=\left(\frac{v}{2}u_x+\frac{1}{2}u_t\right)_\eta \quad (③より)$$

$$=\frac{v}{2}(u_x)_\eta+\frac{1}{2}(u_t)_\eta$$

連鎖的変形の2連発

$$=\frac{v}{2}(u_{xx}\cdot x_\eta+u_{xt}\cdot t_\eta)+\frac{1}{2}(u_{tx}\cdot x_\eta+u_{tt}\cdot t_\eta)$$

$x_\eta = -\frac{v}{2}$, $t_\eta = \frac{1}{2}$

$$=\frac{v}{2}\left(-\frac{v}{2}u_{xx}+\frac{1}{2}u_{xt}\right)+\frac{1}{2}\left(-\frac{v}{2}u_{tx}+\frac{1}{2}u_{tt}\right)$$

ここで，シュワルツの公式：$u_{tx}=u_{xt}$ が成り立つものとした。

$$=-\frac{v^2}{4}\left(u_{xx}-\frac{1}{v^2}u_{tt}\right)=-\frac{v^2}{4}\left(\frac{\partial^2 u}{\partial x^2}-\frac{1}{v^2}\cdot\frac{\partial^2 u}{\partial t^2}\right)=0$$

0 ((∗o) より)

以上より，$\frac{\partial^2 u}{\partial\eta\partial\xi}=0$ ……④

・④の両辺をまず $\eta$ で積分して，

$$\frac{\partial u}{\partial\xi}=h(\xi) \quad \cdots\cdots ⑤ \quad (h：任意関数)$$

・⑤の両辺をさらに $\xi$ で積分して，

$$u=\int h(\xi)\,d\xi+f(\eta)=f(\eta)+g(\xi) \quad \cdots\cdots ⑥ \quad (f,\ g：任意関数)$$

これを新たな $\xi$ の関数 $g(\xi)$ とおく。

⑥に①と②を代入すれば，ダランベールの解：

$$u(x,\,t)=f\left(t-\frac{x}{v}\right)+g\left(t+\frac{x}{v}\right) \quad \cdots\cdots(*r)$$ が導けるんだね。

ここで，進行波 $f\left(t-\frac{x}{v}\right)$ について解説しよう。図2に示すように，時刻 $t=0$ のとき，$x=0$ 前後に $f$ により描かれた波形と同じ波形が，$x=x_1\ (>0)$ の位置には，

図2 進行波 $f\left(t-\frac{x}{v}\right)$

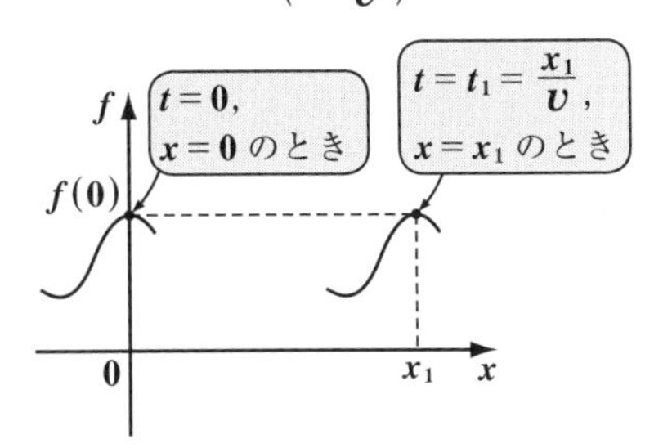

時刻 $t = t_1 = \frac{x_1}{v}$ 秒後に現われることになる。何故なら，$x = x_1$ と $t = t_1 = \frac{x_1}{v}$ を $f\left(t - \frac{x}{v}\right)$ に代入すると，

$$f\left(t_1 - \frac{x_1}{v}\right) = f\left(\frac{x_1}{v} - \frac{x_1}{v}\right) = f(0)$$

となって，時刻 $t = 0$ のとき $x = 0$ 付近にあった波が，速さ $v$(m/s) で進行して，$t = t_1$ 秒後に $x = x_1$ 付近に達するからなんだ。よって，$f\left(t - \frac{x}{v}\right)$ を**進行波**と呼ぶ。**後退波** $g\left(t + \frac{x}{v}\right)$ についても同様だから，自分で考えてごらん。

(1) 波動方程式
- $u_{tt} = v^2(u_{xx} + u_{yy})$ …………$(*o)'$
- $u_{tt} = v^2(u_{xx} + u_{yy} + u_{zz})$ ……$(*o)''$

(2) 熱伝導方程式
- $u_t = a(u_{xx} + u_{yy})$ ……………$(*p)'$
- $u_t = a(u_{xx} + u_{yy} + u_{zz})$ ……$(*p)''$

(3) ラプラス方程式
- $u_{xx} + u_{yy} = 0$ ………………$(*q)$
- $u_{xx} + u_{yy} + u_{zz} = 0$ …………$(*q)'$

(Ⅰ) 次，2 次元の (1) 波動方程式 $(*o)'$，(2) 熱伝導方程式 $(*p)'$，(3) ラプラス方程式 $(*q)$ に出てくる $\Delta u = u_{xx} + u_{yy} = \frac{\partial^2 u}{\partial x^2} + \frac{\partial^2 u}{\partial y^2}$ について，これは $xy$ 座標系における表現なんだね。これを極座標 $(r, \theta)$ で表現しなおすと，

$$\frac{\partial^2 u}{\partial x^2} + \frac{\partial^2 u}{\partial y^2} = \frac{1}{r}\cdot\frac{\partial}{\partial r}\left(r\frac{\partial u}{\partial r}\right) + \frac{1}{r^2}\cdot\frac{\partial^2 u}{\partial \theta^2} \quad \cdots(*s)$$

($\Delta u = u_{xx} + u_{yy}$ の極座標表示)

となる。

(Ⅰ) 直交座標と極座標

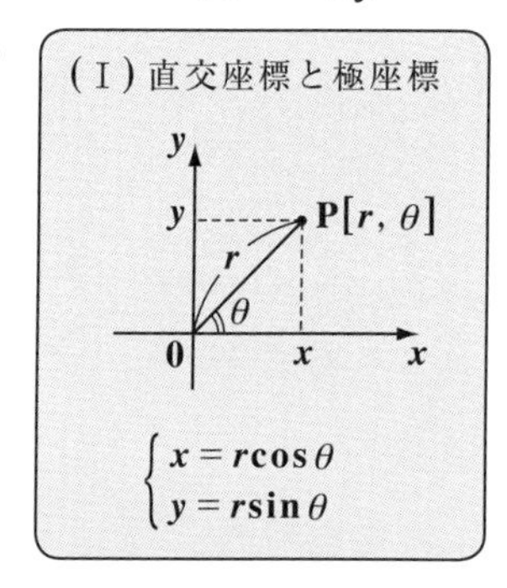


(Ⅱ) 同様に，3 次元の (1) 波動方程式 $(*o)''$，(2) 熱伝導方程式 $(*p)''$，(3) ラプラス方程式 $(*q)'$ に出てくる $\Delta u = u_{xx} + u_{yy} + u_{zz}$ について，これを円柱座標 $(r, \theta, z)$ で表すと，

$$\frac{\partial^2 u}{\partial x^2} + \frac{\partial^2 u}{\partial y^2} + \frac{\partial^2 u}{\partial z^2} = \frac{1}{r}\cdot\frac{\partial}{\partial r}\left(r\frac{\partial u}{\partial r}\right) + \frac{1}{r^2}\cdot\frac{\partial^2 u}{\partial \theta^2} + \frac{\partial^2 u}{\partial z^2} \quad \cdots(*t)$$

($\Delta u = u_{xx} + u_{yy} + u_{zz}$ の円柱座標表示)

となる。

(Ⅱ) 直交座標と円柱座標

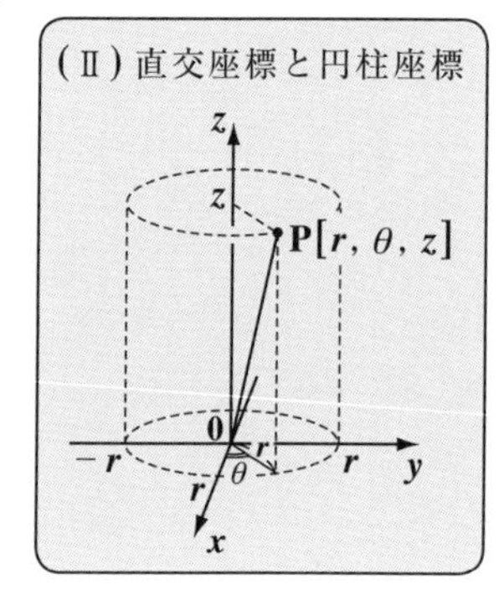

(Ⅲ) 最後に，3次元の (1) 波動方程式 $(*o)''$，(2) 熱伝導方程式 $(*p)''$，(3) ラプラス方程式 $(*q)'$ に出てくる $\Delta u = u_{xx} + u_{yy} + u_{zz}$ について，これを右図のような球座標 $(r, \theta, \varphi)$ で表現すると，少し複雑な式になるけれど，次のようになる。

天頂角 方位角

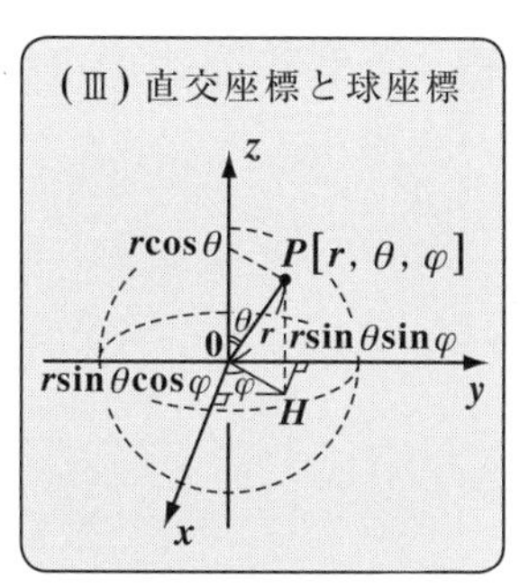


$$\frac{\partial^2 u}{\partial x^2} + \frac{\partial^2 u}{\partial y^2} + \frac{\partial^2 u}{\partial z^2}$$
$$= \frac{1}{r^2} \cdot \frac{\partial}{\partial r}\left(r^2 \frac{\partial u}{\partial r}\right) + \frac{1}{r^2} \cdot \frac{\partial^2 u}{\partial \theta^2} + \frac{\cos\theta}{r^2 \sin\theta} \cdot \frac{\partial u}{\partial \theta} + \frac{1}{r^2 \sin^2\theta} \cdot \frac{\partial^2 u}{\partial \varphi^2} \quad \cdots (*u)$$

$\Delta u = u_{xx} + u_{yy} + u_{zz}$ の球座標表示

何故このように複雑な式になるにも関わらず，座標変換する必要があるのかって？　それは，偏微分方程式を解く際に与えられる境界条件の形によって，座標系を変えた方が，より簡単に解くことができるからなんだ。

(Ⅰ) 極座標は，円形の境界条件のときに有効であり，
(Ⅱ) 円柱座標は，円柱形の境界条件のときに有効であり， ← ベッセル関数
(Ⅲ) 球座標は，球形の境界条件のときに有効なんだ。 ← ルジャンドル多項式

そして，これら2階の線形偏微分方程式を解く際に直線(または矩形)状の境界条件の問題では，フーリエ級数展開やフーリエ変換が役に立つ。これに対して，(Ⅰ) 円形または，(Ⅱ) 円柱形の境界条件の問題では，ベッセル関数を利用することになる。さらに (Ⅲ) 球形の境界条件の問題では，ルジャンドル多項式が重要な役割を演じる。以上のことをシッカリ頭に入れておこう。

エッ，意味がよく分からないって？　大丈夫！　まだプロローグの段階だからね。今は2階線形偏微分方程式の全体像はこういうものなんだって，感じでとらえてもらうだけで十分だよ。具体的には，それぞれのテーマ毎にできるだけ親切に分かりやすく解説していくから，すべて理解できると思う。確かにレベルは高いかも知れないけれど，ステップ・バイ・ステップに勉強していってくれたらいいんだ。

## ● 2変数関数の2階偏微分方程式には3つの型がある！

最後に，2変数関数の2階線形偏微分方程式には，3つの型があることも紹介しておこう。一般に，2変数スカラー値関数 $u(x,\ y)$ の2階線形偏微分方程式が，次のように表されるのは大丈夫だね。

$$A\frac{\partial^2 u}{\partial x^2}+B\frac{\partial^2 u}{\partial y\partial x}+C\frac{\partial^2 u}{\partial y^2}+D\frac{\partial u}{\partial x}+E\frac{\partial u}{\partial y}+Fu=f(x,\ y)\quad \cdots\cdots①$$

①は，$Au_{xx}+Bu_{xy}+Cu_{yy}+Du_x+Eu_y+Fu=f$ と表してもいいし，$u_x=p$，$u_y=q$ と表したように，さらに $u_{xx}=r$，$u_{xy}=s$，$u_{yy}=t$ とおいて，$Ar+Bs+Ct+Dp+Eq+Fu=f$ と略記することもある。

ここで，$A$，$B$，$C$，$D$，$E$，$F$ は，一般に $x$ と $y$ の関数であるが，定数であってもかまわない。そして，2階偏導関数 $u_{xx}$ と $u_{xy}$ と $u_{yy}$ の係数 $A$，$B$，$C$ について，2次方程式のときの判別式 $D$ と同様に，$B^2-4AC$ を求めると，この符号（⊕, 0, ⊖）によって，①の偏微分方程式は次のように（Ⅰ）**双曲線型**，（Ⅱ）**放物線型**，そして（Ⅲ）**楕円型**の3つの偏微分方程式に分類することができる。

（Ⅰ）$B^2-4AC>0$　のとき，"**双曲線型**" 偏微分方程式であり，
（Ⅱ）$B^2-4AC=0$　のとき，"**放物線型**" 偏微分方程式であり，
（Ⅲ）$B^2-4AC<0$　のとき，"**楕円型**" 偏微分方程式である。

$A$，$B$，$C$ が定数のときは，$xy$ 平面の全領域に渡って，この偏微分方程式の型が変化することはないが，$A$, $B$, $C$ が $x$, $y$ の関数の場合，当然 $xy$ 平面内の領域によって $B^2-4AC$ の符号も変化し得るので，この型も変化する可能性がある。

それでは，具体例で示そう。

（Ⅰ）双曲線型偏微分方程式の例

2変数関数 $u(x,\ t)$ の1次元波動方程式：$\dfrac{\partial^2 u}{\partial t^2}=v^2\dfrac{\partial^2 u}{\partial x^2}$　$\cdots\cdots(*o)$

を①の形式で表すと，

$\underbrace{v^2}_{A}\cdot u_{xx}+\underbrace{0}_{B}\cdot u_{xt}\underbrace{-1}_{C}\cdot u_{tt}+0\cdot u_x+0\cdot u_t+0\cdot u=0$　となるので，

$B^2-4AC=0^2-4\cdot v^2\cdot(-1)=4v^2>0$　($v$：正の定数）　だね。

よって，1次元波動方程式は，双曲線型の偏微分方程式であり，ダランベールの解 $u(x,\ t)=f\left(t-\dfrac{x}{v}\right)+g\left(t+\dfrac{x}{v}\right)$　をもつんだね。

(Ⅱ) 放物線型偏微分方程式の例

2 変数関数 $u(x, t)$ の 1 次元熱伝導方程式：$\frac{\partial u}{\partial t} = a \frac{\partial^2 u}{\partial x^2}$ ……$(*p)$

を①の形で表現すると，

$$\underbrace{a}_{A} \cdot u_{xx} + \underbrace{0}_{B} \cdot u_{xt} + \underbrace{0}_{C} \cdot u_{tt} + 0 \cdot u_x \underbrace{-1}_{E} \cdot u_t + 0 \cdot u = 0$$ となるので，

$B^2 - 4AC = 0^2 - 4 \cdot a \cdot 0 = 0$ となる。

これから，1 次元熱伝導方程式 (または，1 次元拡散方程式) は，放物線型の偏微分方程式であることが分かる。

(Ⅲ) 楕円型偏微分方程式の例

2 変数関数 $u(x, y)$ の 2 次元ラプラス方程式：$\frac{\partial^2 u}{\partial x^2} + \frac{\partial^2 u}{\partial y^2} = 0$ …$(*q)$

も①の形式で表すと，

$$\underbrace{1}_{A} \cdot u_{xx} + \underbrace{0}_{B} \cdot u_{xy} + \underbrace{1}_{C} \cdot u_{yy} + 0 \cdot u_x + 0 \cdot u_y + 0 \cdot u = 0$$ となるので，

$B^2 - 4AC = 0^2 - 4 \cdot 1 \cdot 1 = -4 < 0$ となる。

よって，2 次元のラプラス方程式は，楕円型の偏微分方程式であることが分かる。このラプラス方程式の解 $u(x, y)$ は "**調和関数**" と呼ばれる非常に性質のいい関数で，$xy$ 平面内のある境界線の内部では最大値も最小値もとらないなだらかな解曲面を描くことが分かっている。

ちなみに，この $(*q)$ の 2 次元ラプラス方程式の解として，

$u(x, y) = xy$ や，$u(x, y) = x^2 - y^2$ などの簡単なものだけでなく，

$u(x, y) = 3x^2y - y^3$ や，$u(x, y) = e^x(x\cos y - y\sin y)$ などなど……

無数の解が存在する。これらが解であることは，$u_{xx}$ と $u_{yy}$ を計算して，$(*q)$ に代入してみれば分かるので，御自身で確認されるといい。

このように，偏微分方程式の解のヴァリエーションが非常に大きいことが，このことからも確認できると思う。

以上，2 変数関数の 2 階偏微分方程式の 3 つの型が，それぞれ 1 次元波動方程式，1 次元熱伝導方程式，2 次元ラプラス方程式に対応していたんだね。これらの解法についても，この後詳しく解説していくつもりだ。

## 講義1 ● 偏微分方程式のプロローグ　公式エッセンス

1. 変数分離形の1階線形常微分方程式 $\frac{du}{dx} = g(x) \cdot h(u)$ の一般解

$$\int \frac{1}{h(u)} du = \int g(x) dx$$

2. 1階線形常微分方程式 $u' + P(x) \cdot u = Q(x)$ の一般解

$$u(x) = e^{-\int P(x)dx} \left\{ \int Q(x) \cdot e^{\int P(x)dx} dx + C \right\}$$

3. 定数係数2階線形常微分方程式 $u'' + au' + bu = 0$ の一般解

特性方程式 $\lambda^2 + a\lambda + b = 0$ の判別式を $D = a^2 - 4b$ とおくと，

(i) $D \neq 0$ のとき，$u(x) = C_1 e^{\lambda_1 x} + C_2 e^{\lambda_2 x}$ ← $D > 0$ または $D < 0$

(ii) $D = 0$ のとき，$u(x) = C_1 e^{\lambda_1 x} + C_2 x e^{\lambda_1 x}$

4. 2変数関数 $u(x, y)$ の $x$ による偏微分 $\frac{\partial u}{\partial x}$ の定義

$$\frac{\partial u}{\partial x} = u_x = \lim_{\Delta x \to 0} \frac{u(x + \Delta x, y) - u(x, y)}{\Delta x}$$

5. 偏微分の計算公式は，常微分の計算公式と同様になる。

6. シュワルツの定理

$u_{xy}$ と $u_{yx}$ が共に連続ならば，$u_{xy} = u_{yx}$ が成り立つ。

7. 全微分可能な2変数関数 $u = u(x, y)$ の全微分 $du$ の定義

$$du = u_x dx + u_y dy$$

8. ベクトル値関数 $\boldsymbol{u}(x, y, z) = [u_1, u_2, u_3]$ の $x$ に関する偏微分 $\boldsymbol{u}_x$

$$\boldsymbol{u}_x = [u_{1x}, u_{2x}, u_{3x}]$$

9. スカラー値関数 $u(x, y)$ の勾配ベクトル $\mathrm{grad}\, u = \nabla u$

$$\mathrm{grad}\, u = \nabla u = [u_x, u_y]$$

10. ベクトル値関数 $\boldsymbol{u}(x, y) = [u_1, u_2]$ の発散 $\mathrm{div}\, \boldsymbol{u} = \nabla \cdot \boldsymbol{u}$

$$\mathrm{div}\, \boldsymbol{u} = \nabla \cdot \boldsymbol{u} = u_{1x} + u_{2y}$$

11. ベクトル値関数 $\boldsymbol{u}(x, y, z) = [u_1, u_2, u_3]$ の回転 $\mathrm{rot}\, \boldsymbol{u} = \nabla \times \boldsymbol{u}$

$$\mathrm{rot}\, \boldsymbol{u} = \nabla \times \boldsymbol{u} = [u_{3y} - u_{2z}, u_{1z} - u_{3x}, u_{2x} - u_{1y}]$$

講　義
Lecture
# 2

# 1階偏微分方程式

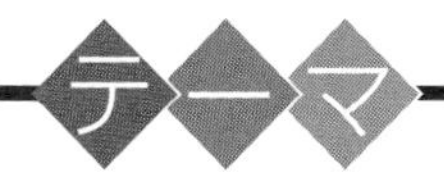


▶ ラグランジュの偏微分方程式

$$\left( Pu_x + Qu_y = R,\ \frac{dx}{P} = \frac{dy}{Q} = \frac{du}{R} \right)$$

▶ 完全微分方程式と全微分方程式

$$\left( Pdx + Qdy + Rdz = 0,\ \mathrm{rot}\boldsymbol{f} = \boldsymbol{0} \right)$$

▶ 一般の 1 階偏微分方程式

$$F(x,\ y,\ u,\ p,\ q) = 0$$

$$\frac{dx}{F_p} = \frac{dy}{F_p} = \frac{du}{pF_p + qF_p} = -\frac{dp}{F_x + pF_u} = -\frac{dq}{F_y + qF_u}$$

# §1. ラグランジュの偏微分方程式の解法

さァ，それでは，1 階偏微分方程式の解法について講義を始めよう。ここでは，典型的な 1 階線形偏微分方程式として，**"ラグランジュの偏微分方程式"** $P \cdot u_x + Q \cdot u_y = R$ の解法について詳しく解説する。

このラグランジュの偏微分方程式を解く際に，特性方程式を利用するが，この特性方程式を含め，この解法の理論的な背景や図形的な意味についても教えよう。もちろん，この解法パターンに従って，実際にラグランジュの偏微分方程式を何題か解いてみよう。

## ● ラグランジュの偏微分方程式を解いてみよう！

2 変数関数 $u = u(x,\ y)$ について，**"ラグランジュの偏微分方程式"** とその解法をまず下に示そう。

**ラグランジュの偏微分方程式とその解法（Ⅰ）**

2 変数関数 $u = u(x,\ y)$ について，次の形の 1 階線形偏微分方程式：

$$P(x,\ y,\ u)\frac{\partial u}{\partial x} + Q(x,\ y,\ u)\frac{\partial u}{\partial y} = R(x,\ y,\ u) \quad \cdots\cdots (*l)$$

を **"ラグランジュの偏微分方程式"** と呼ぶ。これは，次の**特性方程式**（または**補助方程式**）：$\frac{dx}{P} = \frac{dy}{Q} = \frac{du}{R}$ ……$(*l)'$ を解いて，

2つの独立な解 $f(x,\ y,\ u) = C_1$ と $g(x,\ y,\ u) = C_2$ （$C_1$，$C_2$：任意定数）を求めた後，次のように一般解を求める。

$g = \varphi(f)$ または $\psi(f,\ g) = 0$

（ここで，$\varphi, \psi$ は任意関数）

何故このような解法で解けるのか，その理論については後で解説することにして，まず，ここで，ラグランジュの偏微分方程式の例題を 1 題解いてみることにしよう。

例題 10　次の偏微分方程式の一般解を求めよう。

$$x\frac{\partial u}{\partial x} - y\frac{\partial u}{\partial y} = u \quad \cdots\cdots ①$$

$\underset{P}{x}u_x \underset{Q}{-y}u_y = \underset{R}{u}$ …… ①は，$P = x$，$Q = -y$，$R = u$ とおくと，

ラグランジュの偏微分方程式であることが分かる。よって，この特性方程式は，

$$\underbrace{\frac{dx}{x} = \frac{dy}{-y}}_{(\mathrm{i})} = \underbrace{\frac{du}{u}}_{(\mathrm{ii})}$$ ← 補助方程式：$\frac{dx}{P} = \frac{dy}{Q} = \frac{du}{R}$

となる。これを 2 つに分解して解くと，

(i) $\frac{dx}{x} = \frac{dy}{-y}$ より，$\int \frac{1}{x}dx = -\int \frac{1}{y}dy$　　よって，

$\log|x| = -\log|y| + C_1'$　　($C_1'$：任意定数)

ここで，$C_1' = \log C_1''$（すなわち $C_1'' = e^{C_1'}$）とおくと，

$\log|x| + \log|y| = \log C_1''$, $\log|xy| = \log C_1''$，$|xy| = C_1''$, $xy = \pm C_1''$ （$C_1$ とおく）

$\therefore\ xy = C_1$ …… ②となる。← 1 つの独立解 $f(x, y, u) = C_1$ が求まった。

（ただし，$C_1$：任意定数，$C_1 = \pm C_1''$）

(ii) $\frac{dx}{x} = \frac{du}{u}$ より，$\int \frac{1}{u}du = \int \frac{1}{x}dx$　　よって，

$\log|u| = \log|x| + C_2'$　　($C_2'$：任意定数)

ここで，$C_2' = \log C_2''$（すなわち $C_2'' = e^{C_2'}$）とおくと，

$\log|u| = \log C_2''|x|$　　$|u| = C_2''|x|$　　$\therefore\ u = \pm C_2'' x$ （これを $C_2$ とおく）

$\therefore\ u = C_2 x$ …… ③となる。← ③も，$\frac{u}{x} = C_2$ とおくと，もう 1 つの独立解 $g(x, y, u) = C_2$ が求まったことになるんだね。

（ただし，$C_2$：任意定数，$C_2 = \pm C_2''$）

ここで，2 つの任意定数の間に

$C_2 = \varphi(C_1)$ … ④の関数関係が存在するものとして，②，③を④に代入すると，

$$\frac{u}{x} = \varphi(xy) \qquad (\varphi：任意関数)$$

$\therefore$ ①の一般解 $u(x,\ y) = x\varphi(xy)$ …… ⑤ が求まった。

1 つの任意関数 $\varphi$ を含む解なので，これは①の一般解となる。ここで，$\varphi$ は任意より，$u(x,\ y) = xe^{xy}$，$u(x,\ y) = x\sin(xy)$ など……，すべて解になる。

（または $C_1$ と $C_2$ の間に $\psi(C_1,\ C_2) = 0$ の関係式があるとして，一般解を $\psi\left(xy,\ \frac{u}{x}\right) = 0$　($\psi$：任意関数) と表してもいい。）

実際に，$u(x,\ y)=x\varphi(xy)$ … ⑤がラグランジュの偏微分方程式①の解であることを確認してみよう。

$xu_x-yu_y=u$ … ①
の一般解
$u=x\varphi(xy)$ …… ⑤

まず，⑤の両辺を $x$ と $y$ でそれぞれ偏微分すると，

$$u_x=1\cdot\varphi(xy)+x\cdot\underbrace{(xy)_x}_{y}\cdot\varphi'(xy)=\varphi(xy)+xy\varphi'(xy) \quad \cdots ⑤'$$

この"′"は，$xy$ による微分を表す。

$$u_y=x\cdot\underbrace{(xy)_y}_{x}\cdot\varphi'(xy)=x^2\varphi'(xy) \quad \cdots\cdots ⑥'$$ だね。

よって，⑤′，⑥′を①の左辺に代入すると，

$$(\text{①の左辺})=x\cdot\{\varphi(xy)+xy\varphi'(xy)\}-y\cdot x^2\varphi'(xy)$$

$=x\varphi(xy)=u=$（①の右辺）が導かれて，⑤は①をみたすことが分かる。つまり，⑤は①の偏微分方程式の一般解であることが分かったんだね。

では，何故このような解法パターンで，ラグランジュの偏微分方程式の一般解が求まるのか？その理由について解説しよう。

## ● ラグランジュの偏微分方程式の解法の理論を考えよう！

ラグランジュの偏微分方程式：

$Pu_x+Qu_y=R$ …… $(*l)$

の解 $u=u(x,\ y)$ は，図1に示すように，$xyu$ 直交座標系における1つの滑らかな曲面を表すと考えていい。よって，この解のことを解曲面 $u=u(x,\ y)$ と呼ぶことにする。

この解曲面は，曲面上のいずれの点においても接平面を持つ滑らかな曲面と考えると，この曲面上の点 $\mathrm{A}(x,\ y,\ u)$ における接平面の法線ベクトル $\boldsymbol{h}$ が，

図1 ラグランジュの偏微分方程式（Ⅰ）

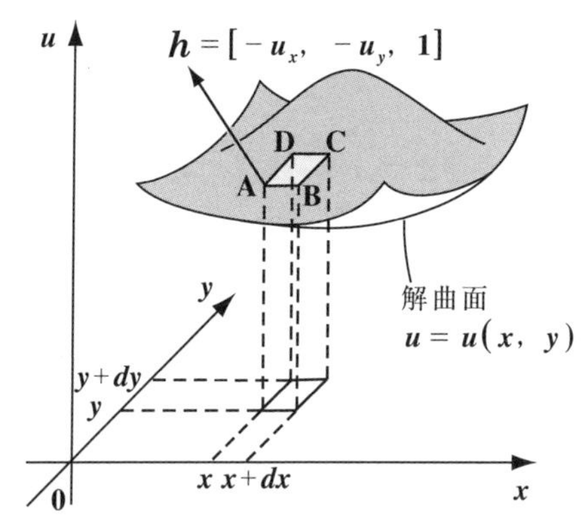


（微小な四角形 ABCD は接平面の微小な面要素）

$\boldsymbol{h}=[-u_x,\ -u_y,\ 1]$ …… (a) で表されることは，P23で既に教えたね。

ここで，ラグランジュの偏微分方程式($*l$)を変形すると，

$-Pu_x - Qu_y + R = 0$ ……① となり，

ここで，2つのベクトルを $\boldsymbol{h} = [-u_x,\ -u_y,\ 1]$ と $\boldsymbol{d} = [P,\ Q,\ R]$ とおくと，①の左辺は $\boldsymbol{h}$ と $\boldsymbol{d}$ の内積として表すことができる。よって，($*l$) は，

$\boldsymbol{h} \cdot \boldsymbol{d} = [-u_x,\ -u_y,\ 1] \cdot [P,\ Q,\ R] = 0$ と変形できるので，

これから，2つのベクトル $\boldsymbol{h}$ と $\boldsymbol{d}$ が互いに直交することが分かる。

ここで，$\boldsymbol{h}$ は接平面の法線ベクトルなので，図2(ⅰ)に示すように，$\boldsymbol{d} = [P,\ Q,\ R]$ は接平面上に存在するベクトルである。したがって，図2(ⅱ)に示すように，この $\boldsymbol{d}$ を含み軸 $u$ と平行な平面を $\pi$ とおくと，この平面 $\pi$ と解曲面 $u = u(x,\ y)$ との交線が得られる。この交線を曲線 $l$ とおくと，図2(ⅱ)から明らかに，$\boldsymbol{d}$ は曲線 $l$ の点Aにおける接線ベクトルになっているんだね。一般に座標空間における曲線は，曲線上を動く動点Pの各座標を1つのパラメータ(媒介変数)$t$ を使って表すことができる。よって，図2(ⅲ)に示すように，曲線 $l$ も動点Pにより，$\mathrm{P} = (x(t),\ y(t),\ u(t))$ で表すものとする。

これは，物理的には，$t$ を時刻と考えれば，時刻 $t$ の変化により，動点Pが時々刻々動いて曲線 $l$ を描くと考えればいい。

図2 ラグランジュの偏微分方程式(Ⅱ)

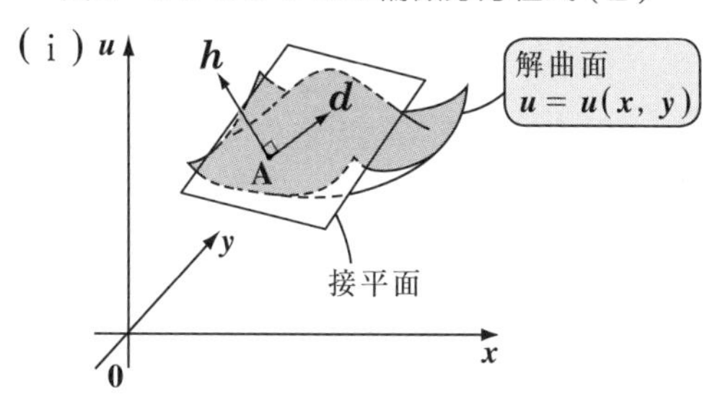


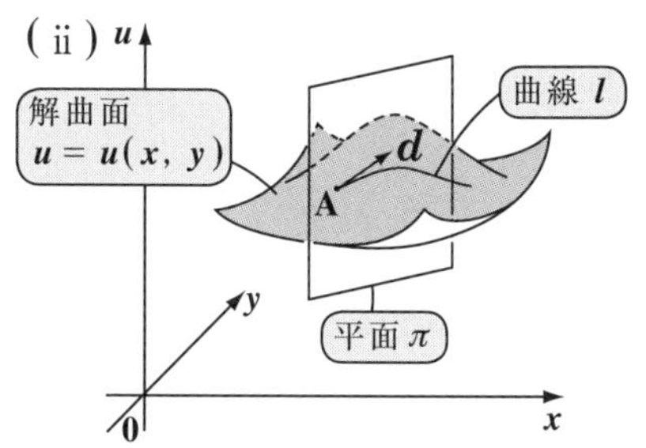


(平面 $\pi$：$\boldsymbol{d}$ を含み $u$ 軸と平行な平面
曲線 $l$：解曲面と平面 $\pi$ との交線)

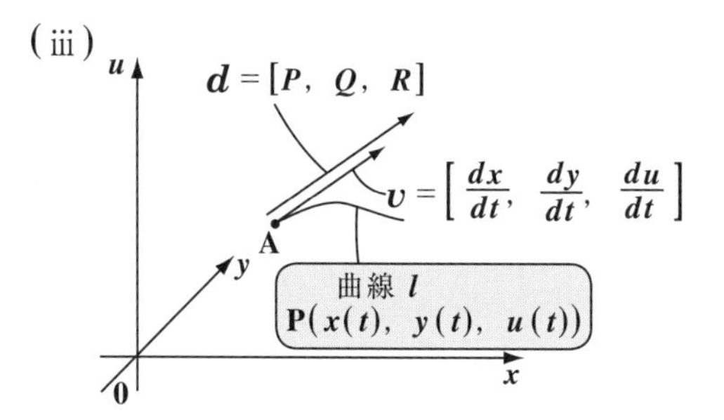

そして，位置$\mathbf{P} = (x(t),\ y(t),\ u(t))$の各成分を時刻$t$で微分したものが，速度ベクトル$\boldsymbol{v}$であることは，皆さん御存知だと思う。よって，

$$\boldsymbol{v} = \left[\frac{dx}{dt},\ \frac{dy}{dt},\ \frac{du}{dt}\right]$$ だね。

力学では，時刻$t$での微分は"・"を使って，$\boldsymbol{v} = [\dot{x},\ \dot{y},\ \dot{u}]$と表す。

そして，この速度ベクトル$\boldsymbol{v}$は曲線$l$上の各点における接線ベクトルとなるので，今考えている曲線$l$上の点$\mathbf{A}$においても，$\boldsymbol{v}$と$\boldsymbol{d}$は共に同じ接線ベクトルとなる。よって，これらは互いに平行となるので，

$$\boldsymbol{v} = \left[\frac{dx}{dt},\ \frac{dy}{dt},\ \frac{du}{dt}\right] /\!/ \boldsymbol{d} = [P,\ Q,\ R] \quad \cdots\cdots (b)$$ が導ける。

これから，比例定数$k$を用いると(b)は次のように表せる。

$$\frac{dx}{dt} = kP \cdots (c),\qquad \frac{dy}{dt} = kQ \cdots (d),\qquad \frac{du}{dt} = kR \cdots (e)$$

さらに，(c)，(d)，(e)より，特性方程式(または補助方程式)：

$$\frac{dx}{P} = \frac{dy}{Q} = \frac{du}{R} \quad (= kdt) \cdots\cdots (*l)'$$ が導ける。

ここまでは大丈夫？では次，特性方程式$(*l)'$を2組に分け，たとえば，

(i) $\dfrac{dx}{P} = \dfrac{dy}{Q}$ を解いて1つの独立な解：

$f(x,\ y,\ u) = C_1 \cdots\cdots$ (f)

$(C_1$：任意定数$)$ および，

(ii) $\dfrac{dy}{Q} = \dfrac{du}{R}$ を解いてもう1つの独立な解：

$g(x,\ y,\ u) = C_2 \cdots\cdots$ (g)

$(C_2$：任意定数$)$

が得られるものとしよう。

すると，これら2つの独立な解(f)と(g)は，図3(i)に示すように，$xyu$座標空間では2枚の曲面を表すことになり，(f)と(g)を連立させたものは，これら2枚の曲面の交線(曲線)を表すことになる。

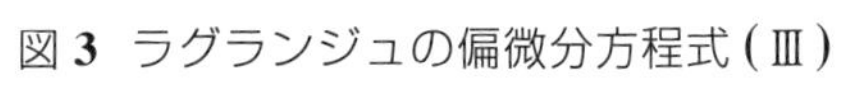
図3 ラグランジュの偏微分方程式(Ⅲ)

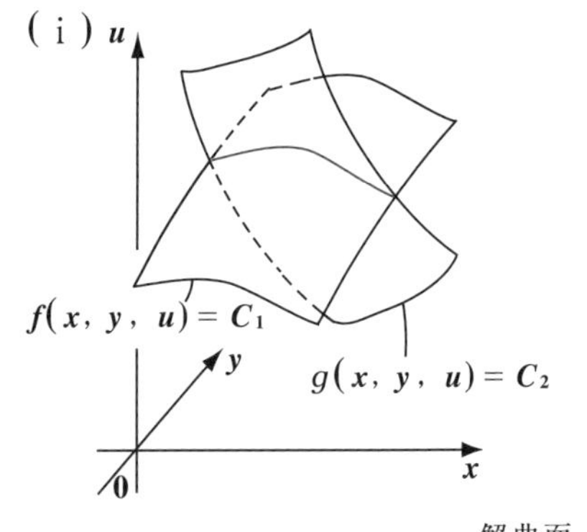


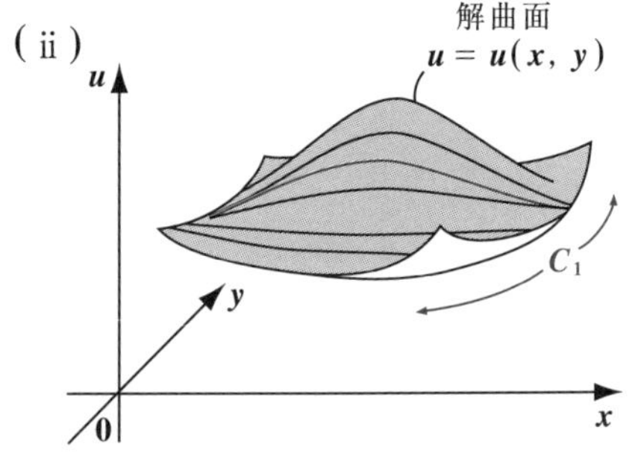

ところが，(f)と(g)にはそれぞれ任意定数 $C_1$ と $C_2$ が存在し，これらが互いに独立に変化したとすると，この交線(曲線)の集合は曲面を描くとは限らなくなる。あくまでも，我々が求めたいものは解曲面 $u=u(x,\ y)$ であるわけだからね。

したがって，(f)と(g)の交線が解曲面を描くためには，パラメータは1つでいい。ということは，2つの任意定数(パラメータ)の間には必ず関数関係が存在しなければならない。これから，

$C_2=\varphi(C_1)$ …… (h) ，または $\psi(C_1,\ C_2)=0$ …… (i) が導かれる。

この(h)，または(i)に(f)，(g)を代入したものが，ラグランジュの偏微分方程式($*l$)の一般解であり，それは，

$g=\varphi(f)$ または，$\psi(f,\ g)=0$ ($\varphi,\ \psi$：任意関数) と表せるんだね。

一般解(解曲面)は，必ずしも $u=u(x,\ y)$ の形になるとは限らない。要は，任意関数を含む $x$ と $y$ と $u$ の関係式が得られればいいんだね。

それでは，より一般的なラグランジュの偏微分方程式の解法についても下に示そう。

## ラグランジュの偏微分方程式とその解法(Ⅱ)

$n$ 変数関数 $u=u(x_1,\ x_2,\ \cdots,\ x_n)$ について，次の1階線形偏微分方程式：

$$f_1\frac{\partial u}{\partial x_1}+f_2\frac{\partial u}{\partial x_2}+\ \cdots\ +f_n\frac{\partial u}{\partial x_n}=g \quad \cdots\cdots\ (*l)''$$

(ここで，$f_1,\ f_2,\ \cdots,\ f_n$，および $g$ はすべて $x_1,\ x_2,\ \cdots,\ x_n,\ u$ の関数)

を **"一般化されたラグランジュの偏微分方程式"** と呼ぶ。これは，

特性方程式：$\dfrac{dx_1}{f_1}=\dfrac{dx_2}{f_2}=\ \cdots\ =\dfrac{dx_n}{f_n}=\dfrac{du}{g}$ … $(*l)'''$ を解いて，

$n$ 個の独立な解

$$\begin{cases}\varphi_1(x_1,\ x_2,\ \cdots,\ x_n,\ u)=C_1\\ \varphi_2(x_1,\ x_2,\ \cdots,\ x_n,\ u)=C_2\\ \cdots\cdots\cdots\cdots\cdots\cdots\cdots\cdots\\ \varphi_n(x_1,\ x_2,\ \cdots,\ x_n,\ u)=C_n\end{cases}$$

を求めた後，次のように一般解が求まる。

$\psi(\varphi_1,\ \varphi_2,\ \cdots,\ \varphi_n)=0$ (ここで，$\psi$ は任意関数)

$n$ 変数関数になってはいるけれど，本質的には2変数関数のときのものと同様なので，解法の手順とその意味も理解できると思う。

例題 **11**　次の偏微分方程式の一般解を求めよう。

(1) $x\frac{\partial u}{\partial x}+y\frac{\partial u}{\partial y}=-u^2$ ……① $(x>0,\ y>0)$

(2) $-y^2\frac{\partial u}{\partial x}+xy\frac{\partial u}{\partial y}=xu$ ……② $(x>0,\ y>0)$

(1) $\underbrace{x}_{P}u_x+\underbrace{y}_{Q}u_y=\underbrace{-u^2}_{R}$ ……①は，$P=x$，$Q=y$，$R=-u^2$とおくと，

ラグランジュの偏微分方程式であることが分かる。

よって，この特性方程式は，

$\frac{dx}{x}=\frac{dy}{y}=\frac{du}{-u^2}$ ……③である。③を**2**つに分けて解くと，

(ⅰ) $\frac{dx}{x}=\frac{dy}{y}$ より，$\int\frac{1}{x}dx=\int\frac{1}{y}dy$　ここで，$x>0,\ y>0$ より，

$\log x=\log y+\underbrace{C_1'}_{\log C_1 とおく}$　$\log\frac{x}{y}=\log C_1$　$(C_1=e^{C_1'})$

$\therefore\ C_1=\frac{x}{y}$ ……④

(ⅱ) $\frac{dx}{x}=-\frac{du}{u^2}$ より，$-\int\frac{1}{u^2}du=\int\frac{1}{x}dx$　よって，

$\frac{1}{u}=\log x+\underbrace{C_2'}_{\log C_2 とおく}$　$\frac{1}{u}=\log C_2x$　$(C_2=e^{C_2'})$

$C_2x=e^{\frac{1}{u}}$　$\therefore\ C_2=\frac{e^{\frac{1}{u}}}{x}$ ……⑤

ここで，④，⑤の**2**つの独立解に含まれる任意定数 $C_1$，$C_2$ の間に関数関係 $C_2=\varphi(C_1)$ ……⑥があるものとすると，④，⑤，⑥より，①の一般解 $u(x,\ y)$ は，

$\frac{e^{\frac{1}{u}}}{x}=\varphi\left(\frac{x}{y}\right)$　$\therefore\ e^{\frac{1}{u}}=x\varphi\left(\frac{x}{y}\right)$ （$\varphi$：任意関数）となる。

もちろん，これを変形して，$\frac{1}{u}=\log\left\{x\varphi\left(\frac{x}{y}\right)\right\}$ より，

$u(x,\ y)=\frac{1}{\log\left\{x\varphi\left(\frac{x}{y}\right)\right\}}$ と表してもいい。

**(2)** $\underset{P}{\underline{-y^2}}u_x+\underset{Q}{\underline{xy}}u_y=\underset{R}{\underline{xu}}$ ……②は，$P=-y^2$，$Q=xy$，$R=xu$ とおくと，

ラグランジュの偏微分方程式であることが分かる。

よって，この特性方程式は，

$\frac{dx}{-y^2}=\frac{dy}{xy}=\frac{du}{xu}$ ……⑦である。⑦を2つに分けて解くと，

(i) $\frac{dx}{-y^2}=\frac{dy}{xy}$　(ii) $\frac{dy}{xy}=\frac{du}{xu}$

(i) $-\frac{dx}{y^2}=\frac{dy}{xy}$ より，$\int x\,dx=-\int y\,dy$　よって，

$\frac{1}{2}x^2=-\frac{1}{2}y^2+\underset{\frac{1}{2}C_1\text{とおく}}{\underline{C_1'}}$　$\therefore\ x^2+y^2=C_1$ ……⑧　$(C_1=2C_1')$

$(C_1$：任意定数$)$

(ii) $\frac{dy}{xy}=\frac{du}{xu}$ より，$\int\frac{1}{u}\,du=\int\frac{1}{y}dy$　よって，

$\log|u|=\log y+\underset{\log C_2''\text{とおく}}{\underline{C_2'}}$　$\log|u|=\log C_2''y$　$(C_2''=e^{C_2'})$

$|u|=C_2''y$　$u=\underset{C_2\text{とおく}}{\underline{\pm C_2''}}y$　$\therefore\ u=C_2y$ ……⑨

$(C_2$：任意定数，$C_2=\pm C_2'')$

ここで，⑧，⑨の2つの独立解に含まれる任意定数 $C_1$，$C_2$ の間に関数関係

$C_2=\varphi(C_1)$ … ⑩があるものとすると，⑧，⑨，⑩より，②の一般解 $u(x,\ y)$ は，

$u(x,\ y)=y\underset{C_2}{\underline{\varphi(C_1)}}=y\varphi(x^2+y^2)$　である。　$(\varphi$：任意関数$)$

以上で，ラグランジュの偏微分方程式の解法にも少し慣れてきたと思う。この後さらに，演習問題と実践問題で実践力を鍛えよう。

## 演習問題 1 ●ラグランジュの偏微分方程式●

偏微分方程式 $u\dfrac{\partial u}{\partial x}+y\dfrac{\partial u}{\partial y}=x$ ……① の一般解を求めよ。

**ヒント！** ラグランジュの偏微分方程式：$uu_x+yu_y=x$ …①より，特性方程式：$\dfrac{dx}{u}=\dfrac{dy}{y}=\dfrac{du}{x}$ … ② が導ける。ここで，$\dfrac{dx}{u}=\dfrac{du}{x}$ から1つの独立解が求まるが，もう1つの独立解は②$=t$とおいて，$\dfrac{dx+dy+du}{x+y+u}=\dfrac{dy}{y}$と変形するといい。

### 解答＆解説

ラグランジュの偏微分方程式：$uu_x+yu_y=x$ ……① より，

この特性方程式は，$\dfrac{dx}{u}=\dfrac{dy}{y}=\dfrac{du}{x}$ ……② である。

(i) ②より，$\dfrac{dx}{u}=\dfrac{du}{x}$ よって，$\displaystyle\int u\,du=\int x\,dx$，$\dfrac{1}{2}u^2=\dfrac{1}{2}x^2+C_1'$

$\therefore\ u^2-x^2=C_1$ ……③ ($C_1$：任意定数，$C_1=2C_1'$) ← 1つの独立解

(ii) ②$=t$ とおくと，$dx=t\cdot u$，$dy=t\cdot y$，$du=t\cdot x$ となり，

この辺々をたし合わせると，$dx+dy+du=t(u+y+x)$

よって，$t=\dfrac{dx+dy+du}{x+y+u}=\dfrac{d(x+y+u)}{x+y+u}=\dfrac{dy}{y}$ より，（②の中項）

$\dfrac{d(x+y+u)}{x+y+u}=\dfrac{dy}{y}$ よって，$\displaystyle\int\frac{1}{x+y+u}d(x+y+u)=\int\frac{1}{y}dy$

（$x+y+u=v$：これを1つの変数 $v$ と考えるといい。）

$\log|x+y+u|=\log|y|+C_2'$　$\log|x+y+u|=\log C_2''|y|$ ($C_2''=e^{C_2'}$)

$x+y+u=C_2y$

$\therefore\ \dfrac{x+y+u}{y}=C_2$ ……④ ($C_2$：任意定数，$C_2=\pm C_2''$) ← もう1つの独立解

以上より，③，④を用いて，①の一般解は，（$\psi(C_1,\ C_2)$の形の解を用いた。）

$\psi\left(u^2-x^2,\ \dfrac{x+y+u}{y}\right)=0$ である。 ($\psi$：任意関数) ………………(答)

## 実践問題 1 ● ラグランジュの偏微分方程式 ●

偏微分方程式 $xy\dfrac{\partial u}{\partial x}+y^2\dfrac{\partial u}{\partial y}=x^2$ ……① の一般解を求めよ。

ヒント！ ①の特性方程式 $\dfrac{dx}{xy}=\dfrac{dy}{y^2}=\dfrac{du}{x^2}$ …② より，まず，$\dfrac{dx}{xy}=\dfrac{dy}{y^2}$ を解いて，$x=C_1y$ を導き，これを $\dfrac{dy}{y^2}=\dfrac{du}{x^2}$ の $x^2$ に代入すればうまく積分できる。

### 解答＆解説

ラグランジュの偏微分方程式：$xyu_x+y^2u_y=x^2$ ……① より，

この特性方程式は，$\dfrac{dx}{xy}=\dfrac{dy}{y^2}=\dfrac{du}{x^2}$ ……② である。

（ i ）（ ii ）

（ i ）②より，$\dfrac{dx}{xy}=\dfrac{dy}{y^2}$

よって，$\displaystyle\int\frac{1}{x}dx=\int$ (ア) $dy$　　$\log|x|=\log|y|+C_1'$ （$\log C_1''$ とおく）

$\log|x|=\log C_1''|y|$　　$|x|=C_1''|y|$　　$x=\pm C_1''y$　（$C_1''=e^{C_1'}$）

$\therefore\ x=$ (イ) ……③ （$C_1$：任意定数，$C_1=\pm C_1''$）

（ ii ）②より，$\dfrac{dy}{y^2}=\dfrac{du}{x^2}$ （$x^2$：$(C_1y)^2$（③より））　これに③を代入して，$\dfrac{dy}{y^2}=\dfrac{du}{C_1^2y^2}$

$\displaystyle\int du=C_1^2\int dy$　　$u=$ (ウ) ……④ （$C_2$：任意定数）

ここで，$C_2=\varphi(C_1)$ ……⑤の関係式が成り立つものとすると，③，④，⑤より，①の一般解 $u(x,\ y)$ は次のようになる。

$$u(x,\ y)=C_1^2y+\varphi(C_1)=\left(\frac{x}{y}\right)^2y+\varphi\left(\frac{x}{y}\right)=\text{(エ)}$$ ………（答）

（$\varphi$：任意関数）

解答　(ア) $\dfrac{1}{y}$　(イ) $C_1y$　(ウ) $C_1^2y+C_2$　(エ) $\dfrac{x^2}{y}+\varphi\left(\dfrac{x}{y}\right)$

## §2. 完全微分方程式と全微分方程式

これから，2 変数関数 $u(x,\ y)$ と 3 変数関数 $u(x,\ y,\ z)$ の "**完全微分方程式**" と "**全微分方程式**" の解法について解説しよう。ここで，基本となるのは，2 変数関数の完全微分方程式なので，まず，これを積分因子まで含めて詳しく解説する。その後，3 変数関数の完全微分方程式と積分可能な全微分方程式の解き方について分かりやすく教えるつもりだ。

この 3 変数関数の全微分方程式の解法は，次節で解説する一般的な 1 階偏微分方程式を解くのに有効な "**シャルピーの解法**" の基礎となるものなので，ここでシッカリマスターしよう。

### ● 2 変数関数の完全微分方程式から始めよう！

一般に，$P_1,\ P_2,\ \cdots\cdots,\ P_n$ を $n$ 個の変数 $x_1,\ x_2,\ \cdots\cdots,\ x_n$ の関数とするとき，

$P_1 dx_1 + P_2 dx_2 + \cdots\cdots + P_n dx_n = 0 \quad \cdots\cdots\ (*t)$

の形の方程式を "**全微分方程式**" という。したがって，2 変数 $x,\ y$ の全微分方程式は，$P(x,\ y),\ Q(x,\ y)$ を用いると，

$P(x,\ y)\,dx + Q(x,\ y)\,dy = 0 \quad \cdots\cdots①$ 　となるのはいいね。

ここで，2 変数関数 $u(x,\ y)$ の全微分 $du$ が，

$du = \underset{P}{u_x}\,dx + \underset{Q}{u_y}\,dy \quad \cdots\cdots\ (*f)$ ← P22 参照　と表されることを思い出してくれ。

したがって，$P(x,\ y) = \dfrac{\partial u}{\partial x}$ …②と $Q(x,\ y) = \dfrac{\partial u}{\partial y}$ …③をみたすならば，①は

$du = P\,dx + Q\,dy = 0$ となるので，①の一般解は，

$u(x,\ y) = C$ ( 定数 ) の形で表されることになる。

シュワルツの定理 ： $u_{xy} = u_{yx}$ を用いれば，②と③をみたすべき条件は，

$P_y = (u_x)_y = u_{xy} = u_{yx} = (u_y)_x = Q_x$ …④であり，このとき①は "**完全微分方程式**" といい，その一般解は

$u(x,\ y) = C$ の形で表されるんだね。この $u(x,\ y)$ が $P,\ Q$ のどのような積分で表されるかも含めて，次の基本事項にまとめて示そう。

## 2 変数関数の完全微分方程式とその解法

全微分方程式：$P(x,\ y)\,dx + Q(x,\ y)\,dy = 0$ …① について
(ただし，$P$，$Q$ は連続な偏導関数をもつ。)

$P_y = Q_x$ …④をみたすならば①は **“完全微分方程式”** であり，
（$u_x dx + u_y dy = 0$ の形の方程式のこと）

その一般解は，

$$\int_{x_0}^{x} P(x,\ y)\,dx + \int_{y_0}^{y} Q(x_0,\ y)\,dy = C \ (\text{定数}) \quad \cdots⑤$$ である。

（これが，$u(x,y)$ のこと）

ただし，$x_0$，$y_0$ は変数 $x$，$y$ の定義域内のある定数を表す。特に条件がなければ，$x_0 = y_0 = 0$ とおけばよい。もし，$x > 0$，$y > 0$ などの条件があれば，$x = y = 1$ とでもおけばいい。

先に種明かしをしよう。たとえば，$u(x,\ y) = x^2y + y^2$ で与えられたとすると，
$u_x = 2xy$，$u_y = x^2 + 2y$ より，この場合の全微分方程式は
$\underbrace{2xy}_{P}\,dx + \underbrace{(x^2+2y)}_{Q}\,dy = 0$ …… (a)となるんだね。

ここで，$P = 2xy$，$Q = x^2 + 2y$ とおくとき，$P_y = 2x$，$Q_x = 2x$ となり，
$P_y = Q_x$ をみたすので，(a)は完全微分方程式ということになる。

よって，⑤の積分公式から，

$$\int_0^x \underbrace{2xy}_{P(x,\ y)}\,dx + \int_0^y \underbrace{(0^2+2y)}_{Q(0,\ y)}\,dy = C$$

右図のように，この積分は基準点 $(0,\ 0)$ から，任意の点 $(x,\ y)$ への積分を $(0,\ 0) \to (0,\ y) \to (x,\ y)$ の形で行っている。

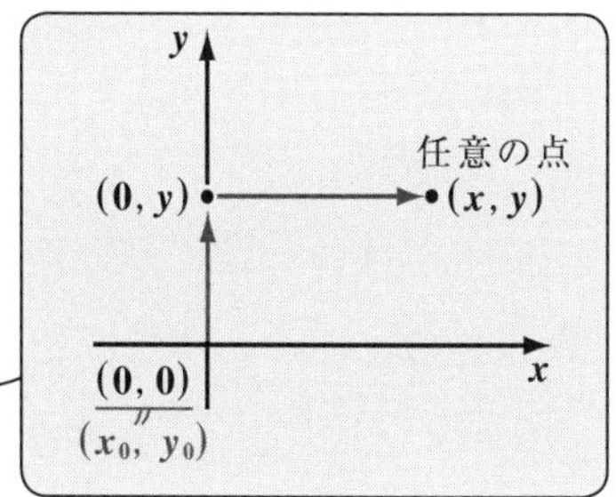


$[x^2y]_0^x + [y^2]_0^y = C \qquad \therefore\ \underbrace{x^2y + y^2}_{u(x,\ y)} = C$ となって，$u(x,y) = C$ の形の一般解が

求まったんだね。大丈夫だった？

2 変数関数の完全微分方程式について，さらに詳しく知りたい方には，「**常微分方程式キャンパス・ゼミ**」で学習されることを勧めます。

例題 12　次の全微分方程式の一般解を求めよう。

$$(2x+2y)\,dx+(2x+e^y)\,dy=0 \quad \cdots\cdots (a)$$

$P=2x+2y,\ Q=2x+e^y$ とおくと，

$P_y=(\underbrace{2x}_{\text{定数扱い}}+2y)_y=2$，$Q_x=(2x+\underbrace{e^y}_{\text{定数扱い}})_x=2$ となって，

$P_y=Q_x$ をみたす。よって，(a)は完全微分方程式である。よって，この一般解は，

$$\int_0^x(2x+\underbrace{2y}_{\text{定数扱い}})\,dx+\int_0^y(2\cdot 0+e^y)\,dy=C'$$

$[x^2+2y\cdot x]_0^x+[e^y]_0^y=C'$　　　$x^2+2xy+e^y-\underbrace{1}_{e^0}=C'$

∴(a)の一般解は，$x^2+2xy+e^y=C\ \ (C=C'+1)$ となって，答えだ。

## ● 積分因子もマスターしよう！

2 変数関数の全微分方程式：$P\,dx+Q\,dy=0$ …① が常に，$P_y=Q_x$ をみたして，完全微分方程式になるとは限らないことは当然分かるね。しかし，このような場合でも，ある $x$ と $y$ の関数 $\mu(x,\ y)$ を①の両辺にかけて，

$\mu P\,dx+\mu Q\,dy=0$ …①´ としたとき，

$(\mu P)_y=(\mu Q)_x$　すなわち，

$\mu_yP+\mu P_y=\mu_xQ+\mu Q_x$ ……② が成り立てば，①´ は完全微分方程式になる。このような $\mu(x,\ y)$ のことを **"積分因子"** という。一般にこの $\mu$ を求めるのは難しいんだけれど，$\mu$ が (i) $x$ だけの関数，または (ii) $y$ だけの関数であるときは，これを求めることができる。以下に示そう。

(i) $\mu=\mu(x)$ のとき，$\mu_y=0$ となるので，②は，

$\mu P_y=\mu_xQ+\mu Q_x$　　　$\mu_xQ=\mu(P_y-Q_x)$

$\dfrac{d\mu}{dx}=\mu\cdot\underbrace{\dfrac{P_y-Q_x}{Q}}_{g(x)}$ となる。　ここで，$\dfrac{P_y-Q_x}{Q}$ も $x$ のみの関数ならば，これを $g(x)$ とおいて，$\int\dfrac{1}{\mu}d\mu=\int g(x)\,dx$（変数分離形），$\log|\mu|=\int g(x)\,dx$

∴ 積分因子 $\mu(x) = e^{\int g(x)\,dx}$ が求まる。

（$\mu$ は①の両辺にかけるものなので，これに ± の符号を付ける必要はない。）

(ii) $\mu = \mu(y)$ のとき，$\mu_x = 0$ となるので，②は同様に，

$\mu_y P + \mu P_y = \mu Q_x$ 　　$\dfrac{d\mu}{dy} = -\mu \cdot \underbrace{\dfrac{P_y - Q_x}{P}}_{h(y)}$

ここで，$\dfrac{P_y - Q_x}{P}$ も $y$ のみの関数ならば，これを $h(y)$ とおいて，

$\displaystyle\int \frac{1}{\mu}\,d\mu = -\int h(y)\,dy,\quad \log|\mu| = -\int h(y)\,dy$ より，（変数分離形の積分）

積分因子 $\mu(y) = e^{-\int h(y)\,dy}$ が求まる。以上をまとめると，

## 積分因子の求め方

完全微分方程式でない全微分方程式：$P\,dx + Q\,dy = 0$ について，

(i) $\dfrac{P_y - Q_x}{Q} = g(x)$ の場合，積分因子 $\mu(x) = e^{\int g(x)\,dx}$ となり，

(ii) $\dfrac{P_y - Q_x}{P} = h(y)$ の場合，積分因子 $\mu(y) = e^{-\int h(y)\,dy}$ となる。

では，積分因子の問題を次の例題で練習しよう。

例題 13　次の全微分方程式を解いてみよう。

$$dx + 2xy\,dy = 0 \;\cdots\cdots\text{(b)} \qquad (x > 0)$$

$\underbrace{1}_{P}\cdot dx + \underbrace{2xy}_{Q}\,dy = 0 \;\cdots\cdots$ (b) について，　$P = 1$，　$Q = 2xy$ とおくと，

$P_y = 0$，　$Q_x = 2y$ となって，$P_y \neq Q_x$ より，(b)は完全微分方程式ではない。しかし，$\dfrac{P_y - Q_x}{Q} = \dfrac{0 - 2y}{2xy} = -\dfrac{1}{x} = g(x)$ となるので，

この積分因子 $\mu(x)$ は，$\mu(x) = e^{\int g(x)\,dx} = e^{-\int \frac{1}{x}dx} = e^{-\log x} = e^{\log\frac{1}{x}}$

∴ $\mu(x) = \dfrac{1}{x}$ … (c)となる。（公式：$e^{\log a} = a$ を用いた！）

(c)を(b)の両辺にかけて，$\dfrac{1}{x}dx + 2y\,dy = 0 \;\cdots\cdots$ (b)′ だね。

$\underset{P'}{\frac{1}{x}}dx + \underset{Q'}{2y}dy = 0$ …… (b)′ $(x > 0)$　　ここで新たに，

$P' = \frac{1}{x}$，$Q' = 2y$ とおくと，$P_y' = 0$，$Q_x' = 0$ となって，

$P_y' = Q_x'$ が成り立つ。よって，(b)′ は完全微分方程式だね。ゆえに，

$$\int_1^x \underbrace{\frac{1}{x}}_{P'(x,\ y)} dx + \int_0^y \underbrace{2y}_{Q'(0,\ y)} dy = C \qquad [\log x]_1^x + [y^2]_0^y = C$$

（$x > 0$ より，$x_0 = 1$ とした。）

∴(b)′，すなわち，$dx + 2xy\,dy = 0$ … (b)の一般解は，

$\log x + y^2 = C$　である。大丈夫だった？

## ● 3変数関数の完全微分方程式も解いてみよう！

次，3変数関数の全微分方程式は，$P(x, y, z)$，$Q(x, y, z)$，$R(x, y, z)$ を用いると，

$P(x,\ y,\ z)\,dx + Q(x,\ y,\ z)\,dy + R(x,\ y,\ z)\,dz = 0$ ……①

で表される。ここで，3変数関数 $u(x,\ y,\ z)$ の全微分は，

$du = u_x dx + u_y dy + u_z dz$ …… $(*g)$ ← P22参照

で表されるので，$P = u_x$ …②，$Q = u_y$ …③，$R = u_z$ …④をみたすならば，①は

$du = P\,dx + Q\,dy + R\,dz = 0$　となるので，この一般解は，

$u(x,\ y,\ z) = C$（定数）の形で表されることになる。そして，このとき，①を"**完全微分方程式**"と呼ぶ。

では，①が完全微分方程式となるための $P$，$Q$，$R$ の条件を調べてみよう。ここで，$P$，$Q$，$R$ を成分に持つベクトル $f$ を次のように定義すると，

$$f = [P,\ Q,\ R] = [u_x,\ u_y,\ u_z] = \left[\frac{\partial u}{\partial x},\ \frac{\partial u}{\partial y},\ \frac{\partial u}{\partial z}\right]$$

$= \mathbf{grad}\,u$ となる。← 勾配ベクトル $(*h)'$（P26参照）

したがって，この回転 (rot) をとると，

$\mathbf{rot}(\mathbf{grad}\,u) = \mathbf{0}$ …… ⑤ より，← P33$(*k)$ を参照。⑤は，$\nabla \times (\nabla u) = \mathbf{0}$ と表すこともできる。

$\mathbf{rot}\,f = \mathbf{0}$ …… ⑤′ が導ける。

では，この⑤′を右図のようにして求めると

$\mathbf{rot}\,\boldsymbol{f}=[R_y-Q_z,\ P_z-R_x,\ Q_x-P_y]=\mathbf{0}$

これから，①が完全微分方程式となるための条件が，

$$\frac{\partial}{\partial x}\quad\frac{\partial}{\partial y}\quad\frac{\partial}{\partial z}\quad\frac{\partial}{\partial x}$$
$$P\quad Q\quad R\quad P$$
$$,\ Q_x-P_y][R_y-Q_z,\ P_z-R_x$$

$R_y=Q_z$ かつ $P_z=R_x$ かつ $Q_x=P_y$ であることが導けた。もちろん，この条件は

$\mathbf{rot}\,\boldsymbol{f}=\mathbf{0}$ ……⑤′ または，$\nabla\times\boldsymbol{f}=\mathbf{0}$ とシンプルに覚えておいていい。同じことだからね。ベクトル解析の表現を用いると，公式がスッキリまとまるんだね。それでは⑤′が，本当に①が完全微分方程式であるための必要十分条件であると言えるのか，これから調べてみよう。

示すべき命題は，次の通りだね。

「$P\,dx+Q\,dy+R\,dz=0$ …① が完全微分方程式（つまり，$P=u_x$，$Q=u_y$，$R=u_z$） $\Longleftrightarrow$ $\mathbf{rot}\,\boldsymbol{f}=\mathbf{0}$ ……⑤′ （つまり，$R_y=Q_z$ かつ $P_z=R_x$ かつ $Q_x=P_y$）」

(i) $\Longrightarrow$の証明。これは簡単だね。

$\boldsymbol{f}=[P,\ Q,\ R]=[u_x,\ u_y,\ u_z]$ のとき，$\boldsymbol{f}=\mathbf{grad}\,u$ と表せるからこの両辺の回転（rot）をとって，

$\mathbf{rot}\,\boldsymbol{f}=\mathbf{rot}(\mathbf{grad}\,u)=\mathbf{0}$ ……⑤′ が示せるからだ。 P33 公式 ($*k$)

(ii) $\Longleftarrow$の証明。これは難しいが，この副産物として，一般解 $u(x,\ y,\ z)$ を求めることができる。

$\mathbf{rot}\ \boldsymbol{f}=\mathbf{0}$ すなわち $R_y=Q_z$ …⑥かつ $P_z=R_x$ …⑦かつ $Q_x=P_y$…⑧

のとき，まず，$u_x=P$ …⑨，すなわち $\dfrac{\partial u}{\partial x}=P$ をみたす $u$ について考える。このようにまず $u$ を設定し，この後，この $u$ が $u_y=Q$ も $u_z=R$ もみたすことを示せばいいんだね。

では，まず⑨の両辺を区間 $[x_0,\ x]$ で $x$ により積分すると，

$$u(x,\ y,\ z)=\int_{x_0}^{x}P(x,\ y,\ z)\,dx+\psi(y,\ z)\ \cdots\cdots⑩\quad(\psi：任意関数)$$

（$x$ での積分により，$y$，$z$ の任意関数が生じる。）

ここで，⑩の両辺を $y$ で偏微分すると，

$$u_y=\frac{\partial}{\partial y}\int_{x_0}^{x}P(x,\ y,\ z)\,dx+\psi_y$$

さらに，微分と積分の操作の順序を入れ替えられるものとすると，

$$u_y = \int_{x_0}^{x} \underbrace{P_y(x,\ y,\ z)}_{Q_x(x,\ y,\ z)\ (⑧より)} dx + \psi_y$$

$$= \int_{x_0}^{x} Q_x(x,\ y,\ z)\,dx + \psi_y$$

$$= \Big[\,Q(x,\ y,\ z)\,\Big]_{x_0}^{x} + \psi_y$$

$$= Q(x,\ y,\ z) \underbrace{- Q(x_0,\ y,\ z) + \psi_y}_{これが,\ 0\ となるように\ \psi_y(y,\ z)\ を定める。} \cdots\cdots ⑪$$ となる。

$R_y = Q_z$ ……………………………… ⑥
$P_z = R_x$ ……………………………… ⑦
$Q_x = P_y$ ……………………………… ⑧
$u_x = P$ ……………………………… ⑨
$u = \int_{x_0}^{x} P(x,\ y,\ z)\,dx + \psi(y,\ z)$ …… ⑩

ここで，$\psi_y(y,\ z) = Q(x_0,\ y,\ z)$ …⑫となるように $\psi_y$ を定めると，

⑪より，$u_y = Q$ … ⑬ が成り立つ。

次に，⑫の両辺を区間 $[y_0,\ y]$ で $y$ により積分すると，

$$\psi(y,\ z) = \int_{y_0}^{y} Q(x_0,\ y,\ z)\,dy + \underbrace{\varphi(z)}_{y\ での積分により,\ z\ の任意関数が生じる。} \cdots\cdots ⑭ \quad (\varphi : 任意関数)$$

⑭を⑩に代入して，

$$u(x,\ y,\ z) = \int_{x_0}^{x} P(x,\ y,\ z)\,dx + \int_{y_0}^{y} Q(x_0,\ y,\ z)\,dy + \varphi(z) \cdots\cdots ⑩'$$

となる。ここで，⑩′の両辺を $z$ で偏微分し，微分と積分の操作の順序を入れ替えられるものとすると，

$$u_z = \frac{\partial}{\partial z}\int_{x_0}^{x} P(x,\ y,\ z)\,dx + \frac{\partial}{\partial z}\int_{y_0}^{y} Q(x_0,\ y,\ z)\,dy + \varphi_z$$

$$= \int_{x_0}^{x} \underbrace{P_z(x, y, z)}_{R_x(x, y, z)\ (⑦より)} dx = \int_{x_0}^{x} R_x(x, y, z)\,dx = \Big[R(x, y, z)\Big]_{x_0}^{x}$$

$$= \int_{y_0}^{y} \underbrace{Q_z(x_0, y, z)}_{R_y(x_0, y, z)\ (⑥より)} dy = \int_{y_0}^{y} R_y(x_0, y, z)\,dy = \Big[R(x_0, y, z)\Big]_{y_0}^{y}$$

$$= R(x, y, z) - \cancel{R(x_0, y, z)} + \cancel{R(x_0, y, z)} - R(x_0, y_0, z) + \varphi_z$$

$$= R(x, y, z) \underbrace{- R(x_0, y_0, z) + \varphi_z}_{これが,\ 0\ となるように\ \varphi_z\ を定める。} \cdots\cdots ⑮$$

ここで，$\varphi_z = R(x_0, y_0, z)$ …⑯となるように $\varphi_z$ を定めると，

⑮より，$u_z = R$ …⑰ が成り立つ。

そして，⑯の両辺を区間 $[z_0,\ z]$ で $z$ により積分すると，

$\varphi(z) = \int_{z_0}^{z} R(x_0,\ y_0,\ z)\,dz$ …⑱ となるので，これを⑩′に代入すると，

$$u(x, y, z) = \int_{x_0}^{x} P(x, y, z)\,dx + \int_{y_0}^{y} Q(x_0, y, z)\,dy + \int_{z_0}^{z} R(x_0, y_0, z)\,dz \quad \cdots ⑲$$

も導ける。以上より，⑥，⑦，⑧，すなわち $\mathrm{rot}\,\boldsymbol{f} = \boldsymbol{0}$ ならば，

$u_x = P$ …⑨，$u_y = Q$ …⑬，$u_z = R$ …⑰ が成り立つので，

全微分方程式 $P\,dx + Q\,dy + R\,dz = 0$ …①は完全微分方程式と言える。

以上 (i)(ii) より，全微分方程式 $P\,dx + Q\,dy + R\,dz = 0$ …①が完全微分方程式となるための必要十分条件は $\mathrm{rot}\,\boldsymbol{f} = \boldsymbol{0}$ であることが証明できた。そして，①の一般解は⑲より，$u(x, y, z) = C$ として求まることも分かったんだね。

以上をまとめて下に示そう。

### 3 変数関数の完全微分方程式とその解法

全微分方程式：$P(x, y, z)\,dx + Q(x, y, z)\,dy + R(x, y, z)\,dz = 0$ ……$(*m)$

について，$\boldsymbol{f} = [P,\ Q,\ R]$ とおくとき，

$\mathrm{rot}\,\boldsymbol{f} = \boldsymbol{0}$ …⑤′ ならば $(*m)$ は **"完全微分方程式"** であり，その一般解は，

$$\underbrace{\int_{x_0}^{x} P(x, y, z)\,dx + \int_{y_0}^{y} Q(x_0, y, z)\,dy + \int_{z_0}^{z} R(x_0, y_0, z)\,dz}_{\text{これが，} u(x, y, z) \text{ のこと}} = C \quad \cdots\cdots (*m)'$$

である。（完全微分方程式の一般解は，1 つの任意定数 $C$ を含む。）

では，簡単な例を示そう。全微分方程式：

$$\underset{P}{yz}\,dx + \underset{Q}{zx}\,dy + \underset{R}{xy}\,dz = 0 \quad \cdots\cdots (a)$$

$$\begin{array}{cccc} \frac{\partial}{\partial x} & \frac{\partial}{\partial y} & \frac{\partial}{\partial z} & \frac{\partial}{\partial x} \\ yz & zx & xy & yz \end{array}$$

$[\ ,\ z - z\ ,\ x - x\ ,\ y - y\ ]$

について，$\boldsymbol{f} = [yz,\ zx,\ xy]$ とおくと，

この回転は $\mathrm{rot}\,\boldsymbol{f} = [0,\ 0,\ 0] = \boldsymbol{0}$ となるので，(a)は完全微分方程式であることが分かった。よって，この一般解は，

$$\int_0^x \underset{P(x, y, z)}{yz}\,dx + \int_0^y \underset{Q(0, y, z)}{\cancel{z \cdot 0}}\,dy + \int_0^z \underset{R(0, 0, z)}{\cancel{0 \cdot 0}}\,dy = C \text{ より，}$$

$[xyz]_0^x = C \quad \therefore\ \underbrace{xyz}_{\text{これが，} u(x, y, z) \text{ のこと}} = C$ （$C$：任意定数）となって，答えだ。

例題 14　次の全微分方程式の一般解を求めよう。

$$e^y dx + xe^y dy + 2z\,dz = 0 \quad \cdots\cdots ①$$

$\underset{P}{e^y}\,dx + \underset{Q}{xe^y}\,dy + \underset{R}{2z}\,dz = 0 \quad \cdots\cdots ①$

について，$f = [e^y,\ xe^y,\ 2z]$ とおき，

この回転 $\mathrm{rot}\,f$ を求めると，$\mathrm{rot}\,f = \mathbf{0}$

$\left[\frac{\partial}{\partial y}(2z) - \frac{\partial}{\partial z}(xe^y),\ \frac{\partial}{\partial z}(e^y) - \frac{\partial}{\partial x}(2z),\ \frac{\partial}{\partial x}(xe^y) - \frac{\partial}{\partial y}(e^y)\right] = [0-0,\ 0-0,\ e^y - e^y]$

となる。よって，①は完全微分方程式であることが分かったので，この一般解は，

$$\int_0^x \underset{P(x,y,z)}{e^y}\,dx + \int_0^y \underset{Q(0,y,z)}{0 \cdot e^y}\,dy + \int_0^z \underset{R(0,0,z)}{2z}\,dz = C$$

$$\underset{e^y \cdot x - e^y \cdot 0}{[e^y \cdot x]_0^x} + \underset{z^2 - 0^2}{[z^2]_0^z} = C \qquad \therefore\ xe^y + z^2 = C \quad (C：\text{任意定数})\ \text{である。}$$

## ● 全微分方程式の積分可能条件も押さえよう！

全微分方程式：$P\,dx + Q\,dy + R\,dz = 0 \quad \cdots\cdots ①$

が，完全微分方程式でない場合，すなわち $f = [P,\ Q,\ R]$ に対して，

$\mathrm{rot}\,f \neq \mathbf{0}$ の場合でも，①の両辺にある関数 $\lambda(x,\ y,\ z)$ をかけた

$\lambda P\,dx + \lambda Q\,dy + \lambda R\,dz = 0 \quad \cdots\cdots ①'$　（ただし，$\lambda \neq 0$）

が，完全微分方程式になる場合もある。このときの条件は，当然，

$g = [\lambda P,\ \lambda Q,\ \lambda R]$ とおくと，

$\mathrm{rot}\,g = \mathbf{0} \quad \cdots\cdots ②$

$[(\lambda R)_y - (\lambda Q)_z,\ (\lambda P)_z - (\lambda R)_x,\ (\lambda Q)_x - (\lambda P)_y]$

であり，このとき，

$u_x = \lambda P,\ \ u_y = \lambda Q,\ \ u_z = \lambda R$

をみたす関数 $u(x,\ y,\ z)$ が存在

して，①′ は $du = u_x dx + u_y dy + u_z dz = 0$ となるので，この一般解は，

$u(x, y, z) = C$　（定数）として得られる。$\lambda$ は，ちょうど 2 変数関数の全微分方程式のときの積分因子 $\mu$ と同じ働きをするものだ，と考えてくれたらいい。

それでは，②を具体的に計算してまとめてみよう。

②より，$[(\lambda R)_y-(\lambda Q)_z,\ (\lambda P)_z-(\lambda R)_x,\ (\lambda Q)_x-(\lambda P)_y]=[0,\ 0,\ 0]$

よって，

(i) $(\lambda R)_y-(\lambda Q)_z=0$ より，$\lambda(R_y-Q_z)=\lambda_z Q-\lambda_y R$ ……③

$(\lambda R)_y = \lambda_y R+\lambda R_y$, $(\lambda Q)_z = \lambda_z Q+\lambda Q_z$

(ii) $(\lambda P)_z-(\lambda R)_x=0$ より，$\lambda(P_z-R_x)=\lambda_x R-\lambda_z P$ ……④

$(\lambda P)_z = \lambda_z P+\lambda P_z$, $(\lambda R)_x = \lambda_x R+\lambda R_x$

(iii) $(\lambda Q)_x-(\lambda P)_y=0$ より，$\lambda(Q_x-P_y)=\lambda_y P-\lambda_x Q$ ……⑤

$(\lambda Q)_x = \lambda_x Q+\lambda Q_x$, $(\lambda P)_y = \lambda_y P+\lambda P_y$

ここで，③ × $P$ + ④ × $Q$ + ⑤ × $R$ を求めると，次のように右辺が $0$ になる。

$$\lambda P(R_y-Q_z)+\lambda Q(P_z-R_x)+\lambda R(Q_x-P_y)$$
$$=P(\lambda_z Q-\lambda_y R)+Q(\lambda_x R-\lambda_z P)+R(\lambda_y P-\lambda_x Q) = 0$$

よって，$\lambda P(R_y-Q_z)+\lambda Q(P_z-R_x)+\lambda R(Q_x-P_y)=0$

ここで，$\lambda(x,\ y,\ z)\neq 0$ より，両辺を $\lambda$ で割って，

$P(R_y-Q_z)+Q(P_z-R_x)+R(Q_x-P_y)=0$ …⑥ が導かれる。

この⑥を"**積分可能条件**"という…。もう気付いた？そうだね。⑥はベクトル解析の記号法により，次のようにシンプルに表すことができるんだね。

$$\boldsymbol{f}\cdot(\mathrm{rot}\,\boldsymbol{f})=0 \quad \cdots\cdots⑥' \quad (\text{ただし，}\boldsymbol{f}=[P,\ Q,\ R])$$

$\mathrm{rot}\,\boldsymbol{f}=[R_y-Q_z,\ P_z-R_x,\ Q_x-P_y]$ だから，⑥は，$\boldsymbol{f}$ と $\mathrm{rot}\,\boldsymbol{f}$ の内積として計算できるからだ。

$\frac{\partial}{\partial x}$ $\frac{\partial}{\partial y}$ $\frac{\partial}{\partial z}$ $\frac{\partial}{\partial x}$
$P$ $Q$ $R$ $P$
$, Q_x-P_y][R_y-Q_z, P_z-R_x$

したがって，たとえ $\mathrm{rot}\,\boldsymbol{f}\neq\boldsymbol{0}$ で，①が完全微分方程式でなくても，$\boldsymbol{f}\cdot(\mathrm{rot}\,\boldsymbol{f})=0$ …⑥′ をみたせば，①の一般解は次のような手順に従って求めることができる。

(i) まず，①の $dz$ を $dz=0$ とおいて $P\,dx+Q\,dy=0$ とし，この 2 変数関数の全微分方程式を解いて，その解を $\zeta(x,\ y,\ z)=C$ とする。

(ii) $\zeta_x=\lambda P$ より，関数 $\lambda$ を求める。

(iii) $\eta=\lambda R-\zeta_z$ とおくと，①の方程式は，$d\zeta+\eta\,dz=0$ に帰着するので，これを解いて，①の一般解を求める。

以上を下にまとめて示そう。

## 積分可能な全微分方程式とその解法

全微分方程式：$P(x, y, z)\,dx + Q(x, y, z)\,dy + R(x, y, z)\,dz = 0$……$(*m)$

について，$\boldsymbol{f} = [P,\ Q,\ R]$ とおくとき，

$\boldsymbol{f} \cdot (\mathrm{rot}\,\boldsymbol{f}) = 0$ ……⑥′ ならば $(*m)$ は**積分可能**といい，その一般解は次の手順により求められる。

(i) まず，$dz = 0$ として $(*m)$ を $P\,dx + Q\,dy = 0$ の形にし，この一般解 $\zeta(x, y, z) = C$ を求める。

(ii) 次に，$\zeta_x = \lambda P$ から $\lambda$ を求める。

(iii) さらに，$\eta = \lambda R - \zeta_z$ を求めると，$(*m)$ は，$d\zeta + \eta\,dz = 0$ に帰着するので，これを解いて，$(*m)$ の一般解を求める。

エッ，(i)～(iii) の一般解を求める手順が何のことか分からないって？いいよ，これから解説しよう。

(i) まず，$(*m)$ の $dz = 0$ （$z$ は一定）とおくことにより，$(*m)$ は，$P\,dx + Q\,dy = 0$ … (a)の形になるので，$P_y = Q_x$ をみたせば，この一般解はすぐに求まるし，そうでない場合は，積分因子 $\mu$ を求めて，これを両辺にかけて解けばいい。いずれにせよ，(a)の一般解 $\zeta(x, y, z) = C$ を求めることができる。

(ii) 次に，$(*m)$ の両辺に $\lambda$ をかけたものの一般解を求めようとしているので，これは，$\underline{\lambda P}\,dx + \cdots\cdots = \underline{\zeta_x}\,dx + \cdots\cdots$ となる。

よって，$\lambda P = \zeta_x$ より $\lambda = \dfrac{\zeta_x}{P}$ として関数 $\lambda$ が求まるんだね。

(iii) 最後に，$\zeta$ はあくまでも(a)の一般解にすぎないので，この全微分

$d\zeta = \underbrace{\zeta_x\,dx + \zeta_y\,dy}_{\lambda P\,dx + \lambda Q\,dy} + \zeta_z\,dz$ の内，右辺の初めの 2 項は $\lambda P\,dx + \lambda Q\,dy$ に対応するが，$\zeta_z dz$ が $\lambda R\,dz$ と一致する保証はない。

よって，$(*m) \times \lambda$ は，

$\underbrace{\lambda P\,dx + \lambda Q\,dy}_{d\zeta - \zeta_z dz} + \lambda R\,dz = d\zeta + \underbrace{(\lambda R - \zeta_z)}_{\text{これを}\ \eta\ \text{とおく}}dz = 0$ となるので，

新たに $\eta = \lambda R - \zeta_z$ とおくと，$d\zeta + \eta\,dz = 0$ に帰着する。

そして，これも $\zeta$ と $z$ の **2** 変数の全微分方程式なので，解くことができ，($*m$) の一般解を求めることができるんだね。納得いった？
それでは例題で，積分可能な全微分方程式の問題を解いておこう。

例題 **15**　次の全微分方程式を解いてみよう。

$$y\,dx + x\,dy + \frac{xy}{z}\,dz = 0 \quad \cdots\cdots \text{(a)} \qquad (z \neq 0)$$

$$\underset{P}{y}\,dx + \underset{Q}{x}\,dy + \underset{R}{\frac{xy}{z}}\,dz = 0 \quad \cdots\cdots \text{(a)}$$

について，$\boldsymbol{f} = \left[y,\ x,\ \frac{xy}{z}\right]$ とおいて，
この回転を求めると，

$\frac{\partial}{\partial x}$　$\frac{\partial}{\partial y}$　$\frac{\partial}{\partial z}$　$\frac{\partial}{\partial x}$
$y$　$x$　$\frac{xy}{z}$　$y$
$[\ \frac{x}{z}\ ,\ -\frac{y}{z}\ ,\ 1-1]$

$\text{rot}\,\boldsymbol{f} = \left[\frac{x}{z},\ -\frac{y}{z},\ 0\right] (\neq \boldsymbol{0})$ より，さらに $\boldsymbol{f}\cdot(\text{rot}\,\boldsymbol{f})$ を求めると，

$\boldsymbol{f}\cdot(\text{rot}\,\boldsymbol{f}) = \left[y,\ x,\ \frac{xy}{z}\right]\cdot\left[\frac{x}{z},\ -\frac{y}{z},\ 0\right] = \frac{xy}{z} - \frac{xy}{z} + 0 = 0$ となる。

よって，(a)は積分可能な全微分方程式である。

( i ) まず，$dz = 0$ とおくと(a)は，

$y\,dx + x\,dy = 0 \ \cdots$ (b)となる。ここで，$P = y$，$Q = x$ とおくと，

$P_y = 1$，$Q_x = 1$ より，$P_y = Q_x$ が成り立つので，(b)は完全微分方程式である。よって，(b)の一般解を $\zeta = C$ の形で求めると，

$$\zeta = \int_0^x \underset{P(x,\ y)}{y}\,dx + \int_0^y \underset{Q(0,\ y)}{0}\,dy = [xy]_0^x = xy = C \quad \cdots\cdots \text{(c)}$$ となる。

( ii ) 次に，$\zeta_x = (xy)_x = y = \lambda \underset{y}{P}$ より，$\lambda = 1$

( iii ) さらに，$\eta = \lambda R - \zeta_z = 1\cdot\frac{xy}{z} - \underset{0}{(xy)_z} = \frac{xy}{z}$ より，(a)は，

$$d\zeta + \eta\,dz = d\zeta + \frac{\overset{\zeta}{xy}}{z}\,dz = \boxed{d\zeta + \frac{\zeta}{z}\,dz = 0}$$，すなわち

$$\underset{P'}{z}\,d\zeta + \underset{Q'}{\zeta}\,dz = 0 \quad \cdots\cdots \text{(d)}$$ に帰着する。

ここで，$P' = z$，$Q' = \zeta$ とおくと，
$P'_z = 1$，$Q'_\zeta = 1$ より，$P'_z = Q'_\zeta$ が成り立つので，(d)は完全微分方程式なんだね。よって，

$$y\,dx + x\,dy + \frac{xy}{z}\,dz = 0 \quad \cdots\cdots \text{(a)}$$
$$\zeta = xy \quad \cdots\cdots \text{(c)}$$
$$\underbrace{z}_{P'}\,d\zeta + \underbrace{\zeta}_{Q'}\,dz = 0 \quad \cdots\cdots \text{(d)}$$

$$u = \int_0^\zeta \underbrace{z}_{P'(\zeta,\ z)}\,d\zeta + \int_0^z \underbrace{0}_{Q'(0,\ z)}\,dz$$

$$= [z\cdot\zeta]_0^\zeta = z\cdot\underbrace{\zeta}_{xy\,((c)より)} = xyz = C$$ となる。

以上より，積分可能な全微分方程式(a)の一般解は $xyz = C$ である。

大丈夫だった？

これで，積分可能な全微分方程式の解法の流れが分かったと思う。

でも実は，(a)は，初めに両辺に $z$ をかければ，$yz\,dx + zx\,dy + xy\,dz = 0$ となって，完全微分方程式として解くことができる。P67 で既に解いているので，参考にしてくれ。もちろん，同じ結果になっているね。

では，本格的な積分可能な全微分方程式の演習を次の例題でやろう。

例題 16　次の全微分方程式の一般解を求めよう。

$$y\,dx + dy + 2yz\,dz = 0 \quad \cdots\cdots ① \quad (y > 0)$$

$$\underbrace{y}_{P}\,dx + \underbrace{1}_{Q}\cdot dy + \underbrace{2yz}_{R}\,dz = 0 \quad \cdots\cdots ①$$

について，$P = y$，$Q = 1$，$R = 2yz$ とおき，
さらに，$\boldsymbol{f} = [P,\ Q,\ R] = [y,\ 1,\ 2yz]$ とおいて，この回転を求めると，

$$\begin{matrix} \frac{\partial}{\partial x} & & \frac{\partial}{\partial y} & & \frac{\partial}{\partial z} & & \frac{\partial}{\partial x} \\ y & & 1 & & 2yz & & y \\ & ,\ -1\ ] & & [2z & & ,\ 0 & \end{matrix}$$

$\mathbf{rot}\,\boldsymbol{f} = [2z,\ 0,\ -1]\,(\neq \mathbf{0})$ より，

さらに，$\boldsymbol{f}\cdot(\mathbf{rot}\,\boldsymbol{f})$ を求めると，

$\boldsymbol{f}\cdot(\mathbf{rot}\,\boldsymbol{f}) = [y,\ 1,\ 2yz]\cdot[2z,\ 0,\ -1] = 2yz + 0 - 2yz = 0$ となる。

よって，①は積分可能な全微分方程式である。

(i) まず，$dz = 0$ とおくと①は，

$y\,dx + 1\cdot dy = 0$ …… ②となる。ここで，$P = y$，$Q = 1$ より，

$P_y = 1$，$Q_x = 0$ だね。よって，$\dfrac{P_y - Q_x}{P} = \dfrac{1-0}{y} = \dfrac{1}{y} = h(y)$ とおいて，

②の両辺にかける積分因子 $\mu(y)$ を求めると，

$\mu(y) = e^{-\int h(y)\,dy} = e^{-\int \frac{1}{y}dy} = e^{-\log y} = e^{\log\frac{1}{y}} = \dfrac{1}{y}$ となる。← P63 参照

これを②の両辺にかけると，

$\underset{P'}{1}\cdot dx + \underset{Q'}{\dfrac{1}{y}}dy = 0$ となる。ここで，$P' = 1$，$Q' = \dfrac{1}{y}$ とおくと，

$P'_y = 0$，$Q'_x = 0$ となって，$P'_y = Q'_x$ が成り立つ。よって，これは完全微分方程式より，

$\displaystyle\int_0^x \underset{P'(x,\ y)}{1}\,dx + \int_1^y \underset{Q'(0,\ y)}{\frac{1}{y}}\,dy = C \qquad [x]_0^x + [\log y]_1^y = C$

$\therefore\ \zeta = x + \log y = C \quad (y > 0)$ となる。

(ii) 次に，$\zeta_x = (x + \log y)_x = 1 = \lambda P = \lambda y$ より，$\lambda = \dfrac{1}{y}$

(iii) ここで，$\eta = \lambda R - \zeta_z$ を求めると，

$\eta = \dfrac{1}{y}\cdot 2yz - \underset{0}{(x+\log y)_z} = 2z$

よって，①は，$d\zeta + \eta\,dz = 0$，すなわち

$\underset{P''}{1}\cdot d\zeta + \underset{Q''}{2z}\,dz = 0$ に帰着する。ここで，$P'' = 1$，$Q'' = 2z$ とおくと，

$P_z'' = 0$，$Q_\zeta'' = 0$ より，$P_z'' = Q_\zeta''$ が成り立つ。

よって，これは完全微分方程式より，

$\displaystyle\int_0^\zeta \underset{P''(\zeta,z)}{1}\,d\zeta + \int_0^z \underset{Q''(0,z)}{2z}\,dz = C \qquad [\zeta]_0^\zeta + [z^2]_0^z = C \qquad \underset{x+\log y}{\zeta} + z^2 = C$

∴求める①の一般解は，$x + \log y + z^2 = C$ である。

それでは，最後に，積分可能な全微分方程式の実践問題をもう **1** 題解いてみることにしよう。

| 実践問題 2 | ● 積分可能な全微分方程式 ● |
|---|---|

次の全微分方程式の一般解を求めよう。

$$(2xy^2+y)\,dx+(y-x)\,dy+2y^2z\,dz=0 \quad \cdots\cdots ① \quad (y>0)$$

ヒント！ まず，$\boldsymbol{f}=[2xy^2+y,\ y-x,\ 2y^2z]$ とおいて，$\boldsymbol{f}\cdot(\mathrm{rot}\,\boldsymbol{f})=0$ を確認し，積分可能な全微分方程式の解法手順に従って解いていけばいいんだね。

## 解答＆解説

$\underbrace{(2xy^2+y)}_{P}\,dx+\underbrace{(y-x)}_{Q}\,dy+\underbrace{2y^2z}_{R}\,dz=0 \quad \cdots\cdots ① \quad (y>0)$ について，

$P=2xy^2+y,\ Q=y-x,\ R=2y^2z$

とおき，さらに，

$\boldsymbol{f}=[2xy^2+y,\ \ y-x,\ \ 2y^2z]$

とおいて，この回転 $\mathrm{rot}\,\boldsymbol{f}$ を求めると，

$\dfrac{\partial}{\partial x}$ ╳ $\dfrac{\partial}{\partial y}$ ╳ $\dfrac{\partial}{\partial z}$ ╳ $\dfrac{\partial}{\partial x}$

$2xy^2+y$ ↓ $y-x$ ↓ $2y^2z$ ↓ $2xy^2+y$

$,\ -1-4xy-1\ ]\ [4yz\ ,\ \ 0$

$$\mathrm{rot}\,\boldsymbol{f}=[4yz,\ \ 0,\ \ -4xy-2]\ (\neq \boldsymbol{0})\ \text{より，}$$

さらに，$\boldsymbol{f}\cdot(\mathrm{rot}\,\boldsymbol{f})$ を求めると，

$$\boldsymbol{f}\cdot(\mathrm{rot}\,\boldsymbol{f})=[2xy^2+y,\ \ y-x,\ \ 2y^2z]\cdot[4yz,\ \ 0,\ \ -4xy-2]$$

$$=4yz(2xy^2+y)-2y^2z(4xy+2)=0 \quad \text{となる。}$$

よって，①は $\boxed{(ア)\quad}$ な全微分方程式である。

(ⅰ) まず，$dz=0$ とおくと①は，

$(2xy^2+y)\,dx+(y-x)\,dy=0 \quad \cdots ②$ となる。

ここで，$P=2xy^2+y,\ Q=y-x$ より，$P_y=4xy+1,\ Q_x=-1$

$P_y\neq Q_x$ より，②は完全微分方程式ではないので，積分因子を求める。

よって，$\dfrac{P_y-Q_x}{P}=\dfrac{4xy+2}{2xy^2+y}=\dfrac{2(2xy+1)}{y(2xy+1)}=\dfrac{2}{y}=h(y)$ とおいて，

②の両辺にかける積分因子 $\mu(y)$ を求めると，

$$\mu(y)=e^{-\int h(y)\,dy}=e^{-\int \frac{2}{y}\,dy}=e^{-2\log y}=e^{\log\frac{1}{y^2}}=\boxed{(イ)\quad}\quad (y>0)$$

この $\mu(y)$ を②の両辺にかけると，

$$\underbrace{\left(2x+\frac{1}{y}\right)}_{P'}dx+\underbrace{\left(\frac{1}{y}-\frac{x}{y^2}\right)}_{Q'}dy=0 \quad \cdots\cdots②'$$

ここで，$P'=2x+\dfrac{1}{y}$，$Q'=\dfrac{1}{y}-\dfrac{x}{y^2}$とおくと，$P'_y=Q'_x=-\dfrac{1}{y^2}$となるので，②′は完全微分方程式である。よって，この一般解$\zeta=C$を求めると，

$$\int_0^x \underbrace{\left(2x+\frac{1}{y}\right)}_{P'(x,\ y)}dx+\int_1^y \underbrace{\left(\frac{1}{y}-\frac{0}{y^2}\right)}_{Q'(0,\ y)}dy=C \qquad \left[x^2+\frac{x}{y}\right]_0^x+\left[\log y\right]_1^y=C$$

$\therefore\ \zeta=x^2+\dfrac{x}{y}+\log y=C\quad (y>0)$ となる。

(ii) ここで，$\zeta_x=\left(x^2+\dfrac{x}{y}+\log y\right)_x=\boxed{2x+\dfrac{1}{y}=\lambda P=\lambda(2xy^2+y)}$ より，

$\lambda=$ (ウ) となる。

(iii) さらに，$\eta=\lambda R-\zeta_z$を求めると，

$$\eta=\text{(ウ)}\cdot 2y^2z-\underbrace{\left(x^2+\frac{x}{y}+\log y\right)_z}_{0}=2z \quad となる。$$

よって，①は，$d\zeta+\eta\,dz=0$，すなわち

$\underbrace{1}_{P''}\cdot d\zeta+\underbrace{2z}_{Q''}dz=0\ \cdots③$ に帰着する。ここで，$P''=1$，$Q''=2z$とおくと，

$P''_z=0$，$Q''_\zeta=0$ より，③は完全微分方程式である。よって，

$$\int_0^\zeta \underbrace{1}_{P''(\zeta,\ z)}\cdot d\zeta+\int_0^z \underbrace{2z}_{Q''(0,\ z)}dz=C \qquad [\zeta]_0^\zeta+[z^2]_0^z=C \qquad \underbrace{\zeta}_{x^2+\frac{x}{y}+\log y}+z^2=C$$

以上(i)(ii)(iii)より，求める①の一般解は，

(エ) $=C$ である。……………………………………………(答)

**解答** (ア) 積分可能　(イ) $\dfrac{1}{y^2}$　(ウ) $\dfrac{1}{y^2}$　(エ) $x^2+\dfrac{x}{y}+\log y+z^2$

## §3. シャルピーの解法

それではこれから，"**シャルピーの解法**"について詳しく解説しよう。この解法により，線形・非線形を問わず，**2**変数関数の**1**階偏微分方程式を解くことが出来る。ただし，この解法で用いる特性方程式(補助方程式)は，かなり複雑な形をしている。でも，強力な解法なのでここで是非マスターしよう。

このシャルピーの解法により求められる偏微分方程式の解は，"**一般解**"ではなく"**完全解**"の形で求められる。ここでは，"**一般解**"と"**完全解**"の関係についても教えよう。さらに，これらの解以外に，偏微分方程式は"**特異解**"を持つ場合もある。これについても解説するつもりだ。

### ● シャルピーの解法をマスターしよう！

線形・非線形を問わず，一般に**2**変数関数 $u = u(x,\ y)$ の**1**階偏微分方程式は，$x$，$y$，$u_x$，$u_y$，$u$ の関係式として，

$F(x,\ y,\ u,\ p,\ q) = 0$ ……① (ただし，$p = u_x$, $q = u_y$)

と表すことができる。ここで，偏微分 $u_x$ と $u_y$ をそれぞれ $p$，$q$ とおくことにする。そして，これら $p$，$q$ は共に $x$ と $y$ と $u$ の関数，すなわち，

$$\begin{cases} p = u_x = p(x,\ y,\ u) \\ q = u_y = q(x,\ y,\ u) \end{cases} \cdots\cdots ②$$ とする。

この①の**1**階偏微分方程式を解くために，これから"**シャルピー(*Charpit*)の解法**"について解説するけれど，これはこれまで解説してきた"**ラグランジュの偏微分方程式**"や"**積分可能な全微分方程式**"の解法を利用するかなりテクニカルな解法なんだ。これから分かりやすく教えよう。

ここで，**2**変数関数 $u(x,\ y)$ の全微分 $du$ は次の通りだね。

$du = p\,dx + q\,dy$ ……③ ← $du = \frac{\partial u}{\partial x}dx + \frac{\partial u}{\partial y}dy$ のこと

③を変形して，

$p \cdot dx + q \cdot dy - 1 \cdot du = 0$ ……③′ とおくと，

$p$，$q$ は共に $x$，$y$，$u$ の関数とおいているし，また，$-1$ も定数関数と考えると，③′は**3**つの独立変数 $x$，$y$，$u$ の全微分方程式と考えることができる。しかも，③′は当然 $\psi = u(x,\ y) - u = C_1$(任意定数)の解を持つので，

(これは，$x$ と $y$ の式)　(これは，$u$ という独立変数とみる)

積分可能な全微分方程式なんだね。よって，$\boldsymbol{f}=[p,\ q,\ -1]$ とおくと，

積分可能条件 $\boldsymbol{f}\cdot(\mathrm{rot}\,\boldsymbol{f})=0$ …④

をみたす。④を具体的に求めると，

まず，$\mathrm{rot}\,\boldsymbol{f}=[-q_u,\ p_u,\ q_x-p_y]$ より，

$$\frac{\partial}{\partial x}\ \frac{\partial}{\partial y}\ \frac{\partial}{\partial u}\ \frac{\partial}{\partial x}$$
$$p\quad q\quad -1\quad p$$
$$,\ q_x-p_y]\ [-q_u\ ,\ p_u$$

$$\boldsymbol{f}\cdot(\mathrm{rot}\,\boldsymbol{f})=[p,\ q,\ -1]\cdot[-q_u,\ p_u,\ q_x-p_y]$$
$$=-pq_u+qp_u-(q_x-p_y)=0$$ となる。よって，

$-pq_u+qp_u-(q_x-p_y)=0$ ……④´ が成り立つ。ここまでは大丈夫だね。

$p$ と $q$ は $x,\ y,\ u$ の関数と考えているので当然 $p_u$ や $q_u$ も計算できる。

それではここで，話を整理すると，$p$ と $q$ が，$x$ と $y$ と $u$ の式で表されたならば，これらを③´に代入して積分可能な全微分方程式として解を求めることができる。そのために，①を $p$ と $q$ を求めるための1つの方程式と考えると，未知数は2つなので，もう1つ $p$ と $q$ の方程式が必要となるんだね。それを新たに

$\phi(x,\ y,\ u,\ p,\ q)=a$ ……⑤　　$(a$：定数$)$ とおいてみよう。

①の $F(x,y,u,p,q)$ も，⑤の $\phi(x,y,u,p,q)$ も，$p=p(x,y,u)$，$q=q(x,y,u)$ と考えているので，$F$ と $\phi$ は共に $x$ と $y$ と $u$ の関数と考えられる。よって，これら3つの変数で $F$ と $\phi$ を偏微分して，④´の $q_x$，$p_y$，$p_u$，$q_u$ を求めてみよう。

(ⅰ) ①と⑤を $x$ で偏微分して，

$$\begin{cases} F_x+F_p\cdot p_x+F_q\cdot q_x=0 \\ \phi_x+\phi_p\cdot p_x+\phi_q\cdot q_x=0 \end{cases}$$ より，$$\begin{cases} F_p\cdot p_x+F_q\cdot q_x=-F_x \\ \phi_p\cdot p_x+\phi_q\cdot q_x=-\phi_x \end{cases}$$

$$\begin{bmatrix} F_p & F_q \\ \phi_p & \phi_q \end{bmatrix}\begin{bmatrix} p_x \\ q_x \end{bmatrix}=-\begin{bmatrix} F_x \\ \phi_x \end{bmatrix}$$

ここで，$\Delta=F_p\phi_q-F_q\phi_p\neq 0$ として，（行列式）

両辺に $\begin{bmatrix} F_p & F_q \\ \phi_p & \phi_q \end{bmatrix}^{-1}=\dfrac{1}{\Delta}\begin{bmatrix} \phi_q & -F_q \\ -\phi_p & F_p \end{bmatrix}$ を左からかけると，

$$\begin{bmatrix} p_x \\ q_x \end{bmatrix}=-\frac{1}{\Delta}\begin{bmatrix} \phi_q & -F_q \\ -\phi_p & F_p \end{bmatrix}\begin{bmatrix} F_x \\ \phi_x \end{bmatrix}\qquad \therefore q_x=\frac{1}{\Delta}(\phi_pF_x-F_p\phi_x)\quad \cdots⑥$$

(ⅱ) ①と⑤を $y$ で偏微分すると，同様に，

$$\begin{cases} F_y+F_p\cdot p_y+F_q\cdot q_y=0 \\ \phi_y+\phi_p\cdot p_y+\phi_q\cdot q_y=0 \end{cases}$$ より，$$\begin{bmatrix} F_p & F_q \\ \phi_p & \phi_q \end{bmatrix}\begin{bmatrix} p_y \\ q_y \end{bmatrix}=-\begin{bmatrix} F_y \\ \phi_y \end{bmatrix}$$

ここで，$\Delta=F_p\phi_q-F_q\phi_p\neq 0$ として，

$$\begin{bmatrix} p_y \\ q_y \end{bmatrix}=-\frac{1}{\Delta}\begin{bmatrix} \phi_q & -F_q \\ -\phi_p & F_p \end{bmatrix}\begin{bmatrix} F_y \\ \phi_y \end{bmatrix}\qquad \therefore p_y=-\frac{1}{\Delta}(\phi_qF_y-F_q\phi_y)\quad \cdots⑦$$

(iii) ①と⑤を $u$ で偏微分すると，同様に，

$$\begin{cases} F_u + F_p \cdot p_u + F_q \cdot q_u = 0 \\ \phi_u + \phi_p \cdot p_u + \phi_q \cdot q_u = 0 \end{cases}$$ より，

$$\begin{bmatrix} F_p & F_q \\ \phi_p & \phi_q \end{bmatrix} \begin{bmatrix} p_u \\ q_u \end{bmatrix} = - \begin{bmatrix} F_u \\ \phi_u \end{bmatrix}$$

ここで，$\Delta = F_p\phi_q - F_q\phi_p \neq 0$ として，

$$\begin{bmatrix} p_u \\ q_u \end{bmatrix} = -\frac{1}{\Delta} \begin{bmatrix} \phi_q & -F_q \\ -\phi_p & F_p \end{bmatrix} \begin{bmatrix} F_u \\ \phi_u \end{bmatrix}$$

$$\therefore \begin{cases} p_u = \dfrac{1}{\Delta}(-\phi_q F_u + F_q \phi_u) \\ q_u = \dfrac{1}{\Delta}(\phi_p F_u - F_p \phi_u) \end{cases} \quad \cdots\cdots ⑧$$

$F(x,\ y,\ u,\ p,\ q) = 0$ ……①
$pdx + qdy - 1 \cdot du = 0$ ……③′
$-pq_u + qp_u - q_x + p_y = 0$ ……④′
$\phi(x,\ y,\ u,\ p,\ q) = a$ ……⑤
$q_x = \frac{1}{\Delta}(\phi_p F_x - F_p \phi_x)$ ……⑥
$p_y = -\frac{1}{\Delta}(\phi_q F_y - F_q \phi_y)$ ……⑦
$(\Delta = F_p\phi_q - F_q\phi_p \neq 0)$

以上⑥，⑦，⑧を④′に代入すると，

$$-p \cdot \underbrace{\frac{1}{\Delta}(\phi_p F_u - F_p \phi_u)}_{q_u\ (⑧より)} + q \cdot \underbrace{\frac{1}{\Delta}(-\phi_q F_u + F_q \phi_u)}_{p_u\ (⑧より)}$$

$$- \underbrace{\frac{1}{\Delta}(\phi_p F_x - F_p \phi_x)}_{q_x\ (⑥より)} - \underbrace{\frac{1}{\Delta}(\phi_q F_y - F_q \phi_y)}_{p_y\ (⑦より)} = 0$$

両辺に $\Delta = F_p\phi_q - F_q\phi_p (\neq 0)$ をかけて，

$$-p\phi_p F_u + pF_p\phi_u - q\phi_q F_u + qF_q\phi_u - \phi_p F_x + F_p\phi_x - \phi_q F_y + F_q\phi_y = 0$$

さらに，これを $\phi_x$，$\phi_y$，$\phi_u$，$\phi_p$，$\phi_q$ でまとめると，

$$F_p\phi_x + F_q\phi_y + (pF_p + qF_q)\phi_u - (F_x + pF_u)\phi_p - (F_y + qF_u)\phi_q = 0$$ となる。

これは，次の一般化されたラグランジュの偏微分方程式(P55)と同形だね。

$$f_1 \cdot \frac{\partial \phi}{\partial x_1} + f_2 \cdot \frac{\partial \phi}{\partial x_2} + f_3 \cdot \frac{\partial \phi}{\partial x_3} + f_4 \cdot \frac{\partial \phi}{\partial x_4} + f_5 \cdot \frac{\partial \phi}{\partial x_5} = g \quad \cdots\cdots (*l)''$$

$$\left( 特性方程式: \frac{dx_1}{f_1} = \frac{dx_2}{f_2} = \frac{dx_3}{f_3} = \frac{dx_4}{f_4} = \frac{dx_5}{f_5} = \frac{d\phi}{g} \quad \cdots\cdots (*l)''' \right)$$

よって，この $\phi$ についてのラグランジュの偏微分方程式の特性方程式は，

$$\frac{dx}{F_p} = \frac{dy}{F_q} = \frac{du}{pF_p + qF_q} = -\frac{dp}{F_x + pF_u} = -\frac{dq}{F_y + qF_u} \boxed{= \frac{d\phi}{0}} \cdots ⑨$$ となる。

今回，$p$，$q$ の関係式を求めたいので，これは不要

この特性方程式：

$$\frac{dx}{F_p}=\frac{dy}{F_q}=\frac{du}{pF_p+qF_q}=-\frac{dp}{F_x+pF_u}=-\frac{dq}{F_y+qF_u} \quad \cdots\cdots ⑨$$ は，

複雑な形をしているが，これを全て使う必要はない。あくまでも目的は，$p$ と $q$ の関係式を 1 つ求めればいいだけなので，たとえば⑨の内，$-\dfrac{dp}{F_x+pF_u}=-\dfrac{dq}{F_y+qF_u}$

のみを用いて，$p$ と $q$ の関係式が求まれば，これと①を連立させて，$p=p(x,y,u)$，$q=q(x,\ y,\ u)$ を決定し，これを③´に代入すればいい。そして，

$p(x,\ y,\ u)dx+q(x,\ y,\ u)dy-du=0$ …③´ は積分可能な全微分方程式だけれど，解 $u=u(x,\ y)$ を持つことが分かっているので，そのまま完全微分方程式（条件：$\mathrm{rot}[p,\ q,\ -1]=\mathbf{0}$）であるかも知れない。そのときは，

$\displaystyle\int_{x_0}^{x}p(x,y,u)dx+\int_{y_0}^{y}q(x_0,y,u)dy-\int_{0}^{u}du=b$（定数）より，

$u+b=\displaystyle\int_{x_0}^{x}p(x,y,u)dx+\int_{y_0}^{y}q(x_0,y,u)dy$ となって，①の解が求まる。

そうでないときは，③´の両辺にある $\lambda$ をかけて，完全微分方程式にもち込んでから解けばいいんだね。

以上が **“シャルピーの解法”** だ。これをまとめて下に示そう。

## シャルピーの解法

1 階の偏微分方程式：$F(x,\ y,\ u,\ p,\ q)=0$ ……$(*n)$ $(p=u_x,\ q=u_y)$

について，この特性方程式（補助方程式）は，

$$\frac{dx}{F_p}=\frac{dy}{F_q}=\frac{du}{pF_p+qF_q}=-\frac{dp}{F_x+pF_u}=-\frac{dq}{F_y+qF_u} \cdots (*n)'$$

$(*n)'$ を解いて，$p$ と $q$ の関係式 $\phi(x,y,u,p,q)=a$ ……⑤を導く。

（ただし，$\Delta=F_p\phi_q-F_q\phi_p\neq 0$）

$(*n)$ と⑤から，$p=p(x,y,u)$，$q=q(x,y,u)$ を求め，これを

$p\,dx+q\,dy-du=0$ …③´ に代入し，もし③´が完全微分方程式

ならば，解 $u+b=\displaystyle\int_{x_0}^{x}p(x,y,u)dx+\int_{y_0}^{y}q(x_0,y,u)dy$ が求まる。

この解は，**“完全解”** である。

それでは，このシャルピーの解法についても，実際に問題を解いて練習しよう。

例題 **17**　次の偏微分方程式をシャルピーの解法を使って解いてみよう。

$$px - qy = u \cdots\cdots ① \quad (p = u_x,\ \ q = u_y)$$

実は，①は，例題 **10(P50)** で解いたラグランジュの偏微分方程式：

$\underset{P}{x}\cdot\dfrac{\partial u}{\partial x}\underset{Q}{-y}\cdot\dfrac{\partial u}{\partial y}=\underset{R}{u}$ と同じ方程式であり，その一般解が

$u(x, y) = x\varphi(xy)$　($\varphi$：任意関数) となることを既に教えている。でも，今回は，これをシャルピーの解法に従って解いてみることにしよう。

まず，①を変形して，

$$F(x, y, u, p, q) = px - qy - u = 0 \quad \cdots\cdots ①' \quad (p = u_x,\ q = u_y)$$

とおくと，この特性方程式は，

$$\frac{dx}{F_p} = \frac{dy}{F_q} = \frac{du}{pF_p + qF_q} = -\frac{dp}{F_x + pF_u} = -\frac{dq}{F_y + qF_u} \cdots\cdots ② \text{となる。}$$

ただし，②の解 $\phi = a$ は，$\Delta = \begin{vmatrix} F_p & F_q \\ \phi_p & \phi_q \end{vmatrix} = F_p\phi_q - F_q\phi_p \fallingdotseq 0$ をみたすものでないといけないんだね。

それでは，$F_p$，$F_q$，$F_u$，$F_x$，$F_y$ を具体的に求めて②を完成させよう。

$F_p = (px - qy - u)_p = x$　　　$F_q = (px - qy - u)_q = -y$

$F_u = (px - qy - u)_u = -1$　　　$F_x = (px - qy - u)_x = p$

$F_y = (px - qy - u)_y = -q$　より，

$$\begin{cases} pF_p + qF_q = px + q(-y) = px - qy = u \quad (①\text{より}) \\ F_x + pF_u = p + p\cdot(-1) = 0 \\ F_y + qF_u = -q + q\cdot(-1) = -2q \end{cases}$$

となる。よって，②は，

$$\underbrace{\frac{dx}{x} = \frac{dy}{-y} = \frac{du}{u}}_{\uparrow} = \underbrace{-\frac{dp}{0} = -\frac{dq}{-2q}}_{\uparrow} \cdots\cdots ②' \quad \text{となる。}$$

これは，ラグランジュの偏微分方程式の特性方程式そのものだ。

今回は，これを使う。

②′のはじめの **3** 項は，**P50** で示したラグランジュの偏微分方程式の特性方程式そのもので，これから①の一般解を求めることができる。しかし，今回は最後の **2** 項を用いてシャルピーの解法に従って解いていくことにする。

②´の最後の **2** 項より，$\dfrac{dp}{0}=\dfrac{dq}{-2q}$　よって，$dp=0$ より，

$p=a$（任意定数）

$\therefore\ \phi=p=a$ ……③ ← シャルピーの解法では，何か $p$ と $q$ の関係式 $\phi(x,y,u,p,q)=a$ を求めないといけない。単純だけど，③がそれだ！

よって，$\phi_p=1$，$\phi_q=0$ より行列式 $\Delta$ は，

$$\Delta=\begin{vmatrix}F_p & F_q\\ \phi_p & \phi_q\end{vmatrix}=\begin{vmatrix}x & -y\\ 1 & 0\end{vmatrix}=y\ (\neq 0)$$ となって，条件を満たす。（$\Delta$ が，恒等的に $0$ でなければいい。）

以上より，③と①から $p$，$q$ を $x$，$y$，$u$ の関数として表し，これを，

$\underset{p(x,y,u)}{p}\,dx+\underset{q(x,y,u)}{q}\,dy-du=0$ …④に代入して，完全微分方程式として解けばいいんだね。③はそのまま④に代入できるので，ここで $q$ を求めよう。

③を①に代入して，$ax-qy=u$　　$\therefore\ q=\dfrac{ax-u}{y}$ ……⑤

以上より，③，⑤を④に代入して，

$a\,dx+\dfrac{ax-u}{y}dy-du=0$ ← これは完全微分方程式ではない。

両辺に $y$ をかけて，

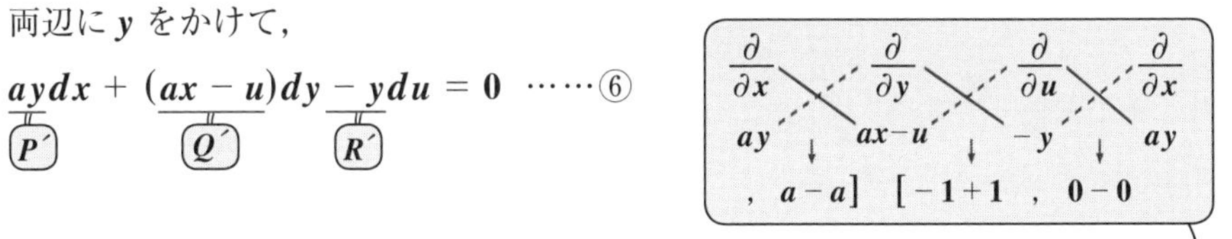


ここで，$P'=ay$，$Q'=ax-u$，$R'=-y$ とおくと，$\mathrm{rot}[P',Q',R']=\mathbf{0}$

より，⑥は完全微分方程式である。よって，

$$\int_0^x ay\,dx+\int_0^y(a\cdot 0-u)\,dy-\int_0^u 0\,du=b$$

$$[axy]_0^x-[uy]_0^y=b\qquad axy-uy=b$$

以上より，①の解が $y(ax-u)=b$　($a,b$: 任意定数) と求められた。このような任意定数 $a$，$b$ を含む解を①の **"完全解"** という。もちろん，この完全解は

$u(x,y)=ax-\dfrac{b}{y}$ ……⑥　としてもかまわない。

エッ，**P51** で求めた一般解 $u(x,\ y)=x\varphi(xy)$ と形が違いすぎる，同じ解なのかって？　もちろん，同じ解だ。そして，シャルピーの解法を使う場合，この完全解を求めればいいんだよ。

ここで，完全解 $f(x, y, u, a, b) = 0$

（今回これは，$u - ax + \frac{b}{y}$ のこと）

（完全解 $u = ax - \frac{b}{y}$　一般解 $u = x\varphi(xy)$）

から，一般解を求める方法についても

解説しておこう。まず，**2** つの任意定数 $a$，$b$ の間に関数関係 $b = \varphi(a)$

($\varphi$：任意関数) があるものとする。そして，

完全解 $f(x, y, u, a, \varphi(a)) = 0$ と $\frac{\partial f}{\partial a} + \frac{\partial f}{\partial b}\varphi'(a) = 0$ から $a$ を消去した

ものが，一般解になるんだ。

少し計算がメンドウだけど，興味のある方が多いと思うので，この例題で実際に一般解を導いてみよう。

完全解 $f(x, y, u, a, b) = \boxed{u - ax + \frac{b}{y} = 0}$ ……（ア）

$\frac{\partial f}{\partial a} + \frac{\partial f}{\partial b}\varphi'(a) = \boxed{-x + \frac{1}{y}\varphi'(a) = 0}$ ……（イ）

（イ）より，$\varphi'(a) = xy$　　$\varphi'$ の逆関数 $\varphi'^{-1}$ が存在するものとして，

$a = \varphi'^{-1}(xy) = g(xy)$ とおく。

これと，$b = \varphi(a)$ を（ア）に代入してまとめると，

$$u - xg(xy) + \frac{\varphi(a)}{y} = 0$$

（$\varphi(a)$：$\varphi(g(xy)) = \varphi \circ g(xy)$）

ここで，$\varphi \circ g(xy) = h(xy)$ とおくと，

$$u = xg(xy) - \frac{h(xy)}{y} = x\left\{g(xy) - \frac{h(xy)}{xy}\right\}$$ となる。

（$\left\{\ \right\}$ 内：$\varphi(xy)$ ← これを新たに $xy$ の関数 $\varphi(xy)$ とおく。）

（ただし，$g = \varphi'^{-1}$　　$h = \varphi \circ g$）

ここで，右辺の $\{\quad\}$ 内は $xy$ の関数より，これは任意関数 $\varphi(xy)$ とおける。

$\therefore$ 一般解 $u(x,\ y) = x\varphi(xy)$　($\varphi$：任意関数) が導けた！

これで，一般解と完全解が形式は異なっても同じものであることが分かったと思う。

それではもう **1** 題，シャルピーの解法で例題を解いてみよう。また，ここでは“**特異解**”についても教えよう。

例題 **18**　次の偏微分方程式をシャルピーの解法により求めよう。

$$px + qy + pq - u = 0 \cdots\cdots ①\quad (p = u_x,\quad q = u_y)$$

$F(x, y, u, p, q) = px + qy + pq - u = 0 \cdots ①'$ とおくと，この特性方程式は，

$$\frac{dx}{F_p} = \frac{dy}{F_q} = \frac{du}{pF_p + qF_q} = -\frac{dp}{F_x + pF_u} = -\frac{dq}{F_y + qF_u} \cdots\cdots ②$$ だね。ここで，

$F_p = (px + qy + pq - u)_p = x + q$　　$F_q = (px + qy + pq - u)_q = y + p$

$F_u = (px + qy + pq - u)_u = -1$　　$F_x = (px + qy + pq - u)_x = p$

$F_y = (px + qy + pq - u)_y = q$　より，

$$\begin{cases} pF_p + qF_q = p(x+q) + q(y+p) = 2pq + px + qy \\ F_x + pF_u = p + p\cdot(-1) = 0 \\ F_y + qF_u = q + q\cdot(-1) = 0 \end{cases}$$

以上より，②は，

$$\frac{dx}{x+q} = \frac{dy}{y+p} = \frac{du}{2pq+px+qy} = \boxed{-\frac{dp}{0} = -\frac{dq}{0}} \cdots\cdots ②'$$　となる。

②´の最後の **2** 項より，$dp = 0$　かつ　$dq = 0$　となるので，

$p = a$，$q = b$　($a$，$b$：任意定数) となる。よって，これらを①に代入すると，

完全解　$u(x,\ y) = ax + by + ab \cdots\cdots ③$　が直接求まる。

今回は，シャルピーの解法がかなり簡略化された形で解けた。

実は例題 **18** の方程式のような，

$u = px + qy + \varphi(p, q)$ の形の方程式を "**クレローの偏微分方程式**" と呼び，その完全解は，例題 **18** と同様の計算により，

$u = ax + by + \varphi(a, b)$　($a, b$：任意定数)

となる。

クレローの偏微分方程式の場合，$p$，$q$ に $a$，$b$ を代入したものが完全解になる。

したがって，この知識があれば，例題 **18** の①のクレローの方程式の完全解も，

$u = ax + by + ab \cdots\cdots ③$　($a$，$b$：任意定数) とすぐに導けるんだね。

ここで，すべての偏微分方程式に存在するわけではないが，一般解や完全解では表すことのできない解が存在する場合がある。これを "**特異解**" というんだけれど，この特異解はクレローの偏微分方程式には存在するので，ここで求めておこう。

まず，この完全解を

$$f(x, y, u, a, b) = ax + by + ab - u = 0 \quad \cdots\cdots ③'$$

とおき，この③′と $\frac{\partial f}{\partial a} = 0$ と $\frac{\partial f}{\partial b} = 0$ から

$a$，$b$ を消去すれば特異解が求まる。まず，

> クレローの方程式
> $u = px + qy + pq \cdots\cdots ①$
> の完全解は，
> $u = ax + by + ab \cdots\cdots ③$

$$\frac{\partial f}{\partial a} = (ax + by + ab - u)_a = x + b = 0 \text{ より，} b = -x \quad \cdots\cdots ④$$

$$\frac{\partial f}{\partial b} = (ax + by + ab - u)_b = y + a = 0 \text{ より，} a = -y \quad \cdots\cdots ⑤$$

④，⑤を③′に代入して $a$，$b$ を消去すると，

$-xy - \cancel{xy} + \cancel{xy} - u = 0$

∴特異解 $u = -xy$ …⑥　が求まる。

⑥のとき，$p = u_x = -y$，$q = u_y = -x$ より，これを①に代入すると，

$u = -y \cdot x - \cancel{xy} + \cancel{(-y)(-x)} = -xy$ となって，成り立つので，⑥は①の解だ。しかし，$u = -xy$ は，完全解 $u = ax + by + ab$ の任意定数 $a$，$b$ をどのように変化させても表すことのできない解であることが分かると思う。だから，$u = -xy$ は特異解と言えるんだね。

では，最後にもう 1 題，シャルピーの解法の演習をやっておこう。

> 例題 19　次の偏微分方程式をシャルピーの解法により求めよう。
>
> $$(p + q)x - pq = 0 \quad \cdots\cdots \text{(a)}$$

$F(x, y, u, p, q) = (p + q)x - pq = 0$ … (a)′ とおくと，この特性方程式は，

$$\frac{dx}{F_p} = \frac{dy}{F_q} = \frac{du}{pF_p + qF_q} = -\frac{dp}{F_x + pF_u} = -\frac{dq}{F_y + qF_u} \quad \cdots\cdots \text{(b)}$$ となる。

ここで，$F_p = x - q$，$F_q = x - p$，$F_u = 0$，$F_x = p + q$，$F_y = 0$　より，

$$\begin{cases} pF_p + qF_q = p(x - q) + q(x - p) = (p + q)x - 2pq \\ F_x + pF_u = p + q + \cancel{p \cdot 0} = p + q \\ F_y + qF_u = \cancel{0} + \cancel{q \cdot 0} = 0 \end{cases}$$

となる。よって，(b) は，

$$\frac{dx}{x - q} = \frac{dy}{x - p} = \frac{du}{(p + q)x - 2pq} = \boxed{-\frac{dp}{p + q} = -\frac{dq}{0}} \quad \cdots\cdots \text{(b)}'$$ となる。

(b)′ の最後の 2 項より，$dq = 0$　∴ $q = a$ …… (c) となる。

ここで，$\phi(x, y, u, p, q) = q = a$ とおくと，$\phi_p = 0$，$\phi_q = 1$ より，

$$\Delta = \begin{vmatrix} F_p & F_q \\ \phi_p & \phi_q \end{vmatrix} = F_p\phi_q - F_q\phi_p = (x-q)\cdot 1 - \cancel{(x-p)\cdot 0} = x - q \neq 0$$ となる。

よって，$\phi = q = a$ …… (c) を(a)′ に代入して $p$ を求めると，

$$(p+a)x - pa = 0 \qquad p(a-x) = ax \qquad \therefore p = \frac{ax}{a-x} \quad \cdots\cdots \text{(d)}$$

(c)と(d)を全微分方程式：$\underset{\frac{ax}{a-x}}{p}\,dx + \underset{a}{q}\,dy - du = 0$ … (e) に代入すると，

$$\underbrace{\frac{ax}{a-x}}_{\frac{a(x-a)+a^2}{a-x} = -a + \frac{a^2}{a-x}} dx + a\,dy - du = 0 \quad \cdots \text{(e)}$$ となる。

ここで，$f = \left[\ \dfrac{ax}{a-x}\ ,\ a,\ -1\right]$ とおくと，

$\mathrm{rot}\, f = 0$ となる。

$\dfrac{\partial}{\partial x}$　$\dfrac{\partial}{\partial y}$　$\dfrac{\partial}{\partial u}$　$\dfrac{\partial}{\partial x}$

$\dfrac{ax}{a-x}$　$a$　$-1$　$\dfrac{ax}{a-x}$

$[\ 0\ ,\ 0\ ,\ 0]$

よって，(e) は完全微分方程式より，

$$\int_0^x \left(-a + \frac{a^2}{a-x}\right) dx + \int_0^y a\,dy - \int_0^u du = b'$$

$$\left[-ax - a^2\log|a-x|\right]_0^x + \left[ay\right]_0^y - \left[u\right]_0^u = b'$$

$$-ax - a^2\log|a-x| + a^2\log|a| + ay - u = b'$$

∴(a)の完全解は，

$$u + b = -ax - a^2\log|a-x| + ay \quad (\text{ただし，} b = b' - a^2\log|a|)$$

となって，答えだ。

実践問題 3 ●シャルピーの解法●

次の偏微分方程式の完全解をシャルピーの解法により求めよ。

$px+qy+pq=0$ ……① $(p=u_x,\ \ q=u_y)$

ヒント！ $F=px+qy+pq=0$ とおいて，特性方程式を作り，完全微分方程式の形にもち込んで解けばいいんだね。ちなみに，①に $u$ は含まれていないので，これはクレローの方程式ではないよ。

## 解答＆解説

$F(x,\ y,\ u,\ p,\ q)=px+qy+pq=0$ ……①´ とおくと，この特性方程式は，

$$\frac{dx}{F_p}=\frac{dy}{F_q}=\frac{du}{pF_p+qF_q}=-\frac{dp}{F_x+pF_u}=-\frac{dq}{F_y+qF_u}$$ ……②となる。

ここで，$F_p=x+q$，$F_q=y+p$，$F_u=0$，$F_x=p$，$F_y=q$ より，

$$\begin{cases} pF_p+qF_q=p(x+q)+q(y+p)=px+qy+2pq=pq \quad (①´より) \\ F_x+pF_u=p+\cancel{p\cdot 0}=p \\ F_y+qF_u=q+\cancel{q\cdot 0}=q \end{cases}$$

よって，②は，

$$\frac{dx}{x+q}=\frac{dy}{y+p}=\frac{du}{pq}=\boxed{(ア)\qquad}$$ ……②´ となる。

②´の最後の2項より，$\dfrac{dq}{q}=\dfrac{dp}{p}$ この両辺を積分して，

$$\int\frac{1}{q}dq=\int\frac{1}{p}dp \qquad \log|q|=\log|p|+\underset{\log a_2}{\underline{a_1}} \quad (a_1：定数)$$

$\log|q|=\log a_2|p|$ $\therefore q=\pm a_2p$ より，

$q=ap$ ……③ $(a：任意定数,\ a=\pm a_2,\ a_2=e^{a_1})$

③より，$\phi(x,\ y,\ u,\ p,\ q)=q-ap=0$ とおくと，

$\phi_p=-a$，$\phi_q=1$ より，

行列式 $\Delta=\begin{vmatrix} F_p & F_q \\ \phi_p & \phi_q \end{vmatrix}=F_p\phi_q-F_q\phi_p=(x+q)\cdot 1-(y+p)\cdot(-a)\neq\boxed{(イ)}$

となって，$\Delta\neq\boxed{(イ)}$ の条件を満たす。

③を①に代入して，

$px + apy + ap^2 = 0$ 　両辺を $p$ で割って，　$x + ay + ap = 0$

$\therefore p =$ (ウ) ……④

④を③に代入して，

$q = ap =$ (エ) ……⑤

④，⑤を，$p\,dx + q\,dy - du = 0$ …⑥に代入すると，

$\left(\boxed{(ウ)}\right)dx + \left(\boxed{(エ)}\right)dy - du = 0$ 　両辺に $-1$ をかけて，

$\underbrace{\left(\frac{1}{a}x + y\right)}_{P(x,\,y,\,u)}dx + \underbrace{(x + ay)}_{Q(x,\,y,\,u)}dy + \underbrace{1}_{R(x,\,y,\,u)}\cdot du = 0$

ここで，$\boldsymbol{f} = \left[\frac{1}{a}x + y,\ x + ay,\ 1\right]$ とおくと，

$\mathrm{rot}\,\boldsymbol{f} = \boldsymbol{0}$ となる。

$\frac{\partial}{\partial x}$ $\frac{\partial}{\partial y}$ $\frac{\partial}{\partial u}$ $\frac{\partial}{\partial x}$

$\frac{1}{a}x + y$ 　$x + ay$ 　$1$ 　$\frac{1}{a}x + y$

$[\,0\,,\ 0\,,\ 1 - 1\,]$

よって，これは完全微分方程式より，

$\int_0^x \underbrace{\left(\frac{1}{a}x + y\right)}_{P(x,\,y,\,u)}dx + \int_0^y \underbrace{(0 + ay)}_{Q(0,\,y,\,u)}dy + \int_0^u \underbrace{1}_{R(0,\,0,\,u)}du = b_1$ （定数）

$\left[\frac{1}{2a}x^2 + yx\right]_0^x + \left[\frac{a}{2}y^2\right]_0^y + [u]_0^u = b_1$

$\frac{1}{2a}x^2 + yx + \frac{a}{2}y^2 + u = b_1$ 　両辺に $2$ をかけて，$b = 2b_1$ とおくと，

求める①の偏微分方程式の完全解は，

(オ) $= b$ 　($a,\ b$：任意定数）である。

解答 　(ア) $-\frac{dp}{p} = -\frac{dq}{q}$ 　(イ) $0$ 　(ウ) $-\frac{1}{a}x - y$ 　(エ) $-x - ay$

(オ) $\frac{x^2}{a} + 2xy + ay^2 + 2u$

## 講義 2 ● 1 階偏微分方程式　公式エッセンス

**1. ラグランジュの偏微分方程式：$P\dfrac{\partial u}{\partial x}+Q\dfrac{\partial u}{\partial y}=R$ の一般解**

特性方程式（または補助方程式）：$\dfrac{dx}{P}=\dfrac{dy}{Q}=\dfrac{du}{R}$ の 2 つの独立な解 $f(x,\ y,\ u)=C_1$ と $g(x,\ y,\ u)=C_2$（$C_1$, $C_2$：任意定数）により，一般解は，$g=\varphi(f)$，または，$\psi(f,\ g)=0$ となる。($\varphi$, $\psi$：任意関数)

（ただし，$P=P(x,\ y,\ u)$, $Q=Q(x,\ y,\ u)$, $R=R(x,\ y,\ u)$ とする。）

**2. 2 変数関数の全微分方程式：$P(x,y)\,dx+Q(x,y)\,dy=0$ …① の一般解**

$P_y=Q_x$ をみたすとき，①は"**完全微分方程式**"であり，一般解は，

$\displaystyle\int_{x_0}^{x}P(x,y)\,dx+\int_{y_0}^{y}Q(x_0,y)\,dy=C$（定数）　となる。

**3. 完全微分方程式でない全微分方程式①の積分因子**

（i）$\dfrac{P_y-Q_x}{Q}=g(x)$ の場合，積分因子 $\mu(x)=e^{\int g(x)\,dx}$ となり，

（ii）$\dfrac{P_y-Q_x}{P}=h(y)$ の場合，積分因子 $\mu(y)=e^{-\int h(y)\,dy}$ となる。

**4. 3 変数関数の全微分方程式：$P\,dx+Q\,dy+R\,dz=0$ …② の一般解**

$\boldsymbol{f}=[P,\ Q,\ R]$ に対して，$\mathrm{rot}\,\boldsymbol{f}=\boldsymbol{0}$ のとき，"**完全微分方程式**"②の一般解は，

$\displaystyle\int_{x_0}^{x}P(x,y,z)\,dx+\int_{y_0}^{y}Q(x_0,y,z)\,dy+\int_{z_0}^{z}R(x_0,y_0,z)\,dz=C$（定数）

**5. 積分可能な全微分方程式②の解法**

$\boldsymbol{f}\cdot(\mathrm{rot}\,\boldsymbol{f})=0$ のとき，②の一般解は，次の手順で求まる。

（i）$dz=0$ として，②を $P\,dx+Q\,dy=0$ にし，この一般解 $\zeta(x,y,z)=C$ を求める。

（ii）$\zeta_x=\lambda P$ から $\lambda$ を求める。

（iii）$\eta=\lambda R-\zeta_z$ とおくと，②は，$d\zeta+\eta\,dz=0$ に帰着され，これを解く。

**6. 1 階の偏微分方程式：$F(x,y,u,p,q)=0$ …③ ($p=u_x$, $q=u_y$) のシャルピーの解法**

特性方程式：$\dfrac{dx}{F_p}=\dfrac{dy}{F_q}=\dfrac{du}{pF_p+qF_q}=-\dfrac{dp}{F_x+pF_u}=-\dfrac{dq}{F_y+qF_u}$

を解いて，$p$ と $q$ の関係式 $\phi(x,y,u,p,q)=a$ …④を導く。③と④から $p$, $q$ を求め，$p\,dx+q\,dy-du=0$ に代入して，この全微分方程式を解いて"**完全解**"を求める。

講 義
Lecture
# 3

# 2 階線形偏微分方程式

▶ フーリエ解析の復習

$$\left( f(x,\ y) = \sum_{m=1}^{\infty} \sum_{n=1}^{\infty} b_{mn} \sin \frac{m\pi}{L_1} x \cdot \sin \frac{n\pi}{L_2} y \right)$$

▶ 波動方程式の解法

$$\left( \frac{\partial^2 u}{\partial t^2} = v^2 \frac{\partial u^2}{\partial x^2},\quad \frac{\partial^2 u}{\partial t^2} = v^2 \left( \frac{\partial^2 u}{\partial x^2} + \frac{\partial^2 u}{\partial y^2} \right) \right)$$

▶ 熱伝導方程式の解法

$$\left( \frac{\partial u}{\partial t} = a \frac{\partial^2 u}{\partial x^2},\quad \frac{\partial u}{\partial t} = a \left( \frac{\partial^2 u}{\partial x^2} + \frac{\partial^2 u}{\partial y^2} \right) \right)$$

▶ ラプラス方程式の解法

$$\left( \frac{\partial^2 u}{\partial x^2} + \frac{\partial^2 u}{\partial y^2} = 0,\quad \frac{\partial^2 u}{\partial x^2} + \frac{\partial^2 u}{\partial y^2} + \frac{\partial^2 u}{\partial z^2} = 0 \right)$$

# §1. フーリエ解析の復習

さァ，これから“**2階線形偏微分方程式**”の解法について解説しよう。プロローグでも紹介したように，この2階線形偏微分方程式には，“**波動方程式**”(*wave equation*)や“**熱伝導方程式**”(*heat conduction equation*)，それに“**ラプラス方程式**”(*Laplace′s equation*)と，主な物理現象を記述する重要な方程式が含まれる。この講義でも，これらの方程式を中心に詳しく解説していくつもりだ。

これらの偏微分方程式の有力な解法として，“**変数分離法**”がある。これから求められた解を重ね合わせることにより，様々な初期条件や境界条件を満たす解を求めることができる。その際に役に立つのが，ここで解説する“**フーリエ解析**”なんだね。

ここでは，偏微分方程式を解く上で実用的な“**フーリエサイン級数**”と“**2重フーリエサイン級数**”，それに“**フーリエ変換**”と“**フーリエ逆変換**”について簡単に説明しておこう。

## ● 関数をフーリエ級数で表そう！

$m$，$n$ を自然数とするとき，$\sin\frac{m\pi}{L}x\cdot\sin\frac{n\pi}{L}x$ を区間 $[0,\ L]$ で積分すると次のようになる。

$$\int_0^L \sin\frac{m\pi}{L}x\cdot\sin\frac{n\pi}{L}x\,dx=\begin{cases}\frac{L}{2} & (m=n\text{ のとき})\\ 0 & (m\neq n\text{ のとき})\end{cases}\quad\cdots\cdots(*v)$$

この三角関数の性質が，フーリエサイン級数展開の基になるんだね。この $(*v)$ が成り立つことを確認しておこう。

公式：$\sin^2\theta=\frac{1-\cos 2\theta}{2}$

(ⅰ) $m=n$ のとき，

$$\int_0^L \sin\frac{m\pi}{L}x\cdot\sin\frac{\overset{m}{n}\pi}{L}x\,dx=\int_0^L \sin^2\frac{m\pi}{L}x\,dx$$

$$=\frac{1}{2}\int_0^L\left(1-\cos\frac{2m\pi}{L}x\right)dx=\frac{1}{2}\left[x-\frac{L}{2m\pi}\sin\frac{2m\pi}{L}x\right]_0^L=\frac{L}{2}$$

となる。

(ii) $m \neq n$ のとき,

$$\int_0^L \sin\frac{m\pi}{L}x \cdot \sin\frac{n\pi}{L}x\,dx = -\frac{1}{2}\int_0^L \left\{\cos\frac{(m+n)\pi}{L}x - \cos\frac{(m-n)\pi}{L}x\right\}dx$$

$$-\frac{1}{2}\left\{\cos\left(\frac{m\pi}{L}x + \frac{n\pi}{L}x\right) - \cos\left(\frac{m\pi}{L}x - \frac{n\pi}{L}x\right)\right\}$$

公式：
$\sin\alpha\sin\beta = -\frac{1}{2}\{\cos(\alpha+\beta) - \cos(\alpha-\beta)\}$

$$= -\frac{1}{2}\left[\frac{L}{(m+n)\pi}\sin\frac{(m+n)\pi}{L}x - \frac{L}{(m-n)\pi}\sin\frac{(m-n)\pi}{L}x\right]_0^L = 0 \text{ となる。}$$

以上(i)(ii)より，$(*v)$ が成り立つことが示せた。この $(*v)$ は，ベクトルと関連させて覚えるといい。たとえば，ベクトルの集合 $\{\boldsymbol{a}_k\}$ $(k=1,\ 2,\ \cdots,\ N)$ が，

(i) $m=n$ のとき $\boldsymbol{a}_m \cdot \boldsymbol{a}_n = \|\boldsymbol{a}_m\|^2 = 1$，(ii) $m \neq n$ のとき $\boldsymbol{a}_m \cdot \boldsymbol{a}_n = 0$

の性質をもつとき，この $\{\boldsymbol{a}_1,\ \boldsymbol{a}_2,\ \cdots\cdots,\ \boldsymbol{a}_N\}$ は正規直交基底となる。

大きさが1で，互いに直交するベクトルの集合のこと

したがって，$(*v)$ は，

$$\int_0^L \left(\sqrt{\frac{2}{L}}\sin\frac{m\pi}{L}x\right)\cdot\left(\sqrt{\frac{2}{L}}\sin\frac{n\pi}{L}x\right)dx = \begin{cases} 1 & (m=n\text{ のとき}) \\ 0 & (m\neq n\text{ のとき})\end{cases} \quad \cdots\cdots(*v)'$$

正規化（大きさを1に）するために，$\sqrt{\frac{2}{L}}$ をかけた。

と変形できるので，

$\sqrt{\frac{2}{L}}\sin\frac{\pi}{L}x$，$\sqrt{\frac{2}{L}}\sin\frac{2\pi}{L}x$，$\sqrt{\frac{2}{L}}\sin\frac{3\pi}{L}x$，……も，ベクトルの正規直交基底と同様の関数系と考えて，"**正規直交関数系**"（または"**正規直交系**"）という。もちろん，$(*v)'$ よりも $(*v)$ の方が覚えやすいので，$(*v)$ で覚えておいて構わない。

では次，まず"**区分的に連続な**"関数 $f(x)$ について解説しておこう。図1に示すように区間 $[0,\ L]$ において1変数関数 $f(x)$ が，有限個の点を除いて連続であり，かつ不連続点 $x_0$，$x_1$，……と両端点 $0$，$L$ においても有限な極限値が存在するとき，$f(x)$ を区間 $[0,\ L]$ で"**区分的に連続な**"関数というんだね。そして，さらに $f(x)$ とその導関数 $f'(x)$ も共に，区間 $[0,\ L]$ において区分的に

図1　区分的に連続な関数

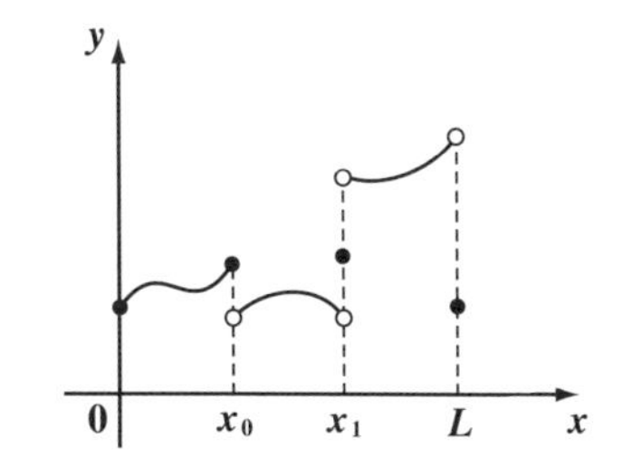

連続な関数であるとき，$f(x)$ を区間 $[0,\ L]$ で "**区分的に滑らかな**" 関数と呼ぶ。

そして，関数 $f(x)$ が区間 $[0,\ L]$ で区分的に滑らかな関数であれば，$f(x)$ を次のように "**フーリエサイン級数**" で展開して表すことができるんだね。

## フーリエサイン級数

区間 $[0,\ L]$ で区分的に滑らかな関数 $f(x)$ は，次のようにフーリエサイン級数(フーリエ正弦級数)(*Fourier sine series*)に展開できる。

$$f(x)=\sum_{m=1}^{\infty}b_m\sin\frac{m\pi}{L}x \quad \cdots\cdots(*w)$$

ただし，$b_m=\dfrac{2}{L}\displaystyle\int_0^L f(x)\sin\frac{m\pi}{L}x\,dx \quad (m=1,\ 2,\ 3,\ \cdots) \quad \cdots\cdots(*w)'$

不連続点においては，$(*w)$ の右辺のフーリエ級数は右側極限値 $f(x+0)$ と左側極限値 $f(x-0)$ の平均値を通ることが分かっている。つまり，

$\dfrac{f(x+0)+f(x-0)}{2}=\displaystyle\sum_{m=1}^{\infty}b_m\sin\frac{m\pi}{L}x$ となるんだね。

ここで，$(*w)$ の右辺のフーリエ級数が区分的に滑らかな関数 $f(x)$ に収束すること(フーリエの定理)をきちんと証明することはここではしないが，$(*w)$ の係数 $b_m$ が $(*w)'$ で表されることは実用的に重要なので，示しておこう。

> フーリエの定理の厳密な証明を知りたい方は「**フーリエ解析キャンパス・ゼミ**」で学習して下さい。

区間 $[0,\ L]$ で区分的に滑らかな関数 $f(x)$ が $(*w)$ により，

$$f(x)=b_1\sin\frac{\pi}{L}x+b_2\sin\frac{2\pi}{L}x+b_3\sin\frac{3\pi}{L}x+\cdots+\underline{\underline{b_m}}\sin\frac{m\pi}{L}x+\cdots \quad \cdots(\text{a})$$

と表されたとする。ここで，係数 $\underline{\underline{b_m}}\ (m=1,\ 2,\ \cdots)$ は次のように求めればいい。(a)の両辺に $\sin\dfrac{m\pi}{L}x$ をかけて，積分区間 $[0,\ L]$ で積分すると，

$$\int_0^L f(x)\sin\frac{m\pi}{L}x\,dx=b_1\underbrace{\int_0^L\sin\frac{\pi}{L}x\cdot\sin\frac{m\pi}{L}x\,dx}_{0}+b_2\underbrace{\int_0^L\sin\frac{2\pi}{L}x\cdot\sin\frac{m\pi}{L}x\,dx}_{0}$$

$$+b_3\underbrace{\int_0^L\sin\frac{3\pi}{L}x\cdot\sin\frac{m\pi}{L}x\,dx}_{0}+\cdots\cdots+b_m\underbrace{\int_0^L\sin^2\frac{m\pi}{L}x\,dx}_{\frac{L}{2}}+\cdots\cdots$$

ここで，公式：$\int_0^L \sin\frac{m\pi}{L}x\cdot\sin\frac{n\pi}{L}x\,dx = \begin{cases} \frac{L}{2} & (m=n) \\ 0 & (m\neq n) \end{cases}$ ……(＊v)

を用いると，$\int_0^L f(x)\sin\frac{m\pi}{L}x\,dx = \frac{L}{2}b_m$ となるので，

$b_m = \frac{2}{L}\int_0^L f(x)\sin\frac{m\pi}{L}x\,dx$ ……(＊w)′ が導けるんだね。納得いった？

それでは，次の例題で実際にフーリエサイン級数展開の練習をしておこう。

例題 20　区間 $[0,\ L]$ で次のように定義された関数 $f(x)$ をフーリエサイン級数展開してみよう。

$$f(x) = \begin{cases} 0 & \left(0 < x < \frac{L}{2}\right) \\ 2x - L & \left(\frac{L}{2} \leqq x < L\right) \end{cases} \quad \cdots\cdots①$$



①の $f(x)$ は，区間 $[0,\ L]$ において，区分的に滑らかな関数なので，次のようにフーリエサイン級数に展開できる。

$$f(x) = \sum_{m=1}^{\infty} b_m \sin\frac{m\pi}{L}x \quad \cdots\cdots② \quad (m = 1,\ 2,\ 3,\ \cdots)$$

ここで，係数 $b_m$ を求めると，

$$b_m = \frac{2}{L}\int_0^L f(x)\sin\frac{m\pi}{L}x\,dx = \frac{2}{L}\left\{\underbrace{\int_0^{\frac{L}{2}} 0\cdot\sin\frac{m\pi}{L}x\,dx}_{0} + \int_{\frac{L}{2}}^{L}(2x-L)\sin\frac{m\pi}{L}x\,dx\right\}$$

区間 $\left[0,\ \frac{L}{2}\right]$ と $\left[\frac{L}{2},\ L\right]$ で場合分けする。

$$= \frac{2}{L}\int_{\frac{L}{2}}^{L}(2x-L)\cdot\left(-\frac{L}{m\pi}\cos\frac{m\pi}{L}x\right)'dx$$

$$-\frac{L}{m\pi}\left[(2x-L)\cos\frac{m\pi}{L}x\right]_{\frac{L}{2}}^{L} + \frac{L}{m\pi}\int_{\frac{L}{2}}^{L} 2\cdot\cos\frac{m\pi}{L}x\,dx \quad \longleftarrow \text{部分積分}$$

$$= -\frac{L}{m\pi}\cdot L\cdot\underbrace{\cos m\pi}_{(-1)^m} + \frac{2L}{m\pi}\cdot\frac{L}{m\pi}\left[\sin\frac{m\pi}{L}x\right]_{\frac{L}{2}}^{L} = -\frac{L^2}{m\pi}(-1)^m + \frac{2L^2}{m^2\pi^2}\left(\underbrace{\sin m\pi}_{0} - \sin\frac{m\pi}{2}\right)$$

$$= -\frac{L^2(-1)^m}{m\pi} - \frac{2L^2}{m^2\pi^2}\sin\frac{m\pi}{2} = \frac{L^2}{\pi^2}\left\{\frac{\pi(-1)^{m+1}}{m} - \frac{2}{m^2}\sin\frac{m\pi}{2}\right\}$$

よって，

$$b_m = \frac{2}{L}\cdot\frac{L^2}{\pi^2}\left\{\frac{\pi(-1)^{m+1}}{m} - \frac{2}{m^2}\sin\frac{m\pi}{2}\right\}$$

$$= \frac{2L}{\pi^2}\left\{\frac{\pi(-1)^{m+1}}{m} - \frac{2}{m^2}\sin\frac{m\pi}{2}\right\} \quad \cdots\cdots③$$

$$f(x) = \sum_{m=1}^{\infty} b_m \sin\frac{m\pi}{L}x \quad \cdots\cdots\cdots\cdots②$$

$$b_m = \frac{2}{L}\int_0^L f(x)\sin\frac{m\pi}{L}x\,dx \quad \cdots(*w)'$$

③を②に代入すると，関数 $f(x)$ は次のようにフーリエサイン級数展開される。

$$f(x) = \frac{2L}{\pi^2}\sum_{m=1}^{\infty}\left\{\frac{\pi(-1)^{m+1}}{m} - \frac{2}{m^2}\sin\frac{m\pi}{2}\right\}\sin\frac{m\pi}{L}x \quad \cdots\cdots④$$

ここで，④の無限級数を求めることはできないが，次のように④を部分和

$$f(x) = \frac{2L}{\pi^2}\sum_{m=1}^{N}\left\{\frac{\pi(-1)^{m+1}}{m} - \frac{2}{m^2}\sin\frac{m\pi}{2}\right\}\sin\frac{m\pi}{L}x \quad \cdots\cdots④'$$

で近似して，$N = 3$，$10$，$100$ としたときのグラフを図 2(ⅰ)(ⅱ)(ⅲ) に示しておこう。

図 2　$f(x) = \frac{2L}{\pi^2}\sum_{m=1}^{N}\left\{\frac{\pi(-1)^{m+1}}{m} - \frac{2}{m^2}\sin\frac{m\pi}{2}\right\}\sin\frac{m\pi}{L}x$ のグラフ

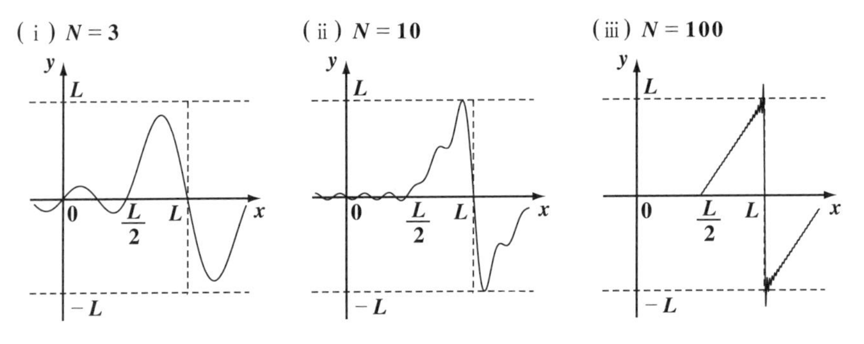


図 2 から，$N$ を大きくしていくとフーリエ級数が元の①の関数 $f(x)$ に近づいていく様子が分かると思う。不連続点 $x = L$ において，上下にツノが出ているのが分かるはずだ。これは，$N$ を $N \to \infty$ としても改善されることはない **"ギブスの現象"** と呼ばれるフーリエ級数展開独特のものなんだね。また，元の①の関数 $f(x)$ は区間 $[0, L]$ でのみ定義されている関数だけれど，周期関数 $\sin\frac{m\pi}{L}x$ $(m = 1, 2, 3, \cdots\cdots)$ で級数展開したものは，当然 $[-L, L]$ の周期をもつ周期関数になるんだね。さらに，sin は奇関数より，その無限級数であるフーリエサイン級数も当然奇関数になる。そして，この区間 $[-\infty, \infty]$ で定義されるフーリエサイン級数の 1 部として，

区間 $[0,\ L]$ の範囲にあるものについて考えると，それが①の関数 $f(x)$ になるということなんだね。納得いった？

## ● 2 重フーリエサイン級数展開もマスターしよう！

それでは次，2 変数関数 $f(x,\ y)$ のフーリエサイン級数展開についても解説しよう。今回は，$0 \leqq x \leqq L_1$，$0 \leqq y \leqq L_2$ の範囲で定義された区分的に滑らかな 2 変数関数 $f(x, y)$ を三角関数 $\sin\dfrac{m\pi}{L_1}x$ と $\sin\dfrac{n\pi}{L_2}y$ ($m$，$n$：自然数) の積の無限級数で展開することにする。これを **"2 重フーリエサイン級数"** (*double Fourier sine series*) と呼ぶ。

### 2 重フーリエサイン級数

$0 \leqq x \leqq L_1$，$0 \leqq y \leqq L_2$ の範囲で区分的に滑らかな 2 変数関数 $f(x,\ y)$ は次のように 2 重フーリエサイン級数 (2 重フーリエ正弦級数) に展開できる。

$$f(x,\ y) = \sum_{m=1}^{\infty}\sum_{n=1}^{\infty} b_{mn}\sin\frac{m\pi}{L_1}x\cdot\sin\frac{n\pi}{L_2}y \cdots\cdots(*x)$$

ただし，$b_{mn} = \dfrac{4}{L_1L_2}\displaystyle\int_0^{L_1}\!\!\int_0^{L_2} f(x,\ y)\sin\frac{m\pi}{L_1}x\cdot\sin\frac{n\pi}{L_2}y\,dxdy \cdots\cdots(*x)'$

$(m = 1,\ 2,\ 3,\ \cdots,\ n = 1,\ 2,\ 3,\ \cdots)$

1 変数関数 $f(x)$ のフーリエサイン級数のときと形式的には同様なので，覚えやすいと思う。それでは，$f(x,\ y)$ が $(*x)$ の右辺のようにフーリエサイン級数に展開されるとき，その係数 $b_{mn}$ $(m = 1,\ 2,\ 3,\ \cdots,\ n = 1,\ 2,\ 3,\ \cdots)$ が $(*x)'$ により求められることを示しておこう。

$f(x,\ y) = \displaystyle\sum_{m=1}^{\infty}\Bigg(\underbrace{\sum_{n=1}^{\infty} b_{mn}\sin\frac{n\pi}{L_2}y}_{c_m(y)}\Bigg)\sin\frac{m\pi}{L_1}x \cdots\cdots(*x)$ から，

$c_m(y) = \displaystyle\sum_{n=1}^{\infty} b_{mn}\sin\frac{n\pi}{L_2}y \cdots\cdots$①とおくと，

①の右辺は $n = 1,\ 2,\ \cdots\cdots$ としてその無限級数をとるので，結局 $m$ と $y$ の式になる。よって，これを $c_m(y)$ とおいた。

$(*x)$ は，$f(x,\ y) = \displaystyle\sum_{m=1}^{\infty} c_m(y)\sin\frac{m\pi}{L_1}x \cdots\cdots$②となる。ここで，公式：

$$\int_0^L \sin\frac{m\pi}{L}x\cdot\sin\frac{n\pi}{L}x\,dx = \begin{cases}\dfrac{L}{2} & (m = n)\\ 0 & (m \neq n)\end{cases} \cdots\cdots(*v)$$ を用いると，

(ⅰ) ①の両辺に $\sin\frac{n\pi}{L_2}y$ をかけて，積分区間 $0 \leqq y \leqq L_2$ で $y$ により積分すると，

$$c_m(y) = \sum_{n=1}^{\infty} b_{mn}\sin\frac{n\pi}{L_2}y \quad \cdots\cdots\cdots\cdots①$$

$$f(x,\ y) = \sum_{m=1}^{\infty} c_m(y)\sin\frac{m\pi}{L_1}x \quad \cdots\cdots②$$

$$\int_0^{L_2} c_m(y)\sin\frac{n\pi}{L_2}ydy$$

$$= \int_0^{L_2}\sin\frac{n\pi}{L_2}y\left(b_{m1}\sin\frac{\pi}{L_2}y + b_{m2}\sin\frac{2\pi}{L_2}y + \cdots + b_{mn}\sin\frac{n\pi}{L_2}y + \cdots\right)dy$$

$$= b_{mn}\underbrace{\int_0^{L_2}\sin^2\frac{n\pi}{L_2}ydy}_{\frac{L_2}{2}} = \frac{L_2}{2}b_{mn} \quad \text{となる。}$$

$$\therefore\ b_{mn} = \frac{2}{L_2}\int_0^{L_2} c_m(y)\sin\frac{n\pi}{L_2}ydy \quad \cdots\cdots③$$

(ⅱ) ②の両辺に，$\sin\frac{m\pi}{L_1}x$ をかけて，積分区間 $0 \leqq x \leqq L_1$ で，$x$ により積分すると，

$$\int_0^{L_1} f(x,\ y)\sin\frac{m\pi}{L_1}xdx$$

$$= \int_0^{L_1}\sin\frac{m\pi}{L_1}x\left\{c_1(y)\sin\frac{\pi}{L_1}x + c_2(y)\sin\frac{2\pi}{L_1}x + \cdots + c_m(y)\sin\frac{m\pi}{L_1}x + \cdots\right\}dx$$

$$= c_m(y)\underbrace{\int_0^{L_1}\sin^2\frac{m\pi}{L_1}xdx}_{\frac{L_1}{2}} = \frac{L_1}{2}c_m(y) \quad \text{となる。}$$

$$\therefore\ c_m(y) = \frac{2}{L_1}\int_0^{L_1} f(x,\ y)\sin\frac{m\pi}{L_1}xdx \quad \cdots\cdots④$$

以上(ⅰ)(ⅱ)より，④を③に代入すると，次のように $b_{mn}$ を求める $(*x)'$ の公式が導けるんだね。

$$b_{mn} = \frac{2}{L_2}\int_0^{L_2}\left(\frac{2}{L_1}\int_0^{L_1} f(x,\ y)\sin\frac{m\pi}{L_1}xdx\right)\sin\frac{n\pi}{L_2}ydy$$

$$= \frac{4}{L_1L_2}\int_0^{L_1}\int_0^{L_2} f(x,\ y)\sin\frac{m\pi}{L_1}x\cdot\sin\frac{n\pi}{L_2}ydxdy \quad \cdots\cdots(*x)'$$

それでは，2 重フーリエサイン級数についても次の例題で練習しておこう。

例題 21　$0 \leqq x \leqq L$，$0 \leqq y \leqq L$ で定義される次の 2 変数関数 $f(x, y)$ を 2 重フーリエサイン級数に展開してみよう。

$$f(x, y) = \begin{cases} 1 & \left(0 \leqq x \leqq \frac{L}{2} \text{ かつ } 0 \leqq y \leqq \frac{L}{2}\right) \\ 0 & \left(\frac{L}{2} < x \leqq L \text{ または } \frac{L}{2} < y \leqq L\right) \end{cases} \quad \cdots①$$



$0 \leqq x \leqq L$，$0 \leqq y \leqq L$ の範囲で定義された 2 変数関数 $f(x, y)$ が次のように 2 重フーリエサイン級数に展開されるものとする。

$$f(x, y) = \sum_{m=1}^{\infty} \sum_{n=1}^{\infty} b_{mn} \sin \frac{m\pi}{L} x \cdot \sin \frac{n\pi}{L} y \quad \cdots\cdots②$$

このとき，②の係数 $b_{mn}$ は次のように計算して求められる。

$$b_{mn} = \frac{4}{L \cdot L} \int_0^L \int_0^L f(x, y) \sin \frac{m\pi}{L} x \cdot \sin \frac{n\pi}{L} y dx dy$$

$$= \frac{4}{L^2} \underbrace{\int_0^{\frac{L}{2}} 1 \cdot \sin \frac{m\pi}{L} x dx}_{\text{これを } \lambda_m \text{ とおく}} \cdot \underbrace{\int_0^{\frac{L}{2}} 1 \cdot \sin \frac{n\pi}{L} y dy}_{\text{これを } \lambda_n \text{ とおく}} \quad \cdots\cdots③$$

ここで，$\lambda_m = \int_0^{\frac{L}{2}} \sin \frac{m\pi}{L} x dx$，$\lambda_n = \int_0^{\frac{L}{2}} \sin \frac{n\pi}{L} y dy$ とおくと，

$$\lambda_m = -\frac{L}{m\pi} \left[ \cos \frac{m\pi}{L} x \right]_0^{\frac{L}{2}} = -\frac{L}{m\pi} \left( \cos \frac{m\pi}{2} - 1 \right) = \frac{L}{m\pi} \left( 1 - \cos \frac{m\pi}{2} \right) \quad \cdots④$$

同様に，

$$\lambda_n = \frac{L}{n\pi} \left( 1 - \cos \frac{n\pi}{2} \right) \quad \cdots\cdots④'$$

④，④′ を③に代入し，これをさらに②に代入すると，

$$f(x, y) = \frac{4}{L^2} \sum_{m=1}^{\infty} \sum_{n=1}^{\infty} \lambda_m \lambda_n \sin \frac{m\pi}{L} x \cdot \sin \frac{n\pi}{L} y$$

$$= \frac{4}{\pi^2} \sum_{m=1}^{\infty} \sum_{n=1}^{\infty} \frac{1}{mn} \left( 1 - \cos \frac{m\pi}{2} \right) \left( 1 - \cos \frac{n\pi}{2} \right) \sin \frac{m\pi}{L} x \cdot \sin \frac{n\pi}{L} y \quad \cdots⑤$$

となる。

当然この⑤は2重の無限級数なので求めることはできないが，これを次のような部分和の近似式におきかえて，

$$f(x,\ y) \fallingdotseq \frac{4}{\pi^2}\sum_{m=1}^{M}\sum_{n=1}^{N}\frac{1}{mn}\left(1-\cos\frac{m\pi}{2}\right)\left(1-\cos\frac{n\pi}{2}\right)\sin\frac{m\pi}{L}x\cdot\sin\frac{n\pi}{L}y \quad \cdots ⑤'$$

として，$(M,\ N)=(5,\ 5),\ (10,\ 10),\ (20,\ 20)$ のときのグラフを図3(ⅰ)(ⅱ)(ⅲ)に示す。

図3 $f(x,\ y) \fallingdotseq \frac{4}{\pi^2}\sum_{m=1}^{M}\sum_{n=1}^{N}\frac{1}{mn}\left(1-\cos\frac{m\pi}{2}\right)\left(1-\cos\frac{n\pi}{2}\right)\sin\frac{m\pi}{L}x\cdot\sin\frac{n\pi}{L}y$ のグラフ

(ⅰ) $(M,\ N)=(5,\ 5)$ のとき　(ⅱ) $(M,\ N)=(10,\ 10)$ のとき　(ⅲ) $(M,\ N)=(20,\ 20)$ のとき

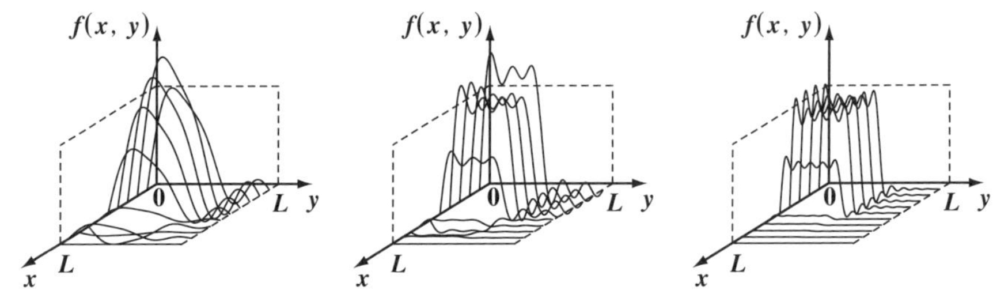


ここでも，ギブスの現象が見られるけれど，$(M,\ N)$ の値の組を大きくしていくにつれて，元の $f(x,\ y)$ のグラフに近づいていく様子が分かると思う。

## ● フーリエ変換とフーリエ逆変換も押さえておこう！

偏微分方程式の対象範囲が $[0,\ L]$ などのように有限の場合，フーリエ級数展開が役に立つ。しかし，この範囲が $(-\infty,\ \infty)$ の場合，“**フーリエ変換**”(***Fourier transform***) と “**フーリエ逆変換**”(***Fourier inverse transform***) が重要な役割を演じることになるので復習しておこう。

フーリエ変換できる関数 $f(x)$ の条件は，“**区分的に滑らかで連続，かつ絶対可積分である**”ことなんだね。$f(x)$ が絶対可積分であるとは，

$$\int_{-\infty}^{\infty}|f(x)|dx \leqq M \quad \cdots\cdots(a) \quad (M：有限な正の定数)$$

をみたすことなんだ。この場合，当然 $\lim_{x\to\pm\infty}f(x)=0$ であるが，逆にこれがみたされても $f(x)$ が絶対可積分になるとは限らない。つまり，(a)の条件はかなり厳しい条件なんだね。

それでは“**フーリエ変換**”と“**フーリエ逆変換**”の定義を次に示そう。

## フーリエ変換とフーリエ逆変換

関数 $f(x)$ が $(-\infty,\ \infty)$ で区分的に滑らかで連続，かつ絶対可積分であるとき，$f(x)$ のフーリエ変換とフーリエ逆変換は次のように定義される。

(Ⅰ) フーリエ変換

$$F(\alpha)=F[f(x)]=\int_{-\infty}^{\infty}f(x)e^{-i\alpha x}dx \quad \cdots\cdots\cdots\cdots(*y)$$

(Ⅱ) フーリエ逆変換

$$f(x)=F^{-1}[F(\alpha)]=\frac{1}{2\pi}\int_{-\infty}^{\infty}F(\alpha)e^{i\alpha x}d\alpha \quad \cdots\cdots(*y)'$$

(Ⅰ) フーリエ変換では，$x$ の関数 $f(x)e^{-i\alpha x}$ を，積分区間 $(-\infty,\ \infty)$ で，$x$ により無限積分するので，最終的には $\alpha$ の関数となる。これを $F(\alpha)$ とおいたんだね。つまり，フーリエ変換とは，$f(x)\to F(\alpha)$ の変換のことなんだ。

(Ⅱ) フーリエ逆変換では，$\alpha$ の関数 $F(\alpha)e^{i\alpha x}$ を積分区間 $(-\infty,\ \infty)$ で，

($F(\alpha)$：$f(x)$ をフーリエ変換した $F[f(x)]$ のこと)

$\alpha$ により無限積分するので最終的には元の $x$ の関数 $f(x)$ に戻る。

つまり，フーリエ逆変換とは，$F(\alpha)\to f(x)$ の変換のことなんだ。

では，$f(x)$ をフーリエ変換して $F(\alpha)$ にしたり，その逆変換をして $F(\alpha)$ を元の $f(x)$ に戻したり，何故このような操作をする必要があるのか？知りたいだろうね。それは，フーリエ変換とフーリエ逆変換を用いることにより，まともに解くのが難しい偏微分方程式でも比較的簡単に解くことができるからなんだ。その解法の手順を模式図として図 **4** に示そう。

図**4** フーリエ変換とフーリエ逆変換による偏微分方程式の解法

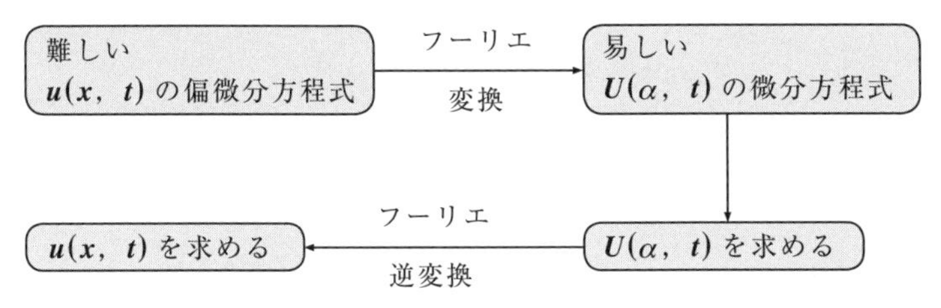


図 **4** では，**2** 変数関数 $u(x,\ t)$ を想定しているため，単純な $f(x)\to F(\alpha)$ の形ではなく，$u(x,\ t)\to U(\alpha,\ t)$ の形のフーリエ変換になっていることに気を付けよう。

それではまた，1変数関数$f(x)$のフーリエ変換に話を戻そう。次の例題で実際にフーリエ変換$F(\alpha)$を求めてみよう。

例題 22　次の関数$f(x)$のフーリエ変換$F(\alpha)$を求めてみよう。

(1) $f(x)=\begin{cases}\dfrac{1}{2r} & (-r \leqq x \leqq r)\\ 0 & (x<-r,\ r<x)\end{cases}$ …①　(2) $f(x)=e^{-p|x|}$ …② ($p$：正の定数)

(1) ①の$f(x)$のフーリエ変換$F(\alpha)$は，

$$F(\alpha)=F[f(x)]=\int_{-\infty}^{\infty}f(x)e^{-i\alpha x}dx$$

$$=\int_{-r}^{r}\frac{1}{2r}e^{-i\alpha x}dx=\frac{1}{2r}\cdot\frac{1}{-i\alpha}\left[e^{-i\alpha x}\right]_{-r}^{r}$$

$$=-\frac{1}{2r\alpha i}\left(e^{-i\alpha r}-e^{i\alpha r}\right)=\frac{1}{r\alpha}\cdot\frac{e^{i\alpha r}-e^{-i\alpha r}}{2i}$$

$\frac{e^{i\alpha r}-e^{-i\alpha r}}{2i} = \sin r\alpha$　←　$\sin\theta=\frac{e^{i\theta}-e^{-i\theta}}{2i}$

$$=\frac{\sin r\alpha}{r\alpha}$$ となる。



(2) ②の$f(x)$のフーリエ変換$F(\alpha)$は，

$$F(\alpha)=F[f(x)]=\int_{-\infty}^{\infty}f(x)e^{-i\alpha x}dx$$

$f(x)$：・$x<0$のとき$e^{px}$　・$0\leqq x$のとき$e^{-px}$



$$=\int_{-\infty}^{0}e^{px}e^{-i\alpha x}dx+\int_{0}^{\infty}e^{-px}e^{-i\alpha x}dx$$

$$=\int_{-\infty}^{0}e^{(p-i\alpha)x}dx+\int_{0}^{\infty}e^{-(p+i\alpha)x}dx$$

$$=\frac{1}{p-i\alpha}\left[e^{(p-i\alpha)x}\right]_{-\infty}^{0}-\frac{1}{p+i\alpha}\left[e^{-(p+i\alpha)x}\right]_{0}^{\infty}$$

$$=\frac{1}{p-i\alpha}(1-0)-\frac{1}{p+i\alpha}(0-1)=\frac{1}{p-i\alpha}+\frac{1}{p+i\alpha}$$

$$=\frac{p+i\alpha+p-i\alpha}{(p-i\alpha)(p+i\alpha)}=\frac{2p}{p^2+\alpha^2}$$ となる。

$$\left(\begin{array}{l}\because \displaystyle\lim_{R\to-\infty}|e^{(p-i\alpha)R}| = \lim_{R\to-\infty} e^{pR}\underline{|\cos\alpha R - i\sin\alpha R|} \leqq \lim_{R\to-\infty} 2\boxed{e^{pR}} = \underline{\underline{0}} \quad (e^{pR}\to 0)\\ \qquad\qquad\qquad\qquad \boxed{|\cos\alpha R| + |i\sin\alpha R| = |\cos\alpha R| + |\sin\alpha R| \leqq 1+1} \\ \displaystyle\lim_{R\to\infty}|e^{-(p+i\alpha)R}| = \lim_{R\to\infty} e^{-pR}|\cos\alpha R - i\sin\alpha R| \leqq \lim_{R\to\infty} 2\boxed{e^{-pR}} = \underline{\underline{0}} \quad (e^{-pR}\to 0)\end{array}\right)$$

ここで，

**(1)** の①の関数 $f(x)$ について，$r\to+0$ の極限をとると，$\displaystyle\lim_{r\to+0} f(x) = \delta(x)$（デルタ関数）になることが分かると思う。ここで，このフーリエ変換の $r\to+0$ の極限を求めると，

$$\lim_{r\to+0} F(\alpha) = \lim_{r\to+0}\frac{\sin r\alpha}{r\alpha} = 1 \text{ となる。}$$

$r\alpha = \theta$ とおくと，$\displaystyle\lim_{\theta\to 0}\frac{\sin\theta}{\theta} = 1$

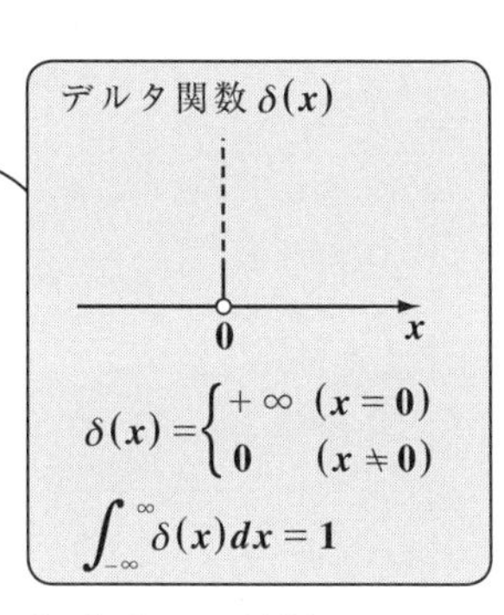


これから，$\delta(x)$ のフーリエ変換は $F[\delta(x)] = 1$ と求まるんだね。

**(2)** 次に，②の関数 $f(x)$ の $x>0$ のみをそのまま用いて，新たな関数 $g(x)$ を，

$$g(x) = \begin{cases} e^{-px} & (0<x) \\ 0 & (x<0)\end{cases}$$

と定義して，このフーリエ変換 $G(\alpha)$ を求めると，(2) と同様に，

$$G(\alpha) = \int_{-\infty}^{\infty} g(x)e^{-i\alpha x}dx = \int_0^{\infty} e^{-px}e^{-i\alpha x}dx$$

$$= \int_0^{\infty} e^{-(p+i\alpha)x}dx = -\frac{1}{p+i\alpha}\left[e^{-(p+i\alpha)x}\right]_0^{\infty}$$

$$= -\frac{1}{p+i\alpha}(\underline{\underline{0}} - 1) = \frac{1}{p+i\alpha} \text{ となる。}$$

ここで，$p\to 0$ の極限をとると，$g(x)$ は右図のような単位階段関数 $H(x)$ になる。つまり，

$$\lim_{p\to 0} g(x) = H(x) = \begin{cases} 1 & (0<x) \\ 0 & (x<0)\end{cases}$$

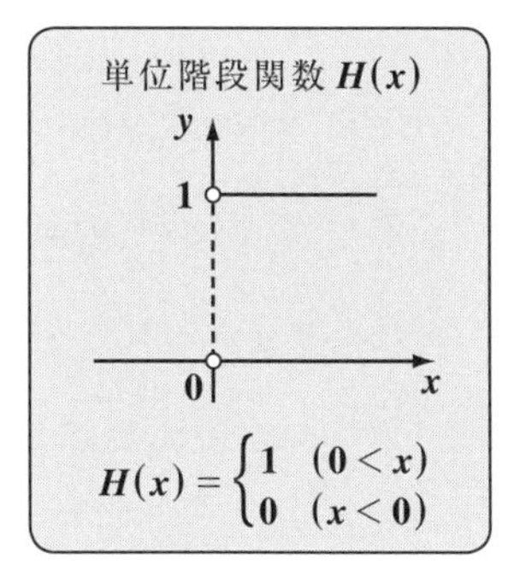


また，このフーリエ変換 $G(\alpha)$ の $p\to 0$ の極限は，

$$\lim_{p\to 0} G(\alpha) = \lim_{p\to 0}\frac{1}{p+i\alpha} = \frac{1}{i\alpha} \text{ となるので，} F[H(x)] = \frac{1}{i\alpha} \text{ となる。}$$

これ以外に $e^{-px^2}$ のフーリエ変換が $F[e^{-px^2}]=\sqrt{\frac{\pi}{p}}e^{-\frac{\alpha^2}{4p}}$ となることも含め

（この証明は複素関数の周回積分によりできる。（「**フーリエ解析キャンパス・ゼミ**」参照））

て，$f(x)$ とそのフーリエ変換の変換表を次の表 **1** に示そう。

表 **1** フーリエ変換表

| $f(x)$ | $F(\alpha)$ |
|---|---|
| $f(x)=\begin{cases}\frac{1}{2r} & (-r\leqq x\leqq r)\\ 0 & (x<-r,\ r<x)\end{cases}$ | $F(\alpha)=\frac{\sin r\alpha}{r\alpha}$ |
| $f(x)=e^{-p\lvert x\rvert}$ | $F(\alpha)=\frac{2p}{\alpha^2+p^2}$ |
| $f(x)=\delta(x)$（デルタ関数） | $F(\alpha)=1$ |
| $f(x)=H(x)$（単位階段関数） | $F(\alpha)=\frac{1}{i\alpha}$ |
| $f(x)=e^{-px^2}$ | $F(\alpha)=\sqrt{\frac{\pi}{p}}e^{-\frac{\alpha^2}{4p}}$ |

さらに，偏微分方程式を解くのに必要なフーリエ変換の公式についても示そう。一般に，$f(x)$ と $g(x)$ のフーリエ変換をそれぞれ $F(\alpha)$，$G(\alpha)$ とおくと，

（$F(\alpha)=F[f(x)]$，$G(\alpha)=F[g(x)]$）

(Ⅰ) $F[pf(x)+qg(x)]=pF[f(x)]+qF[g(x)]$

$=pF(\alpha)+qG(\alpha)$ ……………………………………(∗z)

(Ⅱ) $\begin{cases}F[f'(x)]=i\alpha F[f(x)]=i\alpha F(\alpha)\\ F[f''(x)]=(i\alpha)^2F[f(x)]=-\alpha^2F(\alpha)\end{cases}$ ……………………………………(∗$a_0$)

(Ⅲ) $F[f(x)*g(x)]=F[f(x)]\cdot F[g(x)]=F(\alpha)\cdot G(\alpha)$ ………………(∗$b_0$)

（ただし，$f(x)*g(x)$ は，$f(x)$ と $g(x)$ の“**たたみ込み積分**”のことで，
$f(x)*g(x)=\int_{-\infty}^{\infty}f(\zeta)\cdot g(x-\zeta)d\zeta$ ……(∗$c_0$) のことである。）

(Ⅰ) の (∗z) の公式は，フーリエ変換の定義から明らかに成り立つ。これをフーリエ変換の“**線形性**”というんだね。

(Ⅱ) の (∗$a_0$) の公式は，$f(x)$ の $n$ 階導関数 $f^{(n)}(x)$ のフーリエ変換の公式として，$F[f^{(n)}(x)]=(i\alpha)^nF(\alpha)$ ……(∗$a_0$)′ ($n=1, 2, 3, \cdots\cdots$) と一般化できる。ここでは，$F[f'(x)]=i\alpha F(\alpha)$ のみを示しておこう。

$$F[f'(x)] = \int_{-\infty}^{\infty} f'(x)e^{-i\alpha x}dx = \underbrace{[f(x)e^{-i\alpha x}]_{-\infty}^{\infty}}_{0} - \int_{-\infty}^{\infty} f(x)\cdot(-i\alpha)e^{-i\alpha x}dx$$

部分積分

∵ $f(x)$ は絶対可積分より，$\lim_{x\to\infty} f(x) = \lim_{x\to-\infty} f(x) = 0$ となるからね。

$$= i\alpha\int_{-\infty}^{\infty} f(x)e^{-i\alpha x}dx = i\alpha F(\alpha)$$ となる。大丈夫だね。

(Ⅲ) 最後に $f(x)$ と $g(x)$ の "**たたみ込み積分**"（または "**コンボリューション積分**"）のフーリエ変換公式 $(*b_0)$ が成り立つことも示そう。

$$F[f(x)*g(x)] = \int_{-\infty}^{\infty} f(x)*g(x)e^{-i\alpha x}dx = \int_{-\infty}^{\infty}\left\{\int_{-\infty}^{\infty} f(\zeta)g(x-\zeta)d\zeta\right\}e^{-i\alpha x}dx$$

$f(x)*g(x) = \int_{-\infty}^{\infty} f(\zeta)g(x-\zeta)d\zeta$ ← $f(x)$ と $g(x)$ のコンボリューション積分

まず，$x$ での積分を行う。

$$= \int_{-\infty}^{\infty} f(\zeta)\left\{\int_{-\infty}^{\infty} g(x-\zeta)e^{-i\alpha x}dx\right\}d\zeta$$

ここで，$x-\zeta=\eta$ とおくと，（変数は $x\to\eta$ への変換。$\zeta$ は定数扱い。）
$x$：$-\infty\to\infty$ のとき，$\eta$：$-\infty\to\infty$，また $dx = d\eta$ より，

$$\int_{-\infty}^{\infty} g(x-\zeta)e^{-i\alpha x}dx = \int_{-\infty}^{\infty} g(\eta)e^{-i\alpha(\eta+\zeta)}d\eta$$
$$= e^{-i\alpha\zeta}\int_{-\infty}^{\infty} g(\eta)e^{-i\alpha\eta}d\eta$$

$$= \int_{-\infty}^{\infty} f(\zeta)e^{-i\alpha\zeta}d\zeta \cdot \int_{-\infty}^{\infty} g(\eta)e^{-i\alpha\eta}d\eta$$

$\int_{-\infty}^{\infty} f(x)e^{-i\alpha x}dx = F(\alpha)$　　$\int_{-\infty}^{\infty} g(x)e^{-i\alpha x}dx = G(\alpha)$

積分変数は何でもかまわないので，$\zeta$ と $\eta$ をまた $x$ に戻しておいた。

$$= F(\alpha)G(\alpha) \quad \cdots\cdots(*b_0)$$ が導けるんだね。納得いった？

よって，$(*b_0)$ より，$F(\alpha)G(\alpha)$ をフーリエ逆変換したものは，

$$F^{-1}[F(\alpha)G(\alpha)] = f(x)*g(x) = \int_{-\infty}^{\infty} f(\zeta)g(x-\zeta)d\zeta \quad \cdots\cdots(*b_0)'$$

となることも大丈夫だね。さらに，たたみ込み積分は交換則：
$f(x)*g(x) = g(x)*f(x)$ が成り立つことも容易に示せるので，

$$F^{-1}[F(\alpha)G(\alpha)] = g(x)*f(x) = \int_{-\infty}^{\infty} g(\zeta)f(x-\zeta)d\zeta \quad \cdots\cdots(*b_0)'$$

と表しても構わないんだね。

| 実践問題 4 | ● 2 重フーリエサイン級数展開 ● |
|---|---|

2 変数関数 $f(x,\ y)$ が，

$f(x,\ y) = x(1-x)y(1-y)$ ……① $(0 \leqq x \leqq 1,\ 0 \leqq y \leqq 1)$

と定義されるとき，$f(x,\ y)$ を 2 重フーリエサイン級数に展開せよ。

ヒント！ 2 変数関数の 2 重フーリエサイン級数の公式：

$$f(x,\ y) = \sum_{m=1}^{\infty}\sum_{n=1}^{\infty} b_{mn} \sin\frac{m\pi}{L_1}x \cdot \sin\frac{n\pi}{L_2}y \quad \cdots\cdots(*x)$$

$$b_{mn} = \frac{4}{L_1 L_2}\int_0^{L_1}\int_0^{L_2} f(x,\ y)\sin\frac{m\pi}{L_1}x \cdot \sin\frac{n\pi}{L_2}y\,dx\,dy \quad \cdots\cdots(*x)'$$

を利用して解けばいいんだね。

## 解答＆解説

$f(x,\ y) = (x-x^2)(y-y^2)$ ……① $(0 \leqq x \leqq \underset{L_1}{1},\ 0 \leqq y \leqq \underset{L_2}{1})$

は区分的に滑らかな 2 変数関数なので，次のように (ア) ＿＿＿＿ に展開できる。

$$f(x,\ y) = \sum_{m=1}^{\infty}\sum_{n=1}^{\infty} b_{mn}\ \text{(イ)}\ \_\_\_\_ \quad \cdots\cdots ②$$

← $(*x)$ の公式に $L_1 = L_2 = 1$ を代入したもの

ここで，係数 $b_{mn}$ $(m = 1,\ 2,\ \cdots,\ n = 1,\ 2,\ \cdots)$ は，

$$b_{mn} = 4\int_0^1\int_0^1 \underbrace{f(x,\ y)}_{(x-x^2)(y-y^2)}\sin m\pi x \cdot \sin n\pi y\,dx\,dy \quad \cdots\cdots ③$$

← $(*x)'$ の公式に $L_1 = L_2 = 1$ を代入したもの

で求められる。③に①を代入して，

$$b_{mn} = 4\int_0^1\int_0^1 (x-x^2)(y-y^2)\sin m\pi x \cdot \sin n\pi y\,dx\,dy$$

$$= 4\underbrace{\int_0^1 (x-x^2)\sin m\pi x\,dx}_{\lambda_m} \cdot \underbrace{\int_0^1 (y-y^2)\sin n\pi y\,dy}_{\lambda_n} \quad \cdots\cdots ③' \text{ となる。}$$

ここで，
$$\begin{cases} \lambda_m = \displaystyle\int_0^1 (x-x^2)\sin m\pi x\,dx & \cdots\cdots ④ \\ \lambda_n = \displaystyle\int_0^1 (x-x^2)\sin n\pi x\,dx & \cdots\cdots ⑤ \end{cases}$$

← 積分定数は何でもかまわないので，⑤の積分変数を $y$ から $x$ に変えて示した。

とおくと，$b_{mn} = 4\lambda_m\lambda_n$ ……③″ となる。

まず，$\lambda_m$ を求めると，

$$\lambda_m = \int_0^1 (x - x^2)\sin m\pi x\,dx = \int_0^1 (x - x^2)\cdot\left(-\frac{1}{m\pi}\cos m\pi x\right)' dx$$

部分積分

$$= -\frac{1}{m\pi}\underbrace{\left[(x - x^2)\cos m\pi x\right]_0^1}_{0} + \frac{1}{m\pi}\int_0^1 (1 - 2x)\cos m\pi x\,dx$$

$$= \frac{1}{m\pi}\int_0^1 (1 - 2x)\left(\frac{1}{m\pi}\sin m\pi x\right)' dx$$

部分積分

$$= \frac{1}{m\pi}\left\{\frac{1}{m\pi}\underbrace{\left[(1 - 2x)\sin m\pi x\right]_0^1}_{0\ (\because\ \sin m\pi = \sin 0 = 0)} - \frac{1}{m\pi}\int_0^1 (-2)\sin m\pi x\,dx\right\}$$

$$= \frac{2}{m^2\pi^2}\int_0^1 \sin m\pi x\,dx = \frac{2}{m^2\pi^2}\cdot\left(-\frac{1}{m\pi}\right)\left[\cos m\pi x\right]_0^1$$

$$= -\frac{2}{m^3\pi^3}(\underbrace{\cos m\pi}_{(-1)^m} - 1) = \frac{2\{1 - (-1)^m\}}{\pi^3 m^3} \quad \cdots\cdots ④'$$ となる。

同様に，

$$\lambda_n = \boxed{(ウ)\qquad\qquad} \quad \cdots\cdots ⑤'$$ となる。

④′ の $m$ の代わりに $n$ が代入されるだけ

以上③″ を②に代入し，これにさらに④′，⑤′ を代入すると，$f(x,\ y)$ は，

$$f(x,\ y) = \sum_{m=1}^{\infty}\sum_{n=1}^{\infty} 4\,\underbrace{\lambda_m}_{\frac{2\{1-(-1)^m\}}{\pi^3 m^3}}\underbrace{\lambda_n}_{\frac{2\{1-(-1)^n\}}{\pi^3 n^3}} \sin m\pi x \cdot \sin n\pi y$$

$$= \boxed{(エ)\quad} \sum_{m=1}^{\infty}\sum_{n=1}^{\infty} \frac{1 - (-1)^m}{m^3}\cdot\frac{1 - (-1)^n}{n^3}\sin m\pi x \cdot \sin n\pi y$$

と，2 重フーリエサイン級数に展開できる。 ……………………………(答)

解答　(ア) 2 重フーリエサイン級数　　(イ) $\sin m\pi x \cdot \sin n\pi y$

(ウ) $\dfrac{2\{1 - (-1)^n\}}{\pi^3 n^3}$　　(エ) $\dfrac{16}{\pi^6}$

## §2. 波動方程式

それでは，これから“**2 階線形偏微分方程式**”の具体的な解法について解説しよう。ここでは“**波動方程式**”：$u_{tt}=v^2\Delta u$ の解法について詳しく教えるつもりだ。波動方程式は，弦や膜などの物体の振動だけでなく，電場や磁場などの波動をも支配する，物理的に重要な方程式なんだね。
ここではまず，**1** 次元の波動方程式の解としてダランベールの解を使って，電場の平面波の問題を解いてみよう。さらに，弦や膜の振動現象については，**1** 次元や **2** 次元の波動方程式を“**変数分離法**”を用いて常微分方程式にもち込み，フーリエサイン級数展開を利用して解を求める手法を詳しく解説しよう。計算がやっかいに感じるかもしれないけれど，得られた解を出来るだけヴィジュアルにグラフとして表すつもりなので，その面白さが分かると思う。

### ● 電場の平面波を求めてみよう！

**1** 次元，**2** 次元，**3** 次元の波動方程式をまず下に示そう。

(Ⅰ) **1** 次元波動方程式：$\frac{\partial^2 u}{\partial t^2}=v^2\frac{\partial^2 u}{\partial x^2}$ ……………………………(∗o)

(Ⅱ) **2** 次元波動方程式：$\frac{\partial^2 u}{\partial t^2}=v^2\left(\frac{\partial^2 u}{\partial x^2}+\frac{\partial^2 u}{\partial y^2}\right)$ ……………(∗o)′

(Ⅲ) **3** 次元波動方程式：$\frac{\partial^2 u}{\partial t^2}=v^2\left(\frac{\partial^2 u}{\partial x^2}+\frac{\partial^2 u}{\partial y^2}+\frac{\partial^2 u}{\partial z^2}\right)$ ……(∗o)″

ここで，$v$ は正の定数で，物理的には波の伝播速度の大きさ(速さ)を表すんだね。また，(∗o)′と(∗o)′′はラプラスの演算子$\Delta$(デルタ)を使って，
$u_{tt}=v^2\Delta u$ ……(∗o)′，(∗o)″と表せることも，**P30** で既に教えた。
この波動方程式は，弦や膜や立体の振動を表すだけでなく，真空中を伝わる電磁波を表す方程式でもある。ここで，簡単に紹介しておこう。
物質的な要素である電荷密度$\rho$や電流密度$\boldsymbol{i}$を消去し，また，電場 $\boldsymbol{E}=[E_1,\ E_2,\ E_3]$，磁場 $\boldsymbol{H}=[H_1,\ H_2,\ H_3]$ とおくと，マクスウェル
($E_1$: $x$ 成分，$E_2$: $y$ 成分，$E_3$: $z$ 成分；$H_1$: $x$ 成分，$H_2$: $y$ 成分，$H_3$: $z$ 成分)
の **4** つの方程式は次のようになる。

(i) $\mathrm{div}\boldsymbol{E} = 0$ ……①

$\frac{\partial E_1}{\partial x} + \frac{\partial E_2}{\partial y} + \frac{\partial E_3}{\partial z} = 0$ のこと

(ii) $\mathrm{div}\boldsymbol{H} = 0$ ……②

$\frac{\partial H_1}{\partial x} + \frac{\partial H_2}{\partial y} + \frac{\partial H_3}{\partial z} = 0$ のこと

(iii) $\mathrm{rot}\boldsymbol{H} = \varepsilon_0 \frac{\partial \boldsymbol{E}}{\partial t}$ ……③

$\left[\frac{\partial H_3}{\partial y} - \frac{\partial H_2}{\partial z}, \frac{\partial H_1}{\partial z} - \frac{\partial H_3}{\partial x}, \frac{\partial H_2}{\partial x} - \frac{\partial H_1}{\partial y}\right] = \varepsilon_0\left[\frac{\partial E_1}{\partial t}, \frac{\partial E_2}{\partial t}, \frac{\partial E_3}{\partial t}\right]$ のこと

(iv) $\mathrm{rot}\boldsymbol{E} = -\mu_0 \frac{\partial \boldsymbol{H}}{\partial t}$ ……④

$\left[\frac{\partial E_3}{\partial y} - \frac{\partial E_2}{\partial z}, \frac{\partial E_1}{\partial z} - \frac{\partial E_3}{\partial x}, \frac{\partial E_2}{\partial x} - \frac{\partial E_1}{\partial y}\right] = -\mu_0\left[\frac{\partial H_1}{\partial t}, \frac{\partial H_2}{\partial t}, \frac{\partial H_3}{\partial t}\right]$ のこと

この①～④の 4 つの方程式から電場 $\boldsymbol{E}$ と磁場 $\boldsymbol{H}$ の波動方程式

$$\frac{\partial^2 \boldsymbol{E}}{\partial t^2} = c^2 \Delta \boldsymbol{E} \quad \cdots\cdots ⑤ \qquad \frac{\partial^2 \boldsymbol{H}}{\partial t^2} = c^2 \Delta \boldsymbol{H} \quad \cdots\cdots ⑥$$

が導ける。ここで，$\varepsilon_0$ は真空の誘電率，$\mu_0$ は真空の透磁率，そして $c$ は光速であり，$c^2 = \frac{1}{\varepsilon_0 \mu_0}$ の関係が成り立つ。

①～④から波動方程式⑤，⑥を導く手法を御存知ない方は，「**電磁気学キャンパス・ゼミ**」で学習して下さい。

⑤は具体的には，次の 3 つの波動方程式を表しているんだね。

$$\begin{cases} \frac{\partial^2 E_1}{\partial t^2} = c^2\left(\frac{\partial^2 E_1}{\partial x^2} + \frac{\partial^2 E_1}{\partial y^2} + \frac{\partial^2 E_1}{\partial z^2}\right) & \cdots ⑤' \\ \frac{\partial^2 E_2}{\partial t^2} = c^2\left(\frac{\partial^2 E_2}{\partial x^2} + \frac{\partial^2 E_2}{\partial y^2} + \frac{\partial^2 E_2}{\partial z^2}\right) & \cdots ⑤'' \\ \frac{\partial^2 E_3}{\partial t^2} = c^2\left(\frac{\partial^2 E_3}{\partial x^2} + \frac{\partial^2 E_3}{\partial y^2} + \frac{\partial^2 E_3}{\partial z^2}\right) & \cdots ⑤''' \end{cases}$$

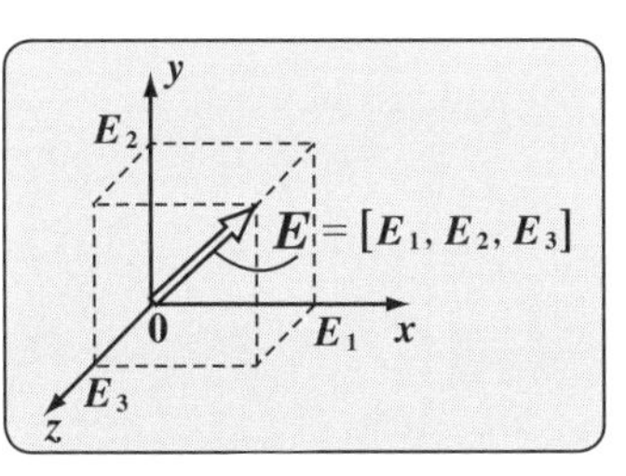


⑥も同様に，$H_1$，$H_2$，$H_3$ についての 3 つの波動方程式を表している。⑤′，⑤″，⑤‴ の $E_1$，$E_2$，$E_3$ はそれぞれ電場 $\boldsymbol{E}$ の $x$，$y$，$z$ 成分を表しているのはいいね。ここで話を単純化して，$yz$ 平面上（$x = 0$ のこと）を電場が $y$ 軸方向にのみ振動する場合を考えよう。

このとき，電場の波動は真空中を $x$ 軸方向にのみ伝わることがマクスウェルの方程式から導けるので，⑤′，⑤‴ は不要となり，⑤″ も $\frac{\partial^2 E_2}{\partial t^2} = c^2 \frac{\partial^2 E_2}{\partial x^2}$ …⑥

と単純化できる。

$$\frac{\partial^2 E_2}{\partial t^2} = c^2 \frac{\partial^2 E_2}{\partial x^2} \quad \cdots\cdots ⑥$$

この⑥は1次元波動方程式：

$\frac{\partial^2 u}{\partial t^2} = v^2 \frac{\partial^2 u}{\partial x^2}$ ……$(*o)$ と同じ形の方程式だね。そして，$(*o)$ はプロローグ (P42) で示したように進行波と後退波の和で表されるダランベールの解：

$u(x,\ t) = f\left(t - \frac{x}{v}\right) + g\left(t + \frac{x}{v}\right)$ ……$(*r)$ をもつことが分かっている。

（$f\left(t - \frac{x}{v}\right)$：進行波，$g\left(t + \frac{x}{v}\right)$：後退波）

よって，⑥の電場の波動方程式も，$E_2(x,\ t)$ とおくと

$E_2(x,\ t) = f\left(t - \frac{x}{c}\right) + g\left(t + \frac{x}{c}\right)$ ……⑦ の解をもつことが分かる。

（$f\left(t - \frac{x}{c}\right)$：進行波，$g\left(t + \frac{x}{c}\right)$：後退波 ← 光速 $c$ で伝播する波を表す）

それでは以上のことを基にして，境界条件として $x = 0$ で

$E_2(0,\ t) = A\sin\omega t\ (t \geqq 0)$ が与えられたときの電場の波動方程式を次の例題で実際に解いてみることにしよう。

> 例題 23　$E_2(x,\ t)$ について，次の偏微分方程式を解いてみよう。
>
> $$\frac{\partial^2 E_2}{\partial t^2} = c^2 \frac{\partial^2 E_2}{\partial x^2} \quad \cdots\cdots(a) \quad (0 < t,\ 0 < x)$$
>
> 境界条件：$E_2(0,\ t) = A\sin\omega t$ ……(b)

(a) は1次元の波動方程式なので，ダランベールの解をもち，しかも $x = 0$ での境界条件に対して，$x > 0$ の範囲を考えるので，進行波のみを考えればいい。よって，

$E_2(x,\ t) = f\left(t - \frac{x}{c}\right)$ ……(c)

となる。

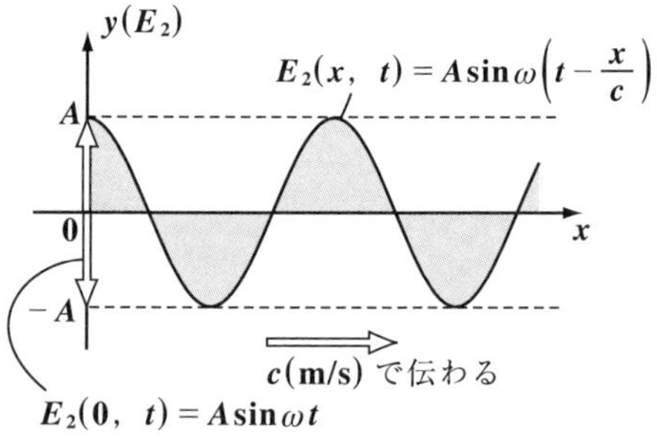

ここで，境界条件：$E_2(0,\ t) = A\sin\omega t$ …(b) より，(c) の $x$ に $x = 0$ を代入して，

（$x = 0$ の境界における条件なので，"**境界条件**" (*boundary condition*) という。）

$$E_2(0,\ t) = f\left(t - \frac{0}{c}\right) = f(t) = A\sin\omega t$$

$\therefore E_2(x,\ t) = f\left(t - \frac{x}{c}\right) = A\sin\omega\left(t - \frac{x}{c}\right) \quad (t \geqq 0,\ x \geqq 0)$ となって，答えだ。

実際には，境界条件(b)によって，電場が変動すれば電場の波だけでなく，磁場の波も同時に発生して，電磁波として $x \geqq 0$ の空間に伝播していく。電磁波について詳しくお知りになりたい方は「**電磁気学キャンパス・ゼミ**」で学習して下さい。

## ● 1 次元波動方程式を導いてみよう！

マクスウェルの方程式からも波動方程式は導けるのだけれど，抽象的に感じる方が多いと思うので，ここで，弦の振動から 1 次元の波動方程式：

$\frac{\partial^2 u}{\partial t^2} = v^2 \frac{\partial^2 u}{\partial x^2}$ ……$(*o)$ を導いてみよう。

図 1 弦の振動のイメージ

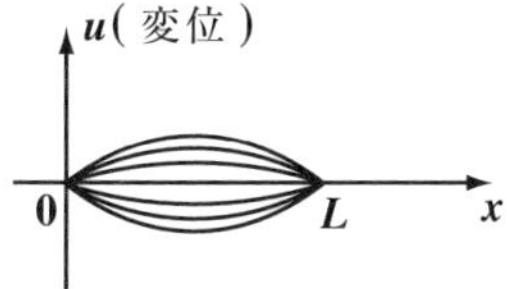


図 1 に示すように，原点 0 と点 $(L, 0)$ を固定点とし，$x$ 軸上の区間 $[0, L]$ に張られた弦の振動を支配する微分方程式を導く。

弦の平衡状態からの鉛直方向の微小な変位を $u$ とおくと，これは位置 $x$ と時刻 $t$ の 2 変数関数 $u(x, t)$ となる。ここで，弦は一様な線密度 $\rho$(kg/m) と断面積をもつものとし，弦の張力 $T(N)$ は区間 $[0, L]$ の弦のどの位置においても一定であるものとしよう。

図 2 弦の微小部分 $\Delta x$ に働く力

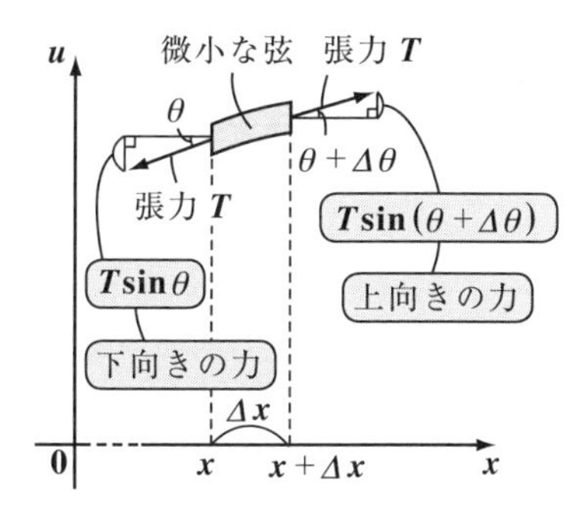


このとき，図 2 に示すように，微小区間 $[x, x+\Delta x]$ にある微小な弦について，鉛直方向にニュートンの運動方程式：

$F = m\alpha$ ……$(*)$ を立ててみよう。

ここで，

・右辺 $= m\alpha = \underbrace{\Delta x \cdot \rho}_{\text{質量 } m} \cdot \underbrace{\frac{\partial^2 u}{\partial t^2}}_{\text{加速度 } \alpha}$ ……①

・左辺 $= F = \underbrace{T \cdot \sin(\theta + \Delta\theta)}_{\text{上向きの力}} - \underbrace{T \cdot \sin\theta}_{\text{下向きの力}} \fallingdotseq T\{\tan(\theta + \Delta\theta) - \tan\theta\}$

$\theta \fallingdotseq 0$ より，$\tan\theta \fallingdotseq \sin\theta$ を用いた。

$= T\left\{\left(\frac{\partial u}{\partial x}\right)_{x+\Delta x} - \left(\frac{\partial u}{\partial x}\right)_x\right\} = T \cdot \Delta x \frac{\partial^2 u}{\partial x^2}$ …②

ここで，$\tan\theta = \left(\frac{\partial u}{\partial x}\right)_x$（傾き）を用いた。

$g(x) = \left(\frac{\partial u}{\partial x}\right)_x$ とおくと，$g(x+\Delta x) = \left(\frac{\partial u}{\partial x}\right)_{x+\Delta x}$ より，$g'(x) \fallingdotseq \frac{g(x+\Delta x) - g(x)}{\Delta x}$
$\therefore g(x+\Delta x) - g(x) \fallingdotseq \Delta x g'(x)$ から，上式のように変形できる。

①，②を $(*)$ に代入すると，

$$T\cdot\cancel{\Delta x}\,\frac{\partial^2 u}{\partial x^2}=\cancel{\Delta x}\cdot\rho\cdot\frac{\partial^2 u}{\partial t^2}\quad\cdots\cdots ③$$ となる。

$F = m\alpha$ ………………$(*)$
$m\alpha = \Delta x\cdot\rho\cdot\frac{\partial^2 u}{\partial t^2}$ ……①
$F = T\cdot\Delta x\,\frac{\partial^2 u}{\partial x^2}$ ………②

③の両辺を $\Delta x$ で割り，かつ $\frac{T}{\rho}=v^2$ とおくと，③は

この単位は $\left[\frac{\mathrm{N}}{\mathrm{kg/m}}\right]=\left[\frac{\cancel{\mathrm{kg}}\cdot\mathrm{m/s^2}}{\cancel{\mathrm{kg}}/\mathrm{m}}\right]=\left[\frac{\mathrm{m^2}}{\mathrm{s^2}}\right]$ となり，速度の2乗の単位になる。

$$\frac{\partial^2 u}{\partial t^2}=v^2\,\frac{\partial^2 u}{\partial x^2}\quad\cdots\cdots(*o)$$ となって，1次元の波動方程式が導けるんだね。

2次元：$\frac{\partial^2 u}{\partial t^2}=v^2\left(\frac{\partial^2 u}{\partial x^2}+\frac{\partial^2 u}{\partial y^2}\right)$，3次元：$\frac{\partial^2 u}{\partial t^2}=v^2\left(\frac{\partial^2 u}{\partial x^2}+\frac{\partial^2 u}{\partial y^2}+\frac{\partial^2 u}{\partial z^2}\right)$

の波動方程式も同様に考えて導けばいい。

## ● 弦の1次元波動方程式を解いてみよう！

微小変位 $u$ が $x$ と $t$ の関数である $u(x,\ t)$ の1次元波動方程式：

$\frac{\partial^2 u}{\partial t^2}=v^2\,\frac{\partial^2 u}{\partial x^2}$ ……$(*o)$ を解くのに，一般に"**変数分離法**"と呼ばれる有力な手法がある。以下に示そう。

$u(x,\ t)=X(x)\cdot T(t)$ …(a) と，$u(x,\ y)$ が $x$ の関数 $X(x)$ と $t$ の関数 $T(t)$ の積で表されるものとすると，(a)を $(*o)$ に代入して，

$(XT)_{tt}=v^2(XT)_{xx}$，　$X\cdot\ddot{T}=v^2\cdot X''\cdot T$ ……(b) となる。

（$X$：定数扱い）（$T$：定数扱い）

$X$ の $x$ での微分は"′"で，$T$ の $t$ での微分は"・"で表すことにした。

(b)の両辺を $v^2XT$ で割ると，$\frac{\ddot{T}}{v^2T}=\frac{X''}{X}$ ……(c)となり，

（$t$ の式）（$x$ の式）

$(t$ の式$)=(x$ の式$)$ の形に完全に変数を分離することができる。従って，この等式が任意の $t$，任意の $x$ で成り立つためには，これは定数 $c$ に等しくなければならない。そして，このことは次の例題で詳しく解説するけれど，この $c$ は一般に負でないといけない。よって，$c=-\omega^2$ とおくと，$(c)$ は，

$\frac{\ddot{T}}{v^2T}=\frac{X''}{X}=-\omega^2$ …(c)′ となる。そしてこの(c)′から2つの常微分方程式

$$\begin{cases}(\text{i})\ X''=-\omega^2X\\(\text{ii})\ \ddot{T}=-v^2\omega^2T\end{cases}$$ を導くことができるんだね。大丈夫？

それでは，この“**変数分離法**”を用いて次の **1** 次元波動方程式の問題を解いてみよう。

> 例題 **24**　関数 $u(x,\ t)$ について，次の **1** 次元波動方程式を解いてみよう。
>
> $$\frac{\partial^2 u}{\partial t^2} = v^2 \frac{\partial^2 u}{\partial x^2} \quad \cdots\cdots①\quad (0 < x < L,\ 0 < t)$$
>
> 初期条件：$u(x,\ 0) = \begin{cases} \dfrac{3h}{L}x & \left(0 \leqq x \leqq \dfrac{L}{3}\right) \\ \dfrac{3h}{2L}(L-x) & \left(\dfrac{L}{3} < x \leqq L\right) \end{cases}$，$u_t(x,\ 0) = 0$
>
> 境界条件：$u(0,\ t) = u(L,\ t) = 0$

与えられた初期条件を図 ( i ) に示す。

（$t = 0$ のときの条件だから，初期条件という。）

$x$ 軸上の **2** 点 $(0,\ 0)$ と $(L,\ 0)$ を両端点として，ゴムひもを張り，$x = \dfrac{L}{3}$ の点を $h$ だけ手でつまみ上げた状態から手を離

（初めこのようにストップした状態から始めるので，初期条件：$u_t(x,\ 0) = 0$ が与えられているんだね。）

して，ゴムひもをビョンビョン…と振動させる問題だと考えてくれたらいい。

図 ( i ) 初期条件

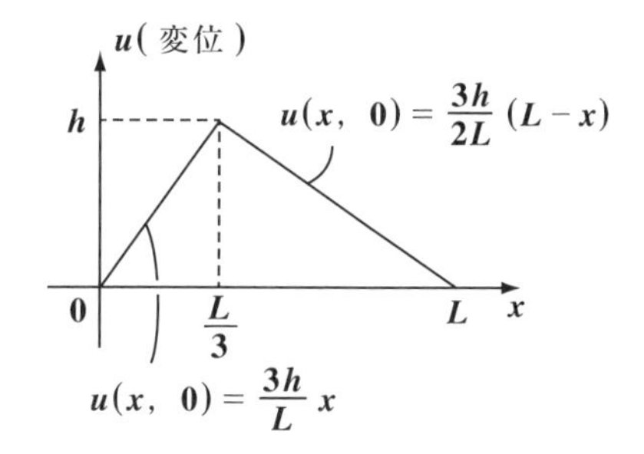


それでは，変数分離法により，この **1** 次元波動方程式を解いてみよう。

まず，$u(x,\ t) = X(x) \cdot T(t)$ ……②　とおけるものとして，②を①に代入してまとめると，

$X \cdot \ddot{T} = v^2 X'' \cdot T$　　両辺を $v^2 XT$ で割って，

$$\frac{\ddot{T}}{v^2 T} = \frac{X''}{X} \quad \cdots\cdots③$$　となる。

③の両辺はそれぞれ $t$ のみ，$x$ のみの式なので，この等式が恒等的に成り立つためには，これがある定数 $c$ と等しくなければならない。よって，③は，

$$\frac{\ddot{T}}{v^2 T} = \frac{X''}{X} = c$$　となる。これから，**2** つの常微分方程式

( I ) $X'' = cX$　……④　と，( II ) $\ddot{T} = cv^2 T$　……⑤　が導かれる。

(Ⅰ) $X'' = cX$ ……④ ($c$：定数) について，

$u_{tt} = v^2 u_{xx}$ ……①
$u(0,\ t) = u(L,\ t) = 0$ より
$X(0)\cdot T(t)$ $X(L)\cdot T(t)$
$X(0) = X(L) = 0$

(ⅰ) $c > 0$ のとき，$X = e^{\lambda x}$ とおいた特性方程式：$\lambda^2 = c$ より，$\lambda = \pm\sqrt{c}$

$\therefore X(x) = A_1 e^{\sqrt{c}\,x} + A_2 e^{-\sqrt{c}\,x}$ となる。

ここで，境界条件：$u(0,\ t) = u(L,\ t) = 0$ より，$X(0) = X(L) = 0$

これから，$X(0) = A_1 + A_2 = 0$，$X(L) = A_1 e^{\sqrt{c}\,L} + A_2 e^{-\sqrt{c}\,L} = 0$ より，

$A_1 = A_2 = 0$ となり，$X(x) = 0$，すなわち $u(x,\ t) = X(x)\cdot T(t) = 0$ と，

$u(x,\ t)$ が恒等的に $0$ となって振動しない。$\therefore c > 0$ は不適。

(ⅱ) $c = 0$ のとき，④は $X'' = 0$ より，$X = ax + b$ ($a,\ b$：定数)

よって，境界条件 $X(0) = b = 0$，$X(L) = aL + \cancel{b} = 0$ から，$a = b = 0$

となり，このときも $u(x,\ t) = 0$ となって振動しない。$\therefore c = 0$ も不適。

以上(ⅰ)(ⅱ)より，定数 $c$ は負でないといけないので，$c = -\omega^2$ $(\omega > 0)$ とおくと，④は，

$X'' = -\omega^2 X$，すなわち $X'' + \omega^2 X = 0$ と，

単振動の微分方程式になる。

よって，$X(x) = A_1\cos\omega x + A_2\sin\omega x$ …⑥

($A_1,\ A_2$：定数)

単振動の微分方程式
$u'' + \omega^2 u = 0$ の解は，
$u = A_1\cos\omega x + A_2\sin\omega x$
となる。(P14)
これは絶対覚えておこう！

ここで，境界条件：$u(0, t) = u(L, t) = 0$ より $X(0) = X(L) = 0$ となるので，⑥から，

$$\begin{cases} X(0) = A_1\cdot 1 + \cancel{A_2\cdot 0} = A_1 = 0 & \therefore A_1 = 0 \\ X(L) = \cancel{A_1\cos\omega L} + A_2\sin\omega L = A_2\sin\underbrace{\omega L}_{m\pi\ (m=1,\ 2,\ \cdots)} = 0 & \therefore \omega = \dfrac{m\pi}{L}\ (m = 1,\ 2,\ \cdots) \end{cases}$$

($A_1$ は $0$，$\because A_2 \neq 0$)

となる。よって，⑥に $A_1 = 0$，$\omega = \dfrac{m\pi}{L}$ を代入して，

$X(x) = A_2\sin\dfrac{m\pi}{L}x$ ……⑦ $(m = 1,\ 2,\ \cdots)$ となる。

(Ⅱ) 次，$T$ の微分方程式：$\ddot{T} = cv^2 T$ ……⑤ に $c = -\omega^2 = -\dfrac{m^2\pi^2}{L^2}$ を代入すると，$\ddot{T} = -\dfrac{v^2\cdot m^2\pi^2}{L^2}T$ ……⑤ となる。

これを新たに $\omega'^2$ とみると，単振動の微分方程式：$\ddot{T} + \omega'^2 T = 0$ となるので，解は $T = B_1\cos\omega' t + B_2\sin\omega' t$ ($B_1,\ B_2$：定数) となるんだね。

よって，$T(t) = B_1\cos\dfrac{m\pi}{L}vt + B_2\sin\dfrac{m\pi}{L}vt$ ……⑧ となる。

ここで，⑧の両辺を $t$ で1階微分すると，

$$\dot{T}(t) = -B_1\frac{m\pi}{L}v\cdot\sin\frac{m\pi}{L}vt + B_2\frac{m\pi}{L}v\cdot\cos\frac{m\pi}{L}vt \quad \cdots\cdots⑨$$ となる。

初期条件：$u_t(x, 0) = X(x)\cdot\dot{T}(0) = 0$ より，$\dot{T}(0) = 0$ となる。よって，⑨は，

$$\dot{T}(0) = \cancel{-B_1\frac{m\pi}{L}v\cdot\underbrace{\sin 0}_{0}} + B_2\underbrace{\frac{m\pi}{L}}_{\neq 0}v\cdot\underbrace{\cos 0}_{1} = 0 \qquad \therefore B_2 = 0$$ となる。

よって，$B_2 = 0$ を⑧に代入して，

$$T(t) = B_1\cos\frac{m\pi}{L}vt \quad \cdots\cdots⑩ \quad (m = 1,\ 2,\ 3,\ \cdots)$$ となる。

(Ⅰ)(Ⅱ)の⑦と⑩の解の積が，①の1次元波動方程式の解となるが，これは自然数 $m$ を含む形なので，これを $u_m(x, t)$ と表すと(係数も新たに $b_m$ と変えて)

$$u_m(x,\ t) = b_m\sin\frac{m\pi}{L}x\cdot\cos\frac{m\pi}{L}vt \cdots\cdots⑪ \quad (m = 1,\ 2,\ 3,\ \cdots)$$ が得られる。

しかし，⑪単独の形では，$t = 0$ のときの初期条件：

$$u(x,\ 0) = \begin{cases} \dfrac{3h}{L}x & \left(0 \leqq x \leqq \dfrac{L}{3}\right) \\ \dfrac{3h}{2L}(L - x) & \left(\dfrac{L}{3} < x \leqq L\right) \end{cases}$$

をみたさない。ここで，登場するのがフーリエサイン級数の考え方なんだね。

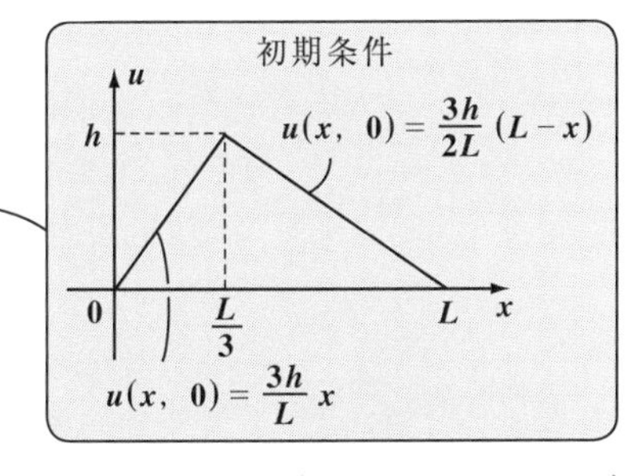


$u_{tt} = v^2u_{xx}$ …① は線形の偏微分方程式なので，$u_m(x,\ t)$ $(m = 1,\ 2,\ 3,\ \cdots)$ が解ならばその無限1次結合 $\sum_{m=1}^{\infty}u_m(x,\ t)$ も①の解になる。また，すべての自然数 $m$ に対して境界条件：$u_m(0,\ t) = u_m(L,\ t) = 0$ をみたすので，当然 $\sum_{m=1}^{\infty}u_m(0,\ t) = \sum_{m=1}^{\infty}u_m(L,\ t) = 0$ が成り立つ。以上より，⑪の無限級数を①の新たな解として $u(x,\ t)$ とおくと，

これを“**解の重ね合わせ**”という。

$$u(x,\ t) = \sum_{m=1}^{\infty}u_m(x,\ t) = \sum_{m=1}^{\infty}b_m\sin\frac{m\pi}{L}x\cdot\cos\frac{m\pi}{L}vt \quad \cdots\cdots⑫$$

となる。⑫に $t = 0$ を代入すると，

$$u(x,\ 0) = \sum_{m=1}^{\infty}b_m\sin\frac{m\pi}{L}x \quad \cdots\cdots⑬$$ となる。これが初期条件をみたすように係数 $b_m$ を定めればいいんだね。

ここで，フーリエサイン級数展開の公式(P92)：

$$f(x)=\sum_{m=1}^{\infty}b_m\sin\frac{m\pi}{L}x \quad \cdots\cdots\cdots(*w)$$

$$b_m=\frac{2}{L}\int_0^L f(x)\sin\frac{m\pi}{L}xdx \quad \cdots(*w)'$$

は大丈夫だね。

$$u(x,\ t)=\sum_{m=1}^{\infty}b_m\sin\frac{m\pi}{L}x\cdot\cos\frac{m\pi}{L}vt \cdots ⑫$$

$$u(x,\ 0)=\sum_{m=1}^{\infty}b_m\sin\frac{m\pi}{L}x \quad \cdots\cdots\cdots ⑬$$

初期条件：

$$u(x,\ 0)=\begin{cases}\dfrac{3h}{L}x & \left(0\leqq x\leqq\dfrac{L}{3}\right)\\ \dfrac{3h}{2L}(L-x) & \left(\dfrac{L}{3}<x\leqq L\right)\end{cases}$$

それでは，⑬の係数 $b_m$ を公式通りに求めてみよう。

$$b_m=\frac{2}{L}\int_0^L u(x,\ 0)\sin\frac{m\pi}{L}xdx$$

$$=\frac{2}{L}\left\{\int_0^{\frac{L}{3}}\frac{3h}{L}x\cdot\sin\frac{m\pi}{L}xdx+\int_{\frac{L}{3}}^{L}\frac{3h}{2L}(L-x)\cdot\sin\frac{m\pi}{L}xdx\right\}$$

$$=\frac{3h}{L^2}\left\{2\int_0^{\frac{L}{3}}x\cdot\sin\frac{m\pi}{L}xdx+\int_{\frac{L}{3}}^{L}(L-x)\cdot\sin\frac{m\pi}{L}xdx\right\}$$

部分積分

$$\int_0^{\frac{L}{3}}x\cdot\left(-\frac{L}{m\pi}\cos\frac{m\pi}{L}x\right)'dx$$

$$=-\frac{L}{m\pi}\left[x\cos\frac{m\pi}{L}x\right]_0^{\frac{L}{3}}+\frac{L}{m\pi}\int_0^{\frac{L}{3}}\cos\frac{m\pi}{L}xdx$$

$$=-\frac{L}{m\pi}\cdot\frac{L}{3}\cos\frac{m\pi}{3}+\left(\frac{L}{m\pi}\right)^2\cdot\left[\sin\frac{m\pi}{L}x\right]_0^{\frac{L}{3}}$$

$$=\frac{L}{m\pi}\left(-\frac{L}{3}\cos\frac{m\pi}{3}+\frac{L}{m\pi}\sin\frac{m\pi}{3}\right)$$

$$\int_{\frac{L}{3}}^{L}(L-x)\cdot\left(-\frac{L}{m\pi}\cos\frac{m\pi}{L}x\right)'dx$$

$$=-\frac{L}{m\pi}\left[(L-x)\cos\frac{m\pi}{L}x\right]_{\frac{L}{3}}^{L}-\frac{L}{m\pi}\int_{\frac{L}{3}}^{L}\cos\frac{m\pi}{L}xdx$$

$$=\frac{L}{m\pi}\cdot\frac{2}{3}L\cdot\cos\frac{m\pi}{3}-\left(\frac{L}{m\pi}\right)^2\cdot\left[\sin\frac{m\pi}{L}x\right]_{\frac{L}{3}}^{L}$$

$$=\frac{L}{m\pi}\left(\frac{2L}{3}\cos\frac{m\pi}{3}+\frac{L}{m\pi}\sin\frac{m\pi}{3}\right)$$

$$=\frac{3h}{L^2}\cdot\frac{L}{m\pi}\left\{2\left(-\frac{L}{3}\cos\frac{m\pi}{3}+\frac{L}{m\pi}\sin\frac{m\pi}{3}\right)+\frac{2L}{3}\cos\frac{m\pi}{3}+\frac{L}{m\pi}\sin\frac{m\pi}{3}\right\}$$

$$=\frac{3h}{Lm\pi}\cdot\frac{3L}{m\pi}\sin\frac{m\pi}{3}=\frac{9h}{\pi^2m^2}\sin\frac{m\pi}{3} \quad \cdots\cdots ⑭$$

⑭を⑫に代入して，求める①の解は，

$$u(x,\ t)=\frac{9h}{\pi^2}\sum_{m=1}^{\infty}\frac{1}{m^2}\cdot\sin\frac{m\pi}{3}\cdot\sin\frac{m\pi}{L}x\cdot\cos\frac{m\pi}{L}vt \cdots\cdots ⑮$$ となるんだね。

⑮も近似的に，

$$u(x,\ t)\fallingdotseq\frac{9h}{\pi^2}\sum_{m=1}^{100}\frac{1}{m^2}\cdot\sin\frac{m\pi}{3}\cdot\sin\frac{m\pi}{L}x\cdot\cos\frac{m\pi}{L}t \quad (v=1)$$ とおいて，

この解により，ゴムひも（弦）が振動する様子を図3に示す。計算は大変だったと思うけれど，このようにグラフで確認できるのでやる気も湧いてくるはずだ。

それでは次は，2次元の波動方程式の解法について解説しよう。

図3 ゴムひもの振動

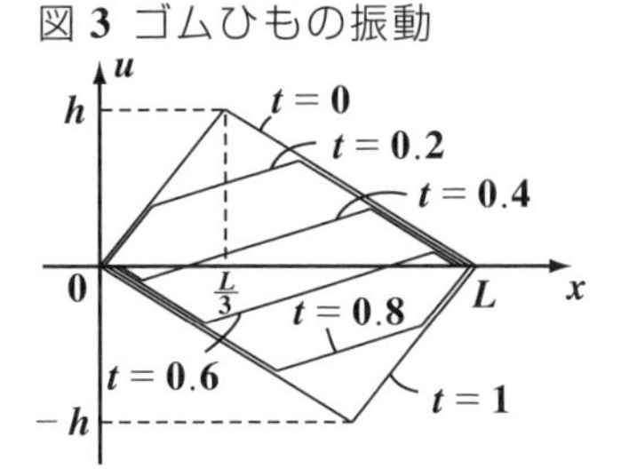


## ● 2次元波動方程式も解いてみよう！

これから2次元の正方形の膜の振動問題を解いてみよう。そのためには，2次元の波動方程式：$u_{tt} = v^2(u_{xx} + u_{yy})$ を変数分離法で解かなければならない。また，膜の初期条件をみたす解を求めるために，2重フーリエサイン級数展開も必要になる。少しレベルは上がるけれど，1次元波動方程式の解法と同様だからシッカリマスターしよう。

例題25　関数 $u(x, y, t)$ について，次の2次元波動方程式を解いてみよう。

$$\frac{\partial^2 u}{\partial t^2} = v^2\left(\frac{\partial^2 u}{\partial x^2} + \frac{\partial^2 u}{\partial y^2}\right) \cdots\cdots(a) \quad (0 < x < 1,\ 0 < y < 1,\ 0 < t)$$

初期条件：$u(x, y, 0) = x(1-x)y(1-y)$，$u_t(x, y, 0) = 0$

境界条件：$u(0, y, t) = u(1, y, t) = u(x, 0, t) = u(x, 1, t) = 0$

与えられた条件より，図(i)に示すように4頂点 $(0, 0, 0)$，$(1, 0, 0)$，$(1, 1, 0)$，$(0, 1, 0)$ からなる正方形の4辺で固定された正方形の膜の振動問題を解いていこう。変数分離法により，

$u(x, y, t) = X(x)\cdot Y(y)\cdot T(t)$ ……(b)

とおけるものとする。(b)を(a)に代入して，

$X\cdot Y\cdot \ddot{T} = v^2(X''YT + XY''T)$ となる。

図(i) 正方形膜の振動

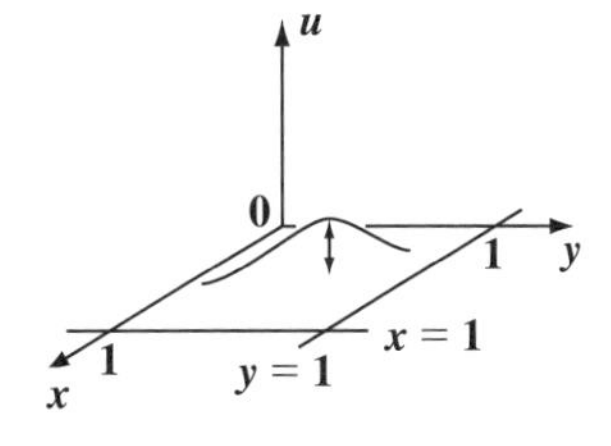


この両辺を $v^2XYT$ で割って，$\dfrac{\ddot{T}}{v^2T} = \dfrac{X''}{X} + \dfrac{Y''}{Y}$ ……(c) となる。

(c)の左辺は $t$ のみ，右辺は $x$ と $y$ のみの式なので，この等式が恒等的に成り立つためには，これはある定数 $c$ と等しくなければならない。ここで，$c \geqq 0$ とすると，$u(x, y, t) = 0$（恒等的に $0$）となって矛盾するので，$c$ は負である。

少なくとも，$X(x)$ または $Y(y)$ のいずれかが，恒等的に $0$ となる。確認してみるといい。

よって，$c = -\omega^2 (\omega > 0)$ とおくと，(c)は，

$$\frac{\ddot{T}}{v^2 T} = \frac{X''}{X} + \frac{Y''}{Y} = -\omega^2 \quad \cdots\cdots(c)'$$ となる。

（$\frac{X''}{X}$ = 新たに $-\omega_1{}^2$，$\frac{Y''}{Y}$ = $-\omega_2{}^2$ とおく ← ただし，$\omega_1{}^2 + \omega_2{}^2 = \omega^2$）

$u_{tt} = v^2(u_{xx} + u_{yy}) \quad \cdots\cdots(a)$

$\frac{\ddot{T}}{v^2 T} = \frac{X''}{X} + \frac{Y''}{Y} \quad \cdots\cdots(c)$

ここで新たに，$\frac{X''}{X} = -\omega_1{}^2$，$\frac{Y''}{Y} = -\omega_2{}^2$ $(\omega_1{}^2 + \omega_2{}^2 = \omega^2)$ とおくと，

(c)′より，次の **3** つの常微分方程式が導かれる。

(i) $X'' = -\omega_1{}^2 X$ …(d)，(ii) $Y'' = -\omega_2{}^2 Y$ …(e)，(iii) $\ddot{T} = -v^2\omega^2 T$ …(f)

(i) $X'' = -\omega_1{}^2 X$ …(d)は，単振動の微分方程式より，その解は，

$X(x) = A_1\cos\omega_1 x + A_2\sin\omega_1 x$ である。

境界条件：$u(0, y, t) = u(1, y, t) = 0$ より，

$X(0) = A_1 = 0$，$X(1) = A_2\sin\omega_1 = 0$

（$u(0, y, t) = X(0)Y(y)T(t)$，$u(1, y, t) = X(1)Y(y)T(t)$ より，$X(0) = X(1) = 0$ だね。）

よって，$A_1 = 0$，$\omega_1 = m\pi$ $(m = 1, 2, 3, \cdots)$

$\therefore X(x) = A_2\sin m\pi x$ ……(g) となる。

(ii) $Y'' = -\omega_2{}^2 Y$ ……(e)も単振動の微分方程式より，その解は

$Y(y) = B_1\cos\omega_2 y + B_2\sin\omega_2 y$ である。

境界条件：$u(x, 0, t) = u(x, 1, t) = 0$ より，

$Y(0) = B_1 = 0$，$Y(1) = B_2\sin\omega_2 = 0$

（$u(x, 0, t) = X(x)Y(0)T(t)$，$u(x, 1, t) = X(x)Y(1)T(t)$ より，$Y(0) = Y(1) = 0$ だね。）

よって，$B_1 = 0$，$\omega_2 = n\pi$ $(n = 1, 2, 3, \cdots)$

$\therefore Y(y) = B_2\sin n\pi y$ ……(h) となる。

(iii) $\ddot{T} = -v^2\omega^2 T$ ……(f)も単振動の微分方程式より，その解は，

（$v^2\omega^2$：これを新たに $\omega'^2$ と考えればいい）

$T(t) = C_1\cos v\omega t + C_2\sin v\omega t$ ……(i)　　これを $t$ で微分して，

$\dot{T}(t) = -C_1 v\omega\sin v\omega t + C_2 v\omega\cos v\omega t$

初期条件：$u_t(x, y, 0) = 0$ より，

$\dot{T}(0) = C_2 \, v\omega \, \cos 0 = 0$　（$C_2 = 0$，$v\omega \neq 0$，$\cos 0 = 1$）

（$u_t(x, y, 0) = X(x)Y(y)\dot{T}(0) = 0$ より，$\dot{T}(0) = 0$ だね。）

よって，$C_2 = 0$，また，(i)(ii)より，$\omega^2 = \omega_1{}^2 + \omega_2{}^2 = (m^2 + n^2)\pi^2$ から，（$\omega_1{}^2 = m^2\pi^2$，$\omega_2{}^2 = n^2\pi^2$）

(i)は，$T(t) = C_1\cos v\sqrt{m^2 + n^2}\,\pi t$ ……(j)

以上(i)(ii)(iii)の(g)，(h)，(j)より，(a)の微分方程式の独立解は

$$u_{mn}(x, y, t) = b_{mn}\sin m\pi x \cdot \sin n\pi y \cdot \cos v\sqrt{m^2 + n^2}\,\pi t \quad \cdots\cdots(k)$$

$(m = 1, 2, 3, \cdots, n = 1, 2, 3, \cdots)$ となる。この(k)を **2** 重に重ね

合わせた**2**重無限級数を $u(x,\ y,\ t)$ とおくと，これも(a)の解である。

$$\therefore\ u(x,\ y,\ t)=\sum_{m=1}^{\infty}\sum_{n=1}^{\infty}b_{mn}\sin m\pi x\cdot\sin n\pi y\cdot\cos v\sqrt{m^2+n^2}\,\pi t \quad \cdots\cdots(1)$$

$t=0$ のとき，(1)は，

$$u(x,\ y,\ 0)=\sum_{m=1}^{\infty}\sum_{n=1}^{\infty}b_{mn}\sin m\pi x\cdot\sin n\pi y \quad \cdots\cdots(1)'$$

ここで初期条件：

$u(x,\ y,\ 0)=x(1-x)y(1-y)$ より，(1)′の係数 $b_{mn}$ は**2**重フーリエサイン級数の公式 $(*x)'$ から，

> **2**重フーリエサイン級数の公式(**P95**)
>
> $$f(x,\ y)=\sum_{m=1}^{\infty}\sum_{n=1}^{\infty}b_{mn}\sin\frac{m\pi}{L_1}x\cdot\sin\frac{n\pi}{L_2}y \quad \cdots\cdots\cdots\cdots\cdots(*x)$$
>
> $$b_{mn}=\frac{4}{L_1L_2}\int_0^{L_1}\int_0^{L_2}f(x,\ y)\sin\frac{m\pi}{L_1}x\cdot\sin\frac{n\pi}{L_2}y\,dxdy \quad \cdots(*x)'$$

$$b_{mn}=\frac{4}{1\cdot 1}\int_0^1\int_0^1 \underbrace{u(x,\ y,\ 0)}_{(x-x^2)(y-y^2)}\sin m\pi x\cdot\sin n\pi y\,dxdy$$

←今回は $L_1=L_2=1$

$$=4\underbrace{\int_0^1(x-x^2)\sin m\pi x\,dx}_{\frac{2\{1-(-1)^m\}}{\pi^3m^3}}\ \underbrace{\int_0^1(y-y^2)\sin n\pi y\,dy}_{\frac{2\{1-(-1)^n\}}{\pi^3n^3}}$$

←実は，この計算は実践問題**4**(**P104**)で既にやっている！

$$=\frac{16}{\pi^6}\cdot\frac{1-(-1)^m}{m^3}\cdot\frac{1-(-1)^n}{n^3} \quad \cdots\cdots(m)$$

(m)を(1)に代入して，求める(a)の解は，

$$u(x,y,t)=\frac{16}{\pi^6}\sum_{m=1}^{\infty}\sum_{n=1}^{\infty}\frac{1-(-1)^m}{m^3}\cdot\frac{1-(-1)^n}{n^3}\cdot\sin m\pi x\cdot\sin n\pi y\cdot\cos v\sqrt{m^2+n^2}\,\pi t$$ である。

これを，$u(x,y,t)\fallingdotseq\frac{16}{\pi^6}\sum_{m=1}^{15}\sum_{n=1}^{15}\frac{1-(-1)^m}{m^3}\cdot\frac{1-(-1)^n}{n^3}\cdot\sin m\pi x\cdot\sin n\pi y\cdot\cos\sqrt{m^2+n^2}\,\pi t$

$(v=1)$ で近似して，$t=0,\ 0.3,\ 0.6$ のときのグラフを図(ⅱ)(ⅲ)(ⅳ)に示す。

どう？ 膜の振動する様子が分かって面白いだろう？

図(ⅱ) $t=0$ のとき

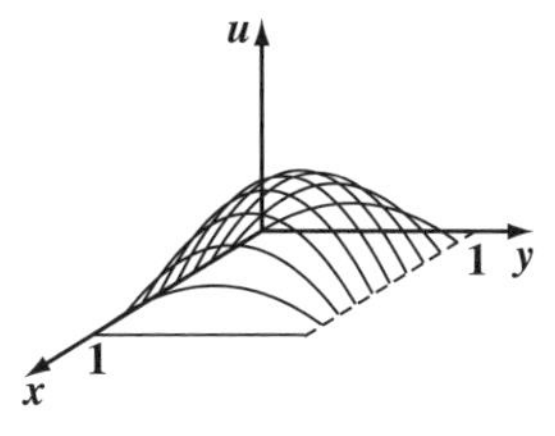


(ⅲ) $t=0.3$ のとき

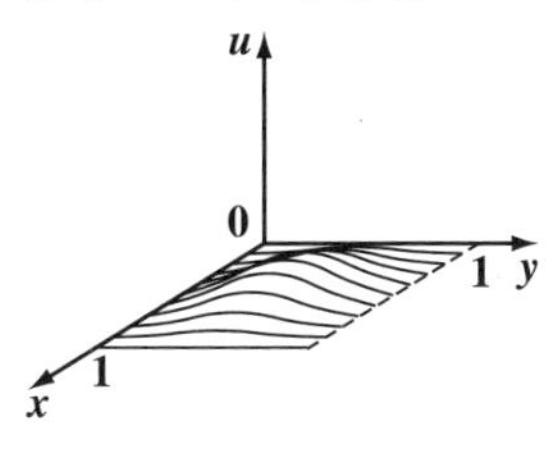


(ⅳ) $t=0.6$ のとき

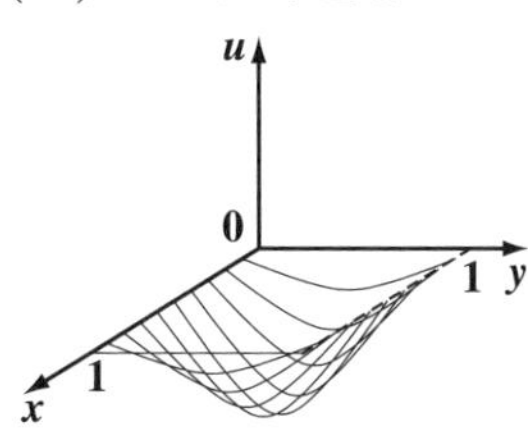

## 実践問題 5　●2次元波動方程式●

関数 $u(x, y, t)$ について，次の2次元波動方程式を解け。

$$\frac{\partial^2 u}{\partial t^2} = v^2\left(\frac{\partial^2 u}{\partial x^2} + \frac{\partial^2 u}{\partial y^2}\right) \cdots\cdots ① \quad (0 < x < 2,\ 0 < y < 2,\ 0 < t)$$

$$\begin{cases} \text{初期条件：} u(x, y, 0) = (1-|x-1|)(1-|y-1|),\ u_t(x, y, 0) = 0 \\ \text{境界条件：} u(0, y, t) = u(2, y, t) = u(x, 0, t) = u(x, 2, t) = 0 \end{cases}$$

**ヒント！** 変数分離法により，$u(x, y, t) = X(x)Y(y)T(t)$ とおき，$X$ と $Y$ と $T$ の3つの常微分方程式にもち込めばいいんだね。後は2重フーリエサイン級数展開も利用して解いていけばいい。計算は繁雑かもしれないけれど，慣れると難しくは感じなくなるはずだ。頑張ろう！

### 解答＆解説

図(i) 正方形膜の振動

与えられた条件より，図(i)に示すように4頂点 $(0, 0, 0)$, $(2, 0, 0)$, $(2, 2, 0)$, $(0, 2, 0)$ からなる正方形の4辺で固定された正方形の膜の振動問題になっている。まず, 変数分離法により，

$u(x, y, t) = X(x)Y(y)T(t)$ ……②

とおけるものとし，②を①に代入すると，

$XY\ddot{T} = v^2(X''YT + XY''T)$ となる。

この両辺を $v^2XYT$ で割ると，

(ア) $= \dfrac{X''}{X} + \dfrac{Y''}{Y}$ ……③ となる。

③の左辺は $t$ のみの式，右辺は $x$ と $y$ のみの式なので，③の等式が恒等的に成り立つためには，これはある定数 $c$ と等しくなければならない。しかし，この $c$ は $c \geqq 0$ とすると, $u(x, y, t)$ は恒等的に $0$ となって矛盾する。よって, (イ) である。

$c \geqq 0$ と仮定すると，③は $\dfrac{\ddot{T}}{v^2T} = \underbrace{\dfrac{X''}{X}}_{c_1} + \underbrace{\dfrac{Y''}{Y}}_{c_2} = c\ (\geqq 0)$ となる。

ここで，$\dfrac{X''}{X} = c_1$，$\dfrac{Y''}{Y} = c_2\ (c_1 + c_2 = c \geqq 0)$ とおくと，$c \geqq 0$ より，$c_1$，$c_2$ のいずれか1つは0以上となる。ここで，$c_1 \geqq 0$ とすると，$X'' = c_1X$ ……(a) $(c_1 \geqq 0)$ となる。

(i) $c_1 > 0$ のとき，$X = e^{\lambda x}$ とおくと，(a)の特性方程式は $\lambda^2 = c_1$ より，$\lambda = \pm\sqrt{c_1}$

よって，$X(x)=A_1e^{\sqrt{c_1}x}+A_2e^{-\sqrt{c_1}x}$ となる。

ここで，境界条件：$\underbrace{u(0,\ y,\ t)}_{X(0)Y(y)T(t)}=\underbrace{u(2,\ y,\ t)}_{X(2)Y(y)T(t)}=0$ より，$X(0)=X(2)=0$

よって，$X(0)=A_1+A_2=0$，$X(2)=A_1e^{2\sqrt{c_1}}+A_2e^{-2\sqrt{c_1}}$ より，$A_1=A_2=0$

となって，$X(x)=\underline{0}$ となり，$u(x,\ y,\ t)=\underbrace{X(x)}_{0}Y(y)T(t)$ も恒等的に $0$ となって，

（これは恒等的に $0$ を表す。）

矛盾する。

(ⅱ) $c_1=0$ のとき，(a)は $X''=0$ より，$X(x)=\alpha x+\beta$ ($\alpha$，$\beta$：定数) となる。

ここで，同様に境界条件より，$X(0)=\beta=0$，$X(2)=2\alpha+\beta=0$ より，

$\alpha=\beta=0$ となり，$X(x)=0$ となって，$u(x,\ y,\ t)$ も恒等的に $0$ となる。よって，矛盾だね。

以上 (ⅰ)(ⅱ) から，背理法により，$c<0$ でなければならない。大丈夫だった？

ここで，$c=-\omega^2$ $(\omega>0)$ とおくと，③は，

$\boxed{(ア)\qquad}=\underbrace{\frac{X''}{X}}_{新たに-\omega_1^2}+\underbrace{\frac{Y''}{Y}}_{-\omega_2^2とおく}=-\omega^2$ ……③′ となる。

（ただし，$\omega_1^2+\omega_2^2=\omega^2$）

ここで，新たに，$\frac{X''}{X}=-\omega_1^2$，$\frac{Y''}{Y}=-\omega_2^2$ $(\omega_1^2+\omega_2^2=\omega^2)$ とおくと，

③′ より，次の **3** つの常微分方程式が導かれる。

(ⅰ) $X''=-\omega_1^2X$ …④　(ⅱ) $Y''=-\omega_2^2Y$ …⑤　(ⅲ) $\ddot{T}=-v^2\omega^2T$ …⑥

(ⅰ) $X''=-\omega_1^2X$ ……④ は単振動の微分方程式より，その解は，

$X(x)=A_1\cos\omega_1x+A_2\sin\omega_1x$ である。

境界条件：$u(0,\ y,\ t)=u(2,\ y,\ t)=0$

より，

$X(0)=A_1=0$，$X(2)=A_2\sin\underbrace{2\omega_1}_{m\pi(m=1,\ 2,\ \cdots)}=0$

（$\underbrace{u(0,\ y,\ t)}_{X(0)Y(y)T(t)}=\underbrace{u(2,\ y,\ t)}_{X(2)Y(y)T(t)}=0$ より，$X(0)=X(2)=0$ だね。）

よって，$A_1=0$ かつ，$\omega_1=\frac{m\pi}{2}$　$(m=1,\ 2,\ 3,\ \cdots)$

$\therefore X(x)=A_2\boxed{(ウ)\qquad}$ ……⑦　$(m=1,\ 2,\ 3,\ \cdots)$ となる。

(ii) $Y'' = -\omega_2{}^2 Y$ ……⑤ も単振動の微分方程式より，その解は，

$Y = B_1\cos\omega_2 y + B_2\sin\omega_2 y$ となる。

境界条件：$u(x,\ 0,\ t) = u(x,\ 2,\ t) = 0$ より，

$Y(0) = B_1 = 0,\ Y(2) = B_2\sin \underset{n\pi(n=1,\ 2,\ \cdots)}{2\omega_2} = 0$

よって，$B_1 = 0$ かつ $\omega_2 = \dfrac{n\pi}{2}$

$(n = 1,\ 2,\ \cdots)$

$u_{tt} = v^2(u_{xx} + u_{yy})$ ……①

$u(x,\ y,\ t) = X(x)Y(y)T(t)$ ……②

$X'' = -\omega_1{}^2 X$ ……④

$Y'' = -\omega_2{}^2 Y$ ……⑤

$\ddot{T} = -v^2\omega^2 T$ ……⑥

$(\omega_1{}^2 + \omega_2{}^2 = \omega^2)$

・初期条件

$u(x,\ y,\ 0) = (1 - |1-x|)(1 - |y-1|)$

$u_t(x,\ y,\ 0) = 0$

・境界条件

$X(0) = X(2) = 0,\ Y(0) = Y(2) = 0$

$\therefore\ Y(y) = B_2$ (エ) ……⑧ $(n = 1,\ 2,\ 3,\ \cdots\cdots)$ となる。

(iii) $\ddot{T} = -v^2\omega^2 T$ ……⑥も，単振動の微分方程式より，その解は，

$T(t) = C_1\cos v\omega t + C_2\sin v\omega t$　　これを $t$ で微分して，

$\dot{T}(t) = -C_1 v\omega\sin v\omega t + C_2 v\omega\cos v\omega t$

初期条件：$\underset{X(x)\cdot Y(y)\cdot \dot{T}(0)}{u_t(x,\ y,\ 0)} = 0$ より，$\dot{T}(0) = \underset{0}{C_2}\ \underset{\neq 0}{v\omega}\ \underset{1}{\cos 0} = 0$

よって，$C_2 = 0$，また $\omega^2 = \omega_1{}^2 + \omega_2{}^2 = \left(\dfrac{m\pi}{2}\right)^2 + \left(\dfrac{n\pi}{2}\right)^2 = \dfrac{(m^2+n^2)\pi^2}{4}$ より，

$T(t) = C_1$ (オ) ……⑨　$(m,\ n$：自然数$)$

以上(i)(ii)(iii)の⑦，⑧，⑨より，①の微分方程式の独立解は，

$$u_{mn}(x,\ y,\ t) = b_{mn}\sin\frac{m\pi}{2}x\cdot\sin\frac{n\pi}{2}y\cdot\cos\frac{\sqrt{m^2+n^2}}{2}\pi v t \quad \cdots\cdots⑩$$

$(m = 1,\ 2,\ 3,\ \cdots,\ n = 1,\ 2,\ 3,\ \cdots)$ となり，この⑩の解を重ね合わせて 2 重無限級数を $u(x,\ y,\ t)$ とおくと，これが初期条件もみたす①の解になる。

$$\therefore\ u(x,\ y,\ t) = \sum_{m=1}^{\infty}\sum_{n=1}^{\infty} b_{mn}\sin\frac{m\pi}{2}x\cdot\sin\frac{n\pi}{2}y\cdot\cos\frac{\sqrt{m^2+n^2}}{2}\pi v t \quad \cdots\cdots⑪$$

$t = 0$ のとき⑪は，

$$u(x,\ y,\ 0) = \sum_{m=1}^{\infty}\sum_{n=1}^{\infty} b_{mn}\sin\frac{m\pi}{2}x\cdot\sin\frac{n\pi}{2}y \quad \cdots\cdots⑪'$$

ここで，初期条件：$u(x,\ y,\ 0) = (1 - |x-1|)(1 - |y-1|)$ より，

$$(1-|x-1|) = \begin{cases} x & (0 \leqq x \leqq 1) \\ 2-x & (1 < x \leqq 2) \end{cases},\quad (1-|y-1|) = \begin{cases} y & (0 \leqq y \leqq 1) \\ 2-y & (1 < y \leqq 2) \end{cases}$$

⑪′ の係数 $b_{mn}$ は 2 重フーリエサイン級数の公式より，

$$b_{mn} = \frac{4}{L_1 L_2}\int_0^{L_1}\int_0^{L_2} f(x,\ y)\sin\frac{m\pi}{L_1}x\cdot\sin\frac{n\pi}{L_2}ydxdy$$

$$b_{mn} = \frac{4}{2\cdot 2}\int_0^2\int_0^2 u(x,\ y,\ 0)\sin\frac{m\pi}{2}x\cdot\sin\frac{n\pi}{2}ydxdy$$

$$= \underbrace{\int_0^2(1-|x-1|)\sin\frac{m\pi}{2}xdx}_{\lambda_m}\cdot\underbrace{\int_0^2(1-|y-1|)\sin\frac{n\pi}{2}ydy}_{\lambda_n} \quad\cdots\cdots⑫$$

ここで，$\lambda_m = \int_0^2(1-|x-1|)\sin\frac{m\pi}{2}xdx$, $\lambda_n = \int_0^2(1-|y-1|)\sin\frac{n\pi}{2}ydy$ とおくと，

$$\lambda_m = \int_0^1 x\sin\frac{m\pi}{2}xdx + \int_1^2(2-x)\sin\frac{m\pi}{2}xdx = \frac{8}{m^2\pi^2}\sin\frac{m\pi}{2} \quad\cdots\cdots⑬$$

$$\int_0^1 x\cdot\left(-\frac{2}{m\pi}\cos\frac{m\pi}{2}x\right)'dx$$
$$= -\frac{2}{m\pi}\left[x\cos\frac{m\pi}{2}x\right]_0^1 + \frac{2}{m\pi}\int_0^1 1\cdot\cos\frac{m\pi}{2}xdx$$
$$= -\frac{2}{m\pi}\cos\frac{m\pi}{2} + \frac{4}{m^2\pi^2}\left[\sin\frac{m\pi}{2}x\right]_0^1$$
$$= -\frac{2}{m\pi}\cos\frac{m\pi}{2} + \frac{4}{m^2\pi^2}\sin\frac{m\pi}{2}$$

$$\int_1^2(2-x)\cdot\left(-\frac{2}{m\pi}\cos\frac{m\pi}{2}x\right)'dx$$
$$= -\frac{2}{m\pi}\left[(2-x)\cos\frac{m\pi}{2}x\right]_1^2 - \frac{2}{m\pi}\int_1^2 1\cdot\cos\frac{m\pi}{2}xdx$$
$$= \frac{2}{m\pi}\cos\frac{m\pi}{2} - \frac{4}{m^2\pi^2}\left[\sin\frac{m\pi}{2}x\right]_1^2$$
$$= \frac{2}{m\pi}\cos\frac{m\pi}{2} + \frac{4}{m^2\pi^2}\sin\frac{m\pi}{2}$$

同様に，$\lambda_n =$ (カ) $\cdots\cdots$⑭

⑬，⑭を⑫に代入して，$b_{mn} = \frac{64}{\pi^4}\cdot\frac{1}{m^2n^2}\sin\frac{m\pi}{2}\sin\frac{n\pi}{2}$ $\cdots\cdots$⑮

⑮を⑪に代入して，求める微分方程式①の解は，

$$u(x,\ y,\ t) = \frac{64}{\pi^4}\sum_{m=1}^{\infty}\sum_{n=1}^{\infty}\frac{1}{m^2n^2}\sin\frac{m\pi}{2}\sin\frac{n\pi}{2}\sin\frac{m\pi}{2}x\sin\frac{n\pi}{2}y\cos\frac{\sqrt{m^2+n^2}}{2}\pi vt$$

となる。…………………………………………………………(答)

解答 (ア) $\frac{\ddot{T}}{v^2T}$　(イ) $c<0$　(ウ) $\sin\frac{m\pi}{2}x$　(エ) $\sin\frac{n\pi}{2}y$

(オ) $\cos\frac{\sqrt{m^2+n^2}}{2}\pi vt$　(カ) $\frac{8}{n^2\pi^2}\sin\frac{n\pi}{2}$

## §3. 熱伝導方程式

今回は，2階線形偏微分方程式の中でも重要な“**熱伝導方程式**”(または“**拡散方程式**”)：$u_t = a\Delta u$ の解法について詳しく解説しよう。これは，物質中の熱の拡散による温度分布の変化を表す方程式であり，ここでは1次元と2次元の熱伝導方程式を具体的に解いてみよう。

主な解法として，波動方程式のときと同様に，変数分離法を用いる。そして有限な範囲を対象とする場合には，フーリエサイン級数や2重フーリエサイン級数展開を利用する。しかし，無限の範囲の熱伝導方程式の解法には，フーリエ変換が有効であり，その際に“**グリーン関数**”による解法についても簡単に触れておこう。さらに，有限な範囲の熱伝導問題でも，境界条件によってはフーリエサイン級数展開がそのまま使えない場合もある。このときの解法についても分かりやすく教えよう。

今回も盛り沢山の内容だけれど，できるだけ丁寧に解説するつもりだ。

### ● 1次元と2次元の熱伝導方程式を導いてみよう！

まず，1次元，2次元，3次元の熱伝導方程式を下に列挙しておこう。

(Ⅰ) 1次元熱伝導方程式：$\frac{\partial u}{\partial t} = a\frac{\partial^2 u}{\partial x^2}$ ……………………………(∗p)

(Ⅱ) 2次元熱伝導方程式：$\frac{\partial u}{\partial t} = a\left(\frac{\partial^2 u}{\partial x^2} + \frac{\partial^2 u}{\partial y^2}\right)$ ……………(∗p)′

(Ⅲ) 3次元熱伝導方程式：$\frac{\partial u}{\partial t} = a\left(\frac{\partial^2 u}{\partial x^2} + \frac{\partial^2 u}{\partial y^2} + \frac{\partial^2 u}{\partial z^2}\right)$ ……(∗p)″

物理的には，$u$ は温度，$t$ は時刻，$x$ は位置，そして正の定数 $a$ は温度伝導率と考えてくれたらいい。したがって，(Ⅰ) 1次元の熱伝導方程式は，細い棒のような直線状の物体の温度分布が時々刻々変化する様子を記述する方程式であると思えばいいんだね。それではまず，(∗p) の1次元の熱伝導方程式を導いてみることにしよう。

図1(ⅰ)に示すように，棒状の物体と一致するように $x$ 軸を設け，その左の端点を原点0とおく。そして，たて軸に温度 $u$ をとると，時刻 $t$ における温度分布は，$u(x,\ t)$ として表せるんだね。

温度 $u$ は，$x$ と $t$ の2変数関数で，$t$ の変化と共に温度分布も変化する。

ここで，時刻 $t$ から $t+\Delta t$ の $\Delta t$ 秒間にこの棒状の物体の区間 $[x,\ x+\Delta x]$ の微小部分における熱収支を考えよう。熱量は温度の高い方から低い方へ，温度分布の勾配(傾き)に比例して流れるものとする。また，物体の $x$ 軸に垂直な断面積を $S$ とする。ここで，

図 1 熱伝導方程式

(i) イメージ

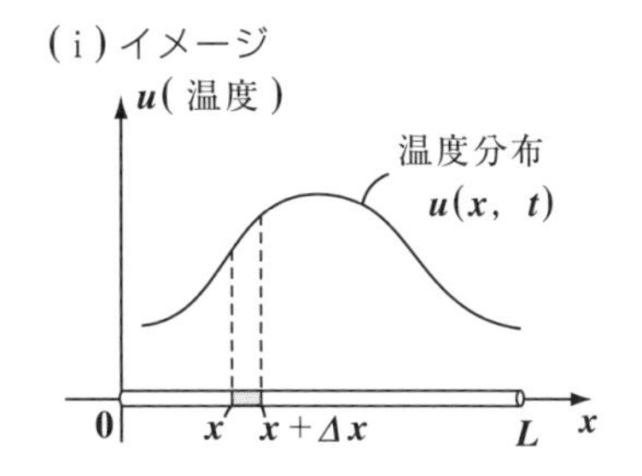


(ii) 熱収支

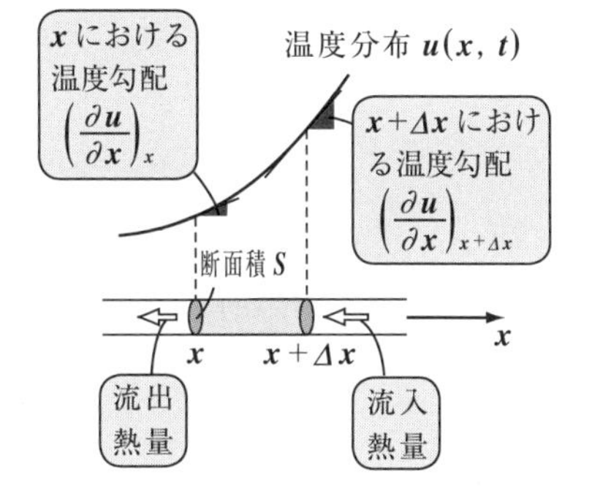


(i) $x+\Delta x$ における断面を通って，$\Delta t$ 秒間に右側からこの微小区間に流入する熱量を $\Delta Q_1$ とおくと，

$\Delta Q_1 = k\cdot S\cdot \Delta t\left(\dfrac{\partial u}{\partial x}\right)_{x+\Delta x}$ …①となる。

($k$：正の比例定数)

物理的には熱伝導率という。

(ii) $x$ における断面を通って，$\Delta t$ 秒間にこの微小区間の左側へ流出する熱量を $\Delta Q_2$ とおくと，

$\Delta Q_2 = k\cdot S\cdot \Delta t\left(\dfrac{\partial u}{\partial x}\right)_{x}$ ……②となる。

よって，この $\Delta t$ 秒間に，この区間 $[x,\ x+\Delta x]$ の微小部分の物体が実質的に得る熱量を $\Delta Q$ とおくと，①，②より，

$$\Delta Q = \Delta Q_1 - \Delta Q_2$$
$$= kS\Delta t\left(\frac{\partial u}{\partial x}\right)_{x+\Delta x} - kS\Delta t\left(\frac{\partial u}{\partial x}\right)_{x}$$
$$= kS\Delta t\left\{\left(\frac{\partial u}{\partial x}\right)_{x+\Delta x} - \left(\frac{\partial u}{\partial x}\right)_{x}\right\}$$
$$\fallingdotseq kS\Delta t\cdot\Delta x\,\frac{\partial^2 u}{\partial x^2} \quad \text{……③ となる。}$$

$\left(\dfrac{\partial u}{\partial x}\right)_x = g(x)$，$\left(\dfrac{\partial u}{\partial x}\right)_{x+\Delta x} = g(x+\Delta x)$

とおくと，$g'(x) \fallingdotseq \dfrac{g(x+\Delta x)-g(x)}{\Delta x}$ より

$$\left(\frac{\partial u}{\partial x}\right)_{x+\Delta x} - \left(\frac{\partial u}{\partial x}\right)_{x} = g(x+\Delta x) - g(x) \fallingdotseq \Delta x g'(x) = \Delta x\cdot\frac{\partial^2 u}{\partial x^2}$$ となる。

また，この熱量 $\Delta Q$ により，この区間 $[x,\ x+\Delta x]$ の微小物体の上昇温度を $\Delta u$，またこの物体の体積密度を $\rho$，比熱を $C$ とおくと，

$$\Delta Q = m\cdot C\cdot\Delta u = S\Delta x\rho C\Delta u \fallingdotseq \rho CS\Delta t\Delta x\,\frac{\partial u}{\partial t} \quad \text{……④}$$

($m = S\cdot\Delta x\cdot\rho$，$\Delta u = \Delta t\cdot\dfrac{\partial u}{\partial t}$)

以上③，④より，

$$\rho C \cancel{S\Delta t\Delta x} \frac{\partial u}{\partial t} = k \cancel{S\Delta t\Delta x} \frac{\partial^2 u}{\partial x^2}$$

$$\Delta Q = kS\Delta t\Delta x \frac{\partial^2 u}{\partial x^2} \quad \cdots\cdots③$$
$$\Delta Q = \rho CS\Delta t\Delta x \frac{\partial u}{\partial t} \quad \cdots\cdots④$$

ここで，$\frac{k}{\rho C} = a$（定数）とおくと，1次元熱伝導方程式：

$\frac{\partial u}{\partial t} = a \frac{\partial^2 u}{\partial x^2}$ ……$(*p)$（$a$：正の定数）が導けるんだね。納得いった？

2次元熱伝導方程式：$\frac{\partial u}{\partial t} = a\left(\frac{\partial^2 u}{\partial x^2} + \frac{\partial^2 u}{\partial y^2}\right)$ ………………$(*p)'$ も，

3次元熱伝導方程式：$\frac{\partial u}{\partial t} = a\left(\frac{\partial^2 u}{\partial x^2} + \frac{\partial^2 u}{\partial y^2} + \frac{\partial^2 u}{\partial z^2}\right)$ ………$(*p)''$ も

同様に導くことができる。

## ● 1次元熱伝導方程式を解いてみよう！

それでは具体的に1次元熱伝導方程式：$u_t = au_{xx}$ を，波動方程式のときと同様に変数分離法とフーリエサイン級数展開により解いてみよう。

例題26　関数 $u(x,\ t)$ について，次の1次元熱伝導方程式を解いてみよう。

$$\frac{\partial u}{\partial t} = a \frac{\partial^2 u}{\partial x^2} \quad \cdots\cdots(a) \quad (0 < x < L,\ 0 < t) \quad (a：正の定数)$$

初期条件：$u(x,\ 0) = \begin{cases} T_0 & \left(\frac{L}{2} \leqq x \leqq \frac{3}{4}L\right) \quad (T_0：正の定数) \\ 0 & \left(0 \leqq x < \frac{L}{2},\ \frac{3}{4}L < x \leqq L\right) \end{cases}$

境界条件：$u(0,\ t) = u(L,\ t) = 0$

$x$ 軸上の区間 $[0,\ L]$ に存在する棒状の物体に，時刻 $t = 0$ において図（i）に示すような初期温度分布 $u(x,\ 0)$ が与えられたとき，時刻 $t$ の経過により変化する温度分布 $u(x,\ t)$ を調べる問題だね。

それでは，変数分離法によりまず，

図（i）初期温度分布 $u(x, 0)$

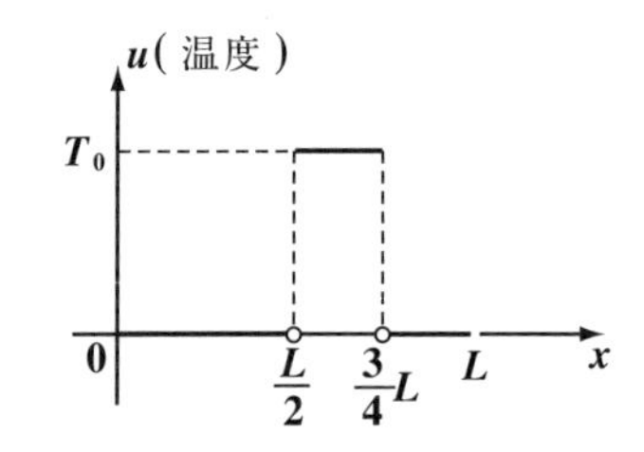

$u(x,\ t) = X(x)T(t)$ ……(b) とおけるものとして，
(b)を(a)に代入してまとめると，
$X\dot{T} = aX''T$　　両辺を $aXT$ で割って，
$\dfrac{\dot{T}}{aT} = \dfrac{X''}{X}$ ……(c)となる。(c)の左辺は $t$ のみの式，右辺は $x$ のみの式なので，(c)が恒等的に成り立つためにはこれがある定数 $c$ と等しくなければならない。ここで，$c \geqq 0$ のとき，$X$ は恒等的に $0$ となって不適。

P112を参照してくれ。

よって，$c < 0$ より，$c = -\omega^2$ $(\omega > 0)$ とおくと，(c)は
$\dfrac{\dot{T}}{aT} = \dfrac{X''}{X} = -\omega^2$ ……(c)′ となるので，これから2つの常微分方程式：
(Ⅰ) $X'' = -\omega^2 X$ ……(d)と (Ⅱ) $\dot{T} = -\omega^2 aT$ ……(e)が導かれる。

(Ⅰ) $X'' = -\omega^2 X$ ……(d)は，単振動の微分方程式より，その一般解は

$X(x) = A_1\cos\omega x + A_2\sin\omega x$ …(f)
$(A_1,\ A_2$：定数$)$ となる。

境界条件：$u(0,\ t) = u(L,\ t) = 0$ より
$u(0,\ t) = X(0)T(t)$，$u(L,\ t) = X(L)T(t)$
$X(0) = 0$ かつ $X(L) = 0$ が導ける。

ここで，境界条件より，
$X(0) = A_1 = 0$，かつ $X(L) = A_2\sin\omega L = 0$
$\omega L = m\pi$ $(m = 1,\ 2,\ 3,\ \cdots)$

$\therefore A_1 = 0$ かつ $\omega = \dfrac{m\pi}{L}$　$(m = 1,\ 2,\ 3,\ \cdots)$ を(f)に代入して，
$X(x) = A_2\sin\dfrac{m\pi}{L}x$ ……(g)となる。

(Ⅱ) $\dot{T} = -\omega^2 aT$ ……(e)より，この一般解は

$\dot{T} = -\lambda T$ のとき
$T = e^{-\lambda t}$ だね。

$T(t) = B_1 e^{-\omega^2 at} = B_1 e^{-\frac{m^2\pi^2}{L^2}at}$ ……(h)となる。
$\left(\because\ \omega = \dfrac{m\pi}{L}\ (m = 1,\ 2,\ 3,\ \cdots)\right)$

以上(Ⅰ)(Ⅱ)の(g)と(h)より，熱伝導方程式(a)の独立解を $u_m(x,\ t)$ とおくと，$u_m(x,\ t) = b_m\sin\dfrac{m\pi}{L}x\cdot e^{-\frac{m^2\pi^2}{L^2}at}$　$(m = 1,\ 2,\ 3,\ \cdots)$ となり，この解の重ね合わせによる無限級数が(a)の解 $u(x,\ t)$ になる。

$\therefore u(x,\ t) = \displaystyle\sum_{m=1}^{\infty} b_m\sin\frac{m\pi}{L}x\cdot e^{-\frac{m^2\pi^2}{L^2}at}$ ……(i)

よって，(i)に $t=0$ を代入した

$$u(x,\ 0)=\sum_{m=1}^{\infty}b_m\sin\frac{m\pi}{L}x\ \cdots\text{(i)}'$$

が初期条件をみたすように係数 $b_m$ を定めればいいんだね。

$$u(x,\ t)=\sum_{m=1}^{\infty}b_m\sin\frac{m\pi}{L}x\cdot e^{-\frac{m^2\pi^2}{L^2}at}\ \cdots\cdots\text{(i)}$$

$$\text{初期条件：}u(x,\ 0)=\begin{cases}T_0\ \left(\frac{L}{2}\leqq x\leqq\frac{3}{4}L\right)\\0\ \left(0\leqq x<\frac{L}{2},\ \frac{3}{4}L<x\leqq L\right)\end{cases}$$

フーリエサイン級数の公式 $(*w)'$ より，

フーリエサイン級数

$$f(x)=\sum_{m=1}^{\infty}b_m\sin\frac{m\pi}{L}x\ \cdots\cdots\cdots\cdots\cdots(*w)$$

$$b_m=\frac{2}{L}\int_0^L f(x)\sin\frac{m\pi}{L}xdx\ \cdots\cdots(*w)'$$

$$b_m=\frac{2}{L}\int_0^L \underline{u(x,\ 0)}\sin\frac{m\pi}{L}xdx$$

（$\frac{L}{2}\leqq x\leqq\frac{3}{4}L$ のときのみ $T_0$，他は $0$）

$$=\frac{2}{L}\int_{\frac{L}{2}}^{\frac{3}{4}L}T_0\sin\frac{m\pi}{L}xdx=\frac{2T_0}{L}\left(-\frac{L}{m\pi}\right)\left[\cos\frac{m\pi}{L}x\right]_{\frac{L}{2}}^{\frac{3}{4}L}$$

$$=-\frac{2T_0}{m\pi}\left(\cos\frac{3m\pi}{4}-\cos\frac{m\pi}{2}\right)=\frac{2T_0}{\pi\cdot m}\left(\cos\frac{m\pi}{2}-\cos\frac{3m\pi}{4}\right)\ \cdots\cdots\text{(j)}$$

(j)を(i)に代入して，求める1次元熱伝導方程式(a)の解は，

$$u(x,\ t)=\frac{2T_0}{\pi}\sum_{m=1}^{\infty}\frac{1}{m}\left(\cos\frac{m\pi}{2}-\cos\frac{3m\pi}{4}\right)\sin\frac{m\pi}{L}x\ e^{-\frac{m^2\pi^2}{L^2}at}\ \cdots\cdots\text{(k)}$$

となるんだね。

(k)の $\sum_{m=1}^{\infty}$ 計算も $\sum_{m=1}^{100}$ として近似的に求め，$a=0.004$ のとき，$t=0,\ 1,\ 2,\ 3,\ 4,\ 5$ と変化させたときの温度分布 $u(x,\ t)$ の変化の様子を図2に示す。

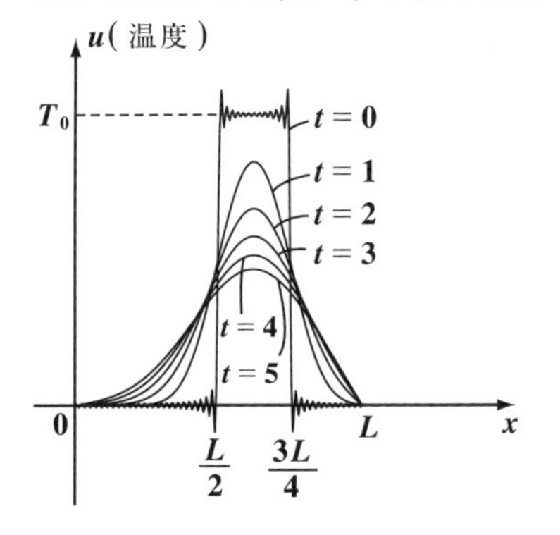

図2 温度分布 $u(x,\ t)$ の経時変化

波動方程式の解法とよく似ているので，熱伝導方程式も比較的楽に解けるだろう。

それでは次，2次元熱伝導方程式も解いてみよう。今回も変数分離法を利用する。そして，2重フーリエサイン級数展開も使うことになる。次の例題で実際に練習してみよう。計算は多少大変だけれど，解法の流れそのものはよく理解できると思う。頑張ろう！

例題 27　関数 $u(x,\ y,\ t)$ について，次の 2 次元熱伝導方程式を解いてみよう。

$$\frac{\partial u}{\partial t} = a\left(\frac{\partial^2 u}{\partial x^2} + \frac{\partial^2 u}{\partial y^2}\right) \cdots ①\quad (0<x<1,\ 0<y<1,\ 0<t)\quad (a：正の定数)$$

初期条件：$u(x,\ y,\ 0) = T_0 H\left(x-\frac{1}{2}\right)H\left(y-\frac{1}{2}\right)$　$(0<x<1,\ 0<y<1)$

$(T_0$：正の定数$)$

(ただし，$H(x)$ と $H(y)$ は単位階段関数を表す。)

境界条件：$u(0,\ y,\ t) = u(1,\ y,\ t) = u(x,\ 0,\ t) = u(x,\ 1,\ t) = 0$

単位階段関数 $u = H\left(x-\frac{1}{2}\right)$ と $u = H\left(y-\frac{1}{2}\right)$ と

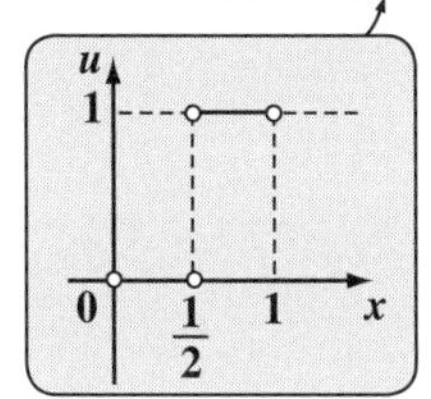


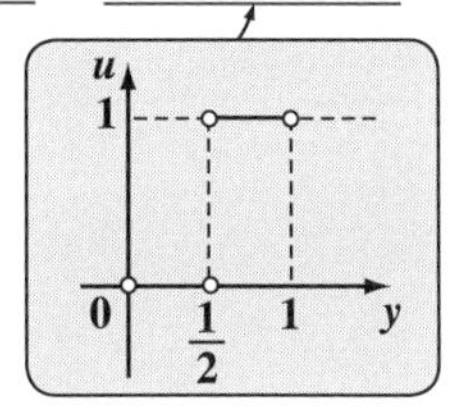


図 (ⅰ) 初期温度分布 $u(x,\ y,\ 0)$

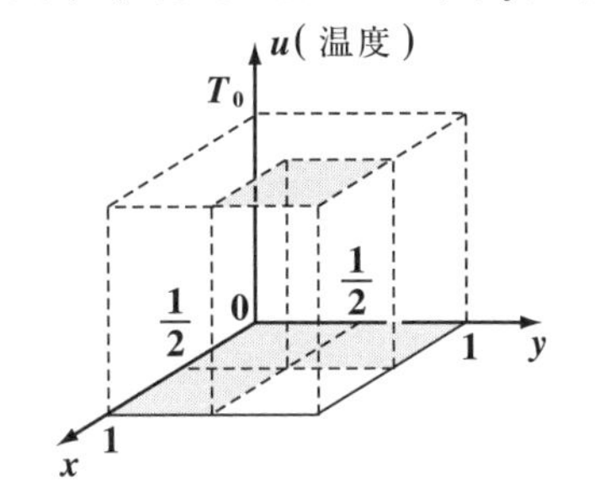


定数 $T_0(>0)$ の積が，時刻 $t=0$ での初期温度分布 $u(x,\ y,\ 0)$ であり，そのグラフを図 (ⅰ) に示す。これが，時刻 $t$ の経過と共にどのように変化していくかを調べてみよう。ここでも，変数分離法を用いるので，まず

$u(x,\ y,\ t) = X(x)Y(y)T(t)$ ……② とおけるものとして，

②を①に代入してまとめると，　　　　（両辺を $aXYT$ で割った）

$XY\dot{T} = a(X''YT + XY''T)$　　$\frac{\dot{T}}{aT} = \frac{X''}{X} + \frac{Y''}{Y}$ ……③となる。

③の左辺は $t$ のみ，右辺は $x$ と $y$ のみの式なので，③が恒等的に成り立つためには，これは定数 $c$ と等しくなければならない。ここで，$c \geqq 0$ とすると，$u(x,\ y,\ t)$ は恒等的に $0$ となるので，$c<0$ でなければならない。

（実践問題 5(P118) 参照）

よって，$c = -\omega^2\ (\omega>0)$ とおくと，③は

$$\frac{\dot{T}}{aT} = \underbrace{\frac{X''}{X}}_{-\omega_1^2} + \underbrace{\frac{Y''}{Y}}_{-\omega_2^2} = -\omega^2 \ \cdots\cdots ③' \text{ となる。}$$

（$\omega_1^2 + \omega_2^2 = \omega^2$ とする）

ここで，新たに $\frac{X''}{X} = -\omega_1^2$，$\frac{Y''}{Y} = -\omega_2^2$　$(\omega_1^2 + \omega_2^2 = \omega^2)$ とおくと，

$u_t = a(u_{xx} + u_{yy})$ ……①
初期条件：
$u(x, y, 0) = T_0 H\left(x - \frac{1}{2}\right) H\left(y - \frac{1}{2}\right)$
境界条件：
$u(0, y, t) = u(1, y, t)$
$= u(x, 0, t) = u(x, 1, t) = 0$
$\frac{\dot{T}}{aT} = \underbrace{\frac{X''}{X}}_{-\omega_1{}^2} + \underbrace{\frac{Y''}{Y}}_{-\omega_2{}^2} = -\omega^2$ ……③′
$(\omega_1{}^2 + \omega_2{}^2 = \omega^2)$

③′より，次の3つの常微分方程式が導かれる。

(Ⅰ) $X'' = -\omega_1{}^2 X$ ……④

(Ⅱ) $Y'' = -\omega_2{}^2 Y$ ……⑤

(Ⅲ) $\dot{T} = -a\omega^2 T$ ……⑥

(Ⅰ) $X'' = -\omega_1{}^2 X$ …④ は単振動の微分方程式より，その一般解は

$X(x) = A_1 \cos\omega_1 x + A_2 \sin\omega_1 x$ …⑦

$(A_1, A_2$：定数$)$ である。

境界条件：$\underbrace{u(0, y, t)}_{X(0)Y(y)T(t)} = \underbrace{u(1, y, t)}_{X(1)Y(y)T(t)} = 0$ より，$X(0) = X(1) = 0$

よって，$X(0) = A_1 = 0$，$X(1) = A_2 \sin\underbrace{\omega_1}_{m\pi\ (m=1, 2, 3, \cdots)} = 0$ より，

$A_1 = 0$ かつ $\omega_1 = m\pi$　　これらを⑦に代入して，

$X(x) = A_2 \underline{\underline{\sin m\pi x}}$ ……⑧　$(m = 1, 2, 3, \cdots)$ となる。

(Ⅱ) $Y'' = -\omega_2{}^2 Y$ ……⑤も単振動の微分方程式より，その一般解は

$Y(y) = B_1 \cos\omega_2 y + B_2 \sin\omega_2 y$ ……⑨　$(B_1, B_2$：定数$)$ である。

境界条件：$\underbrace{u(x, 0, t)}_{X(x)Y(0)T(t)} = \underbrace{u(x, 1, t)}_{X(x)Y(1)T(t)} = 0$ より，$Y(0) = Y(1) = 0$

よって，$Y(0) = B_1 = 0$，$Y(1) = B_2 \sin\underbrace{\omega_2}_{n\pi\ (n=1, 2, 3, \cdots)} = 0$ より，

$B_1 = 0$ かつ $\omega_2 = n\pi$　　これらを⑨に代入して，

$Y(y) = B_2 \underline{\underline{\sin n\pi y}}$ ……⑩　$(n = 1, 2, 3, \cdots)$ となる。

(Ⅲ) $\dot{T} = -a\omega^2 T$ ……⑥ の一般解は，$\omega^2 = \omega_1{}^2 + \omega_2{}^2 = (m^2 + n^2)\pi^2$ より，

$T = C_1 e^{-a\omega^2 t} = C_1 \underline{\underline{e^{-a(m^2+n^2)\pi^2 t}}}$ ……⑪ となる。

以上(Ⅰ)(Ⅱ)(Ⅲ)の⑧，⑩，⑪より，2次元熱伝導方程式①の独立解を $u_{mn}(x, y, t)$ とおくと，

$u_{mn}(x, y, t) = b_{mn} \sin m\pi x \cdot \sin n\pi y \cdot e^{-a(m^2+n^2)\pi^2 t}$

$(m = 1, 2, 3, \cdots, n = 1, 2, 3, \cdots)$ となる。

そして，この解の重ね合わせによる2重無限級数が①の解 $u(x, y, t)$ となる。

$$\therefore u(x,\ y,\ t) = \sum_{m=1}^{\infty}\sum_{n=1}^{\infty} b_{mn}\sin m\pi x \cdot \sin n\pi y \cdot e^{-a(m^2+n^2)\pi^2 t} \quad \cdots\cdots⑫$$

よって，⑫に $t=0$ を代入した

$$u(x,\ y,\ 0) = \sum_{m=1}^{\infty}\sum_{n=1}^{\infty} b_{mn}\sin m\pi x \cdot \sin n\pi y \quad \cdots\cdots⑫'$$ が

初期条件：$u(x,\ y,\ 0) = T_0 H\left(x-\frac{1}{2}\right)H\left(y-\frac{1}{2}\right)$ をみたすように係数 $b_{mn}$ を定めればいいんだね。

2重フーリエサイン級数の公式

$$f(x,\ y) = \sum_{m=1}^{\infty}\sum_{n=1}^{\infty} b_{mn}\sin\frac{m\pi}{L_1}x \cdot \sin\frac{n\pi}{L_2}y \quad \cdots\cdots\cdots\cdots\cdots(*x)$$

$$b_{mn} = \frac{4}{L_1 L_2}\int_0^{L_1}\int_0^{L_2} f(x,\ y)\sin\frac{m\pi}{L_1}x \cdot \sin\frac{n\pi}{L_2}y\,dxdy \quad \cdots(*x)'$$

2重フーリエサイン級数の公式 $(*x)'$ より，

$$b_{mn} = \frac{4}{1\cdot 1}\int_0^1\int_0^1 T_0 H\left(x-\frac{1}{2}\right)H\left(y-\frac{1}{2}\right) \times \sin\frac{m\pi}{1}x \cdot \sin\frac{n\pi}{1}y\,dxdy$$

$$= 4T_0 \underbrace{\int_0^1 H\left(x-\frac{1}{2}\right)\sin m\pi x\,dx}_{\lambda_m とおく} \underbrace{\int_0^1 H\left(y-\frac{1}{2}\right)\sin n\pi y\,dy}_{\lambda_n とおく} \quad \cdots\cdots⑬$$

ここで，$\lambda_m = \int_0^1 H\left(x-\frac{1}{2}\right)\sin m\pi x dx$，$\lambda_n = \int_0^1 H\left(y-\frac{1}{2}\right)\sin n\pi y dy$ とおくと，

$$\lambda_m = \int_{\frac{1}{2}}^1 1\cdot\sin m\pi x\,dx = -\frac{1}{m\pi}\left[\cos m\pi x\right]_{\frac{1}{2}}^1 = -\frac{1}{m\pi}\left(\underbrace{\cos m\pi}_{(-1)^m} - \cos\frac{m\pi}{2}\right)$$

$$= \frac{1}{\pi m}\left\{\cos\frac{m\pi}{2} - (-1)^m\right\} \quad \cdots\cdots⑭$$ となり，

同様に，$\lambda_n = \frac{1}{\pi n}\left\{\cos\frac{n\pi}{2} - (-1)^n\right\}$ ……⑮ となる。

よって，⑭，⑮を⑬に代入して，

$$b_{mn} = \frac{4T_0}{\pi^2 mn}\cdot\left\{\cos\frac{m\pi}{2} - (-1)^m\right\}\left\{\cos\frac{n\pi}{2} - (-1)^n\right\} \quad \cdots\cdots⑬'$$ となる。

さらに，⑬′を⑫に代入して，求める熱伝導方程式①の解は，

$$u(x,\ y,\ t) = \frac{4T_0}{\pi^2}\sum_{m=1}^{\infty}\sum_{n=1}^{\infty}\frac{1}{mn}\left\{\cos\frac{m\pi}{2} - (-1)^m\right\}\left\{\cos\frac{n\pi}{2} - (-1)^n\right\} \times \sin m\pi x \sin n\pi y\, e^{-a(m^2+n^2)\pi^2 t} \quad \cdots\cdots⑯$$ である。

ここで，⑯の2重無限級数 $\sum_{m=1}^{\infty}\sum_{n=1}^{\infty}$ を $\sum_{m=1}^{20}\sum_{n=1}^{20}$ で近似し，$a=0.004$ とおくものとする。

このとき，$t=1$，$4$，$12$ と変化させたときの温度分布 $u(x,\ y,\ t)$ の変化の様子を図 (ii)(iii)(iv) に示す。冷えていく様子がよく分かるだろう？

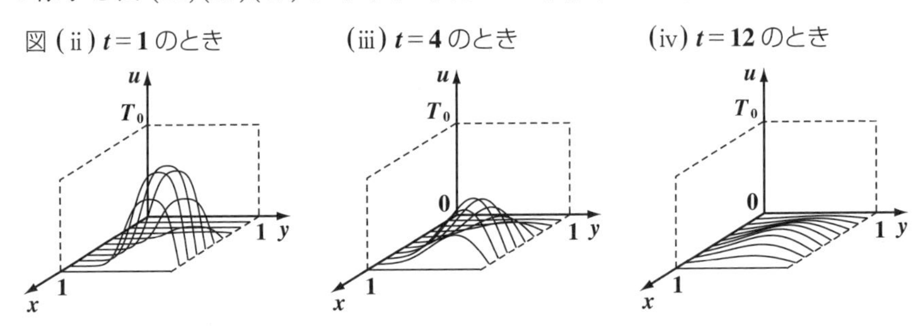


## フーリエ変換とグリーン関数も押さえよう！

これまでの熱伝導方程式は，$[0,\ L]$ など有限区間を対象としたものについて解説してきたんだけれど，ここでは，$(-\infty,\ \infty)$ の無限区間を対象とした熱伝導方程式を解いてみることにしよう。この場合，フーリエ級数展開ではなくてフーリエ変換が有効な手法となる。

したがって，まずこれから必要となるフーリエ変換の知識をまとめておこう。

(Ⅰ) フーリエ変換 $F(\alpha)=F[f(x)]=\int_{-\infty}^{\infty}f(x)e^{-i\alpha x}dx$ ……………………$(*y)$

($f(x)$ は区分的に滑らかでかつ連続，そして絶対可積分である関数)

(Ⅱ) フーリエ逆変換 $f(x)=F^{-1}[F(\alpha)]=\dfrac{1}{2\pi}\int_{-\infty}^{\infty}F(\alpha)e^{i\alpha x}d\alpha$ ………$(*y)'$

(Ⅲ) フーリエ変換の性質　$F(\alpha)=F[f(x)]$，$G(\alpha)=F[g(x)]$ として，

(i) $F[pf(x)+qg(x)]=pF(\alpha)+qG(\alpha)$ …………………………$(*z)$

(ii) $F[f'(x)]=i\alpha F(\alpha)$

$F[f''(x)]=(i\alpha)^2F(\alpha)=-\alpha^2F(\alpha)$ …………………………$(*a_0)$

(iii) $F[f(x)*g(x)]=F(\alpha)\cdot G(\alpha)$ ………………………………$(*b_0)$

(ただし，たたみ込み積分 $f(x)*g(x)=\int_{-\infty}^{\infty}f(\xi)g(x-\xi)d\xi$
また，$f(x)*g(x)=g(x)*f(x)$ も成り立つ。)

また，主な $f(x)$ と $F(\alpha)$ の対応は次の通りだね。(P102 参照)

(i) $f(x)=\begin{cases}\dfrac{1}{2r} & (-r \leqq x \leqq r)\\ 0 & (x<-r,\ r<x)\end{cases} \iff F(\alpha)=\dfrac{\sin r\alpha}{r\alpha}$

(ii) $f(x)=e^{-p|x|} \iff F(\alpha)=\dfrac{2p}{\alpha^2+p^2}$ (iii) $f(x)=\delta(x) \iff F(\alpha)=1$

(iv) $f(x)=H(x) \iff F(\alpha)=\dfrac{1}{i\alpha}$ (v) $f(x)=e^{-px^2} \iff F(\alpha)=\sqrt{\dfrac{\pi}{p}}\,e^{-\frac{\alpha^2}{4p}}$

では，以上の知識を基にして，無限区間 $(-\infty,\ \infty)$ を対象とする熱伝導方程式を解いてみよう。

例題 28　関数 $u(x,\ t)$ について，次の 1 次元熱伝導方程式を解いてみよう。

$\dfrac{\partial u}{\partial t}=a\dfrac{\partial^2 u}{\partial x^2}$ ……① $(-\infty<x<\infty,\ 0<t)$ ($a$：正の定数)

初期条件：$u(x,\ 0)=f(x)$ ……②

$u(x,\ t)$ を $x$ に関してフーリエ変換したものを $U(\alpha,\ t)$ とおくと，

$u$ は $x$ と $t$ の 2 変数関数だけれど，ここでは $x$ の関数とみてフーリエ変換して
$F[u(x,\ t)]=\int_{-\infty}^{\infty}u(x,\ t)e^{-i\alpha x}dx=U(\alpha,\ t)$ とおく。
(ここで，$t$ は定数扱い)　($u$ のフーリエ変換は $\alpha$ と $t$ の関数になる)

$F\left[\dfrac{\partial u}{\partial t}\right]=\dfrac{\partial}{\partial t}F[u(x,\ t)]=\dfrac{\partial}{\partial t}U(\alpha,\ t)=\dot{U}(\alpha,\ t)$

また，$F\left[\dfrac{\partial^2 u}{\partial x^2}\right]=F[u''(x,\ t)]=(i\alpha)^2F[u(x,\ t)]=-\alpha^2U(\alpha,\ t)$ だね。

よって，①の両辺を $x$ に関してフーリエ変換すると，

$\dot{U}(\alpha,\ t)=-a\alpha^2U(\alpha,\ t)$ ……①′ となる。

さらに，$F[f(x)]=F(\alpha)$ とおくと，②の両辺を $x$ に関してフーリエ変換したものは，

$U(\alpha,\ 0)=F(\alpha)$ ……②′ となる。

①をフーリエ変換した

$\dfrac{\partial U}{\partial t}=-a\alpha^2U$ ……①′ は，$t$ の関数 $U$ の簡単な 1 階偏微分方程式になったんだね。これを解いて一般解を求めると，

$U(\alpha,\ t)=G(\alpha)\cdot e^{-a\alpha^2 t}$ ……③ ($G(\alpha)$：$\alpha$ の任意関数) だね。

③に $t=0$ を代入すると，

$U(\alpha,\ 0)=G(\alpha)$ ……③′

となるので，③′と②′から，

$G(\alpha)=F(\alpha)$ だね。

これから③より，$U(\alpha,\ t)$ が

$U(\alpha,\ t)=F(\alpha)e^{-at\alpha^2}$ ……④と求まった。

$u_t=au_{xx}$ ……①
$u(x,\ 0)=f(x)$ ……②
$\dot{U}(\alpha,\ t)=-a\alpha^2U(\alpha,\ t)$ …①′
$U(\alpha,\ 0)=F(\alpha)$ ……②′
$U(\alpha,\ t)=G(\alpha)e^{-a\alpha^2t}$ ……③

後は，$U(\alpha,\ t)$ を逆変換して，$u(x,\ t)$ を求めればいい。よって，

$u(x,\ t)=F^{-1}[U(\alpha,\ t)]=F^{-1}[F(\alpha)\cdot e^{-at\alpha^2}]$ ……⑤となる。

ここで，$F[f(x)]=F(\alpha)$，また $F\left[\dfrac{1}{2\sqrt{\pi at}}e^{-\frac{x^2}{4at}}\right]=e^{-at\alpha^2}$ より，

公式：$F[e^{-px^2}]=\sqrt{\dfrac{\pi}{p}}e^{-\frac{\alpha^2}{4p}}$ より，$e^{-\frac{1}{4p}\alpha^2}=F\left[\sqrt{\dfrac{p}{\pi}}e^{-px^2}\right]$（$\frac{1}{4p}$：$at$ とおく）

ここで，$\dfrac{1}{4p}=at$ とおくと，$p=\dfrac{1}{4at}$ より，

$e^{-at\alpha^2}=F\left[\dfrac{1}{2\sqrt{\pi at}}e^{-\frac{x^2}{4at}}\right]$ となるんだね。

⑤は次のように変形できる。

$$u(x,\ t)=F^{-1}[F(\alpha)e^{-at\alpha^2}]$$
$$=f(x)*\frac{1}{2\sqrt{\pi at}}e^{-\frac{x^2}{4at}}$$
$$=\int_{-\infty}^{\infty}f(\zeta)\cdot\frac{1}{2\sqrt{\pi at}}e^{-\frac{(x-\zeta)^2}{4at}}d\zeta$$

$F[f(x)*g(x)]=F(\alpha)G(\alpha)$ より
$F^{-1}[F(\alpha)G(\alpha)]=f(x)*g(x)$ となる。

たたみ込み積分
$f(x)*g(x)=\int_{-\infty}^{\infty}f(\zeta)g(x-\zeta)d\zeta$

$\therefore\ u(x,\ t)=\dfrac{1}{2\sqrt{\pi at}}\displaystyle\int_{-\infty}^{\infty}f(\zeta)e^{-\frac{(x-\zeta)^2}{4at}}d\zeta$ ……⑥ となって，答えだ。

以上のフーリエ変換による解法が次の模式図の流れに従っていることを確認しておこう。

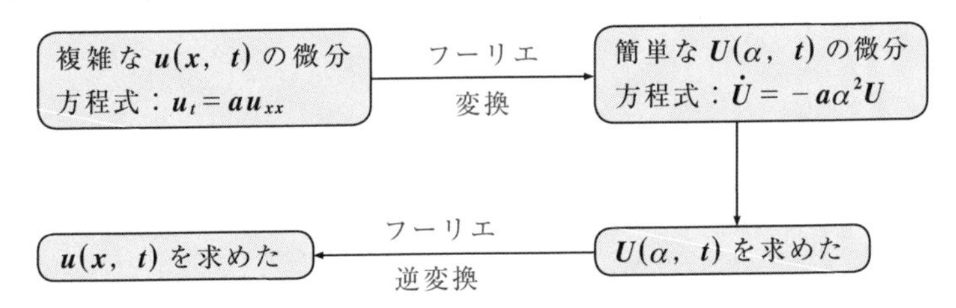

ここで，初期条件を $u(x,\ 0)=f(x)$ と一般の関数の形で表しておいたけれど，$f(x)$ が次の特定の関数である場合，具体的に $u(x,\ t)$ を求めておこう。

(ⅰ) $f(x)=\delta(x)$ ( デルタ関数 ) のとき，

デルタ関数 $\delta(x)$ には，積分公式：$\displaystyle\int_{-\infty}^{\infty}\delta(x-a)g(x)dx=g(a)$

「フーリエ解析キャンパス・ゼミ」参照

が利用できるので，⑥は

$$u(x,\ t)=\frac{1}{2\sqrt{\pi at}}\int_{-\infty}^{\infty}\delta(\zeta-0)e^{-\frac{(x-\zeta)^2}{4at}}d\zeta \text{ となる。}$$

$g(\zeta)$ とみると

$g(0)=e^{-\frac{x^2}{4at}}$ となる。

$$\therefore\ u(x,\ t)=\frac{1}{2\sqrt{\pi at}}e^{-\frac{x^2}{4at}}$$

ここで，定数 $a=0.004$ とおいて，$t=1,\ 2,\ 3,\ 4,\ 5,\ 6$ と時刻を変化させたときの温度分布 $u(x,\ t)$ の変化の様子を図 3 に示す。初め $t=0$ のとき，$x=0$ において，$u=\infty$ で偏在していた温度分布が時刻の経過と共に分散していく様子がよく分かると思う。

図 3　$u(x,\ t)$ のグラフ

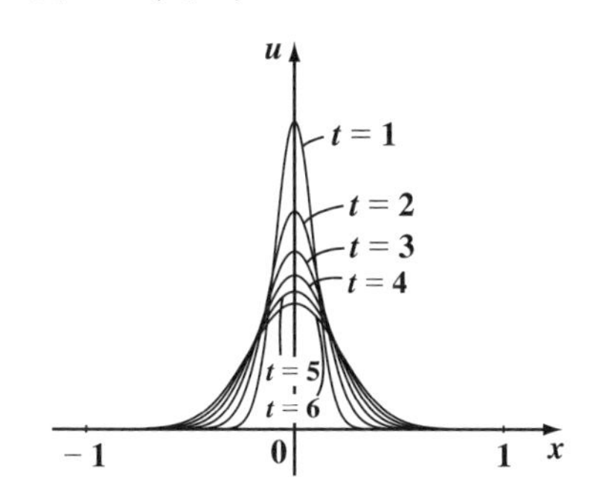


(ⅱ) $f(x)=H(x)$ ( 単位階段関数 ) のとき，⑥は，

$$u(x,\ t)=\frac{1}{2\sqrt{\pi at}}\int_{-\infty}^{\infty}H(\zeta)e^{-\frac{(x-\zeta)^2}{4at}}d\zeta$$

$$=\frac{1}{2\sqrt{\pi at}}\int_{-\infty}^{\infty}H(x-\zeta)e^{-\frac{\zeta^2}{4at}}d\zeta$$

公式：$f(x)*g(x)=g(x)*f(x)$ を使った。

$H(x-\zeta)$ は $\zeta$ の関数で，$x$ は定数と考える。
・$\zeta<x$ のとき $H(x-\zeta)=1$ (⊕)
・$\zeta>x$ のとき $H(x-\zeta)=0$ (⊖)

y, 1, 0, x, ζ

$$\therefore\ u(x,\ t)=\frac{1}{2\sqrt{\pi at}}\int_{-\infty}^{x}e^{-\frac{\zeta^2}{4at}}d\zeta \quad \cdots\cdots⑦ \text{ となる。}$$

ここで，$z = -\frac{\zeta}{2\sqrt{at}}$ とおくと，

$u(x,\ t) = \frac{1}{2\sqrt{\pi at}}\int_{-\infty}^{x} e^{-\frac{\zeta^2}{4at}}\,d\zeta$ ……⑦

$dz = -\frac{1}{2\sqrt{at}}d\zeta$ より，$d\zeta = -2\sqrt{at}\,dz$　　また，

$\zeta : -\infty \to x$ のとき，$z : +\infty \to -\frac{x}{2\sqrt{at}}$ となる。よって，⑦は

$$u(x,\ t) = \frac{1}{2\sqrt{\pi at}}\int_{\infty}^{-\frac{x}{2\sqrt{at}}} e^{-z^2}\cdot(-2\sqrt{at})\,dz \quad \text{より，}$$

$$u(x,\ t) = \frac{1}{\sqrt{\pi}}\int_{-\frac{x}{2\sqrt{at}}}^{\infty} e^{-z^2}dz \quad \cdots\cdots⑧ \quad \text{となる。}$$

ここで，御存知ない方のために，誤差関数 $erf(x)$ と余誤差関数 $erfc(x)$ についても，次に示しておこう。

## 誤差関数と余誤差関数

(Ⅰ) "**誤差関数**" $erf(x)$ は次式で定義される。

$$erf(x) = \frac{2}{\sqrt{\pi}}\int_0^x e^{-z^2}dz \quad \cdots\cdots (*c_0)$$

(Ⅱ) "**余誤差関数**" $erfc(x)$ は次式で定義される。

$$erfc(x) = \frac{2}{\sqrt{\pi}}\int_x^{\infty} e^{-z^2}dz \quad \cdots\cdots (*d_0)$$

応用上，$g(z) = \frac{2}{\sqrt{\pi}}e^{-z^2}$ の積分は頻繁に出てくる。この $[0,\ \infty)$ の無限積分は，$\int_0^{\infty} g(z)dz = \frac{2}{\sqrt{\pi}}\int_0^{\infty} e^{-z^2}dz = 1$ であることが簡単に示せる。

御存知ない方は，「**ラプラス変換キャンパス・ゼミ**」で学習されることを勧める。

そして，図4(ⅰ)(ⅱ)に示すように，$g(z)$ を区間 $[0,\ x]$ で $z$ により積分したものが誤差関数 $erf(x)$ であり，半無限区間 $[x,\ \infty)$ で $z$ により積分したものが余誤差関数 $erfc(x)$ になるんだね。当然，$erfc(x) = 1 - erf(x)$ の関

図4　$erf(x)$ と $erfc(x)$

(ⅰ) 誤差関数 $erf(x)$

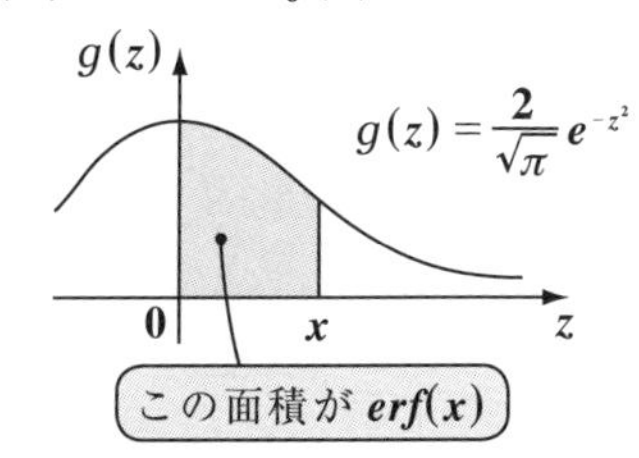


(ⅱ) 余誤差関数 $erfc(x)$

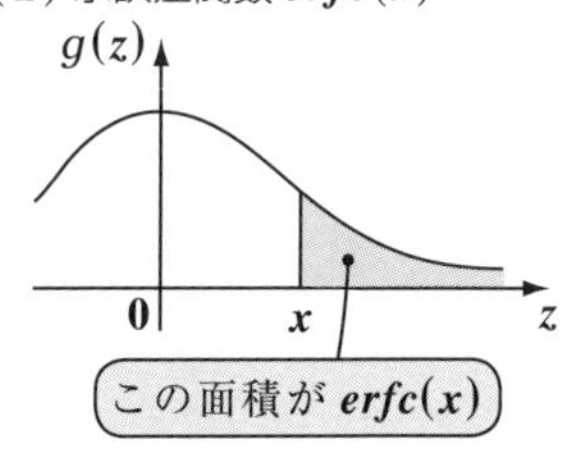

係が成り立つ。

そして，誤差関数 $erf(x)$ に関しては，次のように関数表が与えられている。

表 1. 誤差関数 $erf(x)$ の関数表

| $x$ | $erf(x)$ | $x$ | $erf(x)$ | $x$ | $erf(x)$ | $x$ | $erf(x)$ |
|---|---|---|---|---|---|---|---|
| 0.00 | 0.000000 | 0.50 | 0.520500 | 1.00 | 0.842701 | 2.0 | 0.995322 |
| 0.05 | 0.056372 | 0.55 | 0.563323 | 1.1 | 0.880205 | 2.2 | 0.998137 |
| 0.10 | 0.112463 | 0.60 | 0.603856 | 1.2 | 0.910314 | 2.4 | 0.999311 |
| 0.15 | 0.167996 | 0.65 | 0.642029 | 1.3 | 0.934008 | 2.6 | 0.999764 |
| 0.20 | 0.222703 | 0.70 | 0.677801 | 1.4 | 0.952285 | 2.8 | 0.999925 |
| 0.25 | 0.276326 | 0.75 | 0.711156 | 1.5 | 0.966105 | 3.0 | 0.999978 |
| 0.30 | 0.328627 | 0.80 | 0.742101 | 1.6 | 0.976348 | 3.2 | 0.999994 |
| 0.35 | 0.379382 | 0.85 | 0.770668 | 1.7 | 0.983790 | 3.4 | 0.999998 |
| 0.40 | 0.428392 | 0.90 | 0.796908 | 1.8 | 0.989091 | 3.6 | 1.000000 |
| 0.45 | 0.475482 | 0.95 | 0.820891 | 1.9 | 0.992790 | … | …………… |

以上，$erf(x)$，$erfc(x)$ の知識があれば，⑧の解 $u(x,\ t)$ は，次のように余誤差関数により表現することができて，

$u(x,\ t)=\frac{1}{2}\cdot\frac{2}{\sqrt{\pi}}\int_{-\frac{x}{2\sqrt{at}}}^{\infty}e^{-z^2}dz=\frac{1}{2}erfc\left(-\frac{x}{2\sqrt{at}}\right)$ …⑧′ となるんだね。大丈夫？

それでは，例題 28(P131) の結果を使って，次の例題を解いてみよう。

例題 29　関数 $u(x,\ t)$ について，次の 1 次元熱伝導方程式を解いてみよう。

$$\frac{\partial u}{\partial t}=a\frac{\partial^2 u}{\partial x^2}\ \cdots\cdots①\quad(-\infty<x<\infty,\ 0<t)\quad(a：正の定数)$$

$$初期条件：u(x,\ 0)=\begin{cases}T_0 & (0\leqq x\leqq 1)\\ 0 & (x<0,\ 1<x)\end{cases}\quad(T_0：正の定数)$$

図 (i) に示すような初期条件の下で，$(-\infty,\ \infty)$ を対象とした 1 次元熱伝導方程式①を解けばいいんだね。ここで，初期条件 $u(x,\ 0)=f(x)$ とおくと，例題 28 の結果 (P132) より，次のようになる。

図 (i) 初期条件 $u(x,\ 0)=f(x)$

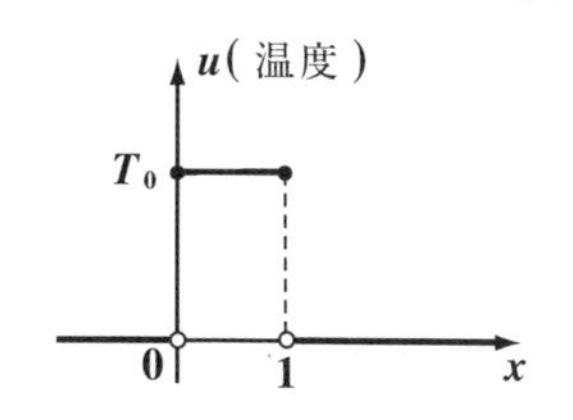


$$u(x,\ t)=\frac{1}{2\sqrt{\pi at}}\int_{-\infty}^{\infty}\underbrace{f(\zeta)}_{初期条件}e^{-\frac{(x-\zeta)^2}{4at}}d\zeta\ \cdots\cdots⑥$$

$$u(x,\ t)=\frac{1}{2\sqrt{\pi at}}\int_{-\infty}^{\infty}f(\zeta)\,e^{-\frac{(x-\zeta)^2}{4at}}d\zeta\ \cdots\cdots⑥$$

ここで，$0 \leqq \zeta \leqq 1$ のときのみ $f(\zeta)=T_0$，それ以外の範囲で $0$ より，⑥から

$$u(x,\ t)=\frac{1}{2\sqrt{\pi at}}\int_0^1 T_0 e^{-\frac{(x-\zeta)^2}{4at}}d\zeta=\frac{T_0}{2\sqrt{\pi at}}\int_0^1 e^{-\frac{(\zeta-x)^2}{4at}}d\zeta$$

（$\frac{(\zeta-x)^2}{4at}$ を $z^2$ とおく）

ここで，$z=\frac{\zeta-x}{2\sqrt{at}}$ とおくと，$d\zeta=2\sqrt{at}\,dz$

また，$\zeta：0\to1$ のとき，$z：-\frac{x}{2\sqrt{at}}\to\frac{1-x}{2\sqrt{at}}$ より，

$$u(x,\ t)=\frac{T_0}{2\sqrt{\pi at}}\int_{-\frac{x}{2\sqrt{at}}}^{\frac{1-x}{2\sqrt{at}}}e^{-z^2}\cdot2\sqrt{at}\,dz=\frac{T_0}{2}\cdot\frac{2}{\sqrt{\pi}}\int_{-\frac{x}{2\sqrt{at}}}^{\frac{1-x}{2\sqrt{at}}}e^{-z^2}dz$$

$$=\frac{T_0}{2}\left\{erfc\left(-\frac{x}{2\sqrt{at}}\right)-erfc\left(\frac{1-x}{2\sqrt{at}}\right)\right\}$$



となって，答えだ。納得いった？

無限区間 $(-\infty,\ \infty)$ を対象にした1次元熱伝導方程式：$u_t=au_{xx}$ …① は，$t=0$ のときの初期条件 $u(x,0)=f(x)$ …② が与えられれば，その解 $u(x,t)$ が求まるんだね。そして，実際にフーリエ変換と逆変換を使って，その解を求めると，

$$u(x,\ t)=\int_{-\infty}^{\infty}f(\zeta)\cdot\frac{1}{2\sqrt{\pi at}}e^{-\frac{(x-\zeta)^2}{4at}}d\zeta\ \cdots\cdots⑥$$ が求まった。（P132 参照）

（$\frac{1}{2\sqrt{\pi at}}e^{-\frac{(x-\zeta)^2}{4at}}$ ＝ グリーン関数 $G(x,\ \zeta,\ t)$）

この⑥は，文字通り，$f(x)$ すなわち $f(\zeta)$ が与えられると，それに $\frac{1}{2\sqrt{\pi at}}e^{-\frac{(x-\zeta)^2}{4at}}$ をかけて，$\zeta$ で無限積分するとその解が求まるんだね。
このように，初期条件にある関数をかけて積分することにより解が求められる，その関数のことを **“グリーン関数”** (*Green's function*) という。
⑥の $\frac{1}{2\sqrt{\pi at}}e^{-\frac{(x-\zeta)^2}{4at}}$ はまさにグリーン関数の1例であり，これを $G(x,\ \zeta,\ t)$ とおくと，⑥は

$$u(x,\ t)=\int_{-\infty}^{\infty}f(\zeta)G(x,\ \zeta,\ t)d\zeta\ \cdots\cdots⑥'$$ と表せる。

（$f(\zeta)$：これを与えれば，解 $u(x,\ t)$ が求まる。）

そして，初期条件として，(ⅰ) $f(x)=\delta(x)$，(ⅱ) $f(x)=H(x)$，

(ⅲ) $f(x)=\begin{cases}T_0 & (0 \leqq x \leqq 1)\\ 0 & (x<0,\ 1<x)\end{cases}$ の3通りの場合について，$u(x,\ t)$ を求めてみたんだね。

一般論としてのグリーン関数は次のようになる。

$\boldsymbol{x}=[x_1,\ x_2,\ \cdots,\ x_n]$ を独立変数とする関数 $u(\boldsymbol{x})$ について，ある微分演算子 $D$

たとえば，$\frac{\partial}{\partial x_1}+p\frac{\partial}{\partial x_2}$ や，$\frac{\partial^2}{\partial {x_1}^2}+\frac{\partial^2}{\partial {x_2}^2}+\frac{\partial^2}{\partial {x_3}^2}$ など…

が作用したとき，$Du(\boldsymbol{x})=g(\boldsymbol{x})$ ……(a)が成り立つものとする。

(このときの境界は十分に遠くにあるものとする。)

このとき，次の条件をみたす関数 $G(\boldsymbol{x},\ \boldsymbol{\zeta})$ を考えよう。

$[\zeta_1,\ \zeta_2,\ \cdots,\ \zeta_n]$ のこと

$DG(\boldsymbol{x},\ \boldsymbol{\zeta})=\delta^n(\boldsymbol{x}-\boldsymbol{\zeta})$ ……(b)

(ここで，$\delta^n(\boldsymbol{x}-\boldsymbol{\zeta})=\delta(x_1-\zeta_1)\delta(x_2-\zeta_2)\cdots\cdots\delta(x_n-\zeta_n)$ とする。)

このとき，$G(\boldsymbol{x},\ \boldsymbol{\zeta})$ がグリーン関数であり，(a)の解 $u(\boldsymbol{x})$ は

$$u(\boldsymbol{x})=\int_{-\infty}^{\infty}\int_{-\infty}^{\infty}\cdots\cdots\int_{-\infty}^{\infty}g(\boldsymbol{\zeta})G(\boldsymbol{x},\ \boldsymbol{\zeta})d^n\boldsymbol{\zeta} \quad \cdots\cdots(c)$$

で与えられる。

$n$ 重積分

$d\zeta_1\cdot d\zeta_2\cdot\cdots\cdot d\zeta_n$ のこと

何故なら，(c)が成り立つとき，

$$Du(\boldsymbol{x})=D\left\{\int_{-\infty}^{\infty}\int_{-\infty}^{\infty}\cdots\cdots\int_{-\infty}^{\infty}g(\boldsymbol{\zeta})G(\boldsymbol{x},\ \boldsymbol{\zeta})d^n\boldsymbol{\zeta}\right\}$$

$$=\int_{-\infty}^{\infty}\int_{-\infty}^{\infty}\cdots\cdots\int_{-\infty}^{\infty}g(\boldsymbol{\zeta})\{DG(\boldsymbol{x},\ \boldsymbol{\zeta})\}d^n\boldsymbol{\zeta}$$

積分操作と微分演算子の順序は入れ替えられるものとした。

$\delta^n(\boldsymbol{x}-\boldsymbol{\zeta})$

$$=\int_{-\infty}^{\infty}\int_{-\infty}^{\infty}\cdots\cdots\int_{-\infty}^{\infty}g(\boldsymbol{\zeta})\delta^n(\boldsymbol{x}-\boldsymbol{\zeta})d^n\boldsymbol{\zeta}=g(\boldsymbol{x})$$

となって，

$\delta$ 関数の公式：$\int_{-\infty}^{\infty}g(\zeta_k)\cdot\delta(x_k-\zeta_k)d\zeta_k=g(x_k)$ $(k=1,\ 2,\ \cdots,\ n)$ を使った。

(a)をみたすからだ。納得いった？

## ● 非同次境界条件の問題も解いてみよう！

それではまた，区間 $[0,\ L]$ を対象とする1次元熱伝導方程式の解説に戻ろう。次の例題を解いてみよう。

> 例題30　関数 $u(x,\ t)$ について，次の1次元熱伝導方程式を解いてみよう。
>
> $$\frac{\partial u}{\partial t} = a\frac{\partial^2 u}{\partial x^2} \quad \cdots\cdots ① \quad (0 < x < L,\ 0 < t) \quad (a：正の定数)$$
>
> 初期条件：$u(x,\ 0) = \begin{cases} T_0 & \left(\frac{L}{2} \leqq x \leqq \frac{3}{4}L\right) \\ 0 & \left(0 \leqq x < \frac{L}{2},\ \frac{3}{4}L < x \leqq L\right) \end{cases}$　$(T_0：正の定数)$
>
> 境界条件：$u(0,\ t) = 0,\ u(L,\ t) = \frac{T_0}{2}$

$u(L,\ t) = \frac{T_0}{2}$ を除けば，例題26(P124)とまったく同じ問題なんだね。ここで，境界条件が0の値をとるとき，**"同次境界条件"** といい，この例題のように0以外の値をとるとき **"非同次境界条件"** という。だから，今回は非同次境界条件の1次元熱伝導方程式の問題ということになる。この初期条件と境界条件のイメージを図(i)に示しておいた。

図(i) 初期条件と境界条件

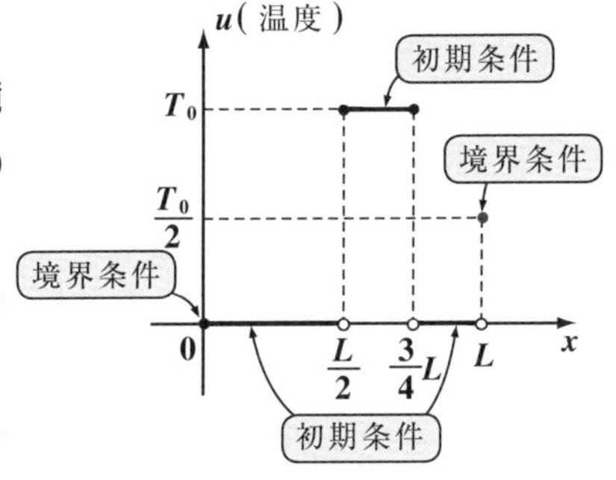


では，境界条件が0以外の $\frac{T_0}{2}$ の値をとる場合，何が問題になるのか分かる？…

そう，変数分離法により，独立解 $u_m(x,\ t)$ $(m = 1,\ 2,\ \cdots)$ を求めたとき，境界条件が同次で，$u(L,\ t) = 0$ ならば，各独立解も $u_m(L,\ t) = 0$ をみたすので，この解の重ね合わせによる無限1次結合を解とした場合，$u(L,\ t)$ は

$$u(L,\ t) = \sum_{m=1}^{\infty} u_m(L,\ t) = \underbrace{u_1(L,\ t)}_{0} + \underbrace{u_2(L,\ t)}_{0} + \underbrace{u_3(L,\ t)}_{0} + \cdots\cdots = 0$$

となって境界条件をみたす。

しかし，今回のように，$u(L,\ t)=\frac{T_0}{2}$と境界条件が非同次の場合，各独立解 $u_m(L,\ t)=\frac{T_0}{2}$となり，この無限1次結合を解としたとき，$u(L,\ t)$ は

$$u(L,\ t)=\sum_{m=1}^{\infty}u_m(L,\ t)=\underbrace{u_1(L,\ t)}_{\frac{T_0}{2}}+\underbrace{u_2(L,\ t)}_{\frac{T_0}{2}}+\underbrace{u_3(L,\ t)}_{\frac{T_0}{2}}+\cdots\cdots=\infty$$

となって，もはや $u(L,\ t)=\frac{T_0}{2}$ をみたさなくなってしまうんだね。

このように，境界条件が同次であることがとても重要なことがよく分かったと思う。では，どうする？…そうだね，同次境界条件となるようにするため，関数 $u(x,\ t)$ から $\frac{\frac{T_0}{2}}{L}x=\frac{T_0}{2L}x$ を引いた関数を新たに $v(x,\ t)$ とでも置いて，$v(x,\ t)$ の微分方程式と初期条件・境界条件にもち込めばいいんだね。

（傾き）

図（ii）$v(x,\ t)$ の初期条件と境界条件

$v\left(=u-\frac{T_0}{2L}x\right)$，$T_0$，初期条件，直線 $v=T_0-\frac{T_0}{2L}x$，境界条件，$\frac{L}{2}$，$\frac{3}{4}L$，境界条件，$0$，$L$，$x$，初期条件，直線 $v=-\frac{T_0}{2L}x$

$$v(x,\ t)=u(x,\ t)-\frac{T_0}{2L}x\ \cdots②\text{より，}$$

$v_t=u_t$

$v_x=u_x-\frac{T_0}{2L}$（定数）　　$v_{xx}=u_{xx}$ だね。

よって，①は $v$ の熱伝導方程式として

$\underbrace{v_t}_{u_t}=a\underbrace{v_{xx}}_{u_{xx}}$ ……①′ となる。また，

$$\text{初期条件：}v(x,\ 0)=\begin{cases}T_0-\frac{T_0}{2L}x & \left(\frac{L}{2}\leqq x\leqq\frac{3}{4}L\right)\\ -\frac{T_0}{2L}x & \left(0\leqq x<\frac{L}{2},\ \frac{3}{4}L<x\leqq L\right)\end{cases}$$

境界条件：$v(0,\ t)=v(L,\ t)=0$ となる。

（これで同次境界条件にもち込めた！）

これから，$v(x,\ t)$ を求め，②より $u(x,\ t)=v(x,\ t)+\frac{T_0}{2L}x$ として，最終的に $u(x,\ t)$ が求まるんだね。これで解法の流れがつかめただろう。

では早速解いてみよう。

$v_t = av_{xx}$ ……①′ と境界条件：$v(0,\ t) = v(L,\ t) = 0$ から，まず独立解

$v_m(x,\ t) = b_m \sin\frac{m\pi}{L}x \cdot e^{-\frac{m^2\pi^2}{L^2}at}$ ……③　$(m = 1,\ 2,\ 3,\ \cdots)$ が求まる。

ここまでは，例題 **26(P124)** とまったく同じプロセスで導けるはずだ。

そして，③の解の重ね合わせによる無限 **1** 次結合を $v(x,\ t)$ とおくと，

$v(x,\ t) = \sum_{m=1}^{\infty} b_m \sin\frac{m\pi}{L}x \cdot e^{-\frac{m^2\pi^2}{L^2}at}$ ……④ となるんだね。

$t = 0$ のとき，$v(x,\ 0) = \sum_{m=1}^{\infty} b_m \sin\frac{m\pi}{L}x$ ……④′ となる。そしてこれが

初期条件：$v(x,\ 0) = \begin{cases} T_0 - \frac{T_0}{2L}x & \left(\frac{L}{2} \leqq x \leqq \frac{3}{4}L\right) \\ -\frac{T_0}{2L}x & \left(0 \leqq x < \frac{L}{2},\ \frac{3}{4}L < x \leqq L\right) \end{cases}$

をみたすように，フーリエサイン級数の公式を用いて $b_m$ を定めればいい。

> フーリエサイン級数
>
> $f(x) = \sum_{m=1}^{\infty} b_m \sin\frac{m\pi}{L}x$ …………$(*w)$
>
> $b_m = \frac{2}{L}\int_0^L f(x)\sin\frac{m\pi}{L}x\,dx$ ……$(*w)'$

$$b_m = \frac{2}{L}\int_0^L v(x,\ 0)\sin\frac{m\pi}{L}x\,dx$$

$$= \frac{2}{L}\left\{\int_0^{\frac{L}{2}}\left(-\frac{T_0}{2L}x\right)\sin\frac{m\pi}{L}x\,dx + \int_{\frac{L}{2}}^{\frac{3}{4}L}\left(T_0 - \frac{T_0}{2L}x\right)\sin\frac{m\pi}{L}x\,dx + \int_{\frac{3}{4}L}^{L}\left(-\frac{T_0}{2L}x\right)\sin\frac{m\pi}{L}x\,dx\right\}$$

$$= \frac{2}{L}\left(-\frac{T_0}{2L}\int_0^L x\sin\frac{m\pi}{L}x\,dx + T_0\int_{\frac{L}{2}}^{\frac{3}{4}L}\sin\frac{m\pi}{L}x\,dx\right)$$

$$\int_0^L x\cdot\left(-\frac{L}{m\pi}\cos\frac{m\pi}{L}x\right)'dx$$
$$= -\frac{L}{m\pi}\left[x\cos\frac{m\pi}{L}x\right]_0^L + \frac{L}{m\pi}\int_0^L\cos\frac{m\pi}{L}x\,dx$$
$$= -\frac{L^2}{m\pi}\underbrace{\cos m\pi}_{(-1)^m} + \frac{L^2}{m^2\pi^2}\underbrace{\left[\sin\frac{m\pi}{L}x\right]_0^L}_{0}$$
$$= -\frac{L^2(-1)^m}{m\pi}$$

$$-\frac{L}{m\pi}\left[\cos\frac{m\pi}{L}x\right]_{\frac{L}{2}}^{\frac{3}{4}L}$$
$$= -\frac{L}{m\pi}\left(\cos\frac{3m\pi}{4} - \cos\frac{m\pi}{2}\right)$$

$$\therefore b_m = \frac{2}{L}\left\{\frac{T_0}{2L}\cdot\frac{L^2(-1)^m}{m\pi} - \frac{T_0L}{m\pi}\left(\cos\frac{3m\pi}{4} - \cos\frac{m\pi}{2}\right)\right\}$$

$$= \frac{T_0}{m\pi}\left\{(-1)^m - 2\left(\cos\frac{3m\pi}{4} - \cos\frac{m\pi}{2}\right)\right\} \cdots ⑤ \quad (m=1,\ 2,\ \cdots) \text{ となる。}$$

⑤を④に代入し，さらに $u(x,\ t) = v(x,\ t) + \frac{T_0}{2L}x$ より，

$$u(x,\ t) = \frac{T_0}{\pi}\sum_{m=1}^{\infty}\frac{1}{m}\left\{(-1)^m - 2\left(\cos\frac{3m\pi}{4} - \cos\frac{m\pi}{2}\right)\right\}\sin\frac{m\pi}{L}x\cdot e^{-\frac{m^2\pi^2}{L^2}at} + \frac{T_0}{2L}x \cdots ⑥$$

となる。

⑥の無限級数 $\sum_{m=1}^{\infty}$ を $\sum_{m=1}^{100}$ で近似し，$a=0.004$ とおいて，$t=0,\ 1,\ 2,\ 3,\ 4,\ 5$ のときの温度分布 $u(x,\ t)$ の変化の様子を図 (iii) に示す。

これで，非同次の境界条件の問題の解法も理解できたと思う。

図 (iii) 温度分布 $u(x,\ t)$ の経時変化

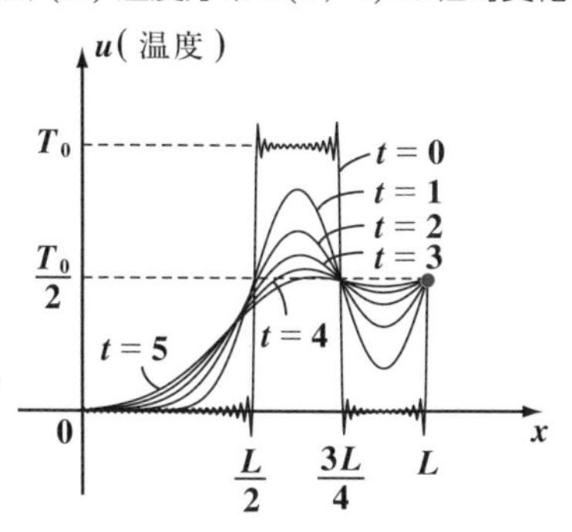


## ● 非同次の 1 次元熱伝導方程式も解いてみよう！

これまで解説した $u_t = au_{xx}$ や $u_t = a(u_{xx} + u_{yy})$ などは，"**同次熱伝導方程式**" と呼ばれるものだったんだ。今回は，1 次元熱伝導方程式 $u_t = au_{xx}$ の右辺にある関数 $h(x,\ t)$ が加えられた

$u_t = au_{xx} + h(x,\ t)$ ……(a) の形の微分方程式について解説しよう。(a)の形の微分方程式を "**非同次 1 次元熱伝導方程式**" という。

ここでは，少し単純化して $h(x,\ t)$ の代わりに $x$ のみの関数 $h(x)$ として，

$u_t = au_{xx} + h(x)$ ……(b) の形の非同次 1 次元熱伝導方程式について，その解法を説明しよう。もちろん，(b)には当然初期条件や境界条件は与えられているものとする。

(b)の解は，まず $h(x)=0$ とした同次方程式の解 $u_0(x,\ t)$ を求め，次に(b)をみたす特殊解 $u_1(x)$ を求める。そして，この和が(b)の解 $u(x,\ t)$ となる。

(b)は，$h(x) = u_t - au_{xx}$ と変形できることから，この特殊解は $x$ のみの関数となるはずだ。

つまり，$u(x,\ t) = u_0(x,\ t) + u_1(x)$ として求められるんだね。

それでは，実際に例題で非同次 1 次元熱伝導方程式を解いてみよう。

例題 31　関数 $u(x,\ t)$ について，次の非同次 1 次元熱伝導方程式を解いてみよう。

$$\frac{\partial u}{\partial t}=\frac{\partial^2 u}{\partial x^2}+\sin\frac{2\pi}{L}x \quad \cdots\cdots ① \quad (0<x<L,\ 0<t)$$

初期条件：$u(x,\ 0)=\sin\frac{\pi}{L}x$

境界条件：$u(0,\ t)=u(L,\ t)=0$ ← 境界条件は同次

(ⅰ) ①は非同次の方程式だけれど，まず，非同次の項 $\sin\frac{2\pi}{L}x$ はないものとして，同次 1 次元熱伝導方程式：$\frac{\partial u}{\partial t}=\frac{\partial^2 u}{\partial x^2}$ ……①′ を，

境界条件 $u(0,\ t)=u(L,\ t)=0$ の下で解いたものを $u_0(x,\ t)$ とおくと，これは $a=1$ と変えた以外，他は例題 26(P124) と全く同じなので，

$$u_0(x,\ t)=\sum_{m=1}^{\infty} b_m \sin\frac{m\pi}{L}x\cdot e^{-\frac{m^2\pi^2}{L^2}t} \quad \cdots\cdots ②$$ となるのはいいね。

(ⅱ) 次，非同次 1 次元熱伝導方程式：$\frac{\partial u}{\partial t}=\frac{\partial^2 u}{\partial x^2}+\sin\frac{2\pi}{L}x$ ……①

の特殊解は，$x$ のみの関数と考えられるので，これを $u_1(x)$ とおくと，

当然 $\frac{\partial u_1}{\partial t}=0$ となるので，①より，（これは $x$ のみの関数）

$\frac{d^2u_1}{dx^2}=-\sin\frac{2\pi}{L}x$ …①″ となる。よって，①″ の両辺を $x$ で 2 階積分して，

（$u_1$ は $x$ の 1 変数関数なので，$x$ による 2 階常微分になる。）

$$\frac{du_1}{dx}=-\int\sin\frac{2\pi}{L}x\,dx=\frac{L}{2\pi}\cos\frac{2\pi}{L}x+C_1$$

$$u_1(x)=\int\left(\frac{L}{2\pi}\cos\frac{2\pi}{L}x+C_1\right)dx=\frac{L^2}{4\pi^2}\sin\frac{2\pi}{L}x+C_1x+C_2$$

$(C_1,\ C_2：定数)$

となる。ここで，境界条件より，

$u_1(0)=C_2=0$，かつ $u_1(L)=C_1\underset{\substack{\text{⫽}\\0}}{L}+\underset{\substack{\text{⫽}\\0}}{C_2}=0$　　よって，

$C_1=C_2=0$ から，特殊解 $u_1(x)=\frac{L^2}{4\pi^2}\sin\frac{2\pi}{L}x$ ……③ となる。

以上(i)(ii)の②と③の和をとって，①の解 $u(x,\ t)$ が

$$u(x,\ t)=\sum_{m=1}^{\infty} b_m \sin\frac{m\pi}{L}x\cdot e^{-\frac{m^2\pi^2}{L^2}t}+\frac{L^2}{4\pi^2}\sin\frac{2\pi}{L}x \quad \cdots\cdots ④$$ と求まる。

④は当然①をみたし，かつ境界条件 $u(0,\ t)=u(L,\ t)=0$ をみたす。

よって，最後に④が初期条件をみたすように係数 $b_m$ を定めればいいんだね。

まず，④に $t=0$ を代入して，

$$u(x,\ 0)=\sum_{m=1}^{\infty} b_m \sin\frac{m\pi}{L}x+\frac{L^2}{4\pi^2}\sin\frac{2\pi}{L}x \quad \cdots\cdots ⑤$$ となる。これと

初期条件：$u(x,\ 0)=\sin\frac{\pi}{L}x$ を比較して，

$$\underbrace{\sum_{m=1}^{\infty} b_m \sin\frac{m\pi}{L}x}_{b_1\sin\frac{\pi}{L}x+b_2\sin\frac{2\pi}{L}x+b_3\sin\frac{3\pi}{L}x+b_4\sin\frac{4\pi}{L}x+\cdots}+\frac{L^2}{4\pi^2}\sin\frac{2\pi}{L}x=\sin\frac{\pi}{L}x$$ より，

$$\underbrace{(b_1-1)}_{0}\sin\frac{\pi}{L}x+\underbrace{\left(b_2+\frac{L^2}{4\pi^2}\right)}_{0}\sin\frac{2\pi}{L}x+\underbrace{b_3}_{0}\sin\frac{3\pi}{L}x+\underbrace{b_4}_{0}\sin\frac{4\pi}{L}x+\cdots=0$$

よって，この左辺が恒等的に $0$ (＝右辺)となるための条件から，

$b_1=1$，かつ $b_2=-\frac{L^2}{4\pi^2}$，かつ $b_k=0\ (k\geqq 3)$ が導ける。

これを④に代入して，求める①の解は，

$$u(x,\ t)=\underbrace{1}_{b_1}\cdot\sin\frac{\pi}{L}x\cdot e^{-\frac{1^2\pi^2}{L^2}t}\underbrace{-\frac{L^2}{4\pi^2}}_{b_2}\sin\frac{2\pi}{L}x\cdot e^{-\frac{2^2\pi^2}{L^2}t}+\frac{L^2}{4\pi^2}\sin\frac{2\pi}{L}x$$

$$=\sin\frac{\pi}{L}x\cdot e^{-\frac{\pi^2}{L^2}t}+\frac{L^2}{4\pi^2}\left(1-e^{-\frac{4\pi^2}{L^2}t}\right)\sin\frac{2\pi}{L}x$$ となるんだね。

大丈夫だった？

それでは，この節の最後に実践問題として，2 次元熱伝導方程式を解くことにしよう。変数分離法による一連の解法にも慣れてきたと思うので，流れるように解いてくれ！

| 実践問題 6 | ●2次元熱伝導方程式● |
|---|---|

関数 $u(x,\ y,\ t)$ について，次の条件の下，2次元熱伝導方程式を解け。

$$\frac{\partial u}{\partial t}=a\left(\frac{\partial^2 u}{\partial x^2}+\frac{\partial^2 u}{\partial y^2}\right)\ \cdots\cdots ①\quad (0<x<L,\ 0<y<L,\ 0<t)$$

初期条件：$u(x,\ y,\ 0)=\begin{cases} T_0 & \left(\frac{L}{2}\leqq x\leqq\frac{3}{4}L,\ 0<y<L\right)\\ 0 & \left(0\leqq x<\frac{L}{2}\text{または}\frac{3}{4}L<x\leqq L,\ 0\leqq y\leqq L\right)\end{cases}$

境界条件：$u(0,\ y,\ t)=u(L,\ y,\ t)=u(x,\ 0,\ t)=u(x,\ L,\ t)=0$

ヒント！ 変数分離法により，$u=XYT$ とおいて，$X,\ Y,\ T$ の3つの常微分方程式に分けて解いていけばいいんだね。スムーズに結果を出してみよう！

## 解答＆解説

$u(x,\ y,\ t)=X(x)Y(y)T(t)$ …② とおけるものとして，②を①に代入すると，

$XY\dot{T}=a(X''YT+XY''T)$

この両辺を $aXYT$ で割って，

$$\frac{\dot{T}}{aT}=\frac{X''}{X}+\frac{Y''}{Y}\ \cdots\cdots ③$$

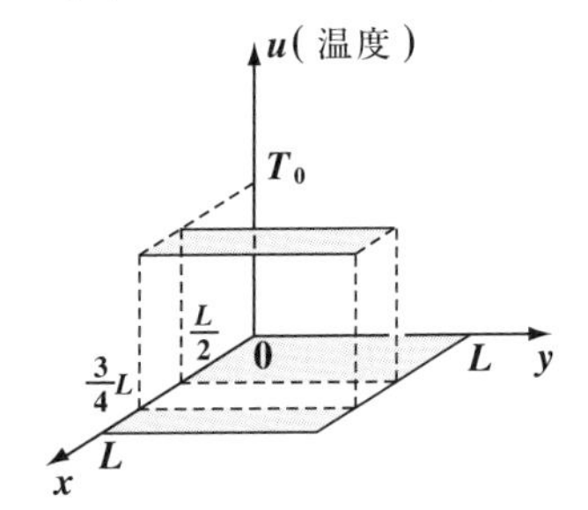

図 (i) 初期温度分布 $u(x,\ y,\ 0)$

③の左辺は $t$ のみ，右辺は $x$ と $y$ のみの式より，③が恒等的に成り立つためには，これはある定数 $c$ に等しくなければならない。ここで，$c\geqq 0$ のとき，境界条件より $u(x,\ y,\ t)$ は恒等的に $0$ となるので不適である。

よって，$c=-\omega^2\ (\omega>0)$ とおくと，③は

$$\frac{\dot{T}}{aT}=\underset{-\omega_1^2}{\underset{\parallel}{\frac{X''}{X}}}+\underset{-\omega_2^2}{\underset{\parallel}{\frac{Y''}{Y}}}=-\omega^2\ \cdots\cdots ③'$$ となる。

ここでさらに，$\frac{X''}{X}=-\omega_1^2$，$\frac{Y''}{Y}=-\omega_2^2$ $\left(\boxed{(ア)\qquad}=\omega^2\right)$ とおくと，

③式は次の $X,\ Y,\ T$ の3つの常微分方程式に帰着する。

(ⅰ) $X'' = -\omega_1{}^2X$ …④　(ⅱ) $Y'' = -\omega_2{}^2Y$ …⑤　(ⅲ) $\dot{T} = -\omega^2 aT$ …⑥

(ⅰ) $X'' = -\omega_1{}^2X$ ……④は，単振動の微分方程式より，その解は，

$X(x) = A_1\cos\omega_1 x + A_2\sin\omega_1 x$ ……⑦

ここで，境界条件：$\underline{u(0,\ y,\ t)} = \underline{u(L,\ y,\ t)} = 0$ より，

$X(0)Y(y)T(t)$　$X(L)Y(y)T(t)$

$X(0) = A_1 = 0$，かつ $X(L) = A_2\sin\omega_1 L = 0$

$\therefore A_1 = 0$，かつ $\omega_1 = \dfrac{m\pi}{L}$ $(m = 1,\ 2,\ 3,\ \cdots)$ これらを⑦に代入して，

$X(x) = A_2\sin\dfrac{m\pi}{L}x$ ……⑧ $(m = 1,\ 2,\ 3,\ \cdots)$ となる。

(ⅱ) $Y'' = -\omega_2{}^2Y$ ……⑤も，単振動の微分方程式より，その解は

$Y(y) = B_1\cos\omega_2 y + B_2\sin\omega_2 y$ ……⑨ となる。

ここで，境界条件：$\underline{u(x,\ 0,\ t)} = \underline{u(x,\ L,\ t)} = 0$ より，

$X(x)Y(0)T(t)$　$X(x)Y(L)T(t)$

$Y(0) = B_1 = 0$，かつ $Y(L) = B_2\sin\omega_2 L = 0$

$\therefore B_1 = 0$ かつ，$\omega_2 = \dfrac{n\pi}{L}$ $(n = 1,\ 2,\ 3,\ \cdots)$ これらを⑨に代入して，

$Y(y) = B_2\sin\dfrac{n\pi}{L}y$ ……⑩ $(n = 1,\ 2,\ 3,\ \cdots)$ となる。

(ⅲ) $\dot{T} = -\omega^2 aT$ ……⑥より，

$T = C_1 e^{-\omega^2 at}$　ここで，$\omega^2 = \omega_1{}^2 + \omega_2{}^2 = \dfrac{m^2\pi^2}{L^2} + \dfrac{n^2\pi^2}{L^2} =$ (ｲ) より

$T = C_1 e^{-\frac{(m^2+n^2)\pi^2}{L^2}at}$ ……⑪ $(m,\ n$：自然数$)$ となる。

以上(ⅰ)(ⅱ)(ⅲ)の⑧，⑩，⑪より，①の独立解を $u_{mn}(x,\ y,\ t)$ とおくと，

$$u_{mn}(x,\ y,\ t) = b_{mn}\sin\frac{m\pi}{L}x\cdot\sin\frac{n\pi}{L}y\cdot e^{-\frac{(m^2+n^2)\pi^2}{L^2}at}$$

$$(m = 1,\ 2,\ 3,\ \cdots,\ n = 1,\ 2,\ 3,\ \cdots)$$

ここで，①は同次熱伝導方程式で，境界条件も同次なので，重ね合わせの原理により①の解 $u(x,\ y,\ t)$ は，

$$u(x,\ y,\ t) = \sum_{m=1}^{\infty}\sum_{n=1}^{\infty} b_{mn}\sin\frac{m\pi}{L}x\cdot\sin\frac{n\pi}{L}y\cdot e^{-\frac{(m^2+n^2)\pi^2}{L^2}at} \quad \cdots\cdots⑫$$ となる。

$$u(x,\ y,\ t)=\sum_{m=1}^{\infty}\sum_{n=1}^{\infty}b_{mn}\sin\frac{m\pi}{L}x\cdot\sin\frac{n\pi}{L}y\cdot e^{-\frac{(m^2+n^2)\pi^2}{L^2}at}\quad\cdots\cdots⑫$$

⑫に $t=0$ を代入して，

$$u(x,\ y,\ 0)=\sum_{m=1}^{\infty}\sum_{n=1}^{\infty}b_{mn}\sin\frac{m\pi}{L}x\ \boxed{(ウ)\qquad}\quad\cdots\cdots⑬$$ となる。また，

初期条件：$u(x,\ y,\ 0)=\begin{cases}T_0 & \left(\frac{L}{2}\leqq x\leqq\frac{3}{4}L,\ 0<y<L\right)\\ 0 & \left(0\leqq x<\frac{L}{2}\text{または，}\frac{3}{4}L<x\leqq L,\ 0\leqq y\leqq L\right)\end{cases}$

よって，2重フーリエサイン級数の公式より，係数 $b_{mn}$ を求めると，

$$b_{mn}=\frac{4}{L^2}\int_0^L\int_0^L u(x,\ y,\ 0)\sin\frac{m\pi}{L}x\cdot\sin\frac{n\pi}{L}y\,dxdy$$

$$=\frac{4T_0}{L^2}\underbrace{\int_{\frac{L}{2}}^{\frac{3}{4}L}1\cdot\sin\frac{m\pi}{L}x\,dx}\cdot\underbrace{\int_0^L\sin\frac{n\pi}{L}y\,dy}$$

$$-\frac{L}{m\pi}\left[\cos\frac{m\pi}{L}x\right]_{\frac{L}{2}}^{\frac{3}{4}L}=-\frac{L}{m\pi}\left(\cos\frac{3m}{4}\pi-\cos\frac{m\pi}{2}\right)$$

$$-\frac{L}{n\pi}\left[\cos\frac{n\pi}{L}y\right]_0^L=-\frac{L}{n\pi}(\underbrace{\cos n\pi}_{(-1)^n}-\underbrace{\cos 0}_{1})$$

$$=\frac{4T_0}{L^2}\cdot\frac{L^2}{mn\pi^2}\left(\cos\frac{3m}{4}\pi-\cos\frac{m\pi}{2}\right)\left\{\boxed{(エ)\qquad}\right\}$$

$$\therefore\ b_{mn}=\frac{4T_0}{\pi^2}\cdot\frac{1}{mn}\left(\cos\frac{3m}{4}\pi-\cos\frac{m\pi}{2}\right)\left\{\boxed{(エ)\qquad}\right\}\quad\cdots\cdots⑭$$

⑭を⑫に代入して，求める2次元熱伝導方程式①の解 $u(x,\ y,\ t)$ は，

$$u(x,\ y,\ t)=\frac{4T_0}{\pi^2}\sum_{m=1}^{\infty}\sum_{n=1}^{\infty}\frac{1}{mn}\left(\cos\frac{3m}{4}\pi-\cos\frac{m\pi}{2}\right)\left\{\boxed{(エ)\qquad}\right\}$$

$$\times\sin\frac{m\pi}{L}x\cdot\sin\frac{n\pi}{L}y\cdot e^{-\frac{(m^2+n^2)\pi^2}{L^2}at}\quad\cdots\cdots⑮$$ となる。 …(答)

2重フーリエサイン級数の公式 (P95)

$$f(x,\ y)=\sum_{m=1}^{\infty}\sum_{n=1}^{\infty}b_{mn}\sin\frac{m\pi}{L_1}x\cdot\sin\frac{n\pi}{L_2}y\quad\cdots\cdots(*x)$$

$$b_{mn}=\frac{4}{L_1L_2}\int_0^{L_1}\int_0^{L_2}f(x,\ y)\sin\frac{m\pi}{L_1}x\cdot\sin\frac{n\pi}{L_2}y\,dxdy\quad\cdots\cdots(*x)'$$

ここで，⑮の **2** 重無限級数 $\sum_{m=1}^{\infty}\sum_{n=1}^{\infty}$ を $\sum_{m=1}^{20}\sum_{n=1}^{20}$ で近似し，また $a=0.004$ とおいて，$t=2$，$4$，$8$，$12$ と変化させたときの温度分布 $u(x,\ y,\ t)$ の変化の様子を順に図(ⅱ)(ⅲ)(ⅳ)(ⅴ)に示す。周囲に熱が拡散して，温度分布が徐々に **0** に近づいていく様子が分かると思う。

図(ⅱ) $t=2$ のとき

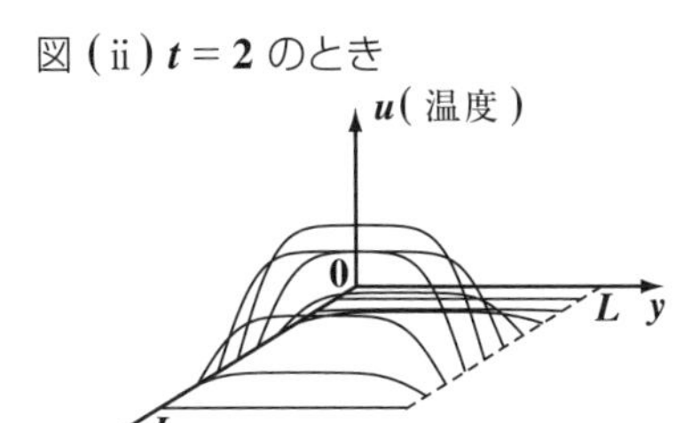


(ⅲ) $t=4$ のとき

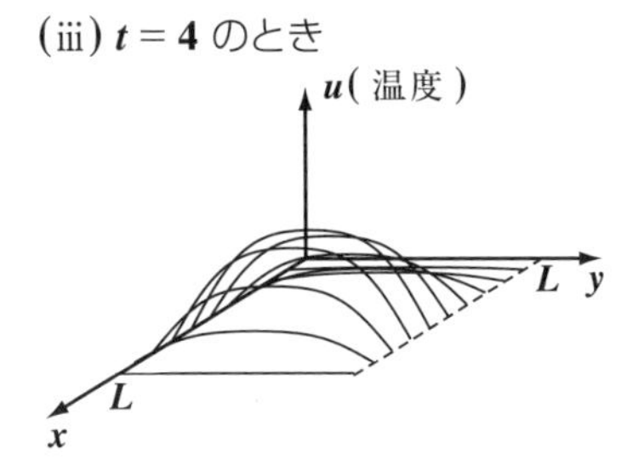


(ⅳ) $t=8$ のとき

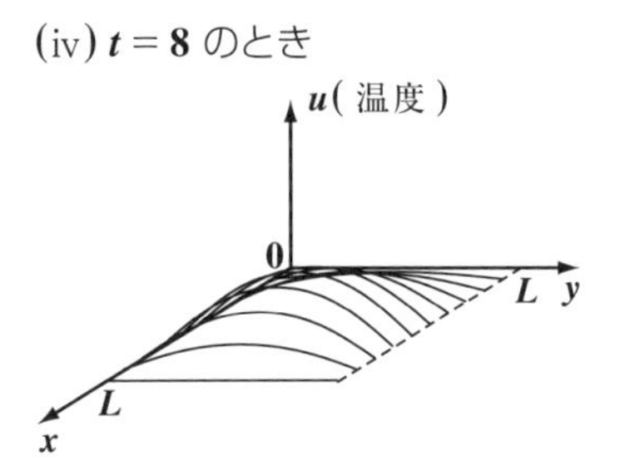


(ⅴ) $t=12$ のとき

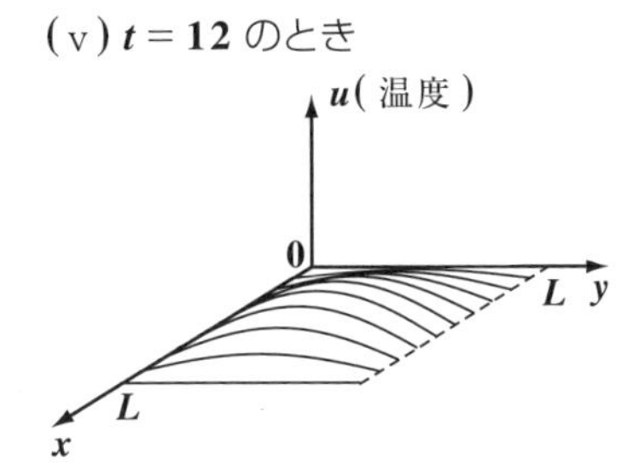


解答　(ア) $\omega_1{}^2+\omega_2{}^2$　(イ) $\dfrac{(m^2+n^2)\pi^2}{L^2}$　(ウ) $\sin\dfrac{n\pi}{L}y$　(エ) $(-1)^n-1$

## §4. ラプラス方程式

これから“**ラプラス方程式**”の解法について解説しよう。ここでは特に，2次元のラプラス方程式：$u_{xx}+u_{yy}=0$ に焦点を絞って教えるつもりだ。

前節で，“**熱伝導方程式**”について解説したね。この熱伝導方程式の解(温度分布)は時刻 $t$ の経過と共に変化するが，最終的にはある定常状態に落ち着くことが分かると思う。実は，この定常状態を解にもつ微分方程式がラプラス方程式なんだね。そして，これは，“**調和関数**”と呼ばれる滑らかで美しい関数を解にもつ。

それでは具体的に例題を解きながら，このラプラス方程式の解法もマスターしよう。

### ● 2次元ラプラス方程式を解こう！

2次元熱伝導方程式：$\dfrac{\partial u}{\partial t}=a\left(\dfrac{\partial^2 u}{\partial x^2}+\dfrac{\partial^2 u}{\partial y^2}\right)$ ……①

を，与えられた初期条件と境界条件の下で解いた解 $u(x,\ y,\ t)$ は，物理的には時刻 $t$ の経過により変化する温度分布と考えていいんだね。そして，$t$ が十分大きくなって，つまり時刻が十分経過すると，この温度分布はある定常状態に落ち着いて，もはや変化しなくなることは分かると思う。

このとき，時刻 $t$ によって変化しなくなるので，$\dfrac{\partial u}{\partial t}=0$ ……②

とおくことができる。これを①に代入すると，

$0=a\left(\dfrac{\partial^2 u}{\partial x^2}+\dfrac{\partial^2 u}{\partial y^2}\right)$ となり，さらにこの両辺を定数 $a\ (>0)$ で割ると，

2次元ラプラス方程式：$\dfrac{\partial^2 u}{\partial x^2}+\dfrac{\partial^2 u}{\partial y^2}=0$ ……$(*q)$

が導けるんだね。これから2次元ラプラス方程式の解は，2次元熱伝導方程式の解の定常状態を表すものと考えることができる。よって，2次元ラプラス方程式の解 $u(x,\ y)$ は，様々な境界条件によってその形は変化するがその対象領域の内部では最大値も最小値もとらない，凹凸の少ない滑らかな曲面を表す関数となるんだね。これを“**調和関数**”(*harmonic function*)と呼ぶことも覚えておこう。

これから，ラプラス方程式：$u_{xx}+u_{yy}=0$ ……$(*q)$ には，初期条件はなくて境界条件のみが与えられることになる。また，この解法でも当然，変数分離法とフーリエサイン級数展開を利用する。

それでは，次の例題で実際に**2**次元ラプラス方程式を解いてみることにしよう。

> 例題 **32**　$u(x,\ y)$ について，次の**2**次元ラプラス方程式を解いてみよう。
>
> $$\frac{\partial^2 u}{\partial x^2}+\frac{\partial^2 u}{\partial y^2}=0 \ \cdots\cdots ① \quad (0<x<L,\ 0<y<L)$$
>
> 境界条件：$u(x,\ 0)=u(x,\ L)=u(L,\ y)=0$
>
> $$u(0,\ y)=\begin{cases} T_0 & \left(0 \leqq y \leqq \frac{L}{2}\right) \\ 0 & \left(\frac{L}{2}<y \leqq L\right) \end{cases} \quad (T_0：正の定数)$$

$u(x,\ y)$ は，物理的には温度と考えればいい。図(i)に与えられた境界条件(境界線における温度分布)を示す。ここで，$u(x,\ 0)=u(x,\ L)=u(L,\ y)=0$ と**3**辺が同次境界条件であることに気をつけよう。

図(i) 境界条件

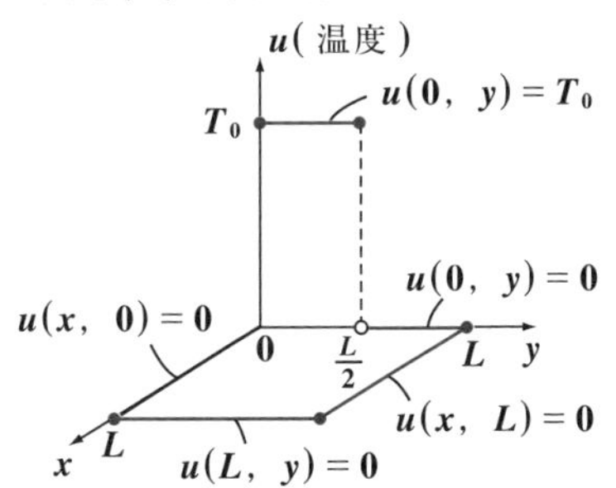


それでは今回も，変数分離法を使って，$u(x,\ y)=X(x)Y(y)$ ……② とおけるものとする。②を①に代入すると，

$X''Y+XY''=0$　　両辺を $XY$ で割って，

$\dfrac{X''}{X}+\dfrac{Y''}{Y}=0$　　$\therefore -\dfrac{X''}{X}=\dfrac{Y''}{Y}$ ……③ となる。

③の左辺は $x$ のみの式，右辺は $y$ のみの式となるため，③が恒等的に成り立つためには，これはある定数 $c$ に等しくなければならない。

・ここで，$c>0$ とすると，③より，$Y''=cY$　　$\therefore Y(y)=A_1e^{\sqrt{c}y}+A_2e^{-\sqrt{c}y}$ となる。

特性方程式 $\lambda^2=c$ より，$\lambda=\pm\sqrt{c}$

このとき，境界条件：$u(x,\ 0)=u(x,\ L)=0$ より，

$X(x)Y(0)$　$X(x)Y(L)$

$Y(0)=A_1+A_2=0$，かつ $Y(L)=A_1e^{\sqrt{c}L}+A_2e^{-\sqrt{c}L}=0$ から，$A_1=A_2=0$ となる。

よって，$Y(y)$，すなわち $u(x,\ y)$ は恒等的に $0$ となるので不適だね。

・次，$c=0$ のときも，③より
$Y''=0$ から，$Y(y)=A_1y+A_2$
となる。しかし，これも同様に
境界条件より，
$Y(0)=A_2=0$
$Y(L)=A_1L+A_2=0$
$\therefore A_1=A_2=0$ となり，$Y(y)$，
すなわち $u(x,\ y)$ が恒等的に $0$ となるので不適だね。

・$u_{xx}+u_{yy}=0$ ……①
・境界条件：$u(x,\ 0)=u(x,\ L)=u(L,\ y)=0$
$$u(0,\ y)=\begin{cases}T_0 & \left(0\leqq y\leqq \frac{L}{2}\right)\\ 0 & \left(\frac{L}{2}<y\leqq L\right)\end{cases}$$
・$u(x,\ y)=X(x)Y(y)$ ……②
・$-\frac{X''}{X}=\frac{Y''}{Y}$ ……③

以上より，定数 $c$ は負でないといけないので，ここで，$c=-\omega^2(\omega>0)$ とおく。すると，③は

$-\frac{X''}{X}=\frac{Y''}{Y}=-\omega^2$ ……③′ となる。

③′ から，次の 2 つの常微分方程式が導かれる。

(i) $Y''=-\omega^2Y$ ……④　　(ii) $X''=\omega^2X$ ……⑤

(i) $Y''=-\omega^2Y$ ……④は，単振動の微分方程式より，
$Y(y)=A_1\cos\omega y+A_2\sin\omega y$ ……⑥となる。
ここで，境界条件：$u(x,\ 0)=u(x,\ L)=0$ より，$Y(0)=Y(L)=0$
よって，$Y(0)=A_1=0$，$Y(L)=A_2\sin\omega L=0$ より，
（$\omega L = m\pi\ (m=1,\ 2,\ 3,\ \cdots)$）

$A_1=0$，かつ $\omega=\frac{m\pi}{L}\ (m=1,\ 2,\ 3,\ \cdots)$　これらを⑥に代入して，

$Y(y)=A_2\sin\frac{m\pi}{L}y$ ……⑦ $(m=1,\ 2,\ 3,\ \cdots)$ となる。

(ii) $X''=\omega^2X$ ……⑤ ← これは単振動の微分方程式ではない。
について，$X=e^{\lambda x}$ とおくと，⑤より，$\lambda^2e^{\lambda x}=\omega^2e^{\lambda x}$
よって，特性方程式：$\lambda^2=\omega^2$ より，$\lambda=\pm\omega=\pm\frac{m\pi}{L}$ となる。
これから⑤の一般解は，
$X(x)=B_1e^{\frac{m\pi}{L}x}+B_2e^{-\frac{m\pi}{L}x}$ ……⑧ となる。
ここで，境界条件：$u(L,\ y)=0$ より，$X(L)=0$
（$u(L,\ y) = X(L)Y(y)$）

よって，$X(L) = B_1 e^{m\pi} + B_2 e^{-m\pi} = 0$　　これから，$B_2 = -B_1 e^{2m\pi}$

これを⑧に代入して，

$$X(x) = B_1 e^{\frac{m\pi}{L}x} - B_1 e^{2m\pi} e^{-\frac{m\pi}{L}x}$$

$$= B_1 e^{m\pi}\left(e^{-m\pi} e^{\frac{m\pi}{L}x} - e^{m\pi} e^{-\frac{m\pi}{L}x}\right)$$

双曲線関数
$\sinh\theta = \dfrac{e^{\theta} - e^{-\theta}}{2}$

$e^{m\pi\left(\frac{x}{L}-1\right)} - e^{-m\pi\left(\frac{x}{L}-1\right)} = 2\sinh m\pi\left(\dfrac{x}{L} - 1\right)$

$$\therefore\ X(x) = 2B_1 e^{m\pi} \sinh m\pi\left(\frac{x}{L} - 1\right) \quad \cdots\cdots⑨$$

以上 ( i )( ii ) の⑦，⑨より，ラプラス方程式①の独立解 $u_m(x,\ y)$ は，

$u_m(x,\ y) = b_m{}' \sinh m\pi\left(\dfrac{x}{L} - 1\right) \cdot \sin \dfrac{m\pi}{L} y$ …⑩　$(m = 1,\ 2,\ 3,\ \cdots)$ となる。

ここで，①は線形偏微分方程式であり，また $u(x,\ 0) = u(x,\ L) = u(L,\ y) = 0$ の境界条件は同次なので，解の重ね合わせを行って，①の解 $u(x,\ y)$ は

$u(x,\ y) = \displaystyle\sum_{m=1}^{\infty} b_m{}' \sinh m\pi\left(\frac{x}{L} - 1\right) \cdot \sin \frac{m\pi}{L} y$ ……⑪ となる。

係数に“′”を付けた理由は後で分かる！

ここで，まだ使っていない $u(0,\ y)$ の境界条件を利用しよう。

まず⑪に $x = 0$ を代入して，

$u(0,\ y) = \displaystyle\sum_{m=1}^{\infty} b_m{}' \sinh(-m\pi) \cdot \sin \frac{m\pi}{L} y = \sum_{m=1}^{\infty} b_m \sin \frac{m\pi}{L} y$ …⑫ となる。

ここで，$-b_m{}' \sinh m\pi = b_m$ とおく　　（ただし，$b_m = -b_m{}' \sinh m\pi$）

境界条件：$u(0,\ y) = \begin{cases} T_0 & \left(0 \leqq y \leqq \dfrac{L}{2}\right) \\ 0 & \left(\dfrac{L}{2} < y \leqq L\right) \end{cases}$　より，

フーリエサイン級数の公式を使って，係数 $b_m$ および $b_m{}'$ を求めよう。

$$b_m = -b_m{}' \sinh m\pi = \frac{2}{L}\int_0^L u(0,\ y) \sin \frac{m\pi}{L} y\,dy = \frac{2}{L}\int_0^{\frac{L}{2}} T_0 \sin \frac{m\pi}{L} y\,dy$$

$$= \frac{2T_0}{L} \cdot \left(-\frac{L}{m\pi}\right)\left[\cos \frac{m\pi}{L} y\right]_0^{\frac{L}{2}} = -\frac{2T_0}{m\pi}\left(\cos \frac{m\pi}{2} - 1\right)$$

$\therefore\ b_m{}' = \dfrac{2T_0}{m\pi \cdot \sinh m\pi}\left(\cos \dfrac{m\pi}{2} - 1\right)$ ……⑬ となる。

よって，$b_m{}' = \dfrac{2T_0}{\pi} \cdot \dfrac{1}{m \cdot \sinh m\pi} \left( \cos \dfrac{m\pi}{2} - 1 \right)$ ……⑬を

$u(x,\ y) = \sum_{m=1}^{\infty} b_m{}' \sinh m\pi \left( \dfrac{x}{L} - 1 \right) \cdot \sin \dfrac{m\pi}{L} y$ ……⑪に代入して，

求めるラプラス方程式①の解 $u(x,\ y)$ は，

$$u(x,\ y) = \frac{2T_0}{\pi} \sum_{m=1}^{\infty} \frac{\cos \frac{m\pi}{2} - 1}{m \cdot \sinh m\pi} \sinh m\pi \left( \frac{x}{L} - 1 \right) \cdot \sin \frac{m\pi}{L} y \quad \cdots ⑭$$

となるんだね。

ここで，⑭の無限級数 $\sum_{m=1}^{\infty}$ を $\sum_{m=1}^{200}$ で近似して，このラプラス方程式の解 $u(x,\ y)$ を図(ⅱ)にグラフで示す。

角張った境界条件ではあるけれど，領域内の解 $u(x,\ y)$ の表す曲面は凹凸の少ない滑らかな曲面だね。調和関数と呼ばれる理由が分かっただろう。

図(ⅱ) ラプラス方程式の解

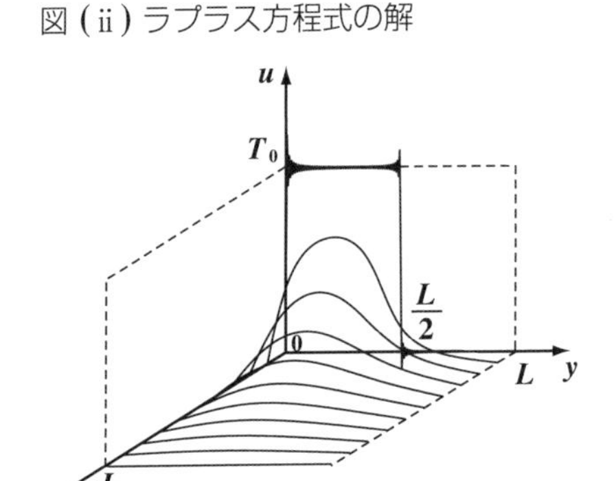


## ● ラプラス方程式の応用問題も解いてみよう！

それでは次の問題は境界条件が少し変わるだけだけれど，ラプラス方程式の解法の違いが分かって面白いと思う。早速チャレンジしてみよう。

例題 33　$u(x,\ y)$ について，次の 2 次元ラプラス方程式を解いてみよう。

$$\frac{\partial^2 u}{\partial x^2} + \frac{\partial^2 u}{\partial y^2} = 0 \quad \cdots\cdots ① \quad (0 < x < 1,\ 0 < y < 1)$$

境界条件：$u(x,\ 0) = u(x,\ 1) = 0$

$u(0,\ y) = T_0,\ u(1,\ y) = -T_0$　($T_0$：正の定数)

今回の問題は，$0 \leqq x \leqq 1,\ 0 \leqq y \leqq 1$ の範囲を対象とするラプラス方程式の問題なんだね。

与えられた境界条件：（2 辺のみ同次境界条件）

$u(x,\ 0) = u(x,\ 1) = 0,$

$u(0,\ y) = T_0,\ u(1,\ y) = -T_0$

をグラフで図 (ⅰ) に示す。図 (ⅰ) から明らかに，2 辺のみが同次境界条件で，例題 32 のときの 3 辺が同次境界条件の場合とは異なる。これは問題を解く上で少し手間がかかるので，少し工夫してみよう。

図 (ⅰ) 境界条件

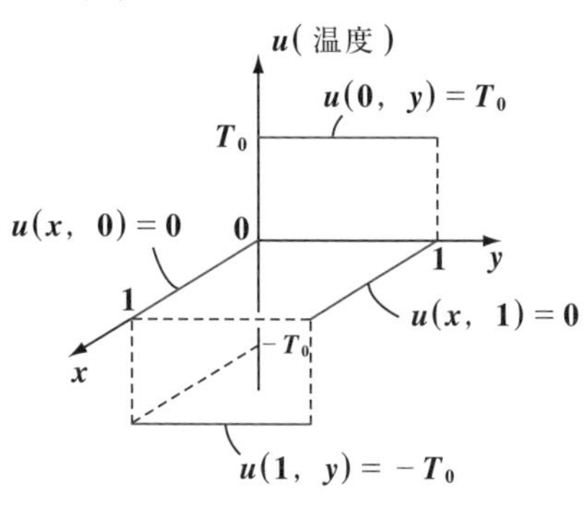


(ⅱ) 境界条件の変更

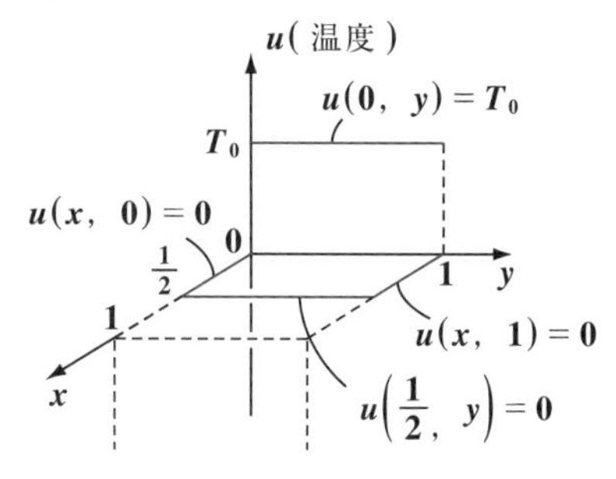


ラプラス方程式の解は調和関数で滑らかな曲面を描くことが分かっているので，図 (ⅰ) の境界条件のグラフの対称性，すなわち

・線分 $x = 0\ (0 \leqq y \leqq 1)$ では，

$u = T_0$

・線分 $x = 1\ (0 \leqq y \leqq 1)$ では，

$u = -T_0$

であることから，

・線分 $x = \frac{1}{2}\ (0 \leqq y \leqq 1)$ では，平均の

$u = 0$ ←（これは同次境界条件）

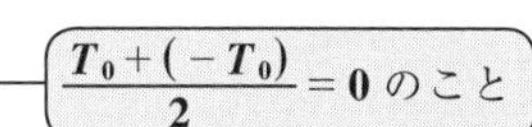


となることが予想されるんだね。

これから，①のラプラス方程式の対象範囲を，$0 \leqq x \leqq \frac{1}{2},\ 0 \leqq y \leqq 1$ とし，境界条件も図 (ⅱ) に示すように，

$u(x,\ 0) = u(x,\ 1) = u\left(\frac{1}{2},\ y\right) = 0,\ u(0,\ y) = T_0$ とすると，例題 32（3 辺が同次境界条件）

(P149) と同様に解くことができるんだね。

それではまず，変数分離法により，

$u(x,\ y) = X(x)Y(y)$ ……② と表されるものとして②を①に代入すると，

$X''Y + XY'' = 0$　両辺を $XY$ で割って

$\frac{X''}{X} + \frac{Y''}{Y} = 0$　　$-\frac{X''}{X} = \frac{Y''}{Y}$ …③

③の左辺は $x$ のみ，右辺は $y$ のみの式より，③が恒等的に成り立つためには，これはある定数 $c$ に等しくなければならない。

$u_{xx} + u_{yy} = 0$ ……①
$\left(0 < x < \frac{1}{2},\ 0 < y < 1\right)$
修正した境界条件
$\begin{cases} u(x,\ 0) = u(x,\ 1) = u\left(\frac{1}{2},\ y\right) = 0 \\ u(0,\ y) = T_0 \end{cases}$

ここで，$c \geqq 0$ とすると，境界条件：$u(x,\ 0) = u(x,\ 1) = 0$ より，$Y(y)$，すなわち，$u(x,\ y)$ は恒等的に $0$ となり不適。よって，$c < 0$ より，

$c = -\omega^2$　$(\omega > 0)$ とおくと，③は

$-\frac{X''}{X} = \frac{Y''}{Y} = -\omega^2$ ……③′ となる。

これから，次の $2$ つの常微分方程式が導ける。

(ｉ) $Y'' = -\omega^2 Y$ ……④　　　(ⅱ) $X'' = \omega^2 X$ ……⑤

(ｉ) $Y'' = -\omega^2 Y$ ……④　は単振動の微分方程式より，その一般解は

$Y(y) = A_1\cos\omega y + A_2\sin\omega y$ ……⑥

境界条件：$\underset{X(x)Y(0)}{\underline{u(x,\ 0)}} = \underset{X(x)Y(1)}{\underline{u(x,\ 1)}} = 0$ より，$Y(0) = Y(1) = 0$

よって，$Y(0) = A_1 = 0$，かつ $Y(1) = A_2\sin\underset{m\pi\ (m = 1,\ 2,\ 3,\ \cdots)}{\underline{\omega}} = 0$ から，

$A_1 = 0$，かつ $\omega = m\pi$ となる。これらを⑥に代入して，

$Y(y) = A_2\sin m\pi y$ ……⑦　が導ける。

(ⅱ) $X'' = \omega^2 X$ ……⑤より，

この特性方程式は $\lambda^2 = \omega^2$ となる。この解 $\lambda = \pm\omega = \pm m\pi$ より，

⑤の一般解は，

$X(x) = B_1 e^{m\pi x} + B_2 e^{-m\pi x}$ ……⑧

境界条件：$\underset{X\left(\frac{1}{2}\right)Y(y)}{\underline{u\left(\frac{1}{2},\ y\right)}} = 0$ より，$X\left(\frac{1}{2}\right) = 0$

よって，$X\left(\frac{1}{2}\right) = B_1 e^{\frac{m\pi}{2}} + B_2 e^{-\frac{m\pi}{2}} = 0$　　$\therefore B_2 = -B_1 e^{m\pi}$

これを⑧に代入してまとめると，

$$X(x) = B_1 e^{m\pi x} - B_1 e^{m\pi} e^{-m\pi x} = B_1 e^{\frac{m\pi}{2}} \left( e^{-\frac{m\pi}{2}} e^{m\pi x} - e^{\frac{m\pi}{2}} e^{-m\pi x} \right)$$

$$= B_1 e^{\frac{m\pi}{2}} \left( e^{m\pi\left(x-\frac{1}{2}\right)} - e^{-m\pi\left(x-\frac{1}{2}\right)} \right)$$

← これはラプラス方程式独特のテクニカルな変形だね。

$$\left( e^{m\pi\left(x-\frac{1}{2}\right)} - e^{-m\pi\left(x-\frac{1}{2}\right)} \right) = 2\sinh m\pi\left(x - \frac{1}{2}\right)$$

← 公式：$\sinh\theta = \frac{e^{\theta} - e^{-\theta}}{2}$ を使った。

$\therefore X(x) = 2B_1 e^{\frac{m\pi}{2}} \sinh m\pi\left(x - \frac{1}{2}\right)$ ……⑨ が導ける。

以上(ⅰ)(ⅱ)の⑦, ⑨より, ①のラプラス方程式の独立解を $u_m(x, y)$ とおくと,

$u_m(x,\ y) = b_m' \sinh m\pi\left(x - \frac{1}{2}\right) \sin m\pi y$ ……⑩ となる。

ここで，解の重ね合わせの原理を用いると，①の解 $u(x,\ y)$ は

$u(x,\ y) = \sum_{m=1}^{\infty} b_m' \sinh m\pi\left(x - \frac{1}{2}\right) \sin m\pi y$ ……⑪ となる。

⑪に $x = 0$ を代入して，

$u(0,\ y) = \sum_{m=1}^{\infty} b_m' \sinh\left(-\frac{m\pi}{2}\right) \sin m\pi y = \sum_{m=1}^{\infty} b_m \sin m\pi y$ ……⑫

$\left( ここで，b_m = -b_m' \sinh \frac{m\pi}{2} \right)$

また, 境界条件 : $u(0,\ y) = T_0$ より, フーリエサイン級数の公式を用いて係数 $b_m$ を求めると,

フーリエサイン級数

$f(x) = \sum_{m=1}^{\infty} b_m \sin \frac{m\pi}{L} x$ …………$(*w)$

$b_m = \frac{2}{L} \int_0^L f(x) \sin \frac{m\pi}{L} x dx$ ……$(*w)'$

$$b_m = -b_m' \sinh \frac{m\pi}{2}$$

$$= \frac{2}{1} \int_0^1 \underbrace{u(0,\ y)}_{T_0} \sin m\pi y dy = 2T_0\left(-\frac{1}{m\pi}\right)\left[\cos m\pi y\right]_0^1 = -\frac{2T_0}{m\pi}(\underbrace{\cos m\pi}_{(-1)^m} - 1)$$

$$= -\frac{2T_0}{m\pi}\{(-1)^m - 1\}$$

よって，$b_m' = \frac{2T_0}{\pi} \cdot \frac{(-1)^m - 1}{m \cdot \sinh \frac{m\pi}{2}}$ ……⑬ となる。

この⑬を⑪に代入すれば，求める 2 次元ラプラス方程式①の解 $u(x,\ y)$ が

$u(x,\ y) = \frac{2T_0}{\pi} \sum_{m=1}^{\infty} \frac{(-1)^m - 1}{m \cdot \sinh \frac{m\pi}{2}} \sinh m\pi\left(x - \frac{1}{2}\right) \sin m\pi y$ …⑭ と求まるんだね。

納得いった？ えっ，本当にこれで大丈夫なのかって？ いいよ，それでは元の境界条件のままで別解として解いて，それが⑭と一致することを示そう。

## 例題 33 の別解

$u_{xx} + u_{yy} = 0$ ……① $(0 < x < 1,\ 0 < y < 1)$

境界条件：$u(x,\ 0) = u(x,\ 1) = 0,\ u(0,\ y) = T_0,\ u(1,\ y) = -T_0$ ($T_0$：正の定数)

として解く。途中までは同様なので，サッと進もう。ではまず，

$u(x,\ y) = X(x)Y(y)$ …②とおけるものとして，②を①に代入してまとめると，

$X''Y + XY'' = 0$　これをまとめて，$-\dfrac{X''}{X} = \dfrac{Y''}{Y}$ ……③

③は負の定数 $-\omega^2$ とおけるので，これから次の 2 つの常微分方程式が導ける。

(ｉ) $Y'' = -\omega^2 Y$ ……④　　(ⅱ) $X'' = \omega^2 X$ ……⑤

(ｉ) $Y'' = -\omega^2 Y$ ……④ より，$Y(y) = A_1\cos\omega y + A_2\sin\omega y$ …⑥ となる。

境界条件：$u(x,\ 0) = u(x,\ 1) = 0$ より，$Y(0) = Y(1) = 0$

これから，$A_1 = 0$，かつ $\omega = m\pi$ $(m = 1,\ 2,\ 3,\ \cdots)$ となる。

これを⑥に代入して，

$Y(y) = A_2 \underline{\underline{\sin m\pi y}}$ ……⑦ が導ける。ここまでは大丈夫だね。

さァ，これからが別解として変更しないといけない部分だ。

(ⅱ) $X'' = \omega^2 X$ ……⑤より，特性方程式 $\lambda^2 = \omega^2$ の解 $\lambda = \pm\omega = \pm m\pi$ より，

$X(x) = \underline{\underline{B_1 e^{m\pi x} + B_2 e^{-m\pi x}}}$ ……⑧ となる。

以上(ｉ)(ⅱ)の⑦，⑧より，ラプラス方程式①の独立解 $u_m(x,\ y)$ は，

$u_m(x,\ y) = (b_m e^{m\pi x} + c_m e^{-m\pi x})\sin m\pi y$ となり，

解の重ね合わせの原理より，①の解 $u(x,\ y)$ は

$u(x,\ y) = \sum_{m=1}^{\infty}(b_m e^{m\pi x} + c_m e^{-m\pi x})\sin m\pi y$ …(a) $(m = 1,\ 2,\ 3,\ \cdots)$ となる。

確かに，(a)は①のラプラス方程式をみたし，かつ 2 つの同次境界条件：

$u(x,\ 0) = u(x,\ 1) = 0$ をみたすからね。

それでは次に，(a)がもう 2 つの非同次境界条件：

$u(0,\ y) = T_0,\ u(1,\ y) = -T_0$ をみたすように，$b_m$ と $c_m$ を定めよう。

$u(0,\ y) = \sum_{m=1}^{\infty}(\underbrace{b_m + c_m}_{b_m'})\sin m\pi y = T_0$ ……(b)

$u(1,\ y) = \sum_{m=1}^{\infty}(\underbrace{b_m e^{m\pi} + c_m e^{-m\pi}}_{b_m''})\sin m\pi y = -T_0$ ……(c)

ここで，$b_m + c_m$ や $b_m e^{m\pi} + c_m e^{-m\pi}$ を新たな係数としてそれぞれ

$b_m',\ b_m''$ と考えると，フーリエサイン級数の公式からこれを決定できる。

(もちろん，これらは頭の中だけのイメージでいい。)

よって，

$$b_m + c_m = \frac{2}{1}\int_0^1 \underbrace{u(0,\ y)}_{T_0((b)より)} \sin m\pi y dy = 2T_0\int_0^1 \sin m\pi y dy$$

$$= 2T_0\left(-\frac{1}{m\pi}\right)[\cos m\pi y]_0^1 = -\frac{2T_0}{m\pi}(\underbrace{\cos m\pi}_{(-1)^m} - 1) = \frac{2T_0}{m\pi}\{1-(-1)^m\} \quad \cdots (d)$$

$$b_m e^{m\pi} + c_m e^{-m\pi} = \frac{2}{1}\int_0^1 \underbrace{u(1,\ y)}_{-T_0((c)より)} \sin m\pi y dy = -2T_0\int_0^1 \sin m\pi y dy$$

$$= -2T_0\left(-\frac{1}{m\pi}\right)[\cos m\pi y]_0^1 = \frac{2T_0}{m\pi}(\underbrace{\cos m\pi}_{(-1)^m} - 1) = \frac{2T_0}{m\pi}\{(-1)^m - 1\} \quad \cdots (e)$$

(d)，(e)を列記して，行列の積の形に変形して，$b_m$ と $c_m$ を求めてみよう。

$$\begin{cases} b_m + c_m = -\dfrac{2T_0}{m\pi}\{(-1)^m - 1\} \\ b_m e^{m\pi} + c_m e^{-m\pi} = \dfrac{2T_0}{m\pi}\{(-1)^m - 1\} \end{cases} \quad より，$$

$$\begin{bmatrix} 1 & 1 \\ e^{m\pi} & e^{-m\pi} \end{bmatrix}\begin{bmatrix} b_m \\ c_m \end{bmatrix} = \frac{2T_0}{m\pi}\{(-1)^m - 1\}\begin{bmatrix} -1 \\ 1 \end{bmatrix} \quad \cdots\cdots (f)$$

ここで，行列 $A = \begin{bmatrix} 1 & 1 \\ e^{m\pi} & e^{-m\pi} \end{bmatrix}$ とおくと，

$\underbrace{\det A}_{行列式} = 1 \cdot e^{-m\pi} - 1 \cdot e^{m\pi} = -(e^{m\pi} - e^{-m\pi}) \neq 0$ より，$A^{-1}$ は存在する。

よって，(f)の両辺に左から $A^{-1}$ をかけると，

$$\begin{bmatrix} b_m \\ c_m \end{bmatrix} = \frac{2T_0}{m\pi}\{(-1)^m - 1\} \cdot \underbrace{\frac{1}{\det A}\begin{bmatrix} e^{-m\pi} & -1 \\ -e^{m\pi} & 1 \end{bmatrix}}_{A^{-1}}\begin{bmatrix} -1 \\ 1 \end{bmatrix}$$

$A = \begin{bmatrix} a & b \\ c & d \end{bmatrix}$ の逆行列 $A^{-1}$ は，$A^{-1} = \dfrac{1}{\det A}\begin{bmatrix} d & -b \\ -c & a \end{bmatrix}$

$$= \frac{2T_0}{m\pi}\{(-1)^m - 1\} \cdot \frac{1}{-(e^{m\pi} - e^{-m\pi})}\begin{bmatrix} -e^{-m\pi} - 1 \\ e^{m\pi} + 1 \end{bmatrix}$$

$$\therefore \begin{cases} b_m = \dfrac{2T_0\{(-1)^m - 1\}}{m\pi} \cdot \dfrac{1 + e^{-m\pi}}{e^{m\pi} - e^{-m\pi}} \\ c_m = \dfrac{2T_0\{(-1)^m - 1\}}{m\pi} \cdot \dfrac{-1 - e^{m\pi}}{e^{m\pi} - e^{-m\pi}} \end{cases} \quad \cdots\cdots (g) \quad (m = 1, 2, 3, \cdots) が求まる。$$

(g)を(a)に代入して $u(x, y)$ を求め，その結果が先に求めた⑭と一致することをこれから示そう。

$$u(x, y)=\sum_{m=1}^{\infty}(b_m e^{m\pi x}+c_m e^{-m\pi x})\sin m\pi y \quad \cdots\cdots(a)$$

$$\begin{cases} b_m=\dfrac{2T_0\{(-1)^m-1\}}{m\pi}\cdot\dfrac{1+e^{-m\pi}}{e^{m\pi}-e^{-m\pi}} \\ c_m=\dfrac{2T_0\{(-1)^m-1\}}{m\pi}\cdot\dfrac{-1-e^{m\pi}}{e^{m\pi}-e^{-m\pi}} \end{cases} \quad \cdots\cdots(g)$$

$$u(x, y)=\frac{2T_0}{\pi}\sum_{m=1}^{\infty}\frac{(-1)^m-1}{m\sinh\frac{m\pi}{2}}\sinh m\pi\left(x-\frac{1}{2}\right)\sin m\pi y \quad \cdots⑭$$

まず，(g)を(a)に代入して

$$u(x, y)=\sum_{m=1}^{\infty}\frac{2T_0\{(-1)^m-1\}}{m\pi}\cdot\frac{1}{e^{m\pi}-e^{-m\pi}}$$

$$\times\{(1+e^{-m\pi})e^{m\pi x}-(1+e^{m\pi})e^{-m\pi x}\}\sin m\pi y$$

$$=\frac{2T_0}{\pi}\sum_{m=1}^{\infty}\frac{(-1)^m-1}{m}\cdot\underbrace{\frac{(1+e^{-m\pi})e^{m\pi x}-(1+e^{m\pi})e^{-m\pi x}}{e^{m\pi}-e^{-m\pi}}}\cdot\sin m\pi y$$

$$\frac{\left(e^{\frac{m\pi}{2}}+e^{-\frac{m\pi}{2}}\right)e^{-\frac{m\pi}{2}}e^{m\pi x}-\left(e^{-\frac{m\pi}{2}}+e^{\frac{m\pi}{2}}\right)e^{\frac{m\pi}{2}}e^{-m\pi x}}{\left(e^{\frac{m\pi}{2}}+e^{-\frac{m\pi}{2}}\right)\left(e^{\frac{m\pi}{2}}-e^{-\frac{m\pi}{2}}\right)}$$

$$=\frac{e^{m\pi\left(x-\frac{1}{2}\right)}-e^{-m\pi\left(x-\frac{1}{2}\right)}}{e^{\frac{m\pi}{2}}-e^{-\frac{m\pi}{2}}}=\frac{2\sinh m\pi\left(x-\frac{1}{2}\right)}{2\sinh\frac{m\pi}{2}}$$

かなりテクニカルな変形だね。

公式 $\sinh\theta=\dfrac{e^{\theta}-e^{-\theta}}{2}$ を使った！

$$\therefore u(x, y)=\frac{2T_0}{\pi}\sum_{m=1}^{\infty}\frac{(-1)^m-1}{m}\cdot\frac{1}{\sinh\frac{m\pi}{2}}\cdot\sinh m\pi\left(x-\frac{1}{2}\right)\sin m\pi y$$

となって，⑭と同じ結果が導けた。ただし，別解の方が計算の手間がずい分増えたことも分かっただろう。

このように，境界条件をうまく工夫して取れば，

(i) $0\leqq x\leqq\dfrac{1}{2}$，$0\leqq y\leqq 1$ を対象とする方程式の結果と，（計算が楽）

(ii) 元の $0\leqq x\leqq 1$，$0\leqq y\leqq 1$ を対象とする方程式の結果とが（計算が大変）

一致することが分かったと思う。

これは，ラプラス方程式の解が調和関数という非常に性質のよい滑らかな曲面を描く関数であることを利用してできることなんだね。シッカリ頭に入れておこう。

それでは，①のラプラス方程式の⑭の解 $u(x,\ y)$ $(0 \leqq x \leqq 1,\ 0 \leqq y \leqq 1)$ について，その中の無限級数 $\sum_{m=1}^{\infty}$ を有限な部分和 $\sum_{m=1}^{100}$ で近似したもののグラフを図(iii)に示す。

$u\left(\frac{1}{2},\ y\right)=0$ となっていることに気をつけよう。

図(iii) ラプラス方程式の解

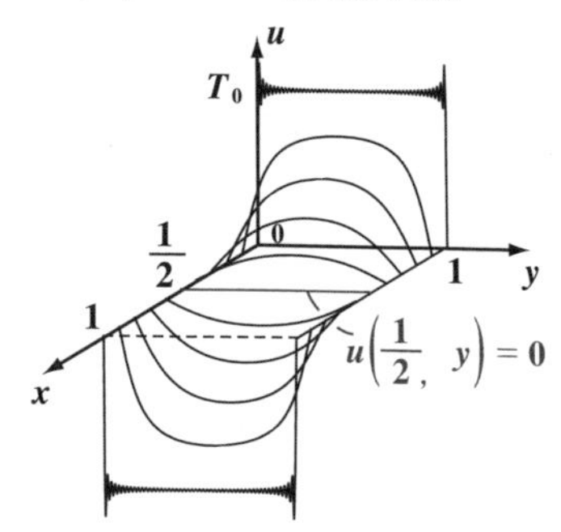


ラプラス方程式の解法にもかなり自信が付いたと思う。それでは最後にもう**1**題，次の実践問題で**2**次元ラプラス方程式を解いてみることにしよう。

| 実践問題 7 | ● 2 次元ラプラス方程式 ● |
|---|---|

関数 $u(x, y)$ について，次の 2 次元ラプラス方程式を解け。

$$\frac{\partial^2 u}{\partial x^2}+\frac{\partial^2 u}{\partial y^2}=0 \quad \cdots\cdots① \quad (0<x<1,\ 0<y<1)$$

境界条件：$u(x, 0)=u(x, 1)=0$，$u(0, y)=T_0y(1-y)$

$u(1, y)=-T_0y(1-y)$ （$T_0$：正の定数）

ヒント！ 変数分離法により，$u(x, y)=X(x)Y(y)$ とおいて，$X$ と $Y$ の 2 つの常微分方程式にもち込んで解けばいい。境界条件については，解の対称性を利用して，$0\leqq x\leqq\frac{1}{2}$，$0\leqq y\leqq 1$ を対象範囲として，$u(x, 0)=u(x, 1)=u\left(\frac{1}{2}, y\right)=0$，$u(0, y)=T_0y(1-y)$ の境界条件で解けばいいんだね。頑張ろう！

## 解答＆解説

図(i) 境界条件

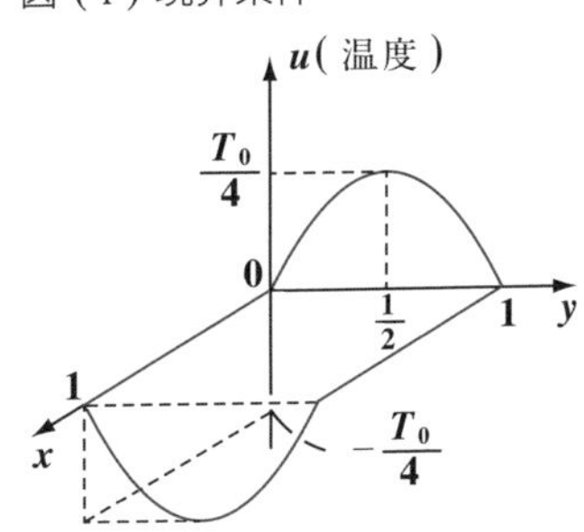


(ii) 境界条件の変更

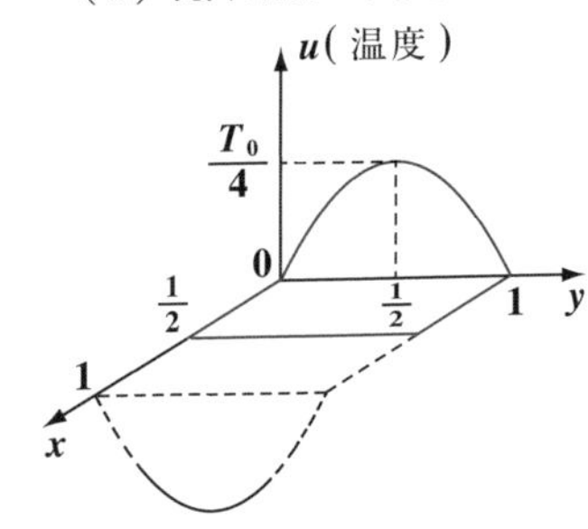


ラプラス方程式の解の対称性から，図(i)に示すような境界条件：

$$\begin{cases} u(x, 0)=u(x, 1)=0 \\ u(0, y)=T_0y(1-y) \\ u(1, y)=-T_0y(1-y) \end{cases}$$

を変更して，

$0\leqq x\leqq\frac{1}{2}$，$0\leqq y\leqq 1$ を対象範囲とする図(ii)に示すような境界条件：

$$\begin{cases} u(x, 0)=u(x, 1)=u\left(\frac{1}{2}, y\right)=0 \\ u(0, y)=T_0y(1-y) \end{cases}$$

で解いても同様なので，この境界条件の下で解く。

まず，(ア)＿＿＿＿＿＿ により，

$u(x, y)=X(x)Y(y)$ ……② とおいて，

②を代入してまとめると，

$-\frac{X''}{X}=\frac{Y''}{Y}$ ……③となる。

③の左辺は $x$ のみの式，右辺は $y$ のみの式

より，③が恒等的に成り立つためには，③の両辺は定数 $c$ に等しくなければならない。これから次の2つの常微分方程式が導かれる。

(i) $Y'' =$ (イ) ……④　　(ii) $X'' = -cX$ ……⑤

(i) $Y'' =$ (イ) ……④について，

$c \geqq 0$ とすると，境界条件：$u(x,0) = u(x,1) = 0$ から，$Y = 0$ となって不適。

よって，$c < 0$ より，$c = -\omega^2$ $(\omega > 0)$ とおくと，④は

$Y'' = -\omega^2 Y$ …④′ となり，これは単振動の微分方程式より，その一般解は

$Y(y) = A_1\cos\omega y + A_2\sin\omega y$ ……⑥

境界条件：$\underbrace{u(x,\ 0)}_{X(x)Y(0)} = \underbrace{u(x,\ 1)}_{X(x)Y(1)} = 0$ より，$Y(0) = Y(1) = 0$

よって，$Y(0) = A_1 = 0$，$Y(1) = A_2\sin\underbrace{\omega}_{m\pi\ (m=1,\ 2,\ 3,\ \cdots)} = 0$ から，

$A_1 = 0$，かつ $\omega = m\pi$ となる。これを⑥に代入して，

$Y(y) = A_2\sin m\pi y$ ……⑦ $(m = 1,\ 2,\ 3,\ \cdots)$ が導ける。

(ii) $X'' = \omega^2 X$ ……⑤より，$X = e^{\lambda x}$ とおくと，この特性方程式は $\lambda^2 = \omega^2$ となる。この解 $\lambda = \pm\omega = \pm m\pi$ より，⑤の一般解は

$X(x) = B_1 e^{m\pi x} + B_2 e^{-m\pi x}$ ……⑧ となる。ここで，

境界条件：$\underbrace{u\left(\frac{1}{2},\ y\right)}_{X\left(\frac{1}{2}\right)Y(y)} = 0$ より，$X\left(\frac{1}{2}\right) = 0$

よって，$X\left(\frac{1}{2}\right) = B_1 e^{\frac{m\pi}{2}} + B_2 e^{-\frac{m\pi}{2}} = 0$　$\therefore B_2 = -$ (ウ)

これを⑧に代入してまとめると，

$X(x) = B_1 e^{m\pi x} -$ (ウ) $e^{-m\pi x} = B_1 e^{\frac{m\pi}{2}}\left(e^{-\frac{m\pi}{2}}e^{m\pi x} - e^{\frac{m\pi}{2}}e^{-m\pi x}\right)$

$= B_1 e^{\frac{m\pi}{2}}\underbrace{\left(e^{m\pi\left(x-\frac{1}{2}\right)} - e^{-m\pi\left(x-\frac{1}{2}\right)}\right)}_{2\sinh m\pi\left(x-\frac{1}{2}\right)}$

公式：$\sinh\theta = \dfrac{e^{\theta} - e^{-\theta}}{2}$

$\therefore X(x) = 2B_1 e^{\frac{m\pi}{2}}\sinh m\pi\left(x - \frac{1}{2}\right)$ ……⑨ $(m = 1,\ 2,\ 3,\ \cdots)$ が導ける。

以上(i)(ii)の⑦，⑨より①の独立解を $u_m(x,\ y)$ とおくと，

$$u_m(x,\ y)=b_m'\sinh m\pi\left(x-\frac{1}{2}\right)\sin m\pi y$$

となる。

$u_{xx}+u_{yy}=0$ ……①
境界条件：$u(0,\ y)=T_0y(1-y)$
$Y(y)=A_2\sin m\pi y$ ……⑦
$X(x)=2B_1e^{\frac{m\pi}{2}}\sinh m\pi\left(x-\frac{1}{2}\right)$ ……⑨

よって，解の重ね合わせの原理より，①の解は

$$u(x,\ y)=\sum_{m=1}^{\infty}b_m'\sinh m\pi\left(x-\frac{1}{2}\right)\boxed{(エ)\qquad}\ \cdots\cdots⑩$$ となる。

⑩に $x=0$ を代入して，

$$u(0,\ y)=\sum_{m=1}^{\infty}\underbrace{b_m'\sinh\left(-\frac{m\pi}{2}\right)}_{-b_m'\sinh\frac{m\pi}{2}=b_m\text{とおく}}\sin m\pi y=\sum_{m=1}^{\infty}b_m\sin m\pi y\ \cdots\cdots⑪$$ となる。

$\left(\text{ここで，}b_m=-b_m'\sinh\frac{m\pi}{2}\right)$

また，境界条件：$u(0,\ y)=T_0y(1-y)$ より，⑪にフーリエサイン級数の公式を用いて係数 $b_m$ を求めると，

フーリエサイン級数
$f(x)=\sum_{m=1}^{\infty}b_m\sin\frac{m\pi}{L}x$ …………$(*w)$
$b_m=\frac{2}{L}\int_0^L f(x)\sin\frac{m\pi}{L}xdx$ ……$(*w)'$

$$b_m=-b_m'\sinh\frac{m\pi}{2}=\frac{2}{1}\int_0^1\underbrace{u(0,\ y)}_{T_0y(1-y)}\sin m\pi ydy$$

$$=2T_0\int_0^1(y-y^2)\left(-\frac{1}{m\pi}\cos m\pi y\right)'dy$$

$$=2T_0\left\{-\frac{1}{m\pi}\left[(y-y^2)\cos m\pi y\right]_0^1+\frac{1}{m\pi}\int_0^1(1-2y)\cos m\pi ydy\right\}$$

$$=\frac{2T_0}{m\pi}\int_0^1(1-2y)\left(\frac{1}{m\pi}\sin m\pi y\right)'dy$$

$$=\frac{2T_0}{m\pi}\left\{\frac{1}{m\pi}\left[(1-2y)\sin m\pi y\right]_0^1-\frac{1}{m\pi}\int_0^1(-2)\sin m\pi ydy\right\}$$

$$=\frac{4T_0}{m^2\pi^2}\left(-\frac{1}{m\pi}\right)\left[\cos m\pi y\right]_0^1=-\frac{4T_0}{m^3\pi^3}(\underbrace{\cos m\pi}_{(-1)^m}-1)$$

$$\therefore\ b_m=-b_m'\sinh\frac{m\pi}{2}=-\frac{4T_0}{\pi^3}\cdot\boxed{(オ)\qquad}$$ より，求める $b_m'$ は，

$$b_m{}' = \frac{4T_0}{\pi^3}\cdot\frac{(-1)^m-1}{m^3\sinh\frac{m\pi}{2}} \quad \cdots\cdots⑫ \quad (m=1,\ 2,\ 3,\ \cdots)$$ となる。

⑫を⑩に代入して，求めるラプラス方程式①の解 $u(x,\ y)$ は，

$$u(x,\ y) = \frac{4T_0}{\pi^3}\sum_{m=1}^{\infty}\frac{(-1)^m-1}{m^3\sinh\frac{m\pi}{2}}\cdot\sinh m\pi\left(x-\frac{1}{2}\right)\sin m\pi y \quad \cdots⑬$$ となる。…(答)

ここで，⑬の無限級数 $\sum_{m=1}^{\infty}$ を $\sum_{m=1}^{200}$ で近似したときの $u(x,\ y)$ のグラフを図(iii)に示す。

図(iii) $u(x,\ y)$ のグラフ

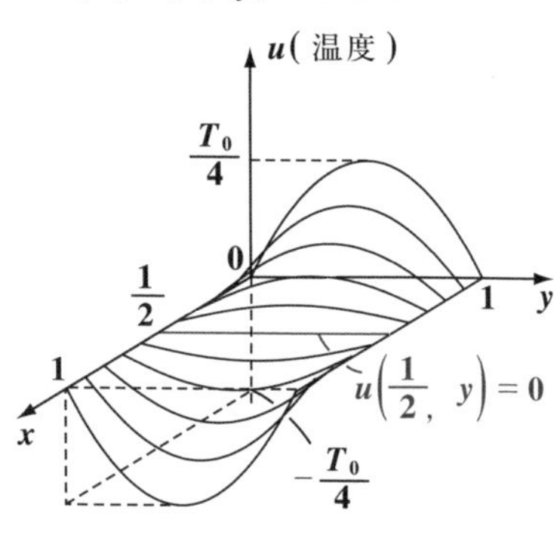


（境界条件を変更して，$0 \leqq x \leqq \frac{1}{2}$，$0 \leqq y \leqq 1$ の範囲で解いたけれど，結果は元の $0 \leqq x \leqq 1$，$0 \leqq y \leqq 1$ の範囲の境界条件で解いたものと一致する。）

解答　(ア) 変数分離法　(イ) $cY$　(ウ) $B_1e^{m\pi}$　(エ) $\sin m\pi y$
(オ) $\frac{(-1)^m-1}{m^3}$

## 講義3 ● 2階線形偏微分方程式　公式エッセンス

**1. フーリエサイン級数**

$$f(x)=\sum_{m=1}^{\infty}b_m\sin\frac{m\pi}{L}x\quad\left(b_m=\frac{2}{L}\int_0^L f(x)\sin\frac{m\pi}{L}x\,dx\right)$$

**2. 2重フーリエサイン級数**

$$f(x,\ y)=\sum_{m=1}^{\infty}\sum_{n=1}^{\infty}b_{mn}\sin\frac{m\pi}{L_1}x\cdot\sin\frac{n\pi}{L_2}y$$

$$\left(b_{mn}=\frac{4}{L_1L_2}\int_0^{L_1}\int_0^{L_2}f(x,\ y)\sin\frac{m\pi}{L_1}x\cdot\sin\frac{n\pi}{L_2}y\,dxdy\right)$$

**3. フーリエ変換とフーリエ逆変換**

(Ⅰ) フーリエ変換：$F(\alpha)=F[f(x)]=\int_{-\infty}^{\infty}f(x)e^{-i\alpha x}dx$

(Ⅱ) フーリエ逆変換：$f(x)=F^{-1}[F(\alpha)]=\frac{1}{2\pi}\int_{-\infty}^{\infty}F(\alpha)e^{i\alpha x}d\alpha$

**4. フーリエ変換の性質**

(Ⅰ) 線形性：$F[pf(x)+qg(x)]=pF[f(x)]+qF[g(x)]=pF(\alpha)+qG(\alpha)$

(Ⅱ) $F[f^{(n)}(x)]=(i\alpha)^n\cdot F[f(x)]=(i\alpha)^nF(\alpha)$

(Ⅲ) $F[f(x)*g(x)]=F[f(x)]\cdot F[g(x)]=F(\alpha)G(\alpha)$

**5. ダランベールの解**

位置 $x$ と時刻 $t$ の2変数関数 $u(x,\ t)$ の1次元波動方程式：

$u_{xx}=\frac{1}{v^2}u_{tt}$ の一般解は，$u(x,\ t)=\underbrace{f\left(t-\frac{x}{v}\right)}_{\text{進行波}}+\underbrace{g\left(t+\frac{x}{v}\right)}_{\text{後退波}}$

**6. 変数分離法**

波動方程式 $u_{tt}=v^2\cdot\Delta u$ や熱伝導方程式 $u_t=a\cdot\Delta u$ やラプラス方程式 $\Delta u=0$ は，$[0,\ L]$ など有限区間を対象としたものについては，$u(x,t)=X(x)\cdot T(t)$ や，$u(x,y,t)=X(x)\cdot Y(y)\cdot T(t)$ とおいて，これを方程式に代入後，フーリエサイン級数を利用して解く。

無限区間 $(-\infty,\ \infty)$ を対象とする熱伝導方程式では，フーリエ変換・フーリエ逆変換による解法が有効になる。

# 円柱・球座標での偏微分方程式

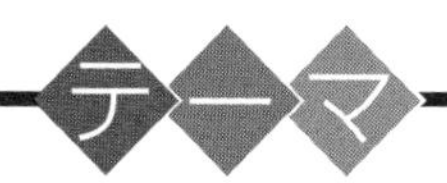


▶ 円柱・極座標におけるラプラシアン

$$\left(\Delta u = \frac{\partial^2 u}{\partial r^2} + \frac{1}{r}\frac{\partial u}{\partial r} + \frac{1}{r^2}\frac{\partial^2 u}{\partial \theta^2} + \frac{\partial^2 u}{\partial z^2}\right)$$

▶ 円形境界条件による偏微分方程式

$$\left(\Delta u = \frac{1}{c^2} \cdot \frac{\partial^2 u}{\partial t^2},\ \ \Delta u = \frac{1}{a} \cdot \frac{\partial u}{\partial t} \text{ など}\right)$$

▶ 球座標におけるラプラシアン

$$\left(\Delta u = \frac{\partial^2 u}{\partial r^2} + \frac{2}{r}\frac{\partial u}{\partial r} + \frac{1}{r^2}\frac{\partial^2 u}{\partial \theta^2} + \frac{\cos\theta}{r^2\sin\theta}\frac{\partial u}{\partial \theta} + \frac{1}{r^2\sin^2\theta}\frac{\partial^2 u}{\partial \varphi^2}\right)$$

▶ 球形境界条件による偏微分方程式

$$\left(\Delta u = 0,\ \ \Delta u = \frac{1}{a} \cdot \frac{\partial u}{\partial t} \text{ など}\right)$$

## §1. 極座標・円柱座標におけるラプラシアン

$u$ のラプラシアン $\Delta u = u_{xx} + u_{yy}$ や $\Delta u = u_{xx} + u_{yy} + u_{zz}$ は，直交座標系におけるものなんだね。従って，円形上や円柱面上の境界条件についての偏微分方程式(波動方程式，熱伝導方程式，ラプラス方程式)を効率よく解くには，これは極座標や円柱座標におけるラプラシアンに書き換える必要があるんだね。

ここではまず，2次元直交座標系における関数 $u(x, y)$ を極座標における関数 $u(r, \theta)$ に置き換えた場合の，極座標系におけるラプラシアン $\Delta u = u_{rr} + \frac{1}{r}u_r + \frac{1}{r^2}u_{\theta\theta}$ を導いてみよう。また，3次元直交座標系における関数 $u(x, y, z)$ を円柱座標における関数 $u(r, \theta, z)$ に置き換えた場合の円柱座標系におけるラプラシアン $\Delta u$ についても示そう。さらに，極座標における簡単なラプラス方程式や波動方程式の解法についても解説するつもりだ。

### ● 極座標・円柱座標におけるラプラシアンを求めよう！

図に示すように，2次元直交座標における点 $(x, y)$ は，極座標 $(r, \theta)$ に変換することができる。ここで，$(x, y)$ と $(r, \theta)$ の変換公式が次のようになるのは大丈夫だね。

図1　2次元直交座標と極座標

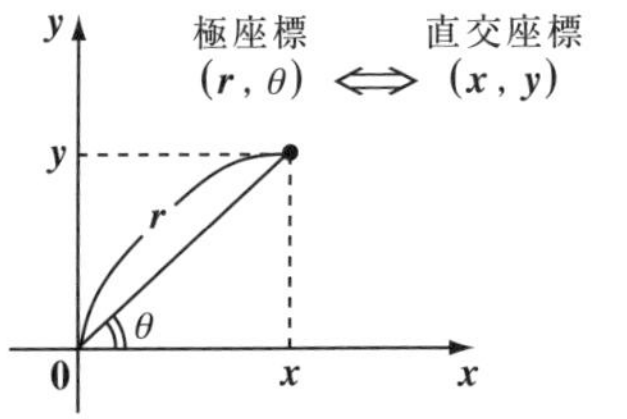

$$\begin{cases} x = r\cos\theta \\ y = r\sin\theta \end{cases} \Longleftrightarrow \begin{cases} r = \sqrt{x^2 + y^2} \\ \theta = \tan^{-1}\frac{y}{x} \end{cases}$$

$\frac{y}{x} = \frac{r\sin\theta}{r\cos\theta} = \tan\theta$ より，$\theta = \tan^{-1}\frac{y}{x}$ となる。

ここで，直交座標における2変数関数 $u(x, y)$ を，極座標における2変数関数 $u(r, \theta)$ に変換した場合，そのラプラシアン $\Delta u$ も直交座標におけるもの $\Delta u = u_{xx} + u_{yy}$ から極座標におけるものに変換しなければならないんだね。この極座標におけるラプラシアン $\Delta u$ が，

$\Delta u = u_{rr} + \frac{1}{r}u_r + \frac{1}{r^2}u_{\theta\theta}$ となることを，これから導いてみよう。

ここでは，$\Delta u = u_{xx} + u_{yy}$ をまず，$u_{xx}$ と $u_{yy}$ に分けて，$r$ と $\theta$ での偏微分を求めよう。当然，$u_x = u_r r_x + u_\theta \theta_x$ などの連鎖的な偏微分の変形を利用することになる。

(i) まず，$u_{xx}$ を求めよう。

ここで，$r_x = \frac{\partial r}{\partial x} = \frac{\partial}{\partial x}(x^2+y^2)^{\frac{1}{2}} = \frac{1}{2}(x^2+y^2)^{-\frac{1}{2}} \cdot 2x = \frac{x}{\sqrt{x^2+y^2}} = \frac{r\cos\theta}{r} = \cos\theta$　（合成関数の微分）

$$\theta_x = \frac{\partial \theta}{\partial x} = \frac{\partial}{\partial x}\left(\tan^{-1}\frac{y}{x}\right) = \frac{1}{1+\left(\frac{y}{x}\right)^2} \cdot \left(-\frac{y}{x^2}\right) = -\frac{y}{x^2+y^2} = -\frac{r\sin\theta}{r^2} = -\frac{\sin\theta}{r}$$

（公式：$(\tan^{-1}x)' = \frac{1}{1+x^2}$ を用いた。）

また，$r_{xx} = (r_x)_x = (\cos\theta)_x = (\cos\theta)_\theta \theta_x = -\sin\theta \cdot \left(-\frac{\sin\theta}{r}\right) = \frac{\sin^2\theta}{r}$

$$\theta_{xx} = (\theta_x)_x = \left(-\frac{\sin\theta}{r}\right)_x = \left(-\frac{\sin\theta}{r}\right)_r \cdot r_x + \left(-\frac{\sin\theta}{r}\right)_\theta \cdot \theta_x$$

$$= \frac{\sin\theta}{r^2} \cdot \cos\theta - \frac{\cos\theta}{r} \cdot \left(-\frac{\sin\theta}{r}\right) = \frac{2\sin\theta\cos\theta}{r^2}$$　だね。

よって，まず $u_x$ は，

$u_x = u_r \cdot r_x + u_\theta \theta_x$　となる。これをもう 1 階 $x$ で偏微分して，

$$u_{xx} = (u_r \cdot r_x + u_\theta \theta_x)_x = (u_r \cdot r_x)_x + (u_\theta \theta_x)_x$$

$$= u_{rx} \cdot r_x + u_r \cdot r_{xx} + u_{\theta x} \cdot \theta_x + u_\theta \cdot \theta_{xx}$$

（$u_{rx} = (u_r)_x = u_{rr} r_x + u_{r\theta}\theta_x$，$u_{\theta x} = (u_\theta)_x = u_{\theta r} r_x + u_{\theta\theta}\theta_x$）

$$= (u_{rr} \cdot r_x + u_{r\theta} \cdot \theta_x) \cdot r_x + u_r \cdot r_{xx} + (u_{\theta r} r_x + u_{\theta\theta}\theta_x)\theta_x + u_\theta \cdot \theta_{xx}$$

（$r_x = \cos\theta$，$\theta_x = -\frac{\sin\theta}{r}$，$r_{xx} = \frac{\sin^2\theta}{r}$，$\theta_{xx} = \frac{2\sin\theta\cos\theta}{r^2}$）

$$= \cos^2\theta u_{rr} - \frac{\sin\theta\cos\theta}{r} u_{r\theta} + \frac{\sin^2\theta}{r} u_r - \frac{\sin\theta\cos\theta}{r} u_{\theta r} + \frac{\sin^2\theta}{r^2} u_{\theta\theta} + \frac{2\sin\theta\cos\theta}{r^2} u_\theta$$

（$u_{\theta r} = u_{r\theta}$ とする。（シュワルツの公式））

$$\therefore u_{xx} = \cos^2\theta u_{rr} - \frac{2\sin\theta\cos\theta}{r} u_{r\theta} + \frac{\sin^2\theta}{r} u_r + \frac{\sin^2\theta}{r^2} u_{\theta\theta} + \frac{2\sin\theta\cos\theta}{r^2} u_\theta \cdots ①$$

偏微分の連鎖的な変形にも慣れたかな？ $u_{yy}$ も同様に変形しよう。

(ⅱ) 次，$u_{yy}$ を求めよう。

$x = r\cos\theta$
$y = r\sin\theta$
$r = (x^2+y^2)^{\frac{1}{2}}$
$\theta = \tan^{-1}\frac{y}{x}$

まず，$r_y = \{(x^2+y^2)^{\frac{1}{2}}\}_y = \frac{1}{2}(x^2+y^2)^{-\frac{1}{2}}\cdot 2y$

$$= \frac{y}{\sqrt{x^2+y^2}} = \frac{r\sin\theta}{r} = \sin\theta$$

$$\theta_y = \left(\tan^{-1}\frac{y}{x}\right)_y = \frac{1}{1+\left(\frac{y}{x}\right)^2}\cdot\frac{1}{x} = \frac{x}{x^2+y^2} = \frac{r\cos\theta}{r^2} = \frac{\cos\theta}{r}$$

また，$r_{yy} = (r_y)_y = (\sin\theta)_y = (\sin\theta)_\theta\theta_y = \cos\theta\cdot\frac{\cos\theta}{r} = \frac{\cos^2\theta}{r}$

$$\theta_{yy} = (\theta_y)_y = \left(\frac{\cos\theta}{r}\right)_y = \left(\frac{\cos\theta}{r}\right)_r\cdot r_y + \left(\frac{\cos\theta}{r}\right)_\theta\cdot\theta_y$$

$$= -\frac{\cos\theta}{r^2}\cdot\sin\theta + \frac{-\sin\theta}{r}\cdot\frac{\cos\theta}{r} = -\frac{2\sin\theta\cos\theta}{r^2}$$

よって，まず $u_y$ は，

$u_y = u_r\cdot r_y + u_\theta\theta_y$　となる。これをもう 1 階 $y$ で偏微分して，

$$u_{yy} = (u_r\cdot r_y + u_\theta\theta_y)_y = (u_r\cdot r_y)_y + (u_\theta\theta_y)_y$$

$$= \underbrace{u_{ry}}_{(u_r)_y = u_{rr}r_y + u_{r\theta}\theta_y}\cdot r_y + u_r\cdot r_{yy} + \underbrace{u_{\theta y}}_{(u_\theta)_y = u_{\theta r}r_y + u_{\theta\theta}\theta_y}\cdot\theta_y + u_\theta\cdot\theta_{yy}$$

$$= (u_{rr}\cdot \underbrace{r_y}_{\sin\theta} + u_{r\theta}\cdot\underbrace{\theta_y}_{\frac{\cos\theta}{r}})\cdot\underbrace{r_y}_{\sin\theta} + u_r\cdot\underbrace{r_{yy}}_{\frac{\cos^2\theta}{r}} + (u_{\theta r}\underbrace{r_y}_{\sin\theta} + u_{\theta\theta}\underbrace{\theta_y}_{\frac{\cos\theta}{r}})\underbrace{\theta_y}_{\frac{\cos\theta}{r}} + u_\theta\cdot\underbrace{\theta_{yy}}_{-\frac{2\sin\theta\cos\theta}{r^2}}$$

$$= \sin^2\theta u_{rr} + \frac{\sin\theta\cos\theta}{r}u_{r\theta} + \frac{\cos^2\theta}{r}u_r + \frac{\sin\theta\cos\theta}{r}\underbrace{u_{\theta r}}_{u_{r\theta}\text{とする。(シュワルツの公式)}} + \frac{\cos^2\theta}{r^2}u_{\theta\theta} - \frac{2\sin\theta\cos\theta}{r^2}u_\theta$$

$$\therefore u_{yy} = \sin^2\theta u_{rr} + \frac{2\sin\theta\cos\theta}{r}u_{r\theta} + \frac{\cos^2\theta}{r}u_r + \frac{\cos^2\theta}{r^2}u_{\theta\theta} - \frac{2\sin\theta\cos\theta}{r^2}u_\theta \cdots ②$$

ここで，(ⅰ)の①をもう 1 度書いておくね。

$$u_{xx} = \cos^2\theta u_{rr} - \frac{2\sin\theta\cos\theta}{r}u_{r\theta} + \frac{\sin^2\theta}{r}u_r + \frac{\sin^2\theta}{r^2}u_{\theta\theta} + \frac{2\sin\theta\cos\theta}{r^2}u_\theta \cdots ①$$

①＋②を求めると，

$u_{xx} + u_{yy} = u_{rr} + \frac{1}{r}u_r + \frac{1}{r^2}u_{\theta\theta}$ となる。($\because \cos^2\theta + \sin^2\theta = 1$)

ここで，$\frac{1}{r}\cdot\frac{\partial}{\partial r}\left(r\frac{\partial u}{\partial r}\right)=\frac{1}{r}\cdot\left(1\cdot\frac{\partial u}{\partial r}+r\cdot\frac{\partial^2 u}{\partial r^2}\right)=\frac{\partial^2 u}{\partial r^2}+\frac{1}{r}\frac{\partial u}{\partial r}=u_{rr}+\frac{1}{r}u_r$ より，極座標系の関数 $u(r,\theta)$ のラプラシアン $\Delta u$ の極座標表示は次のように表せる。

## $\Delta u$ の極座標表示

極座標系における関数 $u(r,\theta)$ のラプラシアン $\Delta u$ の極座標表示は

$$\Delta u=\frac{1}{r}\cdot\frac{\partial}{\partial r}\left(r\frac{\partial u}{\partial r}\right)+\frac{1}{r^2}\frac{\partial^2 u}{\partial \theta^2}\quad\cdots\cdots(*s)$$

または，$\Delta u=\frac{\partial^2 u}{\partial r^2}+\frac{1}{r}\frac{\partial u}{\partial r}+\frac{1}{r^2}\frac{\partial^2 u}{\partial \theta^2}$ ……$(*s)'$ となる。

では次，図2に示すように，3次元直交座標における点 $(x, y, z)$ は円柱座標 $(r, \theta, z)$ に変換することができる。この変換公式は，次のようになる。

図2　3次元直交座標と円柱座標

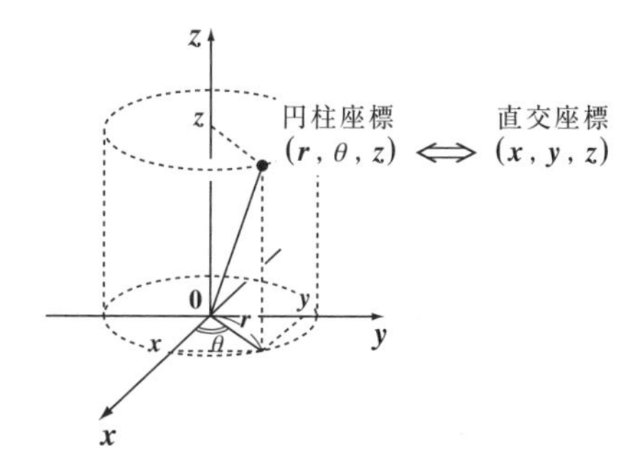


$$\begin{cases} x=r\cos\theta \\ y=r\sin\theta \\ z \end{cases} \iff \begin{cases} r=\sqrt{x^2+y^2} \\ \theta=\tan^{-1}\frac{y}{x} \\ z \end{cases}$$

よって，円柱座標とは極座標に新たに $z$ 座標が加えられたものにすぎないので，そのラプラシアン

$\Delta u=u_{xx}+u_{yy}+u_{zz}$ も，極座標のときと同様に

$\Delta u=u_{rr}+\frac{1}{r}u_r+\frac{1}{r^2}u_{\theta\theta}+u_{zz}$ となるのが分かるはずだ。

## $\Delta u$ の円柱座標表示

円柱座標における関数 $u(r,\theta,z)$ のラプラシアン $\Delta u$ の円柱座標表示は，

$$\Delta u=\frac{1}{r}\cdot\frac{\partial}{\partial r}\left(r\frac{\partial u}{\partial r}\right)+\frac{1}{r^2}\frac{\partial^2 u}{\partial \theta^2}+\frac{\partial^2 u}{\partial z^2}\quad\cdots\cdots(*t)$$

または，$\Delta u=\frac{\partial^2 u}{\partial r^2}+\frac{1}{r}\frac{\partial u}{\partial r}+\frac{1}{r^2}\frac{\partial^2 u}{\partial \theta^2}+\frac{\partial^2 u}{\partial z^2}$ ……$(*t)'$ となる。

## ● 極座標・円柱座標表示のラプラシアンの問題を解こう！

それではまず，次の極座標表示のラプラシアンの例題を解いてみよう。

> 例題 34　内径 $r = \frac{1}{e}$，外径 $r = 1$ の円環状の物体の内径における温度を $T_0$(℃)，外径における温度を $0$(℃) に保ったとき，この円環内の温度分布 $u(r)$ は次の微分方程式①をみたす。①を解いて，$u(r)$ を求めてみよう。(ただし，$e$ はネイピア数)
>
> $\Delta u = 0$　…①　　境界条件：$u\left(\frac{1}{e}\right) = T_0\ (>0)$，$u(1) = 0$

与えられた境界条件：

$u\left(\frac{1}{e}\right) = T_0$，$u(1) = 0$　$(e = 2.71\cdots)$

図(i)　円周上の境界条件

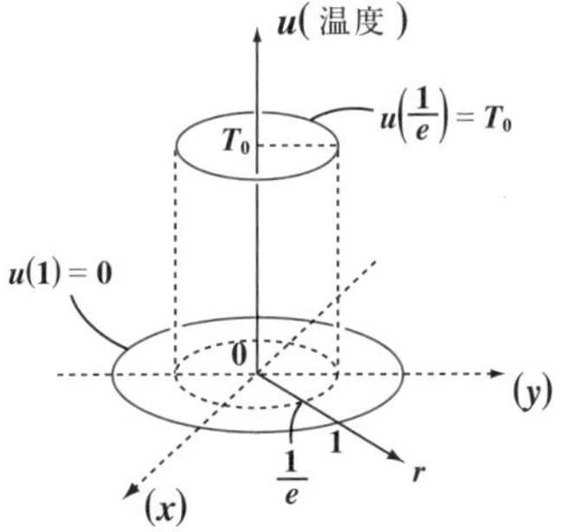


は，図(i)に示すように円周上の境界条件なので，ラプラシアン $\Delta u$ も極座標表示のものを利用すると，①は

$$\Delta u = \frac{1}{r}\cdot\frac{\partial}{\partial r}\left(r\frac{\partial u}{\partial r}\right) + \frac{1}{r^2}\frac{\partial^2 u}{\partial \theta^2} = 0$$

となるが，$u$ は $r$ のみの関数で，$\theta$ には依存しないので，$\frac{\partial^2 u}{\partial \theta^2} = 0$ となる。また，$u$ は $r$ の 1 変数関数 $u(r)$ より，①はもはや偏微分方程式ではなくて，常微分方程式だね。よって，①は，

$$\frac{1}{r}\cdot\frac{d}{dr}\left(r\frac{du}{dr}\right) = 0 \quad \cdots\cdots ①' \quad \left(u\left(\frac{1}{e}\right) = T_0\ (>0),\ u(1) = 0\right)$$ となるんだね。

①′を解いて，(両辺に $r$ をかけた。)

$$\frac{d}{dr}\left(r\frac{du}{dr}\right) = 0$$　　この両辺を $r$ で 1 階積分して，

$r\frac{du}{dr} = C_1$　$(C_1$：定数)　　$\frac{du}{dr} = C_1\frac{1}{r}$

この両辺をさらに $r$ で積分して，(log は自然対数(底 $e$ の対数)を表す。)

$$u(r) = C_1\int\frac{1}{r}\,dr = C_1\log r + C_2 \quad \cdots\cdots ② \quad (C_1,\ C_2：任意定数)$$

($r$：⊕)

ここで，境界条件より，

$$u\left(\frac{1}{e}\right)=C_1\underbrace{\log\frac{1}{e}}_{-1}+C_2=-C_1+C_2=T_0$$

$$u(1)=C_1\underbrace{\log 1}_{0}+C_2=C_2=0$$

図(ii) 温度分布 $u(r)$ のグラフ

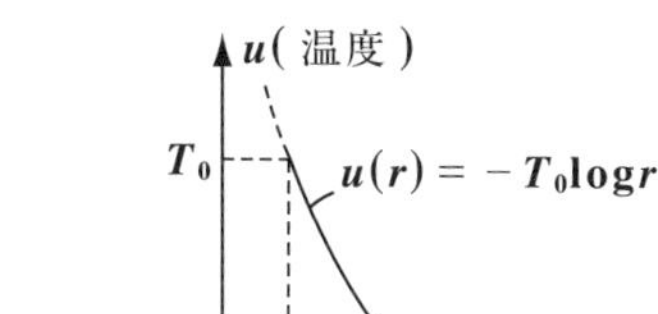


よって，$C_1=-T_0$，$C_2=0$

これを②に代入して，

$$u(r)=-T_0\log r \quad \left(\frac{1}{e}\leqq r\leqq 1\right)$$ が求まるんだね。図(ii)に，この温度分布 $u(r)$ のグラフを示す。これから，より具体的な円環状の温度分布として図(iii)のイメージが描ける事も大丈夫だね。

図(iii) 円環内の温度分布

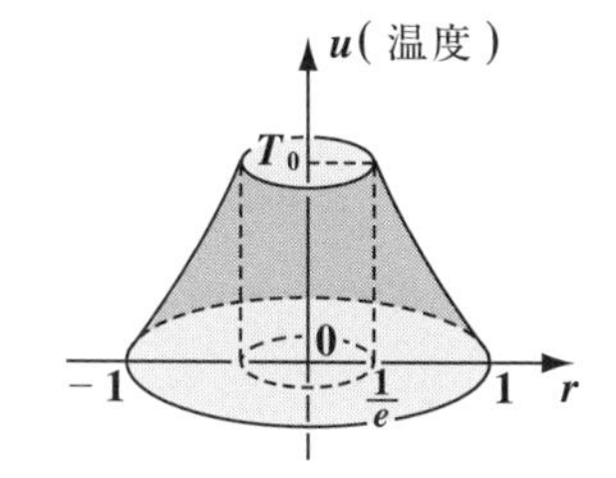


では次，円筒波面の波動方程式の問題も解いてみよう。

例題 **35** 右図に示すように，$z$ 軸を中心軸とする半径 $1$ の無限に伸びる円筒状の導体上に次のような変動する電場：$E=E_0\sin\omega t$ ……(a)

$(E_0,\ \omega$：正の定数$)$

を発生させると，電磁場が同心円状に円筒波面として外側に広がっていくものとする。ここでは，$z$ 軸に垂直な向きに $r$ 軸をとり，$r$ 軸の正の向きに伝播していく電場の波動 $E(r,t)$ $(t$：時刻$)$ についてのみ考えると，次の波動方程式が成り立つ。

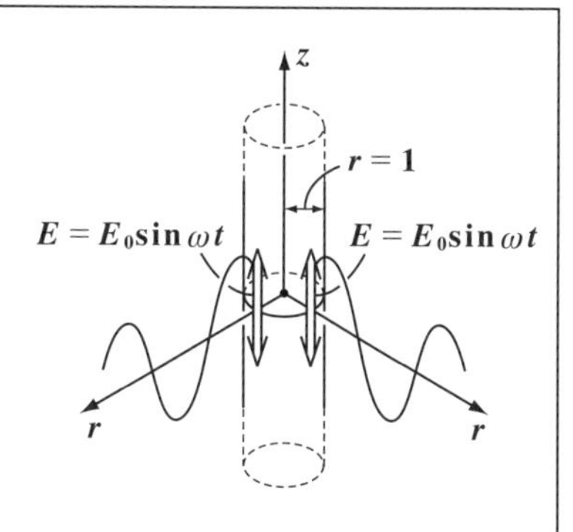


$$\Delta E=\frac{1}{c^2}E_{tt} \ \cdots\cdots(b) \quad (\text{境界条件}：E(1,t)=E_0\sin\omega t \ \cdots\cdots(a))$$

ここで，さらに，$r>>1$ における電場の波動を考えることにすると，近似的に，$\dfrac{\partial^2(\sqrt{r}E)}{\partial r^2}=\dfrac{1}{c^2}\cdot\dfrac{\partial^2(\sqrt{r}E)}{\partial t^2}$ ……(c) が成り立つ。これを解いてみることにしよう。

ラプラシアン$\Delta E$の円柱座標表示は，$(*t)'$より，

$$\Delta E = \frac{\partial^2 E}{\partial r^2} + \frac{1}{r}\cdot\frac{\partial E}{\partial r} + \underbrace{\frac{1}{r^2}\cdot\frac{\partial^2 E}{\partial \theta^2}}_{0} + \underbrace{\frac{\partial^2 E}{\partial z^2}}_{0}$$

$$\Delta E = \frac{1}{c^2}E_{tt} \quad \cdots\cdots(\mathrm{b})$$
$$E(1,\ t) = E_0 \sin\omega t \quad \cdots\cdots(\mathrm{a})$$
$$\frac{\partial^2(\sqrt{r}E)}{\partial r^2} = \frac{1}{c^2}\cdot\frac{\partial^2(\sqrt{r}E)}{\partial t^2} \quad \cdots(\mathrm{c})$$

となるけれど，この場合$E$は$r$と$t$の2変数関数$E(r,\ t)$より，

$\dfrac{\partial^2 E}{\partial \theta^2} = \dfrac{\partial^2 E}{\partial z^2} = 0$　とおける。よって，電場の波動方程式(b)は，

$$\frac{\partial^2 E}{\partial r^2} + \frac{1}{r}\cdot\frac{\partial E}{\partial r} = \frac{1}{c^2}\cdot\frac{\partial^2 E}{\partial t^2} \quad \cdots\cdots(\mathrm{b})'$$

となる。(ここで，$c$：光速)

ここで，$r >> 1$のとき，(b)´を変形して，(c)となることを導いてみよう。

まず，(c)の左辺を変形しよう。初めに，$\sqrt{r}E$を$r$で偏微分して，

$$(\sqrt{r}E)_r = (r^{\frac{1}{2}})_r E + \sqrt{r}E_r = \frac{1}{2}r^{-\frac{1}{2}}E + \sqrt{r}E_r$$

となるね。

これをさらに$r$で偏微分すると，

$$(\sqrt{r}E)_{rr} = \{(\sqrt{r}E)_r\}_r = \left(\frac{1}{2}r^{-\frac{1}{2}}E + \sqrt{r}E_r\right)_r$$

$$= -\frac{1}{4}r^{-\frac{3}{2}}E + \frac{1}{2}r^{-\frac{1}{2}}E_r + \frac{1}{2}r^{-\frac{1}{2}}E_r + \sqrt{r}E_{rr}$$

$$= \sqrt{r}\Bigl(\underbrace{-\frac{1}{4}\cdot\frac{E}{r^2}}_{0\ (\because\ r>>1)} + \frac{1}{r}E_r + E_{rr}\Bigr) \quad \cdots\cdots(\mathrm{d})$$

となる。

ここで，$r >> 1$より，$-\dfrac{1}{4}\cdot\dfrac{E}{r^2} \fallingdotseq 0$　とおけるので，近似的に，

$$E_{rr} + \frac{1}{r}E_r = \frac{1}{\sqrt{r}}\cdot\frac{\partial^2(\sqrt{r}E)}{\partial r^2} \quad \cdots\cdots(\mathrm{d})'$$

となるのはいいね。よって，

(d)´を(b)´に代入すると，

$$\frac{1}{\sqrt{r}}\cdot\frac{\partial^2(\sqrt{r}E)}{\partial r^2} = \frac{1}{c^2}\cdot\frac{\partial^2 E}{\partial t^2}$$

となる。この両辺に$\sqrt{r}$をかけると，

$$\frac{\partial^2(\sqrt{r}E)}{\partial r^2} = \frac{1}{c^2}\cdot\sqrt{r}\,\frac{\partial^2 E}{\partial t^2} = \frac{1}{c^2}\cdot\frac{\partial^2(\sqrt{r}E)}{\partial t^2}$$

となって，(c)が導ける。

$r$と$t$は独立な変数より，$\dfrac{\partial^2(\sqrt{r}E)}{\partial t^2} = \sqrt{r}\,\dfrac{\partial^2 E}{\partial t^2}$と変形できるからね。

ここで，$u(r,\ t) = \sqrt{r}E(r,\ t)$ とおくと，結局(c)は次の1次元波動方程式：

$$\frac{\partial^2 u}{\partial r^2} = \frac{1}{c^2}\cdot\frac{\partial^2 u}{\partial t^2} \quad \cdots\cdots(e)$$

に帰着する。ということは，(e)はダランベールの解：

$$u(r,\ t) = \underbrace{f\left(t - \frac{r}{c}\right)}_{\text{進行波}} + \underbrace{g\left(t + \frac{r}{c}\right)}_{\text{後退波}}$$

（後退波の項は斜線で消されている）

> $u(x,\ t)$ の1次元波動方程式
>
> $$\frac{\partial^2 u}{\partial x^2} = \frac{1}{v^2}\cdot\frac{\partial^2 u}{\partial t^2} \quad \cdots\cdots(*o)$$
>
> のダランベールの解は，
>
> $$u(x,\ t) = \underbrace{f\left(t - \frac{x}{v}\right)}_{\text{進行波}} + \underbrace{g\left(t + \frac{x}{v}\right)}_{\text{後退波}} \quad \cdots\cdots(*r)$$
>
> となる。(P42)

をもつことになるが，題意より，$z$ 軸を中心に $r$ の正方向にのみ $E$ は伝播するものとしているので，後退波の項は消去できる。よって，$u(r,\ t) = \sqrt{r}E(r,\ t) = f\left(t - \frac{r}{c}\right)$ より，

$$E(r,\ t) = \frac{1}{\sqrt{r}}f\left(t - \frac{r}{c}\right) \quad \cdots\cdots(f) \quad \text{となる。}$$

ここで，境界条件：$E(1,\ t) = E_0 \sin\omega t$ より，(f)に $r = 1$ を代入して，

$$E(1,\ t) = \frac{1}{\sqrt{1}}f\left(t - \frac{1}{c}\right) = f(t) = E_0\sin\omega t \quad \text{となる。}$$

> $\frac{1}{c} \fallingdotseq 0$ （$r = 1(\mathrm{m})$ とすると，$c \fallingdotseq 3\times 10^8(\mathrm{m/s})$ より，$\frac{1}{c} \fallingdotseq 0$ とおける。）

よって，$f\left(t - \frac{r}{c}\right) = E_0 \sin\omega\left(t - \frac{r}{c}\right)$ より，これを(f)に代入して，

解 $E(r,\ t) = \dfrac{E_0}{\sqrt{r}}\sin\omega\left(t - \dfrac{r}{c}\right)$ が求まるんだね。納得いった？

極座標や円柱座標表示のラプラシアンの問題として，ラプラス方程式と波動方程式を解いたので，この後，熱伝導方程式にもチャレンジしてみよう。

---

例題 36　有界な関数 $u(r,\ t)$ について次の偏微分方程式を解いてみよう。

$$a\left(\frac{\partial^2 u}{\partial r^2} + \frac{1}{r}\cdot\frac{\partial u}{\partial r}\right) = \frac{\partial u}{\partial t} \quad \cdots① \quad (0 < r < 1,\ 0 < t) \quad (a:\text{正の定数})$$

初期条件：$u(r,\ 0) = T_0$　（ただし，$0 \leqq r < 1$）　（$T_0$：正の定数）

境界条件：$u(1,\ t) = 0$

---

$$a\left(u_{rr}+\frac{1}{r}u_r\right)=u_t \quad \cdots\cdots①$$
初期条件 : $u(r,\ 0)=T_0$
境界条件 : $u(1,\ t)=0$

図(i)　初期条件と境界条件

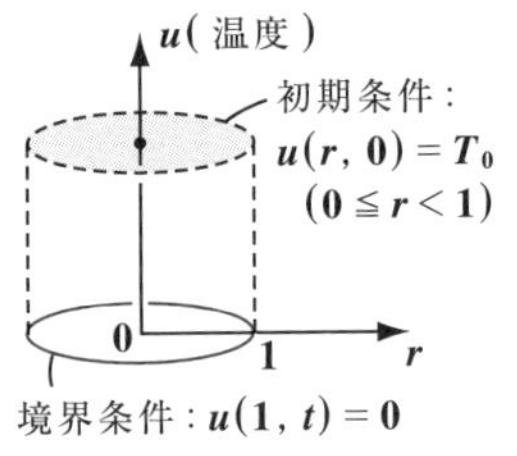


$u(r,\ t)$ は，温度分布と考えればいい。図(i)に示すように，半径 $r=1$ の円板状の物体に，初期条件：

$u(r,\ 0)=T_0$　により，一様な温度 $T_0$ が分布した状態から，境界条件：

$u(1,\ t)=0$　により，円周上の温度が $0$ に保たれるので，熱が外部に拡散していくことになる。このときの温度分布 $u(r,\ t)$ の経時変化を調べる問題なんだね。

今回も，$u(r,\ t)$ は，$\theta$ の関数ではないので，$\Delta u$ の極座標表示は，

$$\Delta u=\frac{\partial^2 u}{\partial r^2}+\frac{1}{r}\cdot\frac{\partial u}{\partial r}+\underbrace{\frac{1}{r^2}\cdot\frac{\partial^2 u}{\partial \theta^2}}_{0}=\frac{\partial^2 u}{\partial r^2}+\frac{1}{r}\cdot\frac{\partial u}{\partial r}$$ となる。

よって，この熱伝導方程式は，

$$a\left(\frac{\partial^2 u}{\partial r^2}+\frac{1}{r}\cdot\frac{\partial u}{\partial r}\right)=\frac{\partial u}{\partial t} \quad \cdots\cdots① \quad (a : \text{正の定数(温度伝導率)})$$

となるんだね。それでは，これを変数分離法により解いてみよう。まず，

$u(r,\ t)=R(r)T(t)$　……②　とおけるものとし，②を①に代入すると，

$$a\left(R''T+\frac{1}{r}R'T\right)=R\dot{T}$$　この両辺を $aRT\ (>0)$ で割って，

$$\frac{R''}{R}+\frac{1}{r}\cdot\frac{R'}{R}=\frac{\dot{T}}{aT} \quad \cdots\cdots③$$　となる。

③の左辺は $r$ のみの式，右辺は $t$ のみの式より，③が恒等的に成り立つためには，③の両辺は定数 $C$ と等しくなければならない。ここで，$C \geqq 0$ とすると矛盾が生じるので，$C<0$ となる。よって，$C=-\lambda^2\ (\lambda>0)$　とおくと，③は，

$$\frac{R''}{R}+\frac{1}{r}\cdot\frac{R'}{R}=\frac{\dot{T}}{aT}=-\lambda^2 \quad \cdots\cdots③'$$　となる。

これから，次の $2$ つの常微分方程式が導かれる。

(i) $\dot{T}=-a\lambda^2 T$　……④　　　(ii) $R''+\dfrac{1}{r}R'+\lambda^2 R=0$　……⑤

(i) まず，$\frac{dT}{dt} = -a\lambda^2 T$ …④ は，簡単な 1 階常微分方程式だから，その一般解は，

$T(t) = C_1 e^{-a\lambda^2 t}$ ……⑥ ($C_1$：任意定数) と，すぐに求まるんだね。

(ii) では次，$\frac{d^2R}{dr^2} + \frac{1}{r}\cdot\frac{dR}{dr} + \lambda^2 R = 0$ ……⑤ の解を求めてみようか？

エッ，これも簡単そうな 2 階常微分方程式だって？ とんでもない！

⑤の左辺第 2 項の係数が定数でなく $\frac{1}{r}$ であるため，これは簡単に解ける微分方程式ではない。これはベッセル方程式と呼ばれる重要な微分方程式なんだ。これを，より見やすくするために，⑤の両辺に $r^2$ をかけて，

$r^2R'' + rR' + \underbrace{\lambda^2 r^2}_{\xi^2\text{とおく。}} R = 0$ ……⑤′ とし，ここでさらに，$\underbrace{\xi}_{\text{ギリシャ文字“ゼータ”}} = \lambda r$ とおいてみよう。すると，

$$\begin{cases} R' = R_r = R_\xi \cdot \underbrace{\xi_r}_{(\lambda r)_r = \lambda} = \lambda R_\xi \\ R'' = R_{rr} = (R_r)_r = (\lambda R_\xi)_r = \lambda R_{\xi\xi} \underbrace{\xi_r}_{\lambda} = \lambda^2 R_{\xi\xi} \end{cases}$$ となる。

簡単だけど，これも連鎖的な偏微分の変形だ！

以上を⑤′に代入すると，

$\underbrace{\left(\frac{\xi}{\lambda}\right)^2}_{r^2} \cdot \underbrace{\lambda^2 R_{\xi\xi}}_{R''} + \underbrace{\frac{\xi}{\lambda}}_{r} \cdot \underbrace{\lambda R_\xi}_{R'} + \xi^2 R = 0$ より，$\xi^2 R_{\xi\xi} + \xi R_\xi + \xi^2 R = 0$ となる。

ここで，新たに変数 $\xi$ による微分を $R_\xi = R'$，$R_{\xi\xi} = R''$ とおくと，⑤′は，

$\xi^2 R'' + \xi R' + \xi^2 R = 0$ ……⑤″ となるんだね。

一般に，$x$ の関数 $y = y(x)$ の 2 階常微分方程式：

$x^2 y'' + xy' + (x^2 - \alpha^2)y = 0$ ……$(*d_0)$ ($\alpha$ : 0 以上の定数)

は **“ベッセルの微分方程式”** と呼ばれる方程式で，その解は次のようになる。(ただし，$J_\alpha(x)$，$J_{-\alpha}(x)$，$Y_\alpha(x)$：ベッセル関数)

(i) $\alpha$ が整数でないとき，$y = C_1 J_\alpha(x) + C_2 J_{-\alpha}(x)$

(ii) $\alpha$ が整数のとき，$y = C_1 J_\alpha(x) + C_2 Y_\alpha(x)$

従って，⑤″ は，$R = R(\xi)$ の $\alpha = \underbrace{0}_{\text{整数}}$ のときのベッセルの微分方程式になっているので，その解は，$R = C_1 J_0(\xi) + C_2 Y_0(\xi) = C_1 J_0(\lambda r) + C_2 Y_0(\lambda r)$ で表されることになるんだね。エッ，急に難しくなってよく分からないって!? 当然だね。ここまでは，ベッセルの微分方程式やベッセル関数の予告編みたいなものなんだ。これから，次の節でキチンと解説しよう。

## §2. ベッセルの微分方程式とベッセル関数

極座標や円柱座標で表示されたラプラシアンを含む微分方程式を変数分離法により解こうとすると，**ベッセルの微分方程式**が現れる。そして，この解は，**ベッセル関数**と呼ばれる無限級数関数で表される。従って，円周上の境界条件をもつ波動方程式や熱伝導方程式，それにラプラス方程式を解く場合，このベッセルの微分方程式とベッセル関数は避けては通れないんだね。

ベッセルの微分方程式の級数解として，ベッセル関数が導かれるんだけれど，ここでは，偏微分方程式を解くのに必要なベッセル関数の様々な性質について詳しく解説しよう。特に，ベッセル関数には三角関数と同様に**直交性**があることも示す。つまり，ベッセル関数による級数展開が可能であるということなんだね。面白そうだろう？

### ● ベッセルの微分方程式の解を導こう！

**ベッセルの微分方程式** (*Bessel's differential equation*)

$x^2y''+xy'+(x^2-\alpha^2)y=0$ ……$(*d_0)$ （$\alpha$：0以上の定数）

の解は，次のような**フロベニウス級数**： （$\lambda$ と $a_k$ を求める。）

$y=x^\lambda\sum_{k=0}^{\infty}a_kx^k=\sum_{k=0}^{\infty}a_kx^{k+\lambda}$ ……① $(a_0\neq0)$ の形で表される。

①を $x$ で1階，2階微分して，

$y'=\sum_{k=0}^{\infty}(k+\lambda)a_kx^{k+\lambda-1}$ …①′，$y''=\sum_{k=0}^{\infty}(k+\lambda)(k+\lambda-1)a_kx^{k+\lambda-2}$ …①″

①，①′，①″を $(*d_0)$ に代入して，各係数を調べると，次のようになる。

$(\lambda^2-\alpha^2)a_0=0$ ……………………………②

$\{(\lambda+1)^2-\alpha^2\}a_1=0$ ……………………③ （「常微分方程式キャンパス・ゼミ」を参照）

$(k+\lambda+\alpha)(k+\lambda-\alpha)a_k+a_{k-2}=0$ ……④ $(k=2, 3, 4, \cdots)$

$a_0\neq0$ より，②から，$\lambda=\pm\alpha$ となる。

③では，$a_1\neq0$ とすると，$\alpha=\frac{1}{2}$ と決まってしまう。しかし，$\alpha$ は本来ベッセルの微分方程式で与えられるものなので，$a_1=0$ としなければならない。

（$a_1\neq0$ のとき，
$(\pm\alpha+1)^2-\alpha^2=0$
$\pm2\alpha+1=0$
$\alpha=\frac{1}{2}$ $(\because\alpha\geqq0)$）

④より，　$a_k = -\dfrac{1}{(k+\lambda+\alpha)(k+\lambda-\alpha)}a_{k-2}$ ……⑤ ← $a_k$ と $a_{k-2}$ の漸化式

ここで，$a_1 = 0$ より⑤から $a_1 = a_3 = a_5 = a_7 = \cdots = a_{2k-1} = \cdots = 0$ と，奇数項は $0$ となる。

次に $\lambda = \pm\alpha$ より，(ⅰ) $\lambda = \alpha$ と (ⅱ) $\lambda = -\alpha$ のときについて調べる。

(ⅰ) $\lambda = \alpha$ のとき，⑤は，

$$a_k = -\frac{1}{k(2\alpha+k)}a_{k-2} \quad \cdots\cdots ⑤' \quad (k = 2, 4, 6, \cdots)$$ となる。⑤′より，

$k = 2$ のとき，$a_2 = -\dfrac{1}{2\cdot 2(\alpha+1)}a_0$

$k = 4$ のとき，$a_4 = -\dfrac{1}{4(2\alpha+4)}a_2 = \dfrac{1}{2\cdot 4\times 2^2(\alpha+1)(\alpha+2)}a_0$

$k = 6$ のとき，$a_6 = -\dfrac{1}{6(2\alpha+6)}a_4 = -\dfrac{1}{2\cdot 4\cdot 6\times 2^3(\alpha+1)(\alpha+2)(\alpha+3)}a_0$

以下同様にして，

$$a_{2k} = \frac{(-1)^k}{\underbrace{2\cdot 4\cdot 6\cdots\cdots(2k)}_{2^k\times 1\cdot 2\cdot 3\cdots\cdots k = 2^k\cdot k!}\times 2^k(\alpha+1)(\alpha+2)(\alpha+3)\cdots(\alpha+k)}\cdot a_0$$

$$= \frac{(-1)^k}{2^{2k}\cdot k!(\alpha+1)(\alpha+2)\cdots(\alpha+k)}\cdot a_0 \quad \cdots ⑥ \quad (k = 1, 2, 3, \cdots)$$ となる。

よって，ベッセルの微分方程式 ($*d_0$) の解の $1$ つ $y_1$ は，

$$y_1 = \sum_{k=0}^{\infty} a_{2k}x^{2k+\alpha} = a_0x^{\alpha} + a_2x^{2+\alpha} + \cdots + a_{2k}x^{2k+\alpha} + \cdots \quad \cdots\cdots ⑦$$ となる。（$\alpha$ ← $\lambda$）

ここで，$a_0$ は任意より，$a_0 = \dfrac{1}{2^{\alpha}\cdot\Gamma(\alpha+1)}$ とおくと，

$$a_{2k}x^{2k+\alpha} = \frac{(-1)^k}{2^{2k}\cdot k!(\alpha+k)\cdots(\alpha+2)(\alpha+1)}\cdot\frac{1}{2^{\alpha}\cdot\underbrace{\Gamma(\alpha+1)}_{\alpha\cdot(\alpha-1)(\alpha-2)\cdots}}x^{2k+\alpha}$$

$$= \frac{(-1)^k}{k!\Gamma(\alpha+k+1)}\left(\frac{x}{2}\right)^{2k+\alpha} \quad \cdots\cdots ⑧$$

ガンマ関数 $\Gamma(p) = \int_0^{\infty}x^{p-1}e^{-x}dx \ (p > 0)$ は，$\Gamma(p+1) = p\Gamma(p)$ の性質をもつので，
$\Gamma(\alpha+1) = \alpha(\alpha-1)(\alpha-2)\cdots\cdots$ となる。また，
$(\alpha+k)(\alpha+k-1)\cdots(\alpha+2)(\alpha+1)\times\alpha(\alpha-1)(\alpha-2)\cdots = \Gamma(\alpha+k+1)$ とも表せる。

そして，⑧を⑦に代入したベッセルの微分方程式の**1**つの解を“**α次の第1種ベッセル関数**”(***Bessel function of the first kind of order*** $\alpha$)と呼び，これを$J_\alpha(x)$と表す。

$$y_1 = \sum_{k=0}^{\infty} a_{2k} x^{2k+\alpha} \quad \cdots\cdots ⑦$$

$$a_{2k} x^{2k+\alpha} = \frac{(-1)^k}{k!\Gamma(\alpha+k+1)}\left(\frac{x}{2}\right)^{2k+\alpha} \quad \cdots ⑧$$

$$\therefore J_\alpha(x) = \sum_{k=0}^{\infty} \frac{(-1)^k}{k!\Gamma(\alpha+k+1)}\left(\frac{x}{2}\right)^{2k+\alpha} \quad \cdots\cdots (*e_0)$$

(ⅱ)$\lambda = -\alpha$のときは，$(*e_0)$の$\alpha$に$-\alpha$を代入すればいいので，

$$J_{-\alpha}(x) = \sum_{k=0}^{\infty} \frac{(-1)^k}{k!\Gamma(-\alpha+k+1)}\left(\frac{x}{2}\right)^{2k-\alpha} \quad \cdots\cdots (*e_0)'$$ となる。

ここで，$\alpha \fallingdotseq n$ $(n = 0, 1, 2, \cdots)$，すなわち$\alpha$が整数でなければ，$J_\alpha(x)$と$J_{-\alpha}(x)$は**1**次独立な解となるので，ベッセルの微分方程式$(*d_0)$の解は，$y = C_1 J_\alpha(x) + C_2 J_{-\alpha}(x)$となる。

しかし，$\alpha = n$ $(n = 0, 1, 2, \cdots)$，すなわち$\alpha$が**0**以上の整数のとき，$J_n(x)$と$J_{-n}(x)$の間には$J_{-n}(x) = (-1)^n J_n(x)$の関係が成り立ち，**1**次従属となる。よって，$J_n(x)$以外に**1**次独立なもう**1**つの解を$y = u(x)J_n(x)$とおいて，ベッセルの微分方程式$(*d_0)$に代入して$u(x)$を求めると，

$$u(x) = \int \frac{C_1}{x \cdot J_n{}^2(x)}dx + C_2 \quad (C_1, C_2：任意定数)$$ となる。←「常微分方程式キャンパス・ゼミ」参照

ここで，$C_1 = 1$，$C_2 = 0$とおいて，$J_n(x)$とは独立なもう**1**つの解$u(x)J_n(x)$を求めることができる。これを“**$n$次の第2種ベッセル関数**”(***Bessel function of the second kind of order n***)と呼び，$Y_n(x)$で表す。

$$\therefore Y_n(x) = J_n(x)\int \frac{1}{xJ_n{}^2(x)}dx$$ となる。以上をまとめて次に示す。

## ベッセルの微分方程式の解

ベッセルの微分方程式：$x^2y'' + xy' + (x^2 - \alpha^2)y = 0 \quad \cdots(*d_0) \quad (\alpha \geqq 0)$
の一般解は次のようになる。

(Ⅰ)$\alpha \fallingdotseq n$ $(n = 0, 1, 2, \cdots)$のとき，

$y = C_1 J_\alpha(x) + C_2 J_{-\alpha}(x)$ $(J_\alpha(x)$：**$\alpha$**次の第**1**種ベッセル関数)

(Ⅱ)$\alpha = n$ $(n = 0, 1, 2, \cdots)$のとき，

$y = C_1 J_n(x) + C_2 Y_n(x)$ $(Y_n(x)$：**$n$**次の第**2**種ベッセル関数)

これまでの内容について，より詳しくお知りになりたい方は**「常微分方程式キャンパス・ゼミ」**で学習されることを勧めます。

それでは，ベッセル関数に慣れるために，$J_0(x)$ と $J_1(x)$ を具体的に書き下してみよう。

$$J_0(x)=\sum_{k=0}^{\infty}\frac{(-1)^k}{k!\underbrace{\Gamma(k+1)}_{k!}}\left(\frac{x}{2}\right)^{2k} \longleftarrow \text{（}(*e_0)\text{ の }\alpha\text{ に }\alpha=0\text{ を代入したもの）}$$

$$=\sum_{k=0}^{\infty}\frac{(-1)^k x^{2k}}{(2^k\cdot k!)^2}=1-\frac{x^2}{2^2}+\frac{x^4}{2^2\cdot 4^2}-\frac{x^6}{2^2\cdot 4^2\cdot 6^2}+\frac{x^8}{2^2\cdot 4^2\cdot 6^2\cdot 8^2}-\cdots$$

$$J_1(x)=\sum_{k=0}^{\infty}\frac{(-1)^k}{k!\underbrace{\Gamma(k+2)}_{(k+1)!}}\left(\frac{x}{2}\right)^{2k+1} \longleftarrow \text{（}(*e_0)\text{ の }\alpha\text{ に }\alpha=1\text{ を代入したもの）}$$

$$=\sum_{k=0}^{\infty}\frac{(-1)^k x^{2k+1}}{(2^k\cdot k!)^2(2k+2)}=\frac{x}{2}-\frac{x^3}{2^2\cdot 4}+\frac{x^5}{2^2\cdot 4^2\cdot 6}-\frac{x^7}{2^2\cdot 4^2\cdot 6^2\cdot 8}+\cdots$$

また，第1種のベッセル関数 $J_0(x)$，$J_1(x)$，$J_2(x)$，$J_3(x)$ のグラフを図1に示す。すべて有界で，減衰振動のような曲線ではあるけれど，$x$ 軸と交わる点(これを“**零点**”という)は等間隔ではないことに気を付けよう。

図1　第1種ベッセル関数

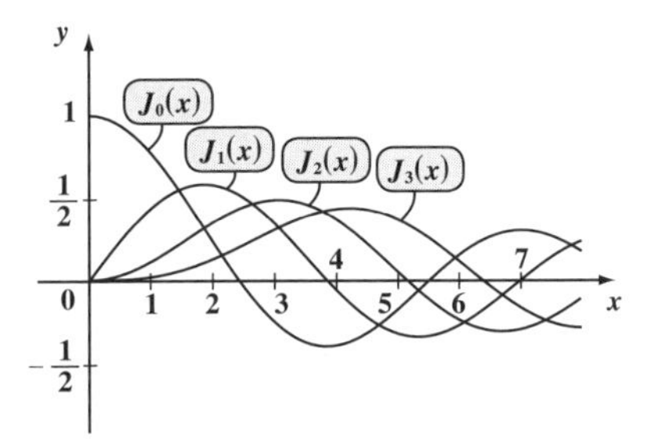


さらに，第2種のベッセル関数 $Y_0(x)$ と $Y_1(x)$ のグラフも図2に示す。これは第1種のベッセル関数とは違って，$x\to+0$ のとき $-\infty$ に発散する，有界でない関数であることに注意しよう。

図2　第2種ベッセル関数

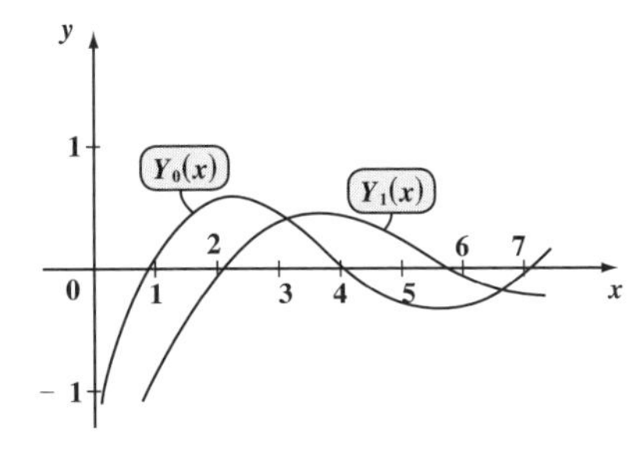


このために，$\alpha=n$ (整数)のときベッセルの微分方程式の解が

$y=C_1J_n(x)+C_2Y_n(x)$ と

与えられても，$y$ が有界であるという条件があれば，必然的に $C_2=0$ となって，$y=C_1J_n(x)$ と持ち込めるんだね。重要なことだからシッカリ頭に入れておこう。

## ● ベッセル関数の微分・積分公式を押さえよう！

それではこれから，偏微分方程式を解くのに必要な，

第1種ベッセル関数 $J_\alpha(x)=\sum_{k=0}^{\infty}\frac{(-1)^k}{k!\Gamma(\alpha+k+1)}\left(\frac{x}{2}\right)^{2k+\alpha}$ ……(＊$e_0$)

の重要な公式について解説しよう。

ここでは，$J_\alpha(x)$ の微分・積分公式について示す。ではまず，微分公式を示す。

**$J_\alpha(x)$ の微分公式**

(1) $\frac{d}{dx}\{x^\alpha J_\alpha(x)\}=x^\alpha J_{\alpha-1}(x)$ …………(＊$f_0$)

(2) $\frac{d}{dx}\{x^{-\alpha} J_\alpha(x)\}=-x^{-\alpha} J_{\alpha+1}(x)$ ……(＊$g_0$)

(1) の公式 (＊$f_0$) を証明しよう。

(＊$f_0$) の左辺 $=\frac{d}{dx}\{x^\alpha \underline{J_\alpha(x)}\}=\frac{d}{dx}\left\{x^\alpha \sum_{k=0}^{\infty}\frac{(-1)^k}{k!\Gamma(\alpha+k+1)}\left(\frac{x}{2}\right)^{2k+\alpha}\right\}$ （公式 (＊$e_0$)）

$$=\frac{d}{dx}\left\{\sum_{k=0}^{\infty}\frac{(-1)^k x^{2\alpha+2k}}{k!\Gamma(\alpha+k+1)\cdot 2^{2k+\alpha}}\right\}$$

$$=\sum_{k=0}^{\infty}\frac{(-1)^k\,2(\alpha+k)\,x^{2\alpha+2k-1}}{k!\,\Gamma(\alpha+k+1)\,2^{2k+\alpha-1}\cdot 2}$$

（Σ計算と微分操作の順序を入れ替えられるものとした。）

（$\Gamma(\alpha+k+1)=(\alpha+k)\Gamma(\alpha+k)$）

$$=x^\alpha\sum_{k=0}^{\infty}\frac{(-1)^k}{k!\Gamma((\alpha-1)+k+1)}\left(\frac{x}{2}\right)^{2k+\alpha-1}$$

$=x^\alpha J_{\alpha-1}(x)=$ (＊$f_0$) の右辺　よって，(＊$f_0$) は成り立つんだね。

次，(2) の公式 (＊$g_0$) も証明しておこう。

(＊$g_0$) の左辺 $=\frac{d}{dx}\{x^{-\alpha} \underline{J_\alpha(x)}\}=\frac{d}{dx}\left\{x^{-\alpha} \sum_{k=0}^{\infty}\frac{(-1)^k}{k!\Gamma(\alpha+k+1)}\left(\frac{x}{2}\right)^{2k+\alpha}\right\}$ （公式 (＊$e_0$)）

$$=\frac{d}{dx}\left\{\sum_{k=0}^{\infty}\frac{(-1)^k x^{2k}}{k!\Gamma(\alpha+k+1)\cdot 2^{2k+\alpha}}\right\}$$

$$=\sum_{k=1}^{\infty}\frac{(-1)^k\,2k\,x^{2k-1}}{k!\,\Gamma(\alpha+k+1)\,2^{2k+\alpha-1}\cdot 2}$$

（Σ計算と微分操作の順序を入れ替えられるものとした。）

（$k!=k(k-1)!$）

（$k=0$ のときの項は定数となるので，これを $x$ で微分すると $0$ になる。よって，$k=1$ スタートでいいね。）

$(*g_0)$ の左辺 $= \sum_{k=1}^{\infty} \frac{(-1)^k x^{2k-1}}{(k-1)!\Gamma(\alpha+k+1)2^{2k+\alpha-1}}$

$= \sum_{k=0}^{\infty} \frac{(-1)^{k+1} x^{2k+1}}{k!\Gamma(\alpha+k+2)2^{2k+\alpha+1}}$ ← また，$k=0$ スタートに書き替えた。($k$ の代わりに $k+1$ を入れた。)

$= -x^{-\alpha} \sum_{k=0}^{\infty} \frac{(-1)^k}{k!\Gamma((\alpha+1)+k+1)} \left(\frac{x}{2}\right)^{2k+\alpha+1}$

$= -x^{-\alpha} J_{\alpha+1}(x) = (*g_0)$ の右辺　よって，$(*g_0)$ も成り立つ。

では次，$(*f_0)$ と $(*g_0)$ の両辺を $x$ で積分することにより，次のベッセル関数に関する積分公式が成り立つことも分かるだろう。

## $J_\alpha(x)$ の積分公式

(1) $\int x^\alpha J_{\alpha-1}(x)\,dx = x^\alpha J_\alpha(x) + C$ …………$(*f_0)'$

(2) $\int x^{-\alpha} J_{\alpha+1}(x)\,dx = -x^{-\alpha} J_\alpha(x) + C$ ……$(*g_0)'$　($C$：任意定数)

それでは，次の例題で少し練習しておこう。

例題 **37**　次の微分と積分計算をやってみよう。

(1) $\frac{d}{dx}\{x^3 J_1(x)\}$　　(2) $\int x^4 J_1(x)\,dx$

(1) $\frac{d}{dx}\{x^2 \cdot xJ_1(x)\} = 2x \cdot xJ_1(x) + x^2 \cdot \underline{\frac{d}{dx}\{x^1 \cdot J_1(x)\}}$ ← $(f\cdot g)' = f'\cdot g + f\cdot g'$

（下線部）$= x^1 J_0(x)$ ← 公式 $(*f_0)$ より，$\frac{d}{dx}\{x^\alpha J_\alpha(x)\} = x^\alpha J_{\alpha-1}(x)$

$= 2x^2 J_1(x) + x^3 J_0(x)$　となる。

(2) $\int x^2 \cdot \underline{\underline{x^2 J_1(x)}}\,dx = \int x^2 \cdot \underline{\underline{\{x^2 J_2(x)\}'}}\,dx$ ← 公式 $(*f_0)'$ より，$\int x^\alpha J_{\alpha-1}(x)\,dx = x^\alpha J_\alpha(x)$

$= x^2 \cdot x^2 J_2(x) - \int 2x \cdot x^2 J_2(x)\,dx$ ← 部分積分：$\int f\cdot g'\,dx = f\cdot g - \int f'\cdot g\,dx$

$= x^4 J_2(x) - 2\underline{\int x^3 J_2(x)\,dx}$

（下線部）$= x^3 J_3(x) + C'$ ← 公式 $(*f_0)'$ より

$= x^4 J_2(x) - 2x^3 J_3(x) + C$　となる。

## ● ベッセル関数にも直交性がある！

$\sin\frac{m\pi}{L}x$ と $\sin\frac{n\pi}{L}x$ の積を区間 $[0, L]$ で積分すると，次の公式：

$$\int_0^L \sin\frac{m\pi}{L}x\cdot\sin\frac{n\pi}{L}x\,dx = \begin{cases} \frac{L}{2} & (m=n\text{ のとき}) \\ 0 & (m\neq n\text{ のとき}) \end{cases} \quad \cdots\cdots(*v)\ (\text{P90})$$

が成り立つことは覚えているね。これは，$\sin\frac{\pi}{L}x$，$\sin\frac{2\pi}{L}x$，$\sin\frac{3\pi}{L}x$，…が区間 $[0, L]$ で直交関数系であることを示していて，この直交性の性質があるからこそ，$f(x)$ をフーリエサイン級数展開：

$f(x)=\sum_{m=1}^{\infty} b_m\sin\frac{m\pi}{L}x$ …………$(*w)$ したとき，その係数 $b_m$ を

$b_m=\frac{2}{L}\int_0^L f(x)\sin\frac{m\pi}{L}x\,dx$ …$(*w)'$ により，求めることができたんだね。

この直交系は，何も $\sin\frac{m\pi}{L}x$ に限ったことではない。一般のフーリエ級数では，$1$，$\sin\frac{\pi}{L}x$，$\cos\frac{\pi}{L}x$，$\sin\frac{2\pi}{L}x$，$\cos\frac{2\pi}{L}x$，… が区間 $[-L, L]$ で直交系をなすことが分かっている。

一般に，関数の集合 $\{\phi_1(x), \phi_2(x), \phi_3(x), \cdots\}$ が，"**重み**" (*Weight function*) $w(x)(\geqq 0)$ に関して，区間 $[a, b]$ で直交系であるとき，次式が成り立つ。

$$\int_a^b \phi_m(x)\phi_n(x)\underbrace{w(x)}_{\text{重み}}\,dx = \begin{cases} C_m & (m=n\text{ のとき}) \\ 0 & (m\neq n\text{ のとき}) \end{cases} \quad \cdots\cdots(*h_0)$$

（ただし，$C_m\neq 0$，$C_m$ は，$m$ に依存するとは限らない。）

従って，重みも考慮に入れれば，$\left\{\sqrt{w(x)}\,\phi_m(x)\right\}(m=1, 2, 3, \cdots)$ が直交系をなすといってもいいんだね。そして，$\left\{\sin\frac{m\pi}{L}x\right\}(m=1, 2, 3, \cdots)$ の場合，この重み $w(x)=1$ の特殊な場合であると考えることができる。

関数の集合 $\{\phi_m(x)\}(m=1, 2, \cdots)$ が $(*h_0)$ をみたすとき，$\sum_{k=1}^{\infty} b_k\phi_k(x)$ が区間 $[a, b]$ で定義されたある関数 $f(x)$ に一様収束するならば，

$f(x)$ は $\{\phi_m(x)\}$ $(m=1, 2, \cdots)$ によって次のように級数展開できる。

$$f(x)=\sum_{m=1}^{\infty} b_m\phi_m(x)=b_1\phi_1(x)+b_2\phi_2(x)+\cdots+b_m\phi_m(x)+\cdots$$

よって，この両辺に，$\phi_m(x)w(x)$ をかけて，区間 $[a, b]$ で積分すると

一様収束の条件より，$\Sigma$ 計算と積分操作の順序を入れ替えられる。

$$\int_a^b f(x)\phi_m(x)w(x)\,dx=b_1\underbrace{\int_a^b \phi_1(x)\phi_m(x)w(x)\,dx}_{0\ (\because m\neq 1)}+b_2\underbrace{\int_a^b \phi_2(x)\phi_m(x)w(x)\,dx}_{0\ (\because m\neq 2)}$$

$$+\cdots+b_m\underbrace{\int_a^b \phi_m{}^2(x)w(x)\,dx}_{\neq 0}+\cdots$$

$(*h_0)$ により，この項のみが残る。

$\therefore \int_a^b f(x)\phi_m(x)w(x)\,dx=b_m\int_a^b \phi_m{}^2(x)w(x)\,dx$ より，係数 $b_m$ を

$$b_m=\frac{\int_a^b f(x)\phi_m(x)w(x)\,dx}{\int_a^b \phi_m{}^2(x)w(x)\,dx}$$

により求めることができるんだね。納得いった？

では，一般論の解説はこの位にして，またベッセル関数 $J_\alpha(x)$ に話を戻そう。このベッセル関数も直交系をなすことをこれから順を追って解説していく。

極座標(または円柱座標)表示のラプラシアンを含む偏微分方程式を変数分離法によって解くとき，次の形の常微分方程式がよく出てくる。

$$x^2y''+xy'+(\lambda^2x^2-\alpha^2)y=0 \quad \cdots\cdots①$$

これは，$\lambda x=\zeta$ と，変数を $x$ から $\zeta$(ゼータ)に置き換えれば，ベッセルの微分方程式であることが分かる。すなわち，

$$\begin{cases} y'=y_x=y_\zeta\cdot\zeta_x=y_\zeta\cdot\lambda=\lambda y_\zeta & \cdots\cdots② \\ y''=y_{xx}=(y_x)_x=(\lambda y_\zeta)_x=\lambda(y_\zeta)_x=\lambda y_{\zeta\zeta}\underbrace{\zeta_x}_{\lambda}=\lambda^2y_{\zeta\zeta} & \cdots\cdots③ \end{cases}$$

②，③を①に代入すると，

$$\frac{\zeta^2}{\lambda^2}\cdot\lambda^2y_{\zeta\zeta}+\frac{\zeta}{\lambda}\cdot\lambda y_\zeta+(\zeta^2-\alpha^2)y=0$$ より，$y_{\zeta\zeta}=y''$，$y_\zeta=y'$ とおくと，

$\zeta^2y''+\zeta y'+(\zeta^2-\alpha^2)y=0$ と，ベッセルの微分方程式になる。

よって，$\alpha=n$(整数)のとき，①の解は，

$y=C_1J_n(\zeta)+C_2Y_n(\zeta)=C_1J_n(\lambda x)+C_2Y_n(\lambda x)$ となるし，

また，$\alpha \fallingdotseq n$( 整数 ) のときは，①の解は，

$y = C_1J_\alpha(\zeta) + C_2J_{-\alpha}(\zeta) = C_1J_\alpha(\lambda x) + C_2J_{-\alpha}(\lambda x)$ となるんだね。

このように，偏微分方程式の解法において，出てくるベッセル関数は，$J_\alpha(\lambda x)$ の形をしており，ベッセル関数の直交性の公式も，ちょっと先回りして示すと，

$$\int_0^1 J_\alpha(\lambda x)J_\alpha(\mu x)\underset{\text{重み}}{\underline{x}}\,dx = \begin{cases} (0\text{ でない定数}) & (\lambda = \mu\text{ のとき}) \\ 0 & (\lambda \fallingdotseq \mu\text{ のとき}) \end{cases}$$ となるんだね。

このように目標が定まったので，この結果に向かって進んで行こう！

それではまず，次のベッセル関数の直交性の公式を示す。

## ベッセル関数の直交性 ( I )

$\lambda$ と $\mu$ を異なる定数とするとき，次式が成り立つ。

$$\int_0^1 \underset{\text{重み}}{\underline{x}}\,J_\alpha(\lambda x)J_\alpha(\mu x)\,dx = \frac{\mu J_\alpha(\lambda)J_\alpha{}'(\mu) - \lambda J_\alpha(\mu)J_\alpha{}'(\lambda)}{\lambda^2 - \mu^2} \quad \cdots(*i_0)$$

$(*i_0)$ が成り立つことを早速証明してみよう。

$y_1 = J_\alpha(\lambda x)$，$y_2 = J_\alpha(\mu x)$ とおくと，これらはそれぞれ次のベッセルの微分方程式の解になるんだね。

$$\begin{cases} x^2y_1{}'' + xy_1{}' + (\lambda^2x^2 - \alpha^2)y_1 = 0 & \cdots\cdots① \\ x^2y_2{}'' + xy_2{}' + (\mu^2x^2 - \alpha^2)y_2 = 0 & \cdots\cdots② \quad (\lambda \fallingdotseq \mu) \end{cases}$$

ここで，① $\times y_2 -$ ② $\times y_1$ を求めると，

$$x^2(y_1{}''y_2 - y_1y_2{}'') + x(y_1{}'y_2 - y_1y_2{}') + (\lambda^2 - \mu^2)x^2y_1y_2 = 0$$

両辺を $x(\fallingdotseq 0)$ で割って，まとめよう。

$$x(\underline{y_1{}''y_2 - y_1y_2{}''}) + (y_1{}'y_2 - y_1y_2{}') = -(\lambda^2 - \mu^2)xy_1y_2$$

$(y_1{}'y_2 - y_1y_2{}')' = y_1{}''y_2 + \cancel{y_1{}'y_2{}'} - (\cancel{y_1{}'y_2{}'} + y_1y_2{}'')$

$$\underline{x \cdot \frac{d}{dx}(y_1{}'y_2 - y_1y_2{}') + (y_1{}'y_2 - y_1y_2{}')} = -(\lambda^2 - \mu^2)xy_1y_2$$

$\{x(y_1{}'y_2 - y_1y_2{}')\}' = x \cdot (y_1{}'y_2 - y_1y_2{}')' + 1 \cdot (y_1{}'y_2 - y_1y_2{}')$

$$\frac{d}{dx}\{x(y_1{}'y_2 - y_1y_2{}')\} = -(\lambda^2 - \mu^2)xy_1y_2$$

よって，この両辺を積分区間 $[0, 1]$ で $x$ により積分すると，

$$-(\lambda^2-\mu^2)\int_0^1 x\underbrace{y_1}_{J_\alpha(\lambda x)}\underbrace{y_2}_{J_\alpha(\mu x)}\,dx = [x(\underbrace{y_1{}'}_{\lambda J_\alpha{}'(\lambda x)}y_2 - y_1\underbrace{y_2{}'}_{\mu J_\alpha{}'(\mu x)})]_0^1$$

ここで，$y_1 = J_\alpha(\lambda x)$，$y_2 = J_\alpha(\mu x)$，$y_1{}' = \lambda J_\alpha{}'(\lambda x)$，$y_2{}' = \mu J_\alpha{}'(\mu x)$ より，

$$(\lambda^2-\mu^2)\int_0^1 xJ_\alpha(\lambda x)J_\alpha(\mu x)\,dx = -[x\{\lambda J_\alpha{}'(\lambda x)J_\alpha(\mu x) - J_\alpha(\lambda x)\cdot\mu J_\alpha{}'(\mu x)\}]_0^1$$

$$= -1\cdot\{\lambda J_\alpha{}'(\lambda)J_\alpha(\mu) - \mu J_\alpha(\lambda)J_\alpha{}'(\mu)\}$$

$$= \mu J_\alpha(\lambda)J_\alpha{}'(\mu) - \lambda J_\alpha(\mu)J_\alpha{}'(\lambda)$$

よって，両辺を $\lambda^2-\mu^2(\neq 0)$ で割れば，

$$\int_0^1 xJ_\alpha(\lambda x)J_\alpha(\mu x)\,dx = \frac{\mu J_\alpha(\lambda)J_\alpha{}'(\mu) - \lambda J_\alpha(\mu)J_\alpha{}'(\lambda)}{\lambda^2-\mu^2} \quad \cdots\cdots(*i_0)$$ が

導けるんだね。納得いった？

では次，この $(*i_0)$ を基に次の公式が成り立つ。

**ベッセル関数の直交性（Ⅱ）**

$(*i_0)$ を基に，$\mu\to\lambda$ の極限をとれば，次式が成り立つ。

$$\int_0^1 xJ_\alpha{}^2(\lambda x)\,dx = \frac{1}{2}\left\{J_\alpha{}'^2(\lambda) + \left(1-\frac{\alpha^2}{\lambda^2}\right)J_\alpha{}^2(\lambda)\right\} \quad \cdots\cdots(*j_0)$$

$(*i_0)$ の右辺を $\mu$ の関数と考え，$\mu\to\lambda$ の極限は $\dfrac{0}{0}$ 不定形となるので，**"ロピタルの定理"** を使えばいいんだね。

$\mu\to\lambda$ のとき，$(*i_0)$ は，

$$\int_0^1 xJ_\alpha(\lambda x)J_\alpha(\lambda x)\,dx = \lim_{\mu\to\lambda}\frac{\lambda J_\alpha{}'(\lambda)J_\alpha(\mu) - J_\alpha(\lambda)\cdot\mu J_\alpha{}'(\mu)}{\mu^2-\lambda^2}$$

$(*i_0)$ の右辺の分子・分母に $-1$ をかけた。

$$= \lim_{\mu\to\lambda}\frac{\lambda J_\alpha{}'(\lambda)J_\alpha{}'(\mu) - J_\alpha(\lambda)\{1\cdot J_\alpha{}'(\mu) + \mu J_\alpha{}''(\mu)\}}{2\mu}$$

ロピタルの定理より，分子・分母を $\mu$ で微分したものの極限を求める。

$$= \frac{\lambda J_\alpha{}'(\lambda)J_\alpha{}'(\lambda) - J_\alpha(\lambda)\{J_\alpha{}'(\lambda) + \lambda J_\alpha{}''(\lambda)\}}{2\lambda}$$

以上より，

$$\int_0^1 xJ_\alpha{}^2(\lambda x)\,dx = \frac{\lambda J_\alpha{}'^2(\lambda) - J_\alpha(\lambda)J_\alpha{}'(\lambda) - \lambda J_\alpha(\lambda)J_\alpha{}''(\lambda)}{2\lambda} \quad \cdots\cdots③$$ となる。

$$\int_0^1 xJ_\alpha{}^2(\lambda x)\,dx = \frac{\lambda J_\alpha{}'^2(\lambda) - J_\alpha(\lambda)J_\alpha{}'(\lambda) - \lambda J_\alpha(\lambda)J_\alpha{}''(\lambda)}{2\lambda} \quad \cdots\cdots ③$$ の

$J_\alpha{}''(\lambda)$ は，ベッセルの微分方程式：

$\lambda^2 J_\alpha{}''(\lambda) + \lambda J_\alpha{}'(\lambda) + (\lambda^2 - \alpha^2)J_\alpha(\lambda) = 0$　をみたすので，

$$J_\alpha{}''(\lambda) = -\frac{1}{\lambda}J_\alpha{}'(\lambda) - \left(1 - \frac{\alpha^2}{\lambda^2}\right)J_\alpha(\lambda) \quad \cdots\cdots ④$$ となる。

④を③に代入すると，

$$\int_0^1 xJ_\alpha{}^2(\lambda x)\,dx = \frac{\lambda J_\alpha{}'^2(\lambda) - J_\alpha(\lambda)J_\alpha{}'(\lambda) - \lambda J_\alpha(\lambda)\left\{-\frac{1}{\lambda}J_\alpha{}'(\lambda) - \left(1 - \frac{\alpha^2}{\lambda^2}\right)J_\alpha(\lambda)\right\}}{2\lambda}$$

$$\therefore \int_0^1 xJ_\alpha{}^2(\lambda x)\,dx = \frac{1}{2}\left\{J_\alpha{}'^2(\lambda) + \left(1 - \frac{\alpha^2}{\lambda^2}\right)J_\alpha{}^2(\lambda)\right\} \quad \cdots\cdots (*j_0)$$ が導ける。

この $(*j_0)$ は，$\lambda = \mu$ のとき，$\int_0^1 xJ_\alpha(\lambda x)J_\alpha(\mu x)\,dx \neq 0$ であることを示している。

では，$\lambda \neq \mu$ のとき，$\int_0^1 xJ_\alpha(\lambda x)J_\alpha(\mu x)\,dx = 0$ であることも示そう。

## ベッセル関数の直交性（Ⅲ）

$\lambda$ と $\mu$ が，$C_1J_\alpha(x) + C_2xJ_\alpha{}'(x) = 0$　$\cdots$⑤（$C_1, C_2$：少なくとも 1 つは 0 でない定数）の異なる解であるとき，$(*i_0)$ から，次式が成り立つ。

$$\int_0^1 xJ_\alpha(\lambda x)J_\alpha(\mu x)\,dx = 0 \quad \cdots\cdots\cdots\cdots\cdots\cdots\cdots (*k_0)$$

これから，$J_\alpha(\lambda x)$ と $J_\alpha(\mu x)$ は重み $x$ に関して，$[0, 1]$ で直交すると言ってもいいし，また，$\sqrt{x}J_\alpha(\lambda x)$ と $\sqrt{x}J_\alpha(\mu x)$ は $[0, 1]$ で直交すると言ってもいい。

$\lambda$ と $\mu$ は，⑤の異なる解より，

$$\begin{cases} C_1J_\alpha(\lambda) + C_2\lambda J_\alpha{}'(\lambda) = 0 & \cdots\cdots ⑥ \\ C_1J_\alpha(\mu) + C_2\mu J_\alpha{}'(\mu) = 0 & \cdots\cdots ⑦ \end{cases}$$

⑥，⑦を，$C_1$ と $C_2$ を未知数とする連立 1 次方程式と考えると，

$$\begin{bmatrix} J_\alpha(\lambda) & \lambda J_\alpha{}'(\lambda) \\ J_\alpha(\mu) & \mu J_\alpha{}'(\mu) \end{bmatrix}\begin{bmatrix} C_1 \\ C_2 \end{bmatrix} = \begin{bmatrix} 0 \\ 0 \end{bmatrix} \quad \cdots\cdots ⑧$$ となる。

ここで，$A = \begin{bmatrix} J_\alpha(\lambda) & \lambda J_\alpha{}'(\lambda) \\ J_\alpha(\mu) & \mu J_\alpha{}'(\mu) \end{bmatrix}$ とおくとき，$A^{-1}$ が存在すれば，これを

⑧の両辺に左からかけて，$\begin{bmatrix} C_1 \\ C_2 \end{bmatrix} = \begin{bmatrix} 0 \\ 0 \end{bmatrix}$ となって，矛盾する。よって，$A^{-1}$ は存在しないので，$A$ の行列式 $\det A$ は $0$ となる。

$\therefore \det A = \mu J_\alpha(\lambda) J_\alpha{}'(\mu) - \lambda J_\alpha(\mu) J_\alpha{}'(\lambda) = 0$ ……⑨

⑨を，$(*i_0)$ の右辺の分子に代入して，

$$\int_0^1 x J_\alpha(\lambda x) J_\alpha(\mu x)\, dx = \frac{\overbrace{\mu J_\alpha(\lambda) J_\alpha{}'(\mu) - \lambda J_\alpha(\mu) J_\alpha{}'(\lambda)}^{\det A = 0\ (⑨より)}}{\lambda^2 - \mu^2} = 0$$ となって，

$(*k_0)$ が成り立つことも証明できた。

以上より，ベッセル関数の直交性の公式をまとめると，次のようになるんだね。

**ベッセル関数の直交性 (Ⅳ)**

定数 $\lambda$ と $\mu$ に対して，次式が成り立つ。

$$\int_0^1 x J_\alpha(\lambda x) J_\alpha(\mu x)\, dx = \begin{cases} \dfrac{1}{2}\left\{J_\alpha{}'^2(\lambda) + \left(1 - \dfrac{\alpha^2}{\lambda^2}\right) J_\alpha{}^2(\lambda)\right\} & (\lambda = \mu \text{ のとき}) \\ 0 & (\lambda \neq \mu \text{ のとき}) \end{cases} \quad \cdots (*l_0)$$

（ただし，$\lambda \neq \mu$ のとき，$\lambda$ と $\mu$ は，$C_1 J_\alpha(x) + C_2 x J_\alpha{}'(x) = 0$ の異なる解であり，かつ，$(C_1, C_2) \neq (0, 0)$ である。）

ここで，$\lambda \neq \mu$ のときの $\lambda$ と $\mu$ は，$J_\alpha(x) = 0$ の異なる解であってもかまわない。このとき $J_\alpha(\lambda) = 0$ かつ $J_\alpha(\mu) = 0$ となるので，

$$\det A = \mu \underbrace{J_\alpha(\lambda)}_{0} J_\alpha{}'(\mu) - \lambda \underbrace{J_\alpha(\mu)}_{0} J_\alpha{}'(\lambda) = 0$$

となるからだ。よって，$\lambda \neq \mu$ のとき，

$$\int_0^1 x J_\alpha(\lambda x) J_\alpha(\mu x)\, dx = 0$$

となるんだね。

図3　$J_0(x)$ の零点 $\lambda_1$, $\lambda_2$, …

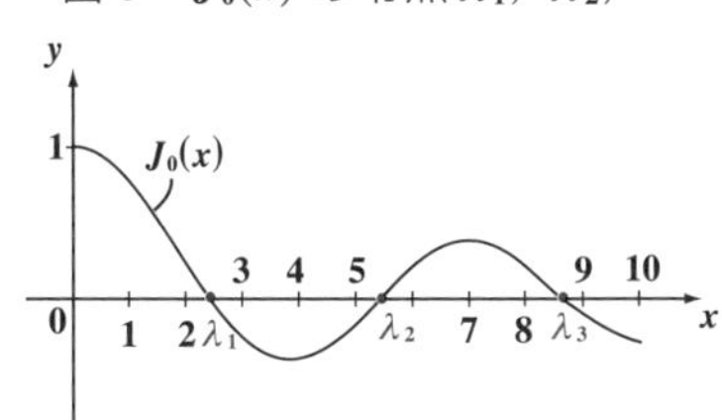


$J_\alpha(x) = 0$ の $\alpha = 0$ のときの例として，図3に $J_0(x) = 0$ をみたす正の $x$ 座標 ( これを"**零点**"という ) を小さい順に $\lambda_1$, $\lambda_2$, …として示す。各 $\alpha$ に対してこの零点 $\lambda_1$, $\lambda_2$, …は無数に存在する。( それぞれの点の間隔は等間隔ではないことを気を付けよう。) これが，偏微分方程式を解く上で"**固有値**"(*eigen values*) として重要な役割を演じることになる。

## ● 第1種ベッセル関数で級数展開しよう！

第1種ベッセル関数 $J_\alpha(x)$ の直交性が明らかとなったので，今度は区間 $[0, 1]$ で定義された関数 $f(x)$ のベッセル関数による級数展開が可能になるんだね。その基本公式を以下に示そう。

**ベッセル関数による級数展開**

区間 $[0, 1]$ で定義された関数 $f(x)$ は，次のように第1種ベッセル関数によって級数展開できる。

$$f(x) = \sum_{m=1}^{\infty} b_m J_\alpha(\lambda_m x) \quad \cdots\cdots\cdots\cdots\cdots\cdots\cdots\cdots (*m_0)$$

$$b_m = \frac{2}{{J_{\alpha+1}}^2(\lambda_m)} \int_0^1 x J_\alpha(\lambda_m x) f(x)\, dx \quad \cdots\cdots (*m_0)'$$

(ただし，$\lambda_m (m = 1, 2, 3, \cdots)$ は $J_\alpha(x) = 0$ の正の解，$\lambda_m < \lambda_{m+1}$ とする。)

ここで，零点 $\lambda_m (m = 1, 2, 3, \cdots)$ は $J_\alpha(x) = 0$ の解より，直交性の公式：

$$\int_0^1 x J_\alpha(\lambda x) J_\alpha(\mu x)\, dx = \begin{cases} \dfrac{1}{2}\left\{ {J_\alpha}'^2(\lambda) + \left(1 - \dfrac{\alpha^2}{\lambda^2}\right) {J_\alpha}^2(\lambda) \right\} & (\lambda = \mu) \\ 0 & (\lambda \neq \mu) \end{cases} \quad \cdots (*l_0)$$

に対して，$\lambda$，$\mu$ にそれぞれ $\lambda_m$，$\lambda_n$ $(m, n$：自然数$)$ を代入し，また $J_\alpha(\lambda_m) = 0$ を代入すると，$(*l_0)$ は，

$$\int_0^1 x J_\alpha(\lambda_m x) J_\alpha(\lambda_n x)\, dx = \begin{cases} \dfrac{1}{2} {J_\alpha}'^2(\lambda_m) & (m = n \text{ のとき}) \\ 0 & (m \neq n \text{ のとき}) \end{cases} \quad \cdots\cdots ①$$

となるのは大丈夫だね。

ここで，$\sum_{m=1}^{\infty} b_m J_\alpha(\lambda_m x)$ が，区間 $[0, 1]$ で定義された関数 $f(x)$ に一様収束するとき，$f(x)$ は $J_\alpha(\lambda_m x)$ $(m = 1, 2, \cdots)$ で級数展開できて，

$$f(x) = \sum_{m=1}^{\infty} b_m J_\alpha(\lambda_m x) = b_1 J_\alpha(\lambda_1 x) + b_2 J_\alpha(\lambda_2 x) + \cdots + b_m J_\alpha(\lambda_m x) + \cdots$$

となる。この両辺に $xJ_\alpha(\lambda_m x)$ をかけて，区間 $[0, 1]$ で $x$ によって積分すると，

重み

$$\int_0^1 xJ_\alpha(\lambda_m x)f(x)\,dx = b_1\underbrace{\int_0^1 xJ_\alpha(\lambda_m x)J_\alpha(\lambda_1 x)\,dx}_{0\ (\because m \neq 1)} + b_2\underbrace{\int_0^1 xJ_\alpha(\lambda_m x)J_\alpha(\lambda_2 x)\,dx}_{0\ (\because m \neq 2)}$$

$$+\cdots+b_m\underbrace{\int_0^1 xJ_\alpha{}^2(\lambda_m x)\,dx}_{\frac{1}{2}J_\alpha{}'^2(\lambda_m)\text{（$m$ と $n$ が一致するため①より，この項のみ残る。）}}+\cdots$$

よって，$\int_0^1 xJ_\alpha(\lambda_m x)f(x)\,dx = b_m\cdot\frac{1}{2}J_\alpha{}'^2(\lambda_m)$ となる。

$\therefore b_m = \frac{2}{J_\alpha{}'^2(\lambda_m)}\int_0^1 xJ_\alpha(\lambda_m x)f(x)\,dx \quad (m=1,2,\cdots) \quad \cdots②$　が導ける。

ここで，ベッセル関数の微分公式(P180)：

$\frac{d}{dx}\{x^{-\alpha}J_\alpha(x)\} = -x^{-\alpha}J_{\alpha+1}(x) \quad \cdots\cdots(*g_0)$ を思いだそう。左辺を変形して，

$$\frac{d}{dx}\{x^{-\alpha}J_\alpha(x)\} = (x^{-\alpha})'J_\alpha(x)+x^{-\alpha}J_\alpha{}'(x) = -\alpha x^{-\alpha-1}J_\alpha(x)+x^{-\alpha}J_\alpha{}'(x)$$

$-\alpha x^{-\alpha-1}J_\alpha(x)+x^{-\alpha}J_\alpha{}'(x) = -x^{-\alpha}J_{\alpha+1}(x)$　となる。

この両辺に $x=\lambda_m$ を代入すると，$J_\alpha(\lambda_m)=0$ より，

$$-\alpha\lambda_m{}^{-\alpha-1}\underbrace{J_\alpha(\lambda_m)}_{0}+\lambda_m{}^{-\alpha}J_\alpha{}'(\lambda_m) = -\lambda_m{}^{-\alpha}J_{\alpha+1}(\lambda_m)$$

$\therefore \lambda_m{}^{-\alpha}J_\alpha{}'(\lambda_m) = -\lambda_m{}^{-\alpha}J_{\alpha+1}(\lambda_m)$

この両辺に $\lambda_m{}^\alpha$ をかけると，$J_\alpha{}'(\lambda_m) = -J_{\alpha+1}(\lambda_m)$ となるので，

この両辺を2乗すると，$J_\alpha{}'^2(\lambda_m) = J_{\alpha+1}{}^2(\lambda_m) \quad \cdots\cdots③$　となる。

③を②に代入して，係数 $b_m$ は次の公式 $(*m_0)'$ で求めることができるんだね。

$$b_m = \frac{2}{J_{\alpha+1}{}^2(\lambda_m)}\int_0^1 xJ_\alpha(\lambda_m x)f(x)\,dx \quad \cdots\cdots(*m_0)'$$

以上で，極座標(または，円柱座標)表示されたラプラシアン $\Delta u$ を含む偏微分方程式を解くための準備が終了した。それでは，やり残した例題36(P173)の偏微分方程式も含めて，実際にベッセル関数を使って，問題を解いていくことにしよう。

この節の最後に，$J_0(x)$ と $J_1(x)$ の関数表と，$J_0(x)$，$J_1(x)\cdots$，$J_6(x)$ の零点の数表を示しておく。

表 **1**　**0** 次の第 **1** 種ベッセル関数 $J_0(x)$ の関数表

| $x$ | $J_0(x)$ | $x$ | $J_0(x)$ | $x$ | $J_0(x)$ | $x$ | $J_0(x)$ | $x$ | $J_0(x)$ |
|---|---|---|---|---|---|---|---|---|---|
| 0.0 | 1.0000 | 1.0 | 0.7652 | 2.0 | 0.2239 | 3.0 | −0.2601 | 4.0 | −0.3971 |
| 0.1 | 0.9975 | 1.1 | 0.7196 | 2.1 | 0.1666 | 3.1 | −0.2921 | 4.1 | −0.3887 |
| 0.2 | 0.9900 | 1.2 | 0.6711 | 2.2 | 0.1104 | 3.2 | −0.3202 | 4.2 | −0.3766 |
| 0.3 | 0.9776 | 1.3 | 0.6201 | 2.3 | 0.0555 | 3.3 | −0.3443 | 4.3 | −0.3610 |
| 0.4 | 0.9604 | 1.4 | 0.5669 | 2.4 | 0.0025 | 3.4 | −0.3643 | 4.4 | −0.3423 |
| 0.5 | 0.9385 | 1.5 | 0.5118 | 2.5 | −0.0484 | 3.5 | −0.3801 | 4.5 | −0.3205 |
| 0.6 | 0.9120 | 1.6 | 0.4554 | 2.6 | −0.0968 | 3.6 | −0.3918 | 4.6 | −0.2961 |
| 0.7 | 0.8812 | 1.7 | 0.3980 | 2.7 | −0.1424 | 3.7 | −0.3992 | 4.7 | −0.2693 |
| 0.8 | 0.8463 | 1.8 | 0.3400 | 2.8 | −0.1850 | 3.8 | −0.4026 | 4.8 | −0.2404 |
| 0.9 | 0.8075 | 1.9 | 0.2818 | 2.9 | −0.2243 | 3.9 | −0.4018 | 4.9 | −0.2097 |

| $x$ | $J_0(x)$ | $x$ | $J_0(x)$ | $x$ | $J_0(x)$ | $x$ | $J_0(x)$ | $x$ | $J_0(x)$ |
|---|---|---|---|---|---|---|---|---|---|
| 5.0 | −0.1776 | 6.0 | 0.1506 | 7.0 | 0.3001 | 8.0 | 0.1717 | 9.0 | −0.0903 |
| 5.1 | −0.1443 | 6.1 | 0.1773 | 7.1 | 0.2991 | 8.1 | 0.1475 | 9.1 | −0.1142 |
| 5.2 | −0.1103 | 6.2 | 0.2017 | 7.2 | 0.2951 | 8.2 | 0.1222 | 9.2 | −0.1367 |
| 5.3 | −0.0758 | 6.3 | 0.2238 | 7.3 | 0.2882 | 8.3 | 0.0960 | 9.3 | −0.1577 |
| 5.4 | −0.0412 | 6.4 | 0.2433 | 7.4 | 0.2786 | 8.4 | 0.0692 | 9.4 | −0.1768 |
| 5.5 | −0.0068 | 6.5 | 0.2601 | 7.5 | 0.2663 | 8.5 | 0.0419 | 9.5 | −0.1939 |
| 5.6 | 0.0270 | 6.6 | 0.2740 | 7.6 | 0.2516 | 8.6 | 0.0146 | 9.6 | −0.2090 |
| 5.7 | 0.0599 | 6.7 | 0.2851 | 7.7 | 0.2346 | 8.7 | −0.0125 | 9.7 | −0.2218 |
| 5.8 | 0.0917 | 6.8 | 0.2931 | 7.8 | 0.2154 | 8.8 | −0.0392 | 9.8 | −0.2323 |
| 5.9 | 0.1220 | 6.9 | 0.2981 | 7.9 | 0.1944 | 8.9 | −0.0653 | 9.9 | −0.2403 |

表 **2**　**1** 次の第 **1** 種ベッセル関数 $J_1(x)$ の関数表

| $x$ | $J_1(x)$ | $x$ | $J_1(x)$ | $x$ | $J_1(x)$ | $x$ | $J_1(x)$ | $x$ | $J_1(x)$ |
|---|---|---|---|---|---|---|---|---|---|
| 0.0 | 0.0000 | 1.0 | 0.4401 | 2.0 | 0.5767 | 3.0 | 0.3391 | 4.0 | −0.0660 |
| 0.1 | 0.0499 | 1.1 | 0.4709 | 2.1 | 0.5683 | 3.1 | 0.3009 | 4.1 | −0.1033 |
| 0.2 | 0.0995 | 1.2 | 0.4983 | 2.2 | 0.5560 | 3.2 | 0.2613 | 4.2 | −0.1386 |
| 0.3 | 0.1483 | 1.3 | 0.5220 | 2.3 | 0.5399 | 3.3 | 0.2207 | 4.3 | −0.1719 |
| 0.4 | 0.1960 | 1.4 | 0.5419 | 2.4 | 0.5202 | 3.4 | 0.1792 | 4.4 | −0.2028 |
| 0.5 | 0.2423 | 1.5 | 0.5579 | 2.5 | 0.4971 | 3.5 | 0.1374 | 4.5 | −0.2311 |
| 0.6 | 0.2867 | 1.6 | 0.5699 | 2.6 | 0.4708 | 3.6 | 0.0955 | 4.6 | −0.2566 |
| 0.7 | 0.3290 | 1.7 | 0.5778 | 2.7 | 0.4416 | 3.7 | 0.0538 | 4.7 | −0.2791 |
| 0.8 | 0.3688 | 1.8 | 0.5815 | 2.8 | 0.4097 | 3.8 | 0.0128 | 4.8 | −0.2985 |
| 0.9 | 0.4059 | 1.9 | 0.5812 | 2.9 | 0.3754 | 3.9 | −0.0272 | 4.9 | −0.3147 |

表 **2**（続き）

| $x$ | $J_1(x)$ | $x$ | $J_1(x)$ | $x$ | $J_1(x)$ | $x$ | $J_1(x)$ | $x$ | $J_1(x)$ |
|---|---|---|---|---|---|---|---|---|---|
| 5.0 | −0.3276 | 6.0 | −0.2767 | 7.0 | −0.0047 | 8.0 | 0.2346 | 9.0 | 0.2453 |
| 5.1 | −0.3371 | 6.1 | −0.2559 | 7.1 | 0.0252 | 8.1 | 0.2476 | 9.1 | 0.2324 |
| 5.2 | −0.3432 | 6.2 | −0.2329 | 7.2 | 0.0543 | 8.2 | 0.2580 | 9.2 | 0.2174 |
| 5.3 | −0.3460 | 6.3 | −0.2081 | 7.3 | 0.0826 | 8.3 | 0.2657 | 9.3 | 0.2004 |
| 5.4 | −0.3453 | 6.4 | −0.1816 | 7.4 | 0.1096 | 8.4 | 0.2708 | 9.4 | 0.1816 |
| 5.5 | −0.3414 | 6.5 | −0.1538 | 7.5 | 0.1352 | 8.5 | 0.2731 | 9.5 | 0.1613 |
| 5.6 | −0.3343 | 6.6 | −0.1250 | 7.6 | 0.1592 | 8.6 | 0.2728 | 9.6 | 0.1395 |
| 5.7 | −0.3241 | 6.7 | −0.0953 | 7.7 | 0.1813 | 8.7 | 0.2697 | 9.7 | 0.1166 |
| 5.8 | −0.3110 | 6.8 | −0.0652 | 7.8 | 0.2014 | 8.8 | 0.2641 | 9.8 | 0.0928 |
| 5.9 | −0.2951 | 6.9 | −0.0349 | 7.9 | 0.2192 | 8.9 | 0.2559 | 9.9 | 0.0684 |

表 **3**　$J_0(x)$，$J_1(x)$，$J_2(x)$，$J_3(x)$，$J_4(x)$，$J_5(x)$，$J_6(x)$ の零点

（$J_k(x) = 0$ の正の解（零点）を小さい順に $\lambda_1, \lambda_2, \cdots, \lambda_6$ と最初の **6** 点の値を示す。）

| | $J_0(x)$ | $J_1(x)$ | $J_2(x)$ | $J_3(x)$ | $J_4(x)$ | $J_5(x)$ | $J_6(x)$ |
|---|---|---|---|---|---|---|---|
| $\lambda_1$ | 2.4048 | 3.8317 | 5.1356 | 6.3802 | 7.5883 | 8.7715 | 9.9361 |
| $\lambda_2$ | 5.5201 | 7.0156 | 8.4172 | 9.7610 | 11.0647 | 12.3386 | 13.5893 |
| $\lambda_3$ | 8.6537 | 10.1735 | 11.6198 | 13.0152 | 14.3725 | 15.7002 | 17.0038 |
| $\lambda_4$ | 11.7915 | 13.3237 | 14.7960 | 16.2235 | 17.6160 | 18.9801 | 20.3208 |
| $\lambda_5$ | 14.9309 | 16.4706 | 17.9598 | 19.4094 | 20.8269 | 22.2178 | 23.5861 |
| $\lambda_6$ | 18.0711 | 19.6159 | 21.1170 | 22.5827 | 24.0190 | 25.4303 | 26.8202 |

（$\lambda_m$ の $m$ の値が大きくなるにつれて，$\lambda_{m+1} - \lambda_m \fallingdotseq \pi (= 3.14159\cdots)$ となっていくことに注意しよう。）

# §3. 円形境界条件をもつ偏微分方程式

ベッセル関数の解説も終わり，準備が整ったので，極座標(円柱座標)表示のラプラシアンを含み，円形の境界条件をもつ偏微分方程式を実際に解いていくことにしよう。ここではまず，解き残しておいた例題36の熱伝導方程式を解くことから始めよう。また，円形の境界条件をもつラプラス方程式も解いてみよう。このとき，**オイラーの微分方程式**が出てくるので，これについても解説する。またここでは，ラプラス方程式の"**解の一意性**"についても教えよう。そして最後に，実践問題として，円形振動膜を表す波動方程式も解くことにする。

今回も盛り沢山の内容だけれど，できるだけ分かりやすく教えるつもりだ。

## ● 円形境界条件をもつ熱伝導方程式を解こう！

ずい分間が空いてしまったけれど，例題36(P173)の円形境界条件をもつ熱伝導方程式を，これから最後まで解いてしまおう。

> 例題 36　有界な関数 $u(r,\ t)$ について次の偏微分方程式を解いてみよう。
>
> $$a\left(\frac{\partial^2 u}{\partial r^2}+\frac{1}{r}\cdot\frac{\partial u}{\partial r}\right)=\frac{\partial u}{\partial t}\ \cdots①\quad (0<r<1,\ 0<t)\quad (a：正の定数)$$
>
> 初期条件：$u(r,\ 0)=T_0$　(ただし，$0\leqq r<1$)　($T_0$：正の定数)
>
> 境界条件：$u(1,\ t)=0$

前に途中までやっているので，やったところまではサッと書いておこう。

変数分離法により，

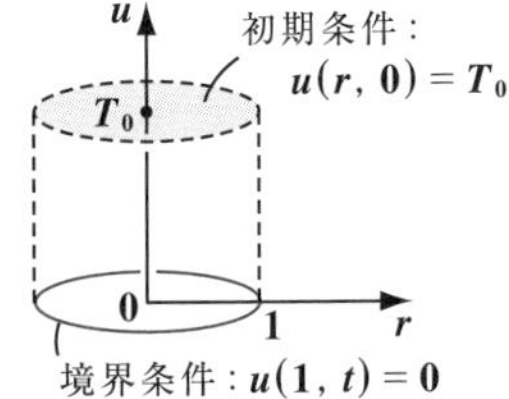


$u(r,\ t)=R(r)\cdot T(t)$ ……② とおけるものとし，②を①に代入してまとめると，

$$a\left(R''T+\frac{1}{r}R'\cdot T\right)=R\dot{T}$$

この両辺を $aRT(>0)$ で割ると，左辺は $r$ のみ，右辺は $t$ のみの式となるので，これは負の定数 $-\lambda^2$ $(\lambda>0)$ とおける。よって，

$$\frac{R''}{R}+\frac{1}{r}\cdot\frac{R'}{R}=\frac{\dot{T}}{aT}=\underline{-\lambda^2}\quad ……③'$$ となる。

もし，正の定数 $c(>0)$ とおくと，$\dot{T}=acT$ より $T=C_1e^{act}$ となり，時刻 $t$ が $t\to\infty$ のとき，これは発散するので不適。これを $0$ とおいても不適となる。

③´から，次の２つの常微分方程式が導かれる。

(ⅰ) $R'' + \frac{1}{r}R' + \lambda^2 R = 0$ ……④　　(ⅱ) $\dot{T} = -a\lambda^2 T$ ……⑤

(ⅰ) まず，④の両辺に $r^2$ をかけると，

$r^2R'' + rR' + \lambda^2 r^2 R = 0$ ……④´ となり，これは，

$r^2R'' + rR' + (\lambda^2 r^2 - 0^2)R = 0$ のこと

$\alpha^2 = 0$ より，$\alpha = 0$(整数)だね。

ベッセルの微分方程式(応用)
$x^2y'' + xy' + (\lambda^2x^2 - \alpha^2)y = 0$
の一般解は，
(ⅰ) $\alpha$ が整数 $n$ のとき，
$y = A_1J_n(\lambda x) + A_2Y_n(\lambda x)$
(ⅱ) $\alpha$ が整数でないとき，
$y = A_1J_\alpha(\lambda x) + A_2J_{-\alpha}(\lambda x)$
(P183 参照)

なので，この一般解は，

$R(r) = A_1J_0(\lambda r) + A_2Y_0(\lambda r)$ となる。

(ただし，$J_0(x)$ : 0 次の第 1 種ベッセル関数，

$Y_0(x)$ : 0 次の第 2 種ベッセル関数)

ここで，$r \to +0$ のとき，$Y_0(\lambda r) \to -\infty$ に発散する。よって，$u(r, t)$ は有界な関数より，$A_2 = 0$ とならなければならない。(P179 参照)

$\therefore R(r) = A_1J_0(\lambda r)$ ……⑥　となる。

ここで，境界条件：$u(1, t) = 0$ より，$R(1) = 0$ となる。よって⑥より，

$R(1)T(t)$　　$A_1 = 0$ ならば，$R(r)$ は恒等的に 0 となって不適。

$R(1) = A_1J_0(\lambda) = 0$　　　ここで，$A_1 \neq 0$ より，$J_0(\lambda) = 0$

これをみたす $\lambda$ は零点と呼ばれ無数に存在するので，これを小さい順に $\lambda_m$ ($m = 1, 2, 3, \cdots$) と表すことにすると，

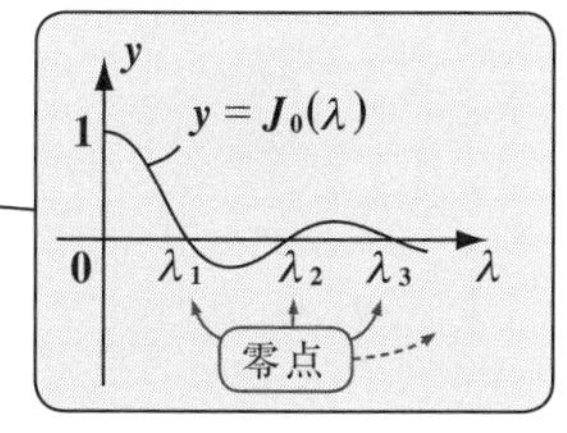


$\lambda = \lambda_m$ ……⑦ ($m = 1, 2, 3, \cdots$) となる。

よって，⑦を⑥に代入して，

$R(r) = A_1J_0(\lambda_m r)$ ……⑥´ ($m = 1, 2, 3, \cdots$) となる。

(ⅱ) 次，$\dot{T} = -a\lambda_m{}^2 T$ ……⑤ を解いて，

$\lambda$ に $\lambda_m$ を代入した。

$T(t) = B_1 e^{-a\lambda_m{}^2 t}$ ……⑧ ($m = 1, 2, 3, \cdots$) となる。

以上(ⅰ)(ⅱ)の⑥´と⑧より，①の熱伝導方程式の独立解を $u_m(r, t)$ とおくと，

$u_m(r, t) = b_mJ_0(\lambda_m r)e^{-a\lambda_m{}^2 t}$ ($m = 1, 2, 3, \cdots$) となる。

よって，解の重ね合せの原理より，①の解 $u(r, t)$ は，

$$u(r, t) = \sum_{m=1}^{\infty} b_mJ_0(\lambda_m r)e^{-a\lambda_m{}^2 t} \quad \cdots\cdots⑨ \quad となる。$$

ここで，初期条件：$\underset{\boxed{R(r)\cdot T(0)}}{\underline{u(r,\,0)}} = T_0$

> $a\left(u_{rr} + \dfrac{1}{r}u_r\right) = u_t$ ……………………①
> 初期条件：$u(r,\,0) = T_0 \quad (0 \leqq r < 1)$
> $u(r,\,t) = \displaystyle\sum_{m=1}^{\infty} b_m J_0(\lambda_m r) e^{-a\lambda_m{}^2 t}$ ……⑨

より，⑨に $t = 0$ を代入して，

$$u(r,\,0) = \sum_{m=1}^{\infty} b_m J_0(\lambda_m r) = T_0 \quad (0 \leqq r < 1) \quad \text{となる。}$$

（ベッセル関数による級数展開）（$T_0$：正の定数）

よって，ベッセル関数による級数展開の公式から，係数 $b_m$ を求めると，

> ベッセル関数による級数展開 (P188)
> $f(x) = \displaystyle\sum_{m=1}^{\infty} b_m J_\alpha(\lambda_m x)$ ………………(＊$m_0$)
> $b_m = \dfrac{2}{J_{\alpha+1}{}^2(\lambda_m)} \displaystyle\int_0^1 x J_\alpha(\lambda_m x) f(x)\,dx$ …(＊$m_0$)´

$$b_m = \frac{2}{J_1{}^2(\lambda_m)} \int_0^1 r J_0(\lambda_m r) \underset{\boxed{u(r,\,0)}}{\underline{T_0}}\,dr$$

$$= \frac{2T_0}{J_1{}^2(\lambda_m)} \int_0^1 r J_0(\lambda_m r)\,dr$$

> ここで，$x = \lambda_m r$ とおくと，$r : 0 \to 1$ のとき，$x : 0 \to \lambda_m$
> また，$dx = \lambda_m dr$ より，$dr = \dfrac{dx}{\lambda_m}$

$$= \frac{2T_0}{J_1{}^2(\lambda_m)} \int_0^{\lambda_m} \frac{x}{\lambda_m} J_0(x)\,\frac{dx}{\lambda_m}$$

$$= \frac{2T_0}{\lambda_m{}^2 J_1{}^2(\lambda_m)} \int_0^{\lambda_m} x J_0(x)\,dx$$

> 積分公式 (P181)
> $\displaystyle\int x^\alpha J_{\alpha-1}(x)\,dx = x^\alpha J_\alpha(x) + C$ ……(＊$f_0$)´

$$= \frac{2T_0}{\lambda_m{}^2 J_1{}^2(\lambda_m)} \cdot \big[x J_1(x)\big]_0^{\lambda_m}$$

$$= \frac{2T_0}{\lambda_m{}^2 J_1{}^2(\lambda_m)} \{\lambda_m J_1(\lambda_m) - \cancel{0 \cdot J_1(0)}\}$$

> $\lambda_m$ は $J_0(\lambda) = 0$ の解より，
> $J_0(\lambda_m) = 0$ となるが，
> $J_1(\lambda_m) \neq 0$ である。

$$\therefore\ b_m = \frac{2T_0}{\lambda_m J_1(\lambda_m)} \quad \cdots\cdots⑩ \quad \text{となる。}$$

⑩を⑨に代入して，求める熱伝導方程式①の解 $u(r,\,t)$ は，

$$u(r,\,t) = 2T_0 \sum_{m=1}^{\infty} \frac{1}{\lambda_m J_1(\lambda_m)} J_0(\lambda_m r) e^{-a\lambda_m{}^2 t} \quad \text{となるんだね。}$$

様々なベッセル関数の基礎知識を利用して，解が求まることが，これでよく分かったと思う。どう？　面白かっただろう？

それでは，円形境界条件をもつラプラス方程式を解いてみよう。

> 例題 **38**　有界な関数 $u(r, \theta)$ について，次の微分方程式を解いてみよう。
>
> $$\frac{\partial^2 u}{\partial r^2}+\frac{1}{r}\cdot\frac{\partial u}{\partial r}+\frac{1}{r^2}\cdot\frac{\partial^2 u}{\partial \theta^2}=0 \quad \cdots\cdots(a) \quad (0<r<1,\ 0\leqq\theta<2\pi)$$
>
> 境界条件：$u(1, \theta)=\begin{cases} T_0 & (0\leqq\theta\leqq\pi) \\ 0 & (\pi<\theta<2\pi) \end{cases}$　($T_0$：正の定数)

$u$ をまた温度と考えると，境界条件から，図(i)に示すように，半径 $1$ の円板の上半円周 $(y=\sqrt{1-x^2})$ 上の温度は $T_0(>0)$ に，下半円周 $(y=-\sqrt{1-x^2})$ 上の温度は $0$ に保たれた状態を表している。

図(i)　境界条件

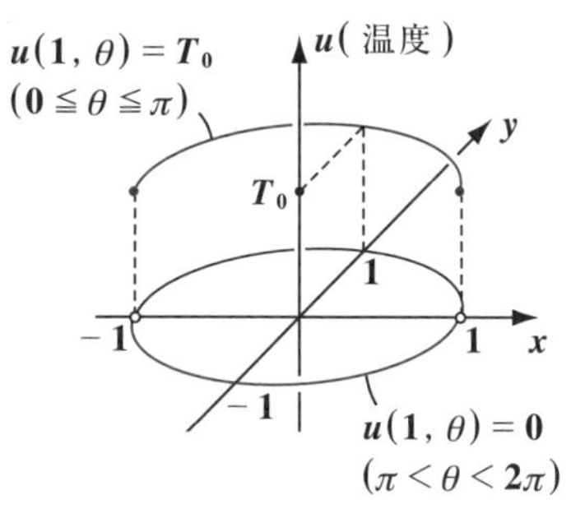


このとき，円板内部の温度分布 $u(r, \theta)$ $(0<r<1,\ 0\leqq\theta<2\pi)$ の様子を，(a)のラプラス方程式を解くことにより求めることができるんだね。

では，変数分離法を用いて解いてみよう。

$u(r, \theta)=R(r)\cdot\Theta(\theta)$ ……(b)　とおけるものとして，(b)を(a)に代入すると，

$$R''\Theta+\frac{1}{r}R'\Theta+\frac{1}{r^2}R\Theta''=0 \quad より，\quad R''\Theta+\frac{1}{r}R'\Theta=-\frac{1}{r^2}R\Theta''$$

両辺に $\dfrac{r^2}{R\Theta}$ をかけて，　$r^2\dfrac{R''}{R}+r\dfrac{R'}{R}=-\dfrac{\Theta''}{\Theta}$　……(c)　となる。

(c)の左辺は $r$ のみの式，右辺は $\theta$ のみの式となるので，(c)が恒等的に成り立つためには，これは定数 $C$ に一致しなければならない。しかも，$C>0$ より，$C=\lambda^2$ $(\lambda>0)$ とおく。

> この $C$ を $C=-\lambda^2(<0)$ とおくと，(c) より，$\Theta''=\lambda^2\Theta$ となる。よって，この解を $\Theta=e^{\mu\theta}$ とおくと，$\Theta''=\mu^2e^{\mu\theta}$ より，$\mu^2 e^{\mu\theta}=\lambda^2 e^{\mu\theta}$　よって，特性方程式：$\mu^2=\lambda^2$ の解は $\mu=\pm\lambda$ となるので，$\Theta(\theta)=C_1e^{\lambda\theta}+C_2e^{-\lambda\theta}$　($C_1$, $C_2$：定数)となる。これは関数 $\Theta(\theta)$ の周期性，すなわち $\Theta(0)=\Theta(2\pi)$ をみたさない。同様に，$C=0$ のとき $\Theta''=0$ から，$\Theta=\alpha\theta+\beta$　($\alpha$, $\beta$：定数)となり，これも $\Theta$ の周期性をみたさないんだね。こういうところが，偏微分方程式の解法のキーとなるので，シッカリ理解しよう。

よって，(c)は，

$$r^2\frac{R''}{R}+r\frac{R'}{R}=-\frac{\Theta''}{\Theta}=\lambda^2 \quad\cdots\cdots(\text{c})'$$ となる。

$$u_{rr}+\frac{1}{r}u_r+\frac{1}{r^2}u_{\theta\theta}=0 \quad\cdots\cdots(\text{a})$$

境界条件：

$$u(1,\theta)=\begin{cases}T_0 & (0\leqq\theta\leqq\pi)\\ 0 & (\pi<\theta<2\pi)\end{cases}$$

$$u(r,\theta)=R(r)\cdot\Theta(\theta) \quad\cdots\cdots(\text{b})$$

$$r^2\frac{R''}{R}+r\frac{R'}{R}=-\frac{\Theta''}{\Theta} \quad\cdots\cdots(\text{c})$$

この(c)′から，次の **2** つの常微分方程式が導ける。

$$\begin{cases}(\text{i})\ \Theta''=-\lambda^2\Theta & \cdots\cdots\cdots\cdots\cdots\cdots(\text{d})\\ (\text{ii})\ r^2R''+rR'-\lambda^2R=0 & \cdots\cdots(\text{e})\end{cases}$$

(i) $\Theta''+\lambda^2\Theta=0$ は，単振動の微分方程式より，この解は，

$$\Theta(\theta)=A_1\cos\lambda\theta+A_2\sin\lambda\theta \quad\cdots\cdots(\text{f})$$

ここで，$0\leqq\theta<2\pi$ であるが，周期 $2\pi$ の関数より，$\lambda=m\quad(m=1,\ 2,\ \cdots)$ とおけばよい。よって，(f)は，

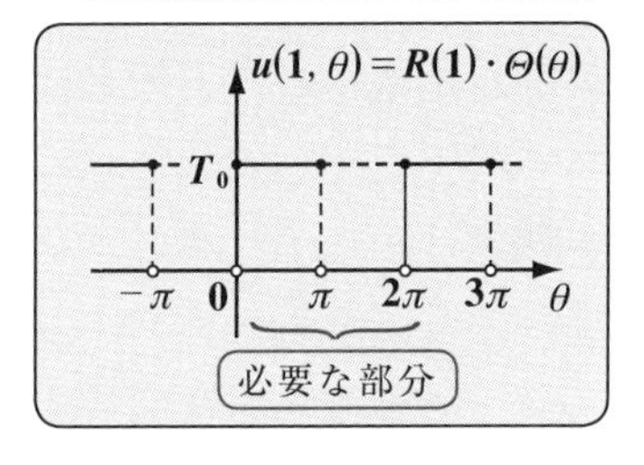


$$\Theta(\theta)=A_1\cos m\theta+A_2\sin m\theta \quad\cdots\cdots(\text{f})' \quad (m=1,\ 2,\ \cdots)$$ となる。

(ii) $\lambda=m$ を(e)に代入すると，この方程式は，

$$r^2R''+rR'\underline{-m^2}R=0 \quad\cdots\cdots(\text{e})' \quad (m=1,\ 2,\ \cdots)$$ となる。

定数

(e)′ は，$r^2R''+rR'+(r^2-\alpha^2)R=0$ の形のベッセルの微分方程式とは異なる。
(e)′ は実は"**オイラーの微分方程式**"と呼ばれるもので，一般に $y=y(x)$ の微分方程式の形で書くと，$x^2y''+axy'+by=0$ ……$(*n_0)$ $(a,b$：定数$)$ となる。
この解は，$y=x^\mu$ $(\mu$：定数$)$ の形をしていることがすぐに分かると思う。
よって，$y'=\mu x^{\mu-1}$，$y''=\mu(\mu-1)x^{\mu-2}$ を $(*n_0)$ に代入して，

$\mu(\mu-1)x^\mu+a\mu x^\mu+bx^\mu=0$ 　　両辺を $x^\mu$ で割って，

$\mu(\mu-1)+a\mu+b=0$ 　　$\mu^2+(a-1)\mu+b=0$ という特性方程式が得られる。

この解 $\underline{\mu=\mu_1,\ \mu_2}$ を用いて，$(*n_0)$ の一般解は，

これは，$\mu$ の **2** 次方程式が相異なる **2** 実数解をもつ場合だ。

$y=C_1x^{\mu_1}+C_2x^{\mu_2}$ $(C_1,\ C_2$：定数$)$ と表せる。

(e)′ の解は，$R=r^\mu$ の形をしていると類推できる。よって，

$R'=\mu r^{\mu-1}$，　$R''=\mu(\mu-1)r^{\mu-2}$ より，

これらを(e)′ に代入して，

$\mu(\mu-1)r^\mu+\mu r^\mu-m^2r^\mu=0$ 　　両辺を $r^\mu$ で割って，

特性方程式：$\mu(\mu-\cancel{1})+\cancel{\mu}-m^2=0$，すなわち $\mu^2=m^2$ が得られる。

これを解いて，$\mu=\pm m$

よって，(e)´ の一般解は，

$R(r) = C_1 r^m + C_2 r^{-m}$ ……(g)　($C_1$，$C_2$：定数)　($m = 1, 2, \cdots$) となるが，

$r \to +0$ のとき，$r^{-m} \to +\infty$ となって発散するので，$u(r, \theta) = R(r)\Theta(\theta)$

が有界の条件に反する。よって，$C_2 = 0$ だね。よって，(g)は，

$R(r) = C_1 r^m$　……(g)´　($C_1$：定数)　($m = 1, 2, \cdots$)　となる。

以上 ( i )( ii ) の(f)´ と(g)´ より，(a)のラプラス方程式の独立解 $u_m(r, \theta)$ は，

$u_m(r, \theta) = (a_m \cos m\theta + b_m \sin m\theta) \cdot r^m$　($m = \underline{0}, 1, 2, \cdots$)　となる。

このとき $u_0(r, \theta) = a_0$(定数) となるが，これも(a)の解。よって，$m = 0$ スタートにする。

よって，解の重ね合せの原理を用いると，(a)の解 $u(r, \theta)$ は，

$$u(r, \theta) = \sum_{m=0}^{\infty} (a_m \cos m\theta + b_m \sin m\theta) \cdot r^m$$

$$= \underline{a_0} + \sum_{m=1}^{\infty} (a_m \cos m\theta + b_m \sin m\theta) \cdot r^m \quad \cdots\cdots(h)$$ となる。

$m = 0$ のとき，$(a_0 \cos 0 + \cancel{b_0 \sin 0}) \cdot r^0 = a_0$ で，これだけ別に出しておく。

ここで，境界条件 $\underset{R(1)\cdot\Theta(\theta)}{\underline{u(1, \theta)}} = \begin{cases} T_0 & (0 \leqq \theta \leqq \pi) \\ 0 & (\pi < \theta < 2\pi) \end{cases}$　より，(h)の $r$ に $r = 1$ を

代入して，

$$u(1, \theta) = R(1) \cdot \Theta(\theta) = a_0 + \sum_{m=1}^{\infty} (a_m \cos m\theta + b_m \sin m\theta) \quad \cdots\cdots(h)'$$ となる。

$u(1, \theta)$ のグラフ (P196) から，これは奇関数ではないので，フーリエサイン級数の公式は使えない。ここでは，より一般的な次のフーリエ級数展開の公式を使うことにする。
区間 $[0, 2\pi]$ で定義された周期 $2\pi$ の区分的に滑らかな周期関数 $f(x)$ は次のようにフーリエ級数で表すことができる。

$$f(x) = \frac{a_0}{2} + \sum_{m=1}^{\infty} (a_m \cos mx + b_m \sin mx) \quad \cdots\cdots(**)$$

0 スタート

$$\begin{cases} a_m = \dfrac{1}{\pi} \displaystyle\int_0^{2\pi} f(x) \cos mx \, dx & (m = \boxed{0}, 1, 2, \cdots) \\ b_m = \dfrac{1}{\pi} \displaystyle\int_0^{2\pi} f(x) \sin mx \, dx & (m = 1, 2, 3, \cdots) \end{cases} \quad \cdots\cdots(**)'$$

( (h)´ の定数項 $a_0$ は，公式の $\dfrac{a_0}{2}$ とは表現が異なるが，同じものなので，
$(**)'$ で求めた $a_0$ を 2 で割った形で求めておけばいいんだね。)

(Ⅰ) $a_m$ $(m=0,\ 1,\ 2,\ \cdots)$ について，

$u(r,\theta)=a_0+\sum_{m=1}^{\infty}(a_m\cos m\theta+b_m\sin m\theta)r^m$ …(h)

$u(1,\theta)=a_0+\sum_{m=1}^{\infty}(a_m\cos m\theta+b_m\sin m\theta)$ ……(h)′

$$a_0=\frac{1}{2\pi}\int_0^{2\pi}\underbrace{u(1,\theta)}_{\begin{cases}T_0 & (0\leqq\theta\leqq\pi)\\ 0 & (\pi<\theta<2\pi)\end{cases}}\cdot\underbrace{1}_{\cos 0\theta\text{ のこと}}d\theta$$

$m=0$ のときのみ，別に求める。

$$=\frac{1}{2\pi}\int_0^{\pi}T_0\,d\theta=\frac{T_0}{2\pi}[\theta]_0^{\pi}=\frac{T_0}{2\pi}\cdot\pi=\frac{T_0}{2}\quad\cdots\cdots(\mathrm{i})$$

$m=1,\ 2,\ 3,\ \cdots$のとき，

$$a_m=\frac{1}{\pi}\int_0^{2\pi}u(1,\theta)\cdot\cos m\theta\,d\theta=\frac{1}{\pi}\int_0^{\pi}T_0\cos m\theta\,d\theta$$

$$=\frac{T_0}{\pi}\left[\frac{1}{m}\sin m\theta\right]_0^{\pi}=0\quad\cdots\cdots(\mathrm{i})'$$

(Ⅱ) $b_m$ $(m=1,\ 2,\ 3,\ \cdots)$ について，

$$b_m=\frac{1}{\pi}\int_0^{2\pi}u(1,\theta)\cdot\sin m\theta\,d\theta=\frac{1}{\pi}\int_0^{\pi}T_0\sin m\theta\,d\theta$$

$$=\frac{T_0}{\pi}\left[-\frac{1}{m}\cos m\theta\right]_0^{\pi}=\frac{T_0}{\pi m}(\underbrace{\cos 0}_{1}-\underbrace{\cos m\pi}_{(-1)^m})=\frac{T_0}{\pi m}\{1-(-1)^m\}\quad\cdots\cdots(\mathrm{j})$$

以上(Ⅰ)(Ⅱ)より，(i)，(i)′，(j)を(h)に代入して，求める(a)の解 $u(r,\theta)$ は，

$$u(r,\theta)=\frac{T_0}{2}+\sum_{m=1}^{\infty}\frac{T_0}{\pi m}\{1-(-1)^m\}\sin m\theta\cdot r^m$$

$$=\frac{T_0}{2}+\frac{T_0}{\pi}\sum_{m=1}^{\infty}\frac{1-(-1)^m}{m}\sin m\theta\cdot r^m\quad\cdots\cdots(\mathrm{k})$$ となって，答えだ。

ここで，(k)の無限級数 $\sum_{m=1}^{\infty}$ を $\sum_{m=1}^{100}$ で近似し，$r=0,\ 0.2,\ 0.4,\ 0.6,\ 0.8,\ 1$ の曲線を表示することにより，$u(r,\theta)$ の表す曲面(解曲面)を図(ii)に示す。ラプラス方程式の解は，調和関数と呼ばれるように滑らかな曲面を描くことが分かったと思う。

半径 1 の円板状の温度分布と考える。

図(ii) $u(r,\theta)$ のグラフ

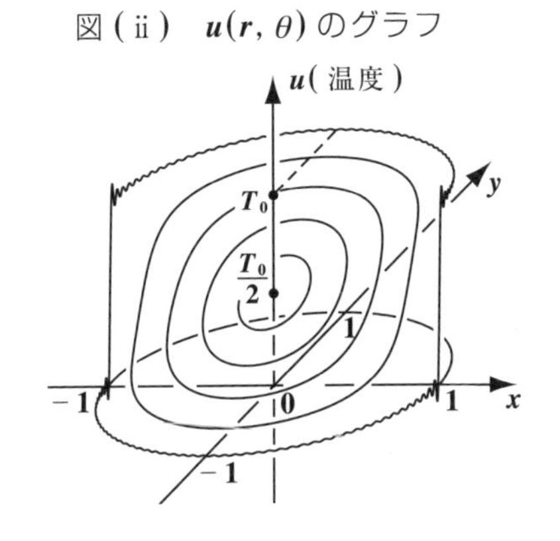

## ● ポアソン積分の公式を導いてみよう！

円形境界条件をもつラプラス方程式から，次に示す“**ポアソン積分**”の公式を導いてみよう。その理由は，この公式を基にラプラス方程式の“**解の一意性**”を証明することができるからなんだ。

### ポアソン積分の公式

極座標で表された有界な関数 $u(r, \theta)$ が，次のラプラス方程式と境界条件を満たすものとする。

$$\frac{\partial^2 u}{\partial r^2}+\frac{1}{r}\cdot\frac{\partial u}{\partial r}+\frac{1}{r^2}\cdot\frac{\partial^2 u}{\partial \theta^2}=0 \quad \cdots\cdots ① \quad (0<r<a,\ 0\leqq\theta<2\pi)$$

境界条件：$u(a, \theta)=f(\theta)$ ……② $(0\leqq\theta<2\pi)$

このとき，$u(r, \theta)$ の解は，次式のようになる。

$$u(r, \theta)=\frac{1}{2\pi}\int_0^{2\pi}\frac{a^2-r^2}{a^2-2ar\cos(\theta-\zeta)+r^2}f(\zeta)\,d\zeta \quad \cdots\cdots(*o_0)$$

これを，“**ポアソン積分**”(*Poisson integral*) という。

ここでも，$u(r, \theta)$ は，温度分布と考えてくれたらいい。半径 $a$ の円板の円周上に境界条件として $u(a, \theta)=f(\theta)$ の温度分布が与えられた場合，円板内部の温度分布 $u(r, \theta)$ を①の極座標表示のラプラス方程式を解くことによって求めると，“ポアソン積分” $(*o_0)$ になる，と言っているんだね。

図 1　円形の境界条件

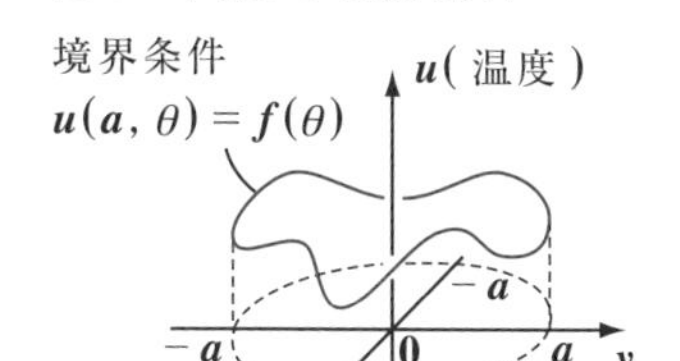


これは，例題 38(P195) をより一般化してはいるけれど，円形の問題なので同様に解くことができるんだね。早速解いて，$(*o_0)$ を導いてみよう。

まず，変数分離法より，

$u(r, \theta)=R(r)\cdot\Theta(\theta)$ ……③　とおけるものとして①に代入してまとめると，

$$r^2\frac{R''}{R}+r\frac{R'}{R}=-\frac{\Theta''}{\Theta}=\lambda^2 \quad \cdots\cdots ④ \quad (\lambda：正の定数)$$ となる。

（④の左辺は $r$ のみ，中辺は $\theta$ のみの式であるから，これを定数とおける。さらに，この定数は，$\Theta(\theta)$ の周期性 $(\Theta(\theta)=\Theta(\theta+2\pi))$ より正である。）

④から，次の 2 つの常微分方程式が導ける。

$u_{rr}+\frac{1}{r}u_r+\frac{1}{r^2}u_{\theta\theta}=0$ ……①
境界条件：$u(a,\theta)=f(\theta)$ ……②
$u(r,\theta)=R(r)\cdot\Theta(\theta)$ ……③
$r^2\frac{R''}{R}+r\frac{R'}{R}=-\frac{\Theta''}{\Theta}=\lambda^2$ ……④

$$\begin{cases}(\text{i})\ \Theta''=-\lambda^2\Theta & \cdots\cdots⑤\\(\text{ii})\ r^2R''+rR'-\lambda^2R=0 & \cdots\cdots⑥\end{cases}$$

(i)の⑤の単振動の微分方程式より，

$\Theta(\theta)=A_1\cos\lambda\theta+A_2\sin\lambda\theta$ ……⑦ となる。

ここで，$\Theta(\theta)$ は，$\Theta(\theta)=\Theta(\theta+2\pi)$ をみたす周期関数より，

$\lambda=m$ $(m=1,\ 2,\ \cdots)$ となる。よって⑦は，

$\Theta(\theta)=A_1\cos m\theta+A_2\sin m\theta$ ……⑦′ $(m=1,\ 2,\ \cdots)$ となる。

(ii)の⑥は，オイラーの微分方程式より，$R=r^{\mu}$ とおくと，

特性方程式 $\mu(\mu-\cancel{1})+\cancel{\mu}-\lambda^2=0$ $\mu^2=\lambda^2$ より，

$\mu=\pm\lambda=\pm m$

よって，$R(r)=C_1r^m+C_2r^{-m}$ ……⑧ となる。

ここで，$r\to0$ においても，$R(r)$ は有界であるので，$C_2=0$ でなければならない。よって，⑧は，

$R(r)=C_1r^m$ ……⑧′ $(m=1,\ 2,\ \cdots)$ となる。

以上(i)(ii)の⑦′，⑧′より，①の独立解 $u_m(r,\theta)$ は，

$u_m(r,\theta)=(A_m\cos m\theta+B_m\sin m\theta)r^m$ $(m=\underline{0},\ 1,\ 2,\ \cdots)$ となる。

$u_0(r,\theta)=A_0$(定数)も解だね。

よって，解の重ね合せの原理より，①の解 $u(r,\theta)$ は，

$u(r,\theta)=A_0+\sum_{m=1}^{\infty}(A_m\cos m\theta+B_m\sin m\theta)r^m$ ……⑨ となる。

$m=0$ のときのみ別に書く。

ここまでは，例題 **38(P195)** の解法の流れと全く同じだから大丈夫だね。それでは，これからいよいよ“ポアソン積分”を導く作業に入る。

境界条件：$u(a,\theta)=f(\theta)$ ……② $(0\leqq\theta<2\pi)$ より，⑨は，

$u(a,\theta)=A_0+\sum_{m=1}^{\infty}(A_m\cos m\theta+B_m\sin m\theta)a^m$ ……⑨′ となる。

フーリエ級数展開の公式

$f(x)=\frac{a_0}{2}+\sum_{m=1}^{\infty}(a_m\cos mx+b_m\sin mx)$

$a_m=\frac{1}{\pi}\int_0^{2\pi}f(x)\cos mx\,dx$，　$b_m=\frac{1}{\pi}\int_0^{2\pi}f(x)\sin mx\,dx$

フーリエ級数展開の公式より，

(Ⅰ) $A_m$ $(m = 0, 1, 2, \cdots)$ について，

$$\underline{A_0} = \frac{1}{2\pi}\int_0^{2\pi} f(\theta)\,d\theta = \frac{1}{2\pi}\int_0^{2\pi} f(\zeta)\,d\zeta \quad \cdots\cdots ⑩$$

($A_0$ のみ別に求める。)

$m = 1, 2, 3, \cdots$ のとき，

$$a^m A_m = \frac{1}{\pi}\int_0^{2\pi} f(\theta)\cos m\theta\,d\theta = \frac{1}{\pi}\int_0^{2\pi} f(\zeta)\cos m\zeta\,d\zeta \quad より,$$

$$A_m = \frac{1}{\pi a^m}\int_0^{2\pi} f(\zeta)\cos m\zeta\,d\zeta \quad \cdots\cdots\cdots\cdots\cdots\cdots ⑩'$$

(Ⅱ) $B_m$ $(m = 1, 2, 3, \cdots)$ について，

$$a^m B_m = \frac{1}{\pi}\int_0^{2\pi} f(\theta)\sin m\theta\,d\theta = \frac{1}{\pi}\int_0^{2\pi} f(\zeta)\sin m\zeta\,d\zeta \quad より,$$

$$B_m = \frac{1}{\pi a^m}\int_0^{2\pi} f(\zeta)\sin m\zeta\,d\zeta \quad \cdots\cdots\cdots\cdots\cdots\cdots ⑪$$

(積分変数は $\theta$ でなくても何でもいいので，$\theta$ の代わりに $\zeta$ を用いた。これは，⑩，⑩'，⑪を⑨に代入したとき，$\cos m\theta$ や $\sin m\theta$ の変数 $\theta$ と区別するための工夫なんだね。)

⑩，⑩'，⑪を⑨に代入してまとめると，

$$u(r, \theta) = \frac{1}{2\pi}\int_0^{2\pi} f(\zeta)\,d\zeta + \sum_{m=1}^{\infty}\left\{\left(\frac{1}{\pi a^m}\int_0^{2\pi} f(\zeta)\cos m\zeta\,d\zeta\right)\cos m\theta + \left(\frac{1}{\pi a^m}\int_0^{2\pi} f(\zeta)\sin m\zeta\,d\zeta\right)\sin m\theta\right\} r^m$$

Σ 計算と積分操作の順序を入れ替えられるもの (一様収束) として，

$$u(r, \theta) = \frac{1}{2\pi}\int_0^{2\pi}\left\{1 + 2\sum_{m=1}^{\infty}\underline{\left(\frac{r}{a}\right)^m(\cos m\theta\cos m\zeta + \sin m\theta\sin m\zeta)}\right\} f(\zeta)\,d\zeta$$

$$= \left(\frac{r}{a}\right)^m \cos(m\theta - m\zeta) = \left(\frac{r}{a}\right)^m \cos m(\theta - \zeta)$$

$$= \left(\frac{r}{a}\right)^m \cdot \frac{1}{2}\left\{e^{m(\theta-\zeta)i} + e^{-m(\theta-\zeta)i}\right\}$$

($\because \cos\alpha = \frac{1}{2}(e^{i\alpha} + e^{-i\alpha})$)

よって，

$$u(r,\theta)=\frac{1}{2\pi}\int_0^{2\pi}\left\{1+\sum_{m=1}^{\infty}\left(\frac{r}{a}\right)^m\left(e^{m(\theta-\zeta)i}+e^{-m(\theta-\zeta)i}\right)\right\}f(\zeta)\,d\zeta$$

$$=\sum_{m=1}^{\infty}\left(\frac{r}{a}e^{(\theta-\zeta)i}\right)^m+\sum_{m=1}^{\infty}\left(\frac{r}{a}e^{-(\theta-\zeta)i}\right)^m$$

$$=\frac{\frac{r}{a}e^{(\theta-\zeta)i}}{1-\frac{r}{a}e^{(\theta-\zeta)i}}+\frac{\frac{r}{a}e^{-(\theta-\zeta)i}}{1-\frac{r}{a}e^{-(\theta-\zeta)i}}$$

複素数 $\alpha$ が，$|\alpha|<1$ のとき，$\displaystyle\sum_{m=1}^{\infty}\alpha^m=\frac{\alpha}{1-\alpha}$

実数の等比数列の公式と同じ。

今回，$0<\frac{r}{a}<1$ より，

$\left|\frac{r}{a}e^{(\theta-\zeta)i}\right|=\left|\frac{r}{a}e^{-(\theta-\zeta)i}\right|=\left|\frac{r}{a}\right|<1$ だからね。

$(\because |e^{i\varphi}|=|\cos\varphi+i\sin\varphi|=\sqrt{\cos^2\varphi+\sin^2\varphi}=1)$

$$=\frac{1}{2\pi}\int_0^{2\pi}\left\{1+\frac{re^{(\theta-\zeta)i}}{a-re^{(\theta-\zeta)i}}+\frac{re^{-(\theta-\zeta)i}}{a-re^{-(\theta-\zeta)i}}\right\}f(\zeta)\,d\zeta$$

$$=\frac{re^{(\theta-\zeta)i}(a-re^{-(\theta-\zeta)i})+re^{-(\theta-\zeta)i}(a-re^{(\theta-\zeta)i})}{(a-re^{(\theta-\zeta)i})(a-re^{-(\theta-\zeta)i})}$$

$$=\frac{ar(e^{(\theta-\zeta)i}+e^{-(\theta-\zeta)i})-r^2-r^2}{a^2-ar(e^{(\theta-\zeta)i}+e^{-(\theta-\zeta)i})+r^2}$$

$e^{(\theta-\zeta)i}+e^{-(\theta-\zeta)i}=2\cos(\theta-\zeta)$

$$=\frac{1}{2\pi}\int_0^{2\pi}\left\{1+\frac{2ar\cos(\theta-\zeta)-2r^2}{a^2-2ar\cos(\theta-\zeta)+r^2}\right\}f(\zeta)\,d\zeta$$

$$=\frac{1}{2\pi}\int_0^{2\pi}\frac{a^2-2ar\cos(\theta-\zeta)+r^2+2ar\cos(\theta-\zeta)-2r^2}{a^2-2ar\cos(\theta-\zeta)+r^2}f(\zeta)\,d\zeta$$

$$\therefore\ u(r,\theta)=\frac{1}{2\pi}\int_0^{2\pi}\frac{a^2-r^2}{a^2-2ar\cos(\theta-\zeta)+r^2}f(\zeta)\,d\zeta\quad\cdots\cdots(*o_0)$$

となって，"ポアソン積分"の公式 $(*o_0)$ が導けたんだね。
ここで，$(*o_0)$ に $r=0$ を代入して，円板の中心における温度 $u(0,\theta)$ を $u_p$ とおくと，

$$u_p = u(0,\theta) = \frac{1}{2\pi}\int_0^{2\pi} \frac{a^2 - 0^2}{a^2 - 2a\cdot 0\cdot\cos(\theta-\zeta) + 0^2} f(\zeta)\,d\zeta$$ より，

$$u_p = \frac{1}{2\pi}\int_0^{2\pi} f(\zeta)\,d\zeta$$

$$= \frac{1}{2\pi a}\int_0^{2\pi} \underbrace{f(\zeta)}_{u(a,\zeta)} \cdot \underbrace{a\,d\zeta}_{dl}$$

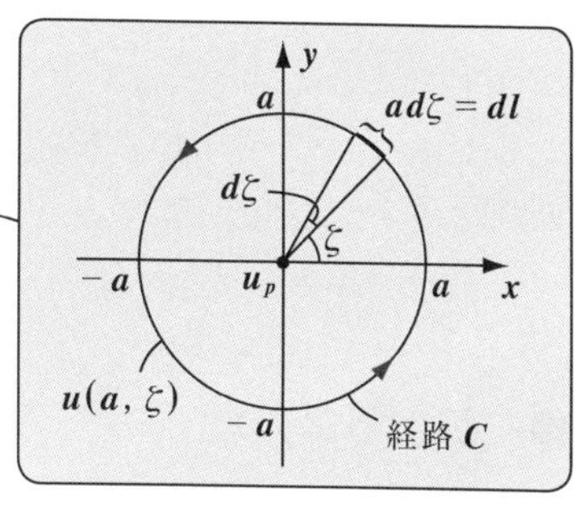


図 2　最大値・最小値の定理

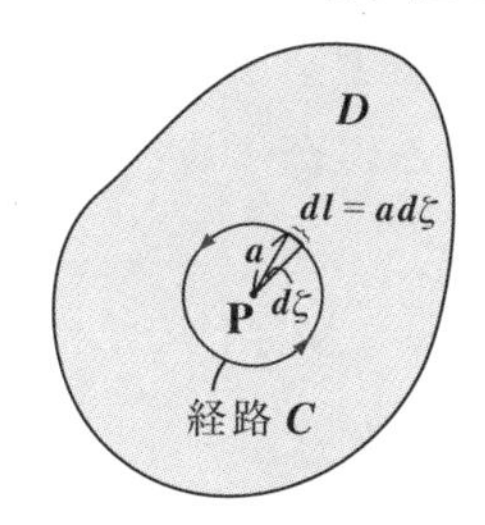


ここで，$ad\zeta = dl$ (微小線素) とおくと，これは右図のように半径 $a$ の円周に沿った 1 周線積分を表すので，この線積分路を $C$ とおくと，

$$u_p = \frac{1}{2\pi a}\oint_C u\,dl \quad \cdots\cdots(*p_0)$$

が導ける。$(*p_0)$ の意味は分かる？
これは，図 2 に示すように，領域 $D$ で定義されたラプラス方程式：

$$\frac{\partial^2 u}{\partial x^2} + \frac{\partial^2 u}{\partial y^2} = 0 \quad \cdots\cdots(*q)$$

の解 (調和関数) $u$ について $D$ 内の任意の点 $\mathbf{P}$ における $u$ の値を $u_p$ とおく。すると，「この $u_p$ は，点 $\mathbf{P}$ のまわりの (任意の) 半径 $a$ の円周上の $u$ の値の算術平均になる」と，$(*p_0)$ は言っているんだね。つまり，「$u_p$ の値は，まわりの $u$ の値の平均として決まる」ということだ。これから，次の "**最大・最小の定理**" が導ける。

## 最大・最小の定理

領域 $D$ において，ラプラス方程式の解が (定数解でない限り)，$D$ 内で最大値も最小値も取ることはなく，境界で最大値や最小値を取る。

領域 $D$ 内の点 $\mathbf{P}$ で最大値 $u_{max}$ を取るものと仮定しよう。このとき，図 2 に示すように，点 $\mathbf{P}$ の回りに半径 $a$ の円 $C$ をとり，円 $C$ 上の $u$ の最大値を $u_a$ とすると，当然，

$u_{max} > u_a$ ……① だね。

また，$(*p_0)$ より，

$$u_{max} = \frac{1}{2\pi a}\oint_C u\,dl \leqq \frac{1}{2\pi a}\oint_C u_a\,dl$$

（この最大値は $u_a$）（定数）

$$= \frac{1}{2\pi a}\cdot u_a\cdot\oint_C dl = \frac{u_a}{2\pi a}\cdot 2\pi a = u_a,$$ すなわち，$u_{max} \leqq u_a$ となって，

$u_p = \dfrac{1}{2\pi a}\oint_C u\,dl$ ……$(*p_0)$

$u_{max} > u_a$ ………………①

①と矛盾する。よって，ラプラス方程式の解 $u$ は領域 $D$ 内で最大値を取ることはない。同様に，最小値 $u_{min}$ を $D$ 内の点 P で取ると仮定しても矛盾が導ける。これは御自身で確かめてみるといい。

以上より，背理法から，最大・最小の定理が成り立つことが分かった。

## ● ラプラス方程式の解の一意性を示そう！

この最大・最小の定理から，ラプラス方程式の解が調和関数というなだらかな関数になることが証明できるわけだけど，さらにこれから，ラプラス方程式の解の"**一意性**"(*uniqueness*)も証明できる。"**一意性**"とは，ある解が求まった場合，それ以外に解は存在しないという意味なんだね。

次のような境界値をもつ **2** 次元のラプラス方程式が与えられたとしよう。

$$\begin{cases} \dfrac{\partial^2 u}{\partial x^2} + \dfrac{\partial^2 u}{\partial y^2} = 0 & \cdots\cdots① \quad (\text{領域 } D \text{ 内において}) \\ \text{境界条件}: u = g & \cdots\cdots② \quad (\text{領域 } D \text{ の境界において}) \end{cases}$$

ここで，①が異なる **2** つの解 $u_1$ と $u_2$ をもつものとしよう。すると，①，②より，

$$\begin{cases} \dfrac{\partial^2 u_1}{\partial x^2} + \dfrac{\partial^2 u_1}{\partial y^2} = 0 & \cdots\cdots①' \\ u_1 = g & \cdots\cdots\cdots②' \end{cases} \qquad \begin{cases} \dfrac{\partial^2 u_2}{\partial x^2} + \dfrac{\partial^2 u_2}{\partial y^2} = 0 & \cdots\cdots①'' \\ u_2 = g & \cdots\cdots\cdots②'' \end{cases}$$

が成り立つ。ここで，$v = u_1 - u_2$ とおいて，新たな関数 $v$ を定義すると，

①′－①″ より，$\dfrac{\partial^2 (u_1 - u_2)}{\partial x^2} + \dfrac{\partial^2 (u_1 - u_2)}{\partial y^2} = 0$ （$u_1 - u_2 = v$）

②′－②″ より，$u_1 - u_2 = g - g = 0$ （$u_1 - u_2 = v$） より，

$$\begin{cases} \dfrac{\partial^2 v}{\partial x^2} + \dfrac{\partial^2 v}{\partial y^2} = 0 & \cdots\cdots③ \quad (\text{領域} D \text{内において}) \\ v = 0 & \cdots\cdots\cdots\cdots④ \quad (\text{領域} D \text{の境界において}) \end{cases}$$ となる。

よって，④より，領域$D$の境界線上において$v=0$であるので，最大・最小の定理より，領域$D$内のすべての点においても$v$は恒等的に$v=0$とならざるを得ない。よって，$v = u_1 - u_2 = 0$，すなわち$u_1 = u_2$が成り立つ。つまり，①，②の解$u$はただ1通りのみ定まること，すなわち解の"一意性"が成りたつことがこれで証明できたんだね。納得いった？

## ● 正則な複素関数とラプラス方程式の関係について

最後に正則な複素関数：$f(z) = u(x, y) + iv(x, y)$　($i$：虚数単位)
（正則：微分可能とほぼ同じ意味）（$u(x, y)$：実部）（$v(x, y)$：虚部）

の$u(x, y)$と$v(x, y)$が共に2次元のラプラス方程式の解であることも示しておこう。正則性の必要十分条件は，次の"**コーシー・リーマンの方程式**"：

$u_x = v_y$　……①　かつ　$u_y = -v_x$　……②　をみたすことなので，

①の両辺を$x$で，②の両辺を$y$でさらに偏微分すると，

$u_{xx} = v_{yx}$ ……①′，$u_{yy} = -v_{xy}$ ……②′ となる。よって，

①′＋②′から，　$u_{xx} + u_{yy} = v_{yx} - v_{xy} = 0$（ただし，$v_{xy} = v_{yx}$ とした。）（シュワルツの公式）

となって，$u(x, y)$はラプラス方程式をみたすことが分かるね。

同様に，$v_{xx} + v_{yy} = 0$ も導けるので，$v(x, y)$もラプラス方程式の解になる。

したがって，たとえば，正則関数$f(z) = z^2$　について，

$f(z) = (x+iy)^2 = \underbrace{x^2 - y^2}_{u(x,y)} + i \cdot \underbrace{2xy}_{v(x,y)}$　より，$x^2 - y^2$や$2xy$は，ラプラス方程式の解になる。また，正則関数$g(z) = z^3$　について，

$g(z) = (x+iy)^3 = \underbrace{x^3 - 3xy^2}_{u(x,y)} + i(\underbrace{3x^2y - y^3}_{v(x,y)})$　より，$x^3 - 3xy^2$や$3x^2y - y^3$もラプラス方程式の解なんだね。さらに，正則関数$h(z) = ze^z$　について，

$h(z) = (x+iy)e^{x+iy} = e^x(x+iy)(\cos y + i\sin y)$

$\qquad = e^x(x\cos y - y\sin y) + ie^x(x\sin y + y\cos y)$　より，$e^x(x\cos y - y\sin y)$も$e^x(x\sin y + y\cos y)$も，ラプラス方程式の解，すなわち調和関数になるんだね。もう一度P47を見直してごらん。このように，ラプラス方程式をみたす解の例はいくらでも見つけることができるんだね。

## 演習問題 8　● 円形膜の振動 ●

有界な関数 $u(r, t)$ について，次の極座標表示の波動方程式を解け。

$$\frac{\partial^2 u}{\partial t^2} = v^2\left(\frac{\partial^2 u}{\partial r^2} + \frac{1}{r}\cdot\frac{\partial u}{\partial r}\right) \quad \cdots\cdots① \quad (0 \leqq r < 1,\ 0 < t) \quad (v > 0)$$

初期条件：$u(r, 0) = h$，$u_t(r, 0) = 0$ $(0 \leqq r < 1)$ ($h$：小さな正の定数)

境界条件：$u(1, t) = 0$ $(0 < t)$

ヒント！ これは，半径1の円形膜の円周を固定し，始め時刻 $t = 0$ のときに膜全体を $h$ だけ引っ張り上げた状態からスタートさせたときの，円形膜の振動の様子を調べる問題なんだね。

### 解答＆解説

変数分離法より，$u(r, t) = R(r)\cdot T(t)$ ……②　とおけるものとする。

②を①に代入すると，$R\ddot{T} = v^2\left(R''T + \frac{1}{r}R'T\right)$　となる。

この両辺を $v^2RT(>0)$ で割ると，左辺は $t$ のみ，右辺は $r$ のみの式となるので，これを負の定数 $-\lambda^2$ $(\lambda > 0)$　とおくと，

$$\frac{\ddot{T}}{v^2T} = \frac{R''}{R} + \frac{1}{r}\cdot\frac{R'}{R} = -\lambda^2 \quad \cdots\cdots③ \quad となる。$$

（③の定数が $-\lambda^2(<0)$ でなく，0 の場合，$u = $(一定) となって不適。また，正の場合，$t \to \infty$ のとき，$u \to \infty$ となって，不適である。）

③より，次の2つの常微分方程式が導かれる。

(i) $r^2R'' + rR' + \lambda^2r^2R = 0$ ……④　　(ii) $\ddot{T} + \lambda^2v^2T = 0$ ……⑤

(i) $r^2R'' + rR' + (\lambda^2r^2 - 0^2)R = 0$ ……④ は，ベッセルの微分方程式より，その解は，

$R(r) = A_1J_0(\lambda r) + A_2Y_0(\lambda r)$　となる。

> ベッセルの微分方程式(応用)
> $x^2y'' + xy' + (\lambda^2x^2 - 0^2)y = 0$
> の一般解は，
> $y = A_1J_0(\lambda x) + A_2Y_0(\lambda x)$

(ただし，$J_0(x)$：0次の第1種ベッセル関数，$Y_0(x)$：0次の第2種ベッセル関数)

ここで，$r \to 0$ のとき，$Y_0(\lambda r) \to -\infty$ に発散するので，$A_2 = 0$　となる。

$\therefore R(r) = A_1J_0(\lambda r)$ ……⑥

ここで，境界条件：$u(1, t) = 0$ より，$R(1) = 0$ となる。（$R(1)\cdot T(t) = 0$）よって，⑥より，

$R(1) = A_1J_0(\lambda) = 0$　$(A_1 \neq 0)$　より，

$J_0(\lambda) = 0$　　これをみたす正の数 $\lambda$ を小さい順に $\lambda_m$ $(m = 1, 2, 3, \cdots)$ と表すと，

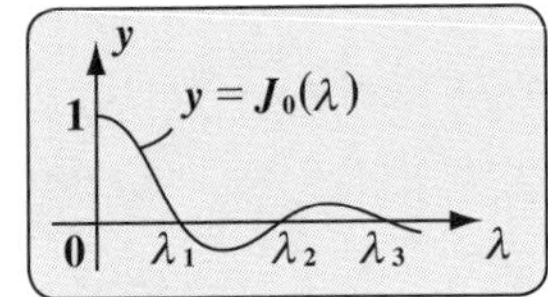


$\lambda = \lambda_m$ ……⑦　$(m = 1, 2, 3, \cdots)$　となる。

よって，⑦を⑥に代入して，

$R(r) = A_1 J_0(\lambda_m r)$ ……⑥´　$(m = 1, 2, 3, \cdots)$　となる。

(ii) ⑦より⑤は，$\ddot{T} + \lambda_m{}^2 v^2 T = 0$ ……⑤´　となる。

⑤´は単振動の微分方程式より，この一般解は，

$T(t) = B_1 \cos\lambda_m vt + B_2 \sin\lambda_m vt$ ……⑧　となる。

単振動の微分方程式
$y'' + \omega^2 y = 0$ の一般解は，
$y = A_1\cos\omega x + A_2\sin\omega x$

⑧を $t$ で微分して，

$\dot{T}(t) = -B_1\lambda_m v\sin\lambda_m vt + B_2\lambda_m v\cos\lambda_m vt$ ……⑨

ここで，初期条件：$u_t(r, 0) = 0$　より，$\dot{T}(0) = 0$　　よって⑨より，

$u_t(r,0) = R(r)\cdot\dot{T}(0)$

$\dot{T}(0) = B_2\lambda_m v = 0$　$(\lambda_m v \neq 0)$　　よって，$B_2 = 0$

$\therefore T(t) = B_1\cos\lambda_m vt$ ……⑧´　$(m = 1, 2, 3, \cdots)$　となる。

以上(i)(ii)の⑥´，⑧´より，①の方程式の独立解 $u_m(r, t)$ は，

$u_m(r, t) = b_m\cos\lambda_m vt\cdot J_0(\lambda_m r)$　となる。

よって，解の重ね合せの原理より，①の解 $u(r, t)$ は，

$u(r, t) = \sum_{m=1}^{\infty} b_m\cos\lambda_m vt\cdot J_0(\lambda_m r)$ ……⑩　となる。

ここで，初期条件：$u(r, 0) = h$　より，⑩に $t = 0$ を代入して，

$u(r, 0) = \sum_{m=1}^{\infty} b_m J_0(\lambda_m r)$

よって，ベッセル関数による級数展開より，

ベッセル関数による級数展開 (P188)
$f(x) = \sum_{m=1}^{\infty} b_m J_\alpha(\lambda_m x)$
$b_m = \dfrac{2}{J_{\alpha+1}{}^2(\lambda_m)}\int_0^1 xJ_\alpha(\lambda_m x)f(x)\,dx$

$$b_m = \frac{2}{J_1{}^2(\lambda_m)}\int_0^1 rJ_0(\lambda_m r)\cdot h\,dr$$

$$= \frac{2h}{J_1{}^2(\lambda_m)}\int_0^1 rJ_0(\lambda_m r)\,dr = \frac{2h}{J_1{}^2(\lambda_m)}\int_0^{\lambda_m}\frac{x}{\lambda_m}J_0(x)\cdot\frac{dx}{\lambda_m}$$

$\lambda_m r = x$ と置換した。

$$= \frac{2h}{\lambda_m{}^2 J_1{}^2(\lambda_m)}\int_0^{\lambda_m} xJ_0(x)\,dx = \frac{2h}{\lambda_m{}^2 J_1{}^2(\lambda_m)}\cdot\left[xJ_1(x)\right]_0^{\lambda_m}$$

積分公式 $\int x^\alpha J_{\alpha-1}(x)\,dx = x^\alpha J_\alpha(x) + C$　(P181)

$$\therefore b_m = \frac{2h}{\lambda_m J_1(\lambda_m)} \quad \cdots\cdots ⑪ \quad (m = 1, 2, 3, \cdots)$$

よって，⑪を⑩に代入して，求める①の方程式の解 $u(r, t)$ は，

$$u(r, t) = 2h\sum_{m=1}^{\infty}\frac{1}{\lambda_m J_1(\lambda_m)}\cos\lambda_m vt\cdot J_0(\lambda_m r)$$

である。…………………(答)

## §4. 球座標におけるラプラシアン

波動にしろ，熱伝導にしろ球対称なモデルを考える場合，また，球面上の境界条件をもつ問題を解く場合，直交座標におけるラプラシアン $\Delta u = u_{xx} + u_{yy} + u_{zz}$ を球座標におけるラプラシアンに置き換えて考える必要があるんだね。

この球座標におけるラプラシアンは，前回教えた円柱座標におけるラプラシアンを基にして導くことができる。ここでは少し複雑な式変形が必要となるけれど，まずこの球座標におけるラプラシアンを導いてみよう。

さらに，この球座標におけるラプラシアンを使って，簡単なラプラス方程式や球面波の問題を解いてみよう。

### ● 球座標におけるラプラシアンを求めよう！

$xyz$ 直交座標系における関数 $u(x, y, z)$ のラプラシアン

$$\Delta u = \frac{\partial^2 u}{\partial x^2} + \frac{\partial^2 u}{\partial y^2} + \frac{\partial^2 u}{\partial z^2}$$ を，

図 1　円柱座標系

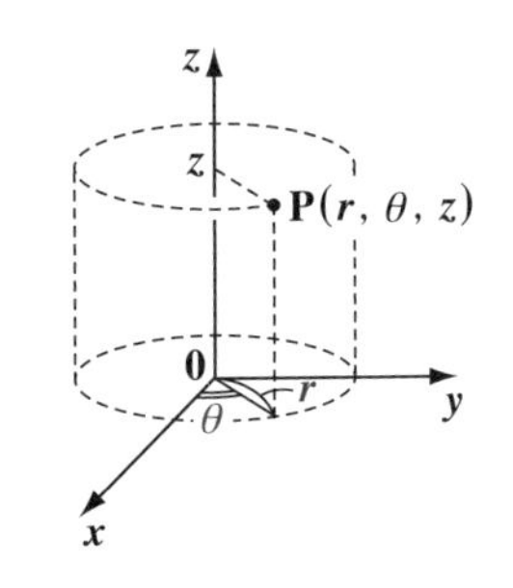


図 1 に示すような円柱座標系で表すと，$u(r, \theta, z)$ のラプラシアンは，

$$\Delta u = \frac{\partial^2 u}{\partial r^2} + \frac{1}{r}\cdot\frac{\partial u}{\partial r} + \frac{1}{r^2}\cdot\frac{\partial^2 u}{\partial \theta^2} + \frac{\partial^2 u}{\partial z^2} \quad \cdots\cdots(*t)'$$

となるんだったね。(P169)

ここでは，球座標系における $u(r, \theta, \varphi)$ のラプラシアンを求めよう。

図 2　球座標系

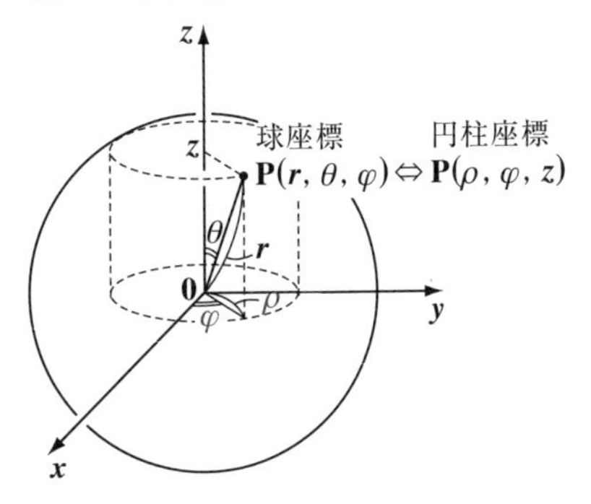


図 1 と図 2 を比較してみると，円柱座標系の点 $P(r, \theta, z)$ と球座標系の点 $P(r, \theta, \varphi)$ において，$r$ と $\theta$ は同じものではない。（$\theta$：天頂角，$\varphi$：方位角）図 2 に示すように，円柱座標の $r$ を $\rho$ に，また $\theta$ を $\varphi$ に書き換えると，

円柱座標系の点 $\mathbf{P}(\rho, \varphi, z)$ ⟺ 球座標系の点 $\mathbf{P}(r, \theta, \varphi)$

の対応関係が成り立つことになる。

図3　$(r, \theta)$ と $(\rho, z)$ の関係

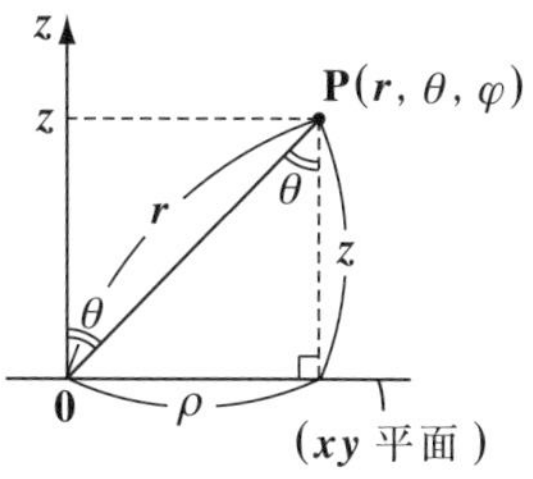

よって，円柱座標表示のラプラシアン $(*t)'$ も，

$$\Delta u = \underbrace{\frac{\partial^2 u}{\partial \rho^2}}_{(ア)} + \underbrace{\frac{1}{\rho}\cdot\frac{\partial u}{\partial \rho}}_{(イ)} + \underbrace{\frac{1}{\rho^2}\cdot\frac{\partial^2 u}{\partial \varphi^2}}_{(ウ)} + \underbrace{\frac{\partial^2 u}{\partial z^2}}_{(エ)} \quad \cdots\cdots(*t)''$$

ということになる。また，図3に示すように，$(r, \theta)$ と $(\rho, z)$ の関係式として，

$$\begin{cases} z = r\cos\theta \\ \rho = r\sin\theta \end{cases} \qquad \begin{cases} r = \sqrt{z^2+\rho^2} \\ \theta = \tan^{-1}\dfrac{\rho}{z} \end{cases}$$ が成り立つ。

したがって，$(*t)''$ を球座標表示の $u(r, \theta, \varphi)$ のラプラシアンに書き換える場合，(ウ)の $\dfrac{1}{\rho^2}\cdot\dfrac{\partial^2 u}{\partial \varphi^2} = \dfrac{1}{r^2\sin^2\theta}\cdot\dfrac{\partial^2 u}{\partial \varphi^2}$ は，そのままでいい。←（既に，$r, \theta, \varphi$ の式になっているからね。）

それでは，連鎖的な偏微分の変形を利用して，

(Ⅰ) まず，(ア)の $u_{\rho\rho}$，(イ)の $\dfrac{1}{\rho}u_\rho$ を求めてみよう。

ここで，$\cdot\, r_\rho = \dfrac{1}{2}(z^2+\rho^2)^{-\frac{1}{2}}\cdot 2\rho = \dfrac{\rho}{r} = \dfrac{r\sin\theta}{r} = \sin\theta$

$$\cdot\, \theta_\rho = \left(\tan^{-1}\frac{\rho}{z}\right)_\rho = \frac{1}{1+\left(\frac{\rho}{z}\right)^2}\cdot\frac{1}{z} = \frac{z}{z^2+\rho^2} = \frac{r\cos\theta}{r^2} = \frac{\cos\theta}{r}$$

$$\cdot\, r_{\rho\rho} = (r_\rho)_\rho = (\sin\theta)_\rho = (\sin\theta)_\theta\cdot\theta_\rho = \cos\theta\cdot\frac{\cos\theta}{r} = \frac{\cos^2\theta}{r}$$

$$\cdot\, \theta_{\rho\rho} = (\theta_\rho)_\rho = \left(\frac{\cos\theta}{r}\right)_\rho = \left(\frac{\cos\theta}{r}\right)_r\cdot r_\rho + \left(\frac{\cos\theta}{r}\right)_\theta\cdot\theta_\rho$$

$$= -\frac{\cos\theta}{r^2}\cdot\sin\theta - \frac{\sin\theta}{r}\cdot\frac{\cos\theta}{r} = -\frac{2\sin\theta\cos\theta}{r^2} = -\frac{\sin 2\theta}{r^2}$$ より，

(イ) $u_\rho = u_r\cdot r_\rho + u_\theta\cdot\theta_\rho = \sin\theta\cdot u_r + \dfrac{\cos\theta}{r}u_\theta$

$$\therefore \frac{1}{\rho}u_\rho = \frac{1}{r\sin\theta}u_\rho = \frac{1}{r}u_r + \frac{\cos\theta}{r^2\sin\theta}u_\theta \quad \cdots\cdots ①$$ となる。

(ア) $u_{\rho\rho} = (u_\rho)_\rho = (u_r\cdot r_\rho + u_\theta\cdot\theta_\rho)_\rho$

$$= \underbrace{(u_r)_\rho}_{(u_{rr}r_\rho + u_{r\theta}\theta_\rho)}\cdot r_\rho + u_r\cdot r_{\rho\rho} + \underbrace{(u_\theta)_\rho}_{(u_{\theta r}r_\rho + u_{\theta\theta}\theta_\rho)}\cdot\theta_\rho + u_\theta\cdot\theta_{\rho\rho}$$

$$\Delta u = u_{\rho\rho} + \frac{1}{\rho}u_\rho + \frac{1}{\rho^2}u_{\varphi\varphi} + u_{zz} \cdots (*t)''$$
(ア)　(イ)　(ウ)　(エ)

$$\begin{cases} z = r\cos\theta \\ \rho = r\sin\theta \end{cases} \quad \begin{cases} r = \sqrt{z^2+\rho^2} \\ \theta = \tan^{-1}\dfrac{\rho}{z} \end{cases}$$

$$r_\rho = \sin\theta, \quad \theta_\rho = \frac{\cos\theta}{r}$$

$$r_{\rho\rho} = \frac{\cos^2\theta}{r}, \quad \theta_{\rho\rho} = -\frac{\sin 2\theta}{r^2}$$

(イ) $\frac{1}{\rho}u_\rho = \frac{1}{r}u_r + \frac{\cos\theta}{r^2\sin\theta}u_\theta \cdots ①$

(ア) の続き

$$u_{\rho\rho} = (u_{rr}r_\rho + u_{r\theta}\theta_\rho)\cdot r_\rho + u_r\cdot r_{\rho\rho} + (u_{\theta r}r_\rho + u_{\theta\theta}\theta_\rho)\theta_\rho + u_\theta\cdot\theta_{\rho\rho}$$

$$= \left(\sin\theta\cdot u_{rr} + \frac{\cos\theta}{r}u_{r\theta}\right)\cdot\sin\theta + \frac{\cos^2\theta}{r}u_r + \left(\sin\theta\, u_{\theta r} + \frac{\cos\theta}{r}u_{\theta\theta}\right)\cdot\frac{\cos\theta}{r} - \frac{\sin 2\theta}{r^2}u_\theta$$

$$\therefore\ u_{\rho\rho} = \sin^2\theta\cdot u_{rr} + \frac{\sin 2\theta}{r}u_{r\theta} + \frac{\cos^2\theta}{r}u_r + \frac{\cos^2\theta}{r^2}u_{\theta\theta} - \frac{\sin 2\theta}{r^2}u_\theta \cdots ②$$

となる。

シュワルツの公式 $u_{r\theta} = u_{\theta r}$ が成り立つものとした。

(Ⅱ) 次に，(エ) の $u_{zz}$ も求めよう。

ここで，$\cdot\ r_z = \frac{1}{2}(z^2+\rho^2)^{-\frac{1}{2}}\cdot 2z = \frac{z}{r} = \frac{r\cos\theta}{r} = \cos\theta$

$$\cdot\ \theta_z = \left(\tan^{-1}\frac{\rho}{z}\right)_z = \frac{1}{1+\left(\frac{\rho}{z}\right)^2}\cdot\left(-\frac{\rho}{z^2}\right) = -\frac{\rho}{z^2+\rho^2} = -\frac{r\sin\theta}{r^2} = -\frac{\sin\theta}{r}$$

$$\cdot\ r_{zz} = (r_z)_z = (\cos\theta)_z = (\cos\theta)_\theta\cdot\theta_z = -\sin\theta\cdot\left(-\frac{\sin\theta}{r}\right) = \frac{\sin^2\theta}{r}$$

$$\cdot\ \theta_{zz} = (\theta_z)_z = \left(-\frac{\sin\theta}{r}\right)_z = \left(-\frac{\sin\theta}{r}\right)_r\cdot r_z + \left(-\frac{\sin\theta}{r}\right)_\theta\cdot\theta_z$$

$$= \frac{\sin\theta}{r^2}\cdot\cos\theta - \frac{\cos\theta}{r}\cdot\left(-\frac{\sin\theta}{r}\right) = \frac{2\sin\theta\cos\theta}{r^2} = \frac{\sin 2\theta}{r^2}$$

だね。ここでまず，$u_z = u_r\cdot r_z + u_\theta\cdot\theta_z$　となる。よって，

(エ) $u_{zz} = (u_z)_z = (u_r\cdot r_z + u_\theta\cdot\theta_z)_z$

$$= \underbrace{(u_r)_z}_{(u_{rr}r_z + u_{r\theta}\theta_z)}\cdot r_z + u_r\cdot r_{zz} + \underbrace{(u_\theta)_z}_{(u_{\theta r}r_z + u_{\theta\theta}\theta_z)}\cdot\theta_z + u_\theta\cdot\theta_{zz}$$

$$= (u_{rr}r_z + u_{r\theta}\theta_z)r_z + u_r r_{zz} + (u_{\theta r}r_z + u_{\theta\theta}\theta_z)\theta_z + u_\theta\theta_{zz}$$

$$u_{zz}=\left(\cos\theta\cdot u_{rr}-\frac{\sin\theta}{r}\cdot u_{r\theta}\right)\cos\theta$$

$$+\frac{\sin^2\theta}{r}u_r+\left(\cos\theta\cdot u_{\theta r}-\frac{\sin\theta}{r}u_{\theta\theta}\right)\left(-\frac{\sin\theta}{r}\right)+\frac{\sin 2\theta}{r^2}u_\theta$$

$$\therefore\ u_{zz}=\cos^2\theta\cdot u_{rr}-\frac{\sin 2\theta}{r}u_{r\theta}+\frac{\sin^2\theta}{r}u_r+\frac{\sin^2\theta}{r^2}u_{\theta\theta}+\frac{\sin 2\theta}{r^2}u_\theta \quad\cdots③$$

となる。　（$u_{r\theta}=u_{\theta r}$ とした。）

ここで，①，②，③を $(*t)''$ に代入してまとめると，

$$\Delta u=u_{\rho\rho}+\frac{1}{\rho}u_\rho+\frac{1}{\rho^2}u_{\varphi\varphi}+u_{zz}$$

（$\frac{1}{\rho}u_\rho$ は $\frac{1}{r}u_r+\frac{\cos\theta}{r^2\sin\theta}u_\theta$（①より））

（$\frac{1}{\rho^2}u_{\varphi\varphi}$ は $\frac{1}{r^2\sin^2\theta}u_{\varphi\varphi}$）

（$u_{\rho\rho}$ は $\sin^2\theta u_{rr}+\frac{\sin 2\theta}{r}u_{r\theta}+\frac{\cos^2\theta}{r}u_r+\frac{\cos^2\theta}{r^2}u_{\theta\theta}-\frac{\sin 2\theta}{r^2}u_\theta$（②より））

（$u_{zz}$ は $\cos^2\theta u_{rr}-\frac{\sin 2\theta}{r}u_{r\theta}+\frac{\sin^2\theta}{r}u_r+\frac{\sin^2\theta}{r^2}u_{\theta\theta}+\frac{\sin 2\theta}{r^2}u_\theta$（③より））

$$=u_{rr}+\frac{1}{r}u_r+\frac{1}{r^2}u_{\theta\theta}+\frac{1}{r}u_r+\frac{\cos\theta}{r^2\sin\theta}u_\theta+\frac{1}{r^2\sin^2\theta}u_{\varphi\varphi}$$

（$\cos^2\theta+\sin^2\theta=1$ より）

$$=u_{rr}+\frac{2}{r}u_r+\frac{1}{r^2}u_{\theta\theta}+\frac{\cos\theta}{r^2\sin\theta}u_\theta+\frac{1}{r^2\sin^2\theta}u_{\varphi\varphi}$$

（この部分はさらに，$\frac{1}{r^2}\cdot\frac{\partial}{\partial r}\left(r^2\frac{\partial u}{\partial r}\right)$ と変形できるのも大丈夫だね。）

以上より，球座標系の関数 $u(r,\theta,\varphi)$ のラプラシアン $\Delta u$ の球座標表示は次のようになる。

### $\Delta u$ の球座標表示

球座標系における関数 $u(r,\theta,\varphi)$ のラプラシアンの球座標表示は，

$$\Delta u=\frac{1}{r^2}\cdot\frac{\partial}{\partial r}\left(r^2\frac{\partial u}{\partial r}\right)+\frac{1}{r^2}\cdot\frac{\partial^2 u}{\partial\theta^2}+\frac{\cos\theta}{r^2\sin\theta}\cdot\frac{\partial u}{\partial\theta}+\frac{1}{r^2\sin^2\theta}\cdot\frac{\partial^2 u}{\partial\varphi^2}\quad\cdots\cdots(*u)$$

または，$$\Delta u=\frac{\partial^2 u}{\partial r^2}+\frac{2}{r}\cdot\frac{\partial u}{\partial r}+\frac{1}{r^2}\cdot\frac{\partial^2 u}{\partial\theta^2}+\frac{\cos\theta}{r^2\sin\theta}\cdot\frac{\partial u}{\partial\theta}+\frac{1}{r^2\sin^2\theta}\cdot\frac{\partial^2 u}{\partial\varphi^2}$$

となる。　$\cdots\cdots(*u)'$

フ～，大変だったって？　でも，これで問題を解くための準備が整ったんだ。

球座標系の関数 $\boldsymbol{u}(\boldsymbol{r}, \theta, \varphi)$ のラプラシアン $\Delta\boldsymbol{u}$ は確かに複雑な形をしているけれど，次のように分類して考えることができる。

(ⅰ) $\boldsymbol{u}$ が $\boldsymbol{r}$ のみの関数，すなわち $\boldsymbol{u}(\boldsymbol{r})$ の場合，

球対称な問題を解く場合がこれに相当し，解は比較的簡単に求まる。

(ⅱ) $\boldsymbol{u}$ が $\boldsymbol{r}$ と天頂角 $\theta$ のみの関数，すなわち $\boldsymbol{u}(\boldsymbol{r}, \theta)$ の場合，

**“ルジャンドルの微分方程式”** が導かれるので，解には **“ルジャンドル多項式”** が含まれることになる。

(ⅲ) $\boldsymbol{u}$ が $\boldsymbol{r}$ と天頂角 $\theta$ および方位角 $\varphi$ の関数，すなわち $\boldsymbol{u}(\boldsymbol{r}, \theta, \varphi)$ の場合，

**“ルジャンドルの陪微分方程式”** が導かれるので，解には **“ルジャンドル陪関数”** が含まれることになる。

以上を，球座標表示の $\Delta\boldsymbol{u}$ について模式図で示すと，次のようになる。

$$\Delta\boldsymbol{u} = \frac{1}{r^2}\cdot\frac{\partial}{\partial r}\left(r^2\frac{\partial u}{\partial r}\right) + \frac{1}{r^2}\cdot\frac{\partial^2 u}{\partial\theta^2} + \frac{\cos\theta}{r^2\sin\theta}\cdot\frac{\partial u}{\partial\theta} + \frac{1}{r^2\sin^2\theta}\cdot\frac{\partial^2 u}{\partial\varphi^2} \quad \cdots\cdots(*u)$$

(ⅰ) $\boldsymbol{u}(\boldsymbol{r})$ の場合 (簡単に解ける！)

(ⅱ) $\boldsymbol{u}(\boldsymbol{r}, \theta)$ の場合 (ルジャンドル多項式登場！)

(ⅲ) $\boldsymbol{u}(\boldsymbol{r}, \theta, \varphi)$ の場合 (ルジャンドル陪関数登場！)

もちろん，波動方程式や熱伝導方程式では，これらに時刻 $\boldsymbol{t}$ の独立変数がさらに加わることになるんだね。

それでは，ここではまず，簡単な (ⅰ) $\boldsymbol{u}(\boldsymbol{r})$ や $\boldsymbol{u}(\boldsymbol{r}, \boldsymbol{t})$ の場合の例題を解いてみることにしよう。

例題 **39**　$1 \leqq r \leqq 2$ で定義された関数 $\boldsymbol{u}(\boldsymbol{r})$ について，次の球座標表示のラプラス方程式を解いてみよう。

$$\frac{1}{r^2}\cdot\frac{\partial}{\partial r}\left(r^2\frac{\partial u}{\partial r}\right) = 0 \quad \cdots\cdots① \qquad (1 < r < 2)$$

境界条件：$u(1) = T_0,\quad u(2) = 0 \qquad (T_0：$正の定数$)$

関数 $\boldsymbol{u}(\boldsymbol{r})$ は，$\theta$(天頂角) や $\varphi$(方位角) とは無関係の $\boldsymbol{r}$ のみの関数なので，このラプラス方程式は①のように単純になるんだね。$\boldsymbol{u}(\boldsymbol{r})$ を半径 $\boldsymbol{r}$ 方向の温度分布だと考えると，これは球対称問題なので，図 (ⅰ) に示すように，

半径 $\mathbf{1}$ と $\mathbf{2}$ の同心の $\mathbf{2}$ つの球面で囲まれる球殻の問題になる。与えられた境界条件より，内表面の温度を $T_0(>0)$ に，外表面の温度を $\mathbf{0}$ に保ったとき，この球殻内の温度分布 $u(r)$ $(1 \leqq r \leqq 2)$ を求めることになるんだね。

図(ｉ) 境界条件

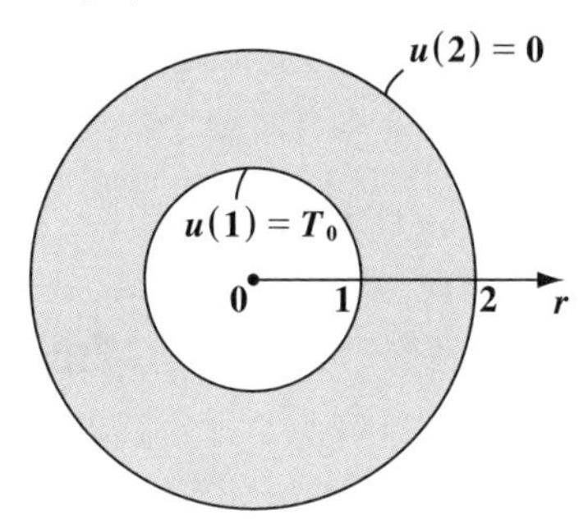


早速①を解いてみよう。まず，①の両辺に $r^2$ をかけて，

$$\frac{\partial}{\partial r}\left(r^2 \frac{\partial u}{\partial r}\right) = 0$$ この両辺を $r$ で積分して，

$r^2 \dfrac{\partial u}{\partial r} = C_1$ （$C_1$：定数）より，$\dfrac{\partial u}{\partial r} = \dfrac{C_1}{r^2}$ この両辺をさらに $r$ で積分して，

$$u(r) = \int \frac{C_1}{r^2}\,dr = -\frac{C_1}{r} + C_2 \quad \cdots\cdots ②$$ となる。

境界条件：$u(1) = T_0$，$u(2) = 0$ より，②は，

$$u(1) = -C_1 + C_2 = T_0 \quad \cdots\cdots ③ \qquad u(2) = -\frac{C_1}{2} + C_2 = 0 \quad \cdots\cdots ④$$

③，④より，$C_1 = -2T_0$，$C_2 = -T_0$ これを②に代入して，

$$u(r) = \frac{2T_0}{r} - T_0 = T_0\left(\frac{2}{r} - 1\right)$$ となって，解が求まるんだね。

では次，$u(r)$ についての球対称なラプラシアン $\Delta u$ は，

$$\Delta u = \frac{1}{r^2}\cdot\frac{\partial}{\partial r}\left(r^2 \frac{\partial u}{\partial r}\right) = \frac{1}{r^2}\left(2r\frac{\partial u}{\partial r} + r^2\frac{\partial^2 u}{\partial r^2}\right) = \frac{\partial^2 u}{\partial r^2} + \frac{2}{r}\cdot\frac{\partial u}{\partial r}$$ と表されるけれど，これを $\dfrac{1}{r}\cdot\dfrac{\partial^2(ru)}{\partial r^2}$ と表すこともできる。何故なら，

$$\frac{1}{r}\cdot\frac{\partial^2(ru)}{\partial r^2} = \frac{1}{r}\cdot\frac{\partial}{\partial r}\left(\frac{\partial(ru)}{\partial r}\right) = \frac{1}{r}\cdot\frac{\partial}{\partial r}\left(u + r\frac{\partial u}{\partial r}\right)$$

$$= \frac{1}{r}\left(\frac{\partial u}{\partial r} + \frac{\partial u}{\partial r} + r\frac{\partial^2 u}{\partial r^2}\right) = \frac{\partial^2 u}{\partial r^2} + \frac{2}{r}\cdot\frac{\partial u}{\partial r}$$ と，同じ結果になるからなんだね。これが，次の球面波の問題を解く上でのポイントになる。

例題 **40**　右図に示すように，原点 **O** を中心とする半径 **1** の球面上に，次のような変動する電場：

$E = E_0 \sin \omega t$　……①

$(E_0,\ \omega$：正の定数 $)$

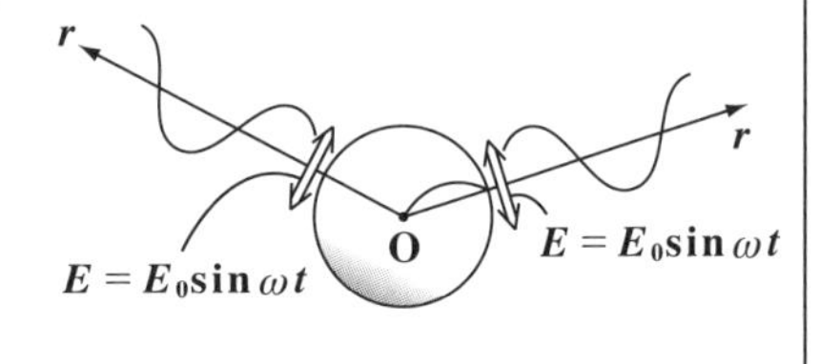


を発生させたとき，電磁波が半径方向に球面波として外側に伝播していくものとする。このとき，電場の波動 $E(r,\ t)$ は次の波動方程式で表される。

$$\frac{1}{r^2}\cdot\frac{\partial}{\partial r}\left(r^2\frac{\partial E}{\partial r}\right) = \frac{1}{c^2}\cdot\frac{\partial^2 E}{\partial t^2} \quad \cdots\cdots ② \quad (c：光速)$$

これは，$\Delta E = \frac{1}{c^2}E_{tt}$ の波動方程式

これを解いて，$E(r,\ t)$ を求めてみよう。

②は，球座標表示の波動方程式で，②の左辺は，**P213** で示したように，

$$\frac{1}{r^2}\cdot\frac{\partial}{\partial r}\left(r^2\frac{\partial E}{\partial r}\right) = \frac{1}{r}\cdot\frac{\partial^2(rE)}{\partial r^2} \quad \cdots\cdots ③$$

と変形できるのは大丈夫だね。この③を②に代入すると，

$\frac{1}{r}\cdot\frac{\partial^2(rE)}{\partial r^2} = \frac{1}{c^2}\cdot\frac{\partial^2 E}{\partial t^2}$　となる。この両辺に $r$ をかけると，

$$\frac{\partial^2(rE)}{\partial r^2} = \frac{r}{c^2}\cdot\frac{\partial^2 E}{\partial t^2}$$

$r$ と $t$ は独立な変数より

$$\therefore \frac{\partial^2(rE)}{\partial r^2} = \frac{1}{c^2}\cdot\frac{\partial^2(rE)}{\partial t^2} \quad \cdots\cdots ④$$

となる。

よって，④は $rE$ についての **1** 次元波動方程式なので，このダランベールの解は，

$u(x,\ t)$ の **1** 次元波動方程式

$$\frac{\partial^2 u}{\partial x^2} = \frac{1}{v^2}\cdot\frac{\partial^2 u}{\partial t^2} \quad \cdots\cdots (*o)$$

のダランベールの解は，

$$u(x,\ t) = f\left(t - \frac{x}{v}\right) + g\left(t + \frac{x}{v}\right)$$

（進行波）（後退波）

となる。(**P42**)

$$rE = f\left(t - \frac{r}{c}\right) \quad (r \geqq 1) \quad となる。$$

（ここで，電場の波動は，半径 $r = 1$ の球面から外部に広がるものとしているので，進行波のみで，後退波は無視した。）

$\therefore E(r,\ t)=\dfrac{1}{r}f\left(t-\dfrac{r}{c}\right)$ ……⑤ $(r\geqq 1)$ となる。

ここで，境界条件より，$E(1,\ t)=E_0\sin\omega t$ ……① より，⑤は，

$$E(1,\ t)=\frac{1}{1}f\left(t-\boxed{\frac{1}{c}}\right)\fallingdotseq f(t)=E_0\sin\omega t \quad となる。$$

0 ($r=1$(m) とすると，$c=3\times10^8$(m/s) より)

これから，$f\left(t-\dfrac{r}{c}\right)=E_0\sin\omega\left(t-\dfrac{r}{c}\right)$ ……⑥ となる。

⑥を⑤に代入して，求める電場の球面波 $E(r,\ t)$ は，

$$E(r,\ t)=\frac{E_0}{r}\sin\omega\left(t-\frac{r}{c}\right)$$ となって，求まるんだね。納得いった？

ここで，1 次元波動方程式 $\dfrac{\partial^2 u}{\partial x^2}=\dfrac{1}{v^2}\cdot\dfrac{\partial^2 u}{\partial t^2}$ …(＊o) のダランベールの解：

$u(x,\ t)=\underbrace{f\left(t-\dfrac{x}{v}\right)}_{進行波}+\underbrace{g\left(t+\dfrac{x}{v}\right)}_{後退波}$ について，物理的な解説をしておこう。

角振動数 $\omega$ と波数 $\kappa$（カッパ）は，それぞれ，$\omega T=2\pi$ ……ⓐ $\kappa=\dfrac{2\pi}{\lambda}$ ……ⓑ

($T$：周期，$\lambda$：波長) で定義される。このとき，波動の伝播速度 (位相速度)

$v$ は，$v=\dfrac{\lambda}{T}$ ……ⓒ と表される。ⓐ，ⓑより，$T=\dfrac{2\pi}{\omega}$ ……ⓐ′，

$\lambda=\dfrac{2\pi}{\kappa}$ ……ⓑ′ より，ⓐ′，ⓑ′ をⓒに代入すると，

$v=\dfrac{\frac{2\pi}{\kappa}}{\frac{2\pi}{\omega}}$ $\therefore v=\dfrac{\omega}{\kappa}$ ……ⓓ と表される。よって，ⓓをダランベールの

解に代入すると，$u(x,\ t)=f\left(t-\dfrac{\kappa x}{\omega}\right)+g\left(t+\dfrac{\kappa x}{\omega}\right)$ と表される。

よって，$f\left(t-\dfrac{\kappa x}{\omega}\right)=f\left(\dfrac{1}{\omega}(\omega t-\kappa x)\right)$ と $g\left(t+\dfrac{\kappa x}{\omega}\right)=g\left(\dfrac{1}{\omega}(\omega t+\kappa x)\right)$ より，

これを，$\omega t-\kappa x$ の関数として新たに $f(\omega t-\kappa x)$ とおける。

これを，$\omega t+\kappa x$ の関数として新たに $g(\omega t+\kappa x)$ とおける。

これら 2 つの関数はそれぞれ新たに $f(\omega t-\kappa x)$，$g(\omega t+\kappa x)$ とおけるので，

1 次元波動方程式：$u_{xx}=\frac{1}{v^2}u_{tt}$ ……$(*o)$ のダランベールの解は，

$u(x,\ t)=\underbrace{f(\omega t-\kappa x)}_{進行波}+\underbrace{g(\omega t+\kappa x)}_{後退波}$　($\omega$：角振動数，$\kappa$：波数)

と表すこともできるんだね。

では，もう 1 題，球面波の例題を解いてみよう。

例題 41　右図に示すように，原点 O を中心とする半径 $\frac{1}{2}$ の球面上に，次のような波動の変位

$u=u_0\cos\omega t$ ……①

($u_0$，$\omega$：正の定数) を発生させたとき，この波動が半径 $r$ の方向に球面波として外向きに伝播していくものとする。この波動の変位 $u(r,\ t)$ は次の波動方程式で表されるものとする。

$\frac{\partial^2(ru)}{\partial r^2}=\frac{1}{v^2}\frac{\partial^2(ru)}{\partial t^2}$ ……②　$\left(v：速度，v=\frac{\omega}{\kappa}とする。\right)$

②を解いて，$u(r,\ t)$ を求めよう。ただし，$v\gg\omega\gg\kappa$ として，$\omega t-\frac{1}{2}\kappa\fallingdotseq\omega t$ と近似してもよいものとする。



②の球面波の波動方程式は，$ru$ を 1 つの従属変数と考えると，$ru$ の 1 次元波動方程式の形になっている。よって，$ru$ のダランベールの解 (進行波のみ) を $\kappa$(波数) と $\omega$(角振動数) で表すと，次のようになる。

$ru=f(\omega t-\kappa r)$ …… ③　(ただし，$\omega=\kappa v$)

この波動は，半径 $r=\frac{1}{2}$ の球面から外部に広がるものとして，進行波のみを考える。

③より，一般解 $u(r,\ t)$ は，

$u(r,\ t)=\frac{1}{r}f(\omega t-\kappa r)$ ……④　となる。

ここで，境界条件として，$u\left(\frac{1}{2},\ t\right)=u_0\cos\omega t$ ……① が与えられているので，④の $r$ に $r=\frac{1}{2}$ を代入して，①と比較すると，

$$u\left(\frac{1}{2},\ t\right)=\frac{1}{\frac{1}{2}}f\left(\omega t-\frac{1}{2}\kappa\right)=2f\left(\omega t-\frac{1}{2}\kappa\right)=u_0\cos\omega t$$ となる。

（$\frac{1}{\frac{1}{2}}$ → ②）

よって，$f\left(\omega t-\frac{1}{2}\kappa\right)=\frac{u_0}{2}\cos\omega t$ ……⑤ となる。

ここで，条件：$v\gg\omega\gg\kappa$ より，$\omega t-\frac{1}{2}\kappa\fallingdotseq\omega t$ と近似すると，⑤は，

> たとえば，$v=1000$，$\omega=1$，$\kappa=0.001$ のような場合，$\omega=\kappa v$ をみたす。
> このとき $\omega t-\frac{1}{2}\kappa\fallingdotseq\omega t$ と近似できるんだね。
> （$\frac{1}{2}\kappa \fallingdotseq 0$）

$f(\omega t)=\frac{u_0}{2}\cos\omega t$ ……⑥ と近似できる。ここで，新たな変数 $\zeta$（ゼータ）を $\zeta=\omega t$ とおくと，⑥は $f(\zeta)=\frac{u_0}{2}\cos\zeta$ となる。

従って，さらに，ここで，$\zeta=\omega t-\kappa r$ とおくと，

$f(\omega t-\kappa r)=\frac{u_0}{2}\cos(\omega t-\kappa r)$ ……⑦ となる。

⑦を④に代入することにより，特殊解 $u(r,\ t)$ は，

$u(r,\ t)=\frac{u_0}{2r}\cos(\omega t-\kappa r)$ と，求められるんだね。これも，大丈夫だった？

以上で，半径方向 $r$ のみの球座標におけるラプラス方程式と波動方程式の解法の解説は終了です。

次は，$u$ が $r$ と $\theta$（天頂角）の関数である場合の球座標におけるラプラス方程式の解法について解説しよう。いわゆる，ルジャンドルの微分方程式とルジャンドル多項式の問題になる。

## §5. ルジャンドルの微分方程式とルジャンドル多項式

球座標における関数 $u$ が，$r$ と $\theta$(天頂角)の関数，すなわち $u(r,\ \theta)$ のラプラス方程式の解法について解説しよう。この場合，前節で示したように，解法の際に"**ルジャンドルの微分方程式**"が現われるので，その独立解である"**ルジャンドル多項式**"と"**第2種のルジャンドル関数**"の知識が必要となる。

これらの基本について知識のない方は，「**常微分方程式キャンパス・ゼミ**」で詳しく解説しているので，これも参考にしてほしい。ここでは，偏微分方程式(ラプラス方程式)を解いていく上で必要な，より実践的な知識を中心に解説するつもりだ。そして，これらの知識を利用して，実際に球座標表示のラプラス方程式を解いてみよう。その際に，ルジャンドル多項式が三角関数やベッセル関数と同様に直交関数系であることが重要な鍵となる。

今回も盛りだく山の内容だけれど，シッカリ練習してマスターしよう！

### ● ルジャンドルの微分方程式の解を導こう！

**ルジャンドルの微分方程式** (*Legendre's differential equation*):

$(1-x^2)y''-2xy'+n(n+1)y=0\ \cdots(*q_0)\ (-1<x<1)\ (n=0,\ 1,\ 2,\ \cdots)$

の解は，次の級数解

$y=\sum_{k=0}^{\infty}a_kx^k$ ……① の形で表される。

①を $x$ で1階，2階微分して，

$y'=\sum_{k=1}^{\infty}ka_kx^{k-1}$ ……①′　　$y''=\sum_{k=2}^{\infty}k(k-1)a_kx^{k-2}$ ……①″ となる。

①，①′，①″ を $(*q_0)$ に代入して各係数を調べると，次のようにまとまる。

$$a_{k+2}=-\frac{(n-k)(n+k+1)}{(k+2)(k+1)}a_k\ \cdots\cdots②\quad(k=0,\ 1,\ 2,\ \cdots)$$

(「常微分方程式キャンパス・ゼミ」参照)

②を利用することにより，(i) $k$ が偶数系列のもの $a_0,\ a_2,\ a_4,\ \cdots$ と (ii) $k$ が奇数系列のもの $a_1,\ a_3,\ a_5,\ \cdots$ の2つに分類できるので，それらを列挙すると次のようになるんだね。

(i) $k$ が偶数系列のもの

$$a_0,\ a_2 = -\frac{n\cdot(n+1)}{2!}a_0,\ a_4 = \frac{n(n-2)\cdot(n+1)(n+3)}{4!}a_0,$$

$$a_6 = -\frac{n(n-2)(n-4)\cdot(n+1)(n+3)(n+5)}{6!}a_0,\ \cdots\cdots$$

(ii) $k$ が奇数系列のもの

$$a_1,\ a_3 = -\frac{(n-1)\cdot(n+2)}{3!}a_1,\ a_5 = \frac{(n-1)(n-3)\cdot(n+2)(n+4)}{5!}a_1,$$

$$a_7 = -\frac{(n-1)(n-3)(n-5)\cdot(n+2)(n+4)(n+6)}{7!}a_1,\ \cdots\cdots$$

以上を①に代入すると,

2つの系列に分かれる!

$$y = (a_0 + a_2x^2 + a_4x^4 + a_6x^6 + \cdots) + (a_1x + a_3x^3 + a_5x^5 + a_7x^7 + \cdots)$$

$$= a_0\left\{1 - \frac{n\cdot(n+1)}{2!}x^2 + \frac{n(n-2)\cdot(n+1)(n+3)}{4!}x^4 - \frac{n(n-2)(n-4)\cdot(n+1)(n+3)(n+5)}{6!}x^6 + \cdots\right\}$$

これを $u(x)$ とおく。

$$+ a_1\left\{x - \frac{(n-1)\cdot(n+2)}{3!}x^3 + \frac{(n-1)(n-3)\cdot(n+2)(n+4)}{5!}x^5 - \frac{(n-1)(n-3)(n-5)\cdot(n+2)(n+4)(n+6)}{7!}x^7 + \cdots\right\}$$

これを $v(x)$ とおく。

となるので,初めの{ }中の級数を $u(x)$,2番目の{ }内の級数を $v(x)$ とおくと,次のようにスッキリまとまる。

$$y = a_0u(x) + a_1v(x) \cdots\cdots ③$$

(偶関数) (奇関数)

ここで,$u(x)$ は偶関数,$v(x)$ は奇関数より,これらは互いに独立なので,$a_0$ と $a_1$ を任意定数とすると,③はルジャンドルの微分方程式 $(*q_0)$ の一般解と言えるんだね。

ここで,$u(x)$ と $v(x)$ の各項の分子の赤字の部分に着目しよう。

(i) $n$ が偶数のとき,$u(x)$ の途中の項以降全て $0$ となるので,有限級数になる。

(たとえば,$n=4$ のとき,第4項目以降が全て $0$ になる。)

(ii) $n$ が奇数のとき,$v(x)$ の途中の項以降全て $0$ となるので,有限級数になる。

(たとえば,$n=3$ のとき,第3項目以降が全て $0$ になる。大丈夫?)

したがって,③の $u(x)$,$v(x)$ の内,有限な級数になる方に適当な係数をかけたものを $P_n(x)$ とおき,そうでない無限級数の方にも適当な係数をかけたも

のを $Q_n(x)$ とおくと，$(*q_0)$ の一般解は，

$$y = C_1P_n(x) + C_2Q_n(x) \quad \cdots ④ \quad (-1 < x < 1)$$

$(C_1,\ C_2$：任意定数$)$

ルジャンドルの微分方程式
$(1-x^2)y'' - 2xy' + n(n+1)y = 0 \quad \cdots(*q_0)$
解 $y = a_0u(x) + a_1v(x) \quad \cdots\cdots ③$
$(a_0,\ a_1$：任意定数$)$

とおくことができる。元々，③の $a_0$，$a_1$ は任意の定数なので，$u(x)$ や $v(x)$ にある係数をかけて，有限級数の方を $P_n(x)$，無限級数の方を $Q_n(x)$ とおいても構わないんだね。ここで，この $P_n(x)$ を"**ルジャンドル多項式**"(*Legendre polynomials*) と呼び，$Q_n(x)$ を "**第2種のルジャンドル関数**" (*Legendre function of the second kind*) と呼ぶ。$P_n(x)$ の方は，$P_n(1) = 1$ となるように係数を定めている。←「**常微分方程式キャンパス・ゼミ**」

以上をまとめると次のようになる。

## ルジャンドルの微分方程式の解

関数 $y = y(x)$ について，ルジャンドルの微分方程式：

$(1-x^2)y'' - 2xy' + n(n+1)y = 0 \quad \cdots(*q_0) \quad (-1<x<1,\ n=0,\ 1,\ 2,\ \cdots)$

の一般解は次のようになる。

$$y = C_1P_n(x) + C_2Q_n(x) \quad (C_1,\ C_2\text{：任意定数})$$

(ただし，$P_n(x)$：ルジャンドル多項式，$Q_n(x)$：第2種のルジャンドル関数)

ここで，$P_n(x)$ と $Q_n(x)$ を具体的に示すと，次のようになる。

$P_0(x) = 1$，$n = 1,\ 2,\ 3,\ \cdots$ のとき，

$$P_n(x) = \frac{(2n-1)(2n-3)\cdot\cdots\cdot 3\cdot 1}{n!}\left\{x^n - \frac{n(n-1)}{2(2n-1)}x^{n-2} + \frac{n(n-1)(n-2)(n-3)}{2\cdot 4\cdot(2n-1)(2n-3)}x^{n-4} - \cdots\right\}$$

・$n$ が偶数のとき，

$$Q_n(x) = \frac{(-1)^{\frac{n}{2}}\cdot 2^n\left\{\left(\frac{n}{2}\right)!\right\}^2}{n!}\left\{x - \frac{(n-1)(n+2)}{3!}x^3 + \frac{(n-1)(n-3)(n+2)(n+4)}{5!}x^5 - \cdots\right\}$$

・$n$ が奇数のとき，

$$Q_n(x) = \frac{(-1)^{\frac{n+1}{2}}\cdot 2^{n-1}\left\{\left(\frac{n-1}{2}\right)!\right\}^2}{1\cdot 3\cdot 5\cdot\cdots\cdot n}\left\{1 - \frac{n(n+1)}{2!}x^2 + \frac{n(n-2)(n+1)(n+3)}{4!}x^4 - \cdots\right\}$$

ここでは証明は省くけれど，このルジャンドル多項式 $P_n(x)$ は，次の"**ロドリグの公式**" (*Rodrigue's formula*) により簡単に求めることができる。(証明については，「**常微分方程式キャンパス・ゼミ**」を参照。)

## ロドリグの公式

$$P_n(x) = \frac{1}{2^n \cdot n!} \cdot \frac{d^n}{dx^n}(x^2-1)^n \quad \cdots\cdots(*r_0) \quad (n = 0,\ 1,\ 2,\ 3,\ \cdots)$$

ここでは，公式を実践的に使いこなしたり，慣れたりすることが重要なので，このロドリグの公式を使って，ルジャンドル多項式をいくつか求めてみよう。

$$P_0(x) = \frac{1}{2^0 \cdot 0!}(x^2-1)^0 = 1, \qquad P_1(x) = \frac{1}{2^1 \cdot 1!} \cdot \frac{d}{dx}(x^2-1)^1 = \frac{1}{2} \cdot 2x = x$$

$$P_2(x) = \frac{1}{2^2 \cdot 2!} \cdot \frac{d^2}{dx^2}(x^2-1)^2 = \frac{1}{8}(x^4-2x^2+1)'' = \frac{1}{8}(4x^3-4x)' = \frac{1}{2}(3x^2-1)$$

$$P_3(x) = \frac{1}{2^3 \cdot 3!} \cdot \frac{d^3}{dx^3}(x^2-1)^3 = \frac{1}{48}(x^6-3x^4+3x^2-1)''' = \frac{1}{48}(6x^5-12x^3+6x)''$$

$$= \frac{1}{8}(x^5-2x^3+x)'' = \frac{1}{8}(5x^4-6x^2+1)' = \frac{1}{8}(20x^3-12x) = \frac{1}{2}(5x^3-3x)$$

同様に，$P_4(x) = \frac{1}{8}(35x^4-30x^2+3)$

$$P_5(x) = \frac{1}{8}(63x^5-70x^3+15x)$$

…………………………………………

となる。御自身で確認してみるといい。

図 1　ルジャンドルの多項式

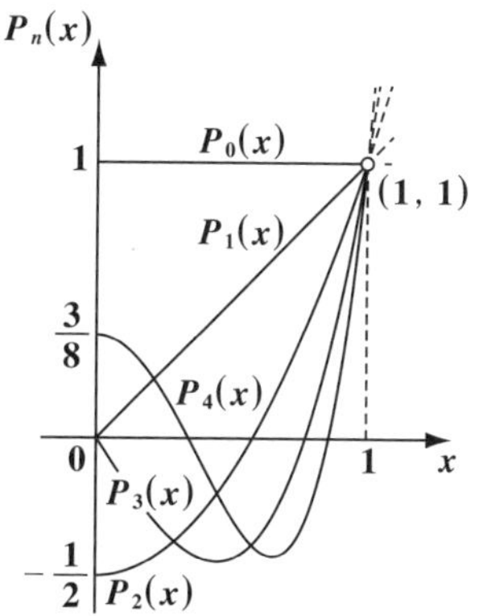


それでは，ルジャンドルの関数 $P_n(x)$ $(0 \leqq x < 1)$　$(n = 0,\ 1,\ 2,\ 3,\ 4)$ のグラフを図 1 に示す。すべて点 $(1,\ 1)$ を通っている。これは $P_n(1) = 1$ となるように係数を定めたから当然なんだね。そして，$P_n(x)$ は，

(ⅰ) $n$ が偶数のときは，偶関数で $y$ 軸に関して対称なグラフとなり，

(ⅱ) $n$ が奇数のときは，奇関数で原点に関して対称なグラフとなる。

ルジャンドル多項式 $P_n(x)$ そのものは $x$ の $n$ 次関数なので，$-\infty < x < \infty$ の全定義域で定義され得るんだけれど，これから解説する $Q_n(x)$ の方が $-1 < x < 1$ でしか定義できないため，一般に $P_n(x)$ も $-1 < x < 1$ の範囲の関数とするんだね。

（図 1 では，$0 \leqq x < 1$ の範囲のグラフしか示していない。）

例題 **42**　第 **2** 種のルジャンドル関数 $Q_0(x)$ と $Q_1(x)$ が，

(1) $Q_0(x)=\dfrac{1}{2}\log\left(\dfrac{1+x}{1-x}\right)$　　(2) $Q_1(x)=\dfrac{x}{2}\log\left(\dfrac{1+x}{1-x}\right)-1$

となることを確かめてみよう。(ただし，**log** は自然対数を表す。)

(1) $n$ が偶数のとき，

$$Q_n(x)=\frac{(-1)^{\frac{n}{2}}\cdot 2^n\left\{\left(\frac{n}{2}\right)!\right\}^2}{n!}\left\{x-\frac{(n-1)(n+2)}{3!}x^3+\frac{(n-1)(n-3)(n+2)(n+4)}{5!}x^5-\cdots\right\}$$

より，$n=0$ をこれに代入すると，

$$Q_0(x)=\underbrace{\frac{(-1)^0\cdot 2^0(0!)^2}{0!}}_{1}\left(x+\frac{1\cdot 2}{3!}x^3+\frac{1\cdot 2\cdot 3\cdot 4}{5!}x^5+\frac{1\cdot 2\cdot 3\cdot 4\cdot 5\cdot 6}{7!}x^7+\cdots\right)$$

$Q_0(x)=x+\dfrac{x^3}{3}+\dfrac{x^5}{5}+\dfrac{x^7}{7}+\cdots$　……①　となる。

ここで，$\log(1+x)$ のマクローリン展開の公式は，「微分積分キャンパス・ゼミ」

$$\log(1+x)=x-\frac{1}{2}x^2+\frac{1}{3}x^3-\frac{1}{4}x^4+\frac{1}{5}x^5-\frac{1}{6}x^6+\frac{1}{7}x^7-\cdots \quad \cdots\cdots②$$

より，$\log(1-x)$ のマクローリン展開も同様に，

$$\log(1-x)=\underbrace{-x-\frac{1}{2}x^2-\frac{1}{3}x^3-\frac{1}{4}x^4-\frac{1}{5}x^5-\frac{1}{6}x^6-\frac{1}{7}x^7-\cdots}_{②の\,x\,に\,-x\,を代入したもの} \quad \cdots③$$

となる。ここで，② − ③を行うと，

$$\log(1+x)-\log(1-x)=2\underbrace{\left(x+\frac{x^3}{3}+\frac{x^5}{5}+\frac{x^7}{7}+\cdots\right)}_{Q_0(x)\ (①より)}$$

よって，①より，求める $Q_0(x)$ は，

$$Q_0(x)=\frac{1}{2}\{\log(1+x)-\log(1-x)\}=\frac{1}{2}\log\left(\frac{1+x}{1-x}\right)\quad となる。$$

ここで，真数条件より，$\dfrac{1+x}{1-x}>0$　　$(1+x)(1-x)>0$　（$\dfrac{B}{A}>0 \Leftrightarrow AB>0$）

よって，$(x+1)(x-1)<0$ より，$Q_0(x)$ の定義域は $-1<x<1$ となる。

また，$\displaystyle\lim_{x\to 1-0}Q_0(x)=\infty$，$\displaystyle\lim_{x\to -1+0}Q_0(x)=-\infty$　となって，発散する。

(2) $n$ が奇数のとき，

$$Q_n(x) = \frac{(-1)^{\frac{n+1}{2}} \cdot 2^{n-1}\left\{\left(\frac{n-1}{2}\right)!\right\}^2}{1\cdot3\cdot5\cdot\cdots\cdot n}\left\{1-\frac{n(n+1)}{2!}x^2+\frac{n(n-2)(n+1)(n+3)}{4!}x^4-\cdots\right\}$$

より，$n=1$ をこれに代入すると，

$$Q_1(x) = \underbrace{\frac{(-1)^1\cdot2^0\cdot(0!)^2}{1}}_{-1}\left\{1-\frac{1\cdot2}{2!}x^2+\frac{1\cdot(-1)\cdot2\cdot4}{4!}x^4-\frac{1\cdot(-1)\cdot(-3)\cdot2\cdot4\cdot6}{6!}x^6\cdots\right\}$$

$$Q_1(x) = -1 + x\underbrace{\left(x+\frac{x^3}{3}+\frac{x^5}{5}+\cdots\right)}_{Q_0(x)=\frac{1}{2}\log\left(\frac{1+x}{1-x}\right)}$$

$Q_0(x)=\dfrac{1}{2}\log\left(\dfrac{1+x}{1-x}\right)$ (①と (1) の結果より)

よって，(1) の結果より，

$$Q_1(x) = \frac{x}{2}\log\left(\frac{1+x}{1-x}\right)-1 \text{ となる。}$$

この定義域も同様に $-1<x<1$ であり，

$$\lim_{x\to1-0}Q_1(x) = \lim_{x\to-1+0}Q_1(x) = \infty$$

となる。 $Q_0(x)$：奇関数，$Q_1(x)$：偶関数

$Q_0(x)$ と $Q_1(x)$ のグラフを図 2 に示す。

図 2　第 2 種のルジャンドル関数

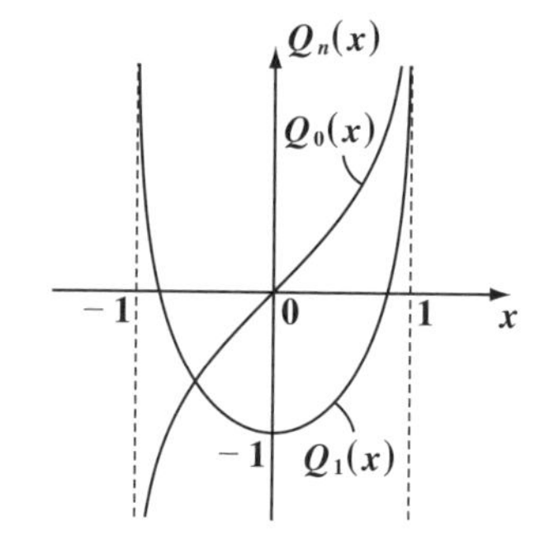


一般に，$Q_n(x)$ ($n=0, 1, 2, \cdots$) の定義域は $-1<x<1$ であり，また，$x\to1-0$ や $x\to-1+0$ の極限は発散する。これは重要なので覚えておこう。

## ● ルジャンドル多項式の直交性を示そう！

ルジャンドル多項式 $P_n(x)$ にも，三角関数やベッセル関数と同様に，次の直交性の公式が存在する。

### ルジャンドル多項式の直交性

0 以上の整数 $m$, $n$ に対して，次式が成り立つ。

$$\int_{-1}^{1}P_m(x)P_n(x)\,dx = \begin{cases} \dfrac{2}{2m+1} & (m=n \text{ のとき}) \\ 0 & (m\neq n \text{ のとき}) \end{cases} \quad \cdots\cdots(*s_0)$$

この直交性の性質があるから，$-1<x<1$ で定義された関数 $f(x)$ をルジャンドル多項式で級数展開できることも類推できると思う。

ルジャンドル多項式の直交性
$$\int_{-1}^{1} P_m(x)P_n(x)\,dx = \begin{cases} \dfrac{2}{2m+1} & (m=n) \\ 0 & (m \neq n) \end{cases} \quad \cdots(*s_0)$$

それでは，$m \neq n$ のとき $-1<x<1$ の範囲で $P_m(x)$ と $P_n(x)$ が直交すること，すなわち $\int_{-1}^{1} P_m(x)P_n(x)\,dx = 0$ が成り立つことを示そう。

$P_m(x)$ と $P_n(x)$ $(m \neq n)$ はそれぞれルジャンドルの微分方程式の解より，

$$\begin{cases} (1-x^2)P_m'' - 2xP_m' + m(m+1)P_m = 0 & \cdots ① \\ (1-x^2)P_n'' - 2xP_n' + n(n+1)P_n = 0 & \cdots\cdots ② \end{cases}$$

ルジャンドルの微分方程式
$(1-x^2)y'' - 2xy' + n(n+1)y = 0$

となる。ここで，①$\times P_n$ − ②$\times P_m$ を計算すると，

$$(1-x^2)(\underline{P_m''P_n - P_mP_n''}) - 2x(P_m'P_n - P_mP_n') + \{m(m+1) - n(n+1)\}P_mP_n = 0$$

$(P_m'P_n - P_mP_n')'$ $\quad(\because (P_m'P_n - P_mP_n')' = P_m''P_n + P_m'P_n' - P_m'P_n' - P_mP_n'')$

これを変形して，

$$\underline{(1-x^2)\frac{d}{dx}(P_m'P_n - P_mP_n') - 2x(P_m'P_n - P_mP_n')} = \{n(n+1) - m(m+1)\}P_mP_n$$

$\dfrac{d}{dx}\{(1-x^2)(P_m'P_n - P_mP_n')\}$
$(\because \{(1-x^2)(P_m'P_n - P_mP_n')\}' = -2x(P_m'P_n - P_mP_n') + (1-x^2)(P_m'P_n - P_mP_n')')$

$$\{n(n+1) - m(m+1)\}P_mP_n = \frac{d}{dx}\{(1-x^2)(P_m'P_n - P_mP_n')\}$$

この両辺を積分区間 $[-1,\,1]$ で $x$ により積分すると，

$$\{\underline{n(n+1) - m(m+1)}\}\int_{-1}^{1} P_mP_n\,dx = \left[(1-x^2)(P_m'P_n - P_mP_n')\right]_{-1}^{1} = 0$$

$\neq 0$ ← $\because m \neq n$

よって，この両辺を $n(n+1) - m(m+1)$ $(\neq 0)$ で割ると，

直交性の式：$\int_{-1}^{1} P_m(x)P_n(x)\,dx = 0$ が導けるんだね。

次，$m=n$ のとき，$\int_{-1}^{1}\{P_m(x)\}^2\,dx = \dfrac{2}{2m+1}$ を示したいんだけれど，このためにはまず，次のルジャンドル多項式の“**母関数**”(*generating function*) の公式：

$$\frac{1}{\sqrt{1-2xt+t^2}} = \sum_{n=0}^{\infty} P_n(x)t^n \quad \cdots\cdots(*t_0)$$

を示さなければならない。

$(*t_0)$ の右辺を具体的に書けば，
$(1-2xt+t^2)^{-\frac{1}{2}}=P_0(x)+P_1(x)\cdot t+P_2(x)\cdot t^2+P_3(x)\cdot t^3+\cdots$ となるので，
左辺の $(1-2xt+t^2)^{-\frac{1}{2}}$ は，$P_n(x)$ $(n=0,\ 1,\ 2,\ \cdots)$ を生み出す母なる関数と言えるんだね。$P_0(x)$ を求めたかったら，両辺に $t=0$ を代入すればいい。$P_0(x)=1$ が求まる。$P_1(x)$ を求めたかったら，両辺を $t$ で 1 階微分した後，両辺に $t=0$ を代入すればいい。……，以下同様だね。

それでは，$(*t_0)$ が成り立つことを示そう。一般に，

$(1+\zeta)^\alpha=1+\alpha\zeta+\frac{\alpha(\alpha-1)}{2!}\zeta^2+\frac{\alpha(\alpha-1)(\alpha-2)}{3!}\zeta^3+\cdots$ が成り立つので，

$$(*t_0)\text{ の左辺}=\{1-t(2x-t)\}^{-\frac{1}{2}}$$

$$=1+\frac{1}{2}t(2x-t)+\frac{\frac{1}{2}\cdot\frac{3}{2}}{2!}t^2(2x-t)^2+\frac{\frac{1}{2}\cdot\frac{3}{2}\cdot\frac{5}{2}}{3!}t^3(2x-t)^3+\cdots$$

$$=1+\frac{1}{2}t(2x-t)+\underbrace{\frac{1\cdot3}{2\cdot4}t^2(2x-t)^2}_{(\text{ウ})}+\underbrace{\frac{1\cdot3\cdot5}{2\cdot4\cdot6}t^3(2x-t)^3}_{(\text{イ})}+\underbrace{\frac{1\cdot3\cdot5\cdot7}{2\cdot4\cdot6\cdot8}t^4(2x-t)^4}_{(\text{ア})}+\cdots$$

（ここで，$t^4$ の係数を求めたかったら，(ア) から $\frac{1\cdot3\cdot5\cdot7}{2\cdot4\cdot6\cdot8}(2x)^4$，(イ) から $-\frac{1\cdot3\cdot5}{2\cdot4\cdot6}\cdot\frac{3}{1!}(2x)^2$，(ウ) から $\frac{1\cdot3}{2\cdot4}\cdot\frac{2\cdot1}{2!}(2x)^0$ の和を求めればいい。）

よって，一般論として，$t^n$ の係数は，

$$t^n\text{ の係数}=\frac{1\cdot3\cdot5\cdot\cdots\cdot(2n-1)}{2\cdot4\cdot6\cdot\cdots\cdot2n}(2x)^n-\frac{1\cdot3\cdot5\cdot\cdots\cdot(2n-3)}{2\cdot4\cdot6\cdot\cdots\cdot(2n-2)}\cdot\frac{n-1}{1!}(2x)^{n-2}$$
$$+\frac{1\cdot3\cdot5\cdot\cdots\cdot(2n-5)}{2\cdot4\cdot6\cdot\cdots\cdot(2n-4)}\cdot\frac{(n-2)(n-3)}{2!}(2x)^{n-4}-\cdots\cdots$$

$$=\frac{1\cdot3\cdot5\cdot\cdots\cdot(2n-1)}{n!}\left\{x^n-\underbrace{\frac{n!}{2n-1}\cdot\frac{(n-1)\cdot2^{n-2}}{2^{n-1}\cdot(n-1)!}}_{\frac{n(n-1)}{2(2n-1)}}x^{n-2}+\underbrace{\frac{n!}{(2n-1)(2n-3)}\cdot\frac{(n-2)(n-3)\cdot2^{n-4}}{2^{n-2}(n-2)!\cdot2}}_{\frac{n(n-1)(n-2)(n-3)}{2\cdot4\cdot(2n-1)(2n-3)}}x^{n-4}-\cdots\right\}$$

P220 参照

$$=\frac{(2n-1)(2n-3)\cdot\cdots\cdot3\cdot1}{n!}\left\{x^n-\frac{n(n-1)}{2(2n-1)}x^{n-2}+\frac{n(n-1)(n-2)(n-3)}{2\cdot4\cdot(2n-1)(2n-3)}x^{n-4}-\cdots\right\}$$

$=P_n(x)$ となって，母関数の公式 $(*t_0)$ が成り立つことが示せた。

それでは，母関数の公式 $(*t_0)$ を使って，

$$\int_{-1}^{1}\{P_m(x)\}^2dx=\frac{2}{2m+1}\quad\cdots\cdots(*s_0)$$

が成り立つことを示そう。まず，$(*t_0)$ の両辺を $2$ 乗して，

$$\int_{-1}^{1}\{P_m(x)\}^2dx=\frac{2}{2m+1}\cdots(*s_0)$$
$$\frac{1}{\sqrt{1-2xt+t^2}}=\sum_{n=0}^{\infty}P_n(x)t^n\cdots(*t_0)$$

$$\frac{1}{1-2xt+t^2}=\left(\sum_{n=0}^{\infty}P_n(x)t^n\right)^2=\left(\sum_{n=0}^{\infty}P_n(x)t^n\right)\left(\sum_{m=0}^{\infty}P_m(x)t^m\right)$$
$$=\sum_{m=0}^{\infty}\sum_{n=0}^{\infty}P_m(x)P_n(x)t^{m+n}\quad となる。$$

この両辺を積分区間 $[-1,1]$ で，$x$ により積分すると，

この積分は $m\neq n$ のときは $0$ だ！

$$-\frac{1}{2t}\int_{-1}^{1}\frac{-2t}{1+t^2-2t\cdot x}dx=\sum_{m=0}^{\infty}\sum_{n=0}^{\infty}\left\{\int_{-1}^{1}P_m(x)P_n(x)dx\right\}t^{m+n}$$

$x$ での積分より，$t$ は定数扱い

$\Sigma$ 計算と積分操作の順序を入れ替えられるものとした

$$-\frac{1}{2t}\left[\log(1+t^2-2t\cdot x)\right]_{-1}^{1}=\sum_{m=0}^{\infty}\left[\int_{-1}^{1}\{P_m(x)\}^2dx\right]t^{2m}$$

$$-\frac{1}{2t}\{\log(1+t^2-2t)-\log(1+t^2+2t)\}=\frac{1}{2t}\{\log(1+t)^2-\log(1-t)^2\}$$
$$=\frac{1}{2t}\log\left(\frac{1+t}{1-t}\right)^2=\frac{1}{t}\log\left(\frac{1+t}{1-t}\right)=\frac{1}{t}\cdot2\left(t+\frac{t^3}{3}+\frac{t^5}{5}+\frac{t^7}{7}+\cdots\right)$$

P222 参照

$$=2\left(1+\frac{t^2}{3}+\frac{t^4}{5}+\frac{t^6}{7}+\cdots\right)=\sum_{m=0}^{\infty}\frac{2}{2m+1}t^{2m}$$

$$\sum_{m=0}^{\infty}\frac{2}{2m+1}t^{2m}=\sum_{m=0}^{\infty}\left[\int_{-1}^{1}\{P_m(x)\}^2dx\right]\cdot t^{2m}\quad より，$$

両辺の $t^{2m}$ の係数を比較して，

$$\int_{-1}^{1}\{P_m(x)\}^2dx=\frac{2}{2m+1}\quad\cdots\cdots(*s_0)$$ が導けるんだね。大丈夫だった？

以上より，ルジャンドル多項式の次の直交性の公式 (**P223**) が成り立つ。

$$\int_{-1}^{1}P_m(x)P_n(x)dx=\begin{cases}\dfrac{2}{2m+1} & (m=n\ のとき)\\ 0 & (m\neq n\ のとき)\end{cases}\quad\cdots\cdots(*s_0)$$

## ● ルジャンドル多項式で級数展開しよう！

ルジャンドル多項式の直交性を利用して，区間 $[-1, 1]$ で定義された関数 $f(x)$ を次のようにルジャンドル多項式で級数展開できるんだね。

**ルジャンドル多項式による級数展開**

区間 $[-1, 1]$ で定義された関数 $f(x)$ は，次のようにルジャンドル多項式によって級数展開できる。

$$f(x) = \sum_{m=0}^{\infty} b_m P_m(x) \quad \cdots\cdots (*u_0)$$

$$b_m = \frac{2m+1}{2}\int_{-1}^{1} P_m(x)\cdot f(x)\,dx \quad (m = 0,\ 1,\ 2,\ \cdots) \quad \cdots\cdots (*u_0)'$$

$(*u_0)$ で示されるように，$-1 < x < 1$ で定義された関数 $f(x)$ に，$\sum_{m=0}^{\infty} b_m P_m(x)$ が一様収束するとき，係数 $b_m$ は $(*u_0)'$ で計算できると言っているんだね。これを示そう。

$(*u_0)$ より，

$$f(x) = b_0P_0(x) + b_1P_1(x) + b_2P_2(x) + \cdots\cdots + b_mP_m(x) + \cdots\cdots$$

となる。この両辺に $P_m(x)$ をかけて，区間 $[-1, 1]$ で $x$ により積分すると，

$$\int_{-1}^{1} P_m(x) f(x)\,dx = b_0\underbrace{\int_{-1}^{1} P_m(x)P_0(x)\,dx}_{0} + b_1\underbrace{\int_{-1}^{1} P_m(x)P_1(x)\,dx}_{0} + b_2\underbrace{\int_{-1}^{1} P_m(x)P_2(x)\,dx}_{0}$$

$$+ \cdots + b_m\underbrace{\int_{-1}^{1} \{P_m(x)\}^2\,dx}_{\frac{2}{2m+1}} + \cdots$$

ルジャンドル多項式の直交性より，この項のみが残る。他はすべて $0$ だ。

よって，$b_m \cdot \frac{2}{2m+1} = \int_{-1}^{1} P_m(x) f(x)\,dx$ より，

$$b_m = \frac{2m+1}{2}\int_{-1}^{1} P_m(x)\cdot f(x)\,dx \quad \cdots\cdots (*u_0)'$$ が導けるんだね。

$P_m(x)$ は $m$ 次多項式なので，$f(x)$ が単純な関数であれば，$(*u_0)'$ から具体的に $b_0$，$b_1$，$b_2$，$\cdots\cdots$ と，係数の値を求めることができる。

## ● $u(r, \theta)$ のラプラス方程式を解こう！

それでは準備が整ったので，いよいよ球座標系における関数 $u(r, \theta)$ についてのラプラス方程式の例題を解いてみることにしよう。

> 例題 43　有界な関数 $u(r, \theta)$ について，次の球座標表示のラプラス方程式を解いてみよう。
>
> $$\frac{\partial^2 u}{\partial r^2} + \frac{2}{r} \cdot \frac{\partial u}{\partial r} + \frac{1}{r^2} \cdot \frac{\partial^2 u}{\partial \theta^2} + \frac{\cos\theta}{r^2 \sin\theta} \cdot \frac{\partial u}{\partial \theta} = 0 \quad \cdots\cdots ①$$
>
> $$(0 < r < 1,\ 0 < \theta < \pi)$$
>
> 境界条件：$u(1, \theta) = \begin{cases} 0 & \left(0 \leqq \theta < \dfrac{\pi}{2}\right) \\ T_0 & \left(\dfrac{\pi}{2} \leqq \theta \leqq \pi\right) \end{cases}$　（$T_0$：正の定数）

境界条件より，半径 $1$ の上半球面の温度を $0$，下半球面の温度を $T_0$ に保ったとき，この球面内部の温度分布 $u(r, \theta)$ を①の球座標表示のラプラス方程式を解くことによって求めることができるんだね。

図（i）　境界条件

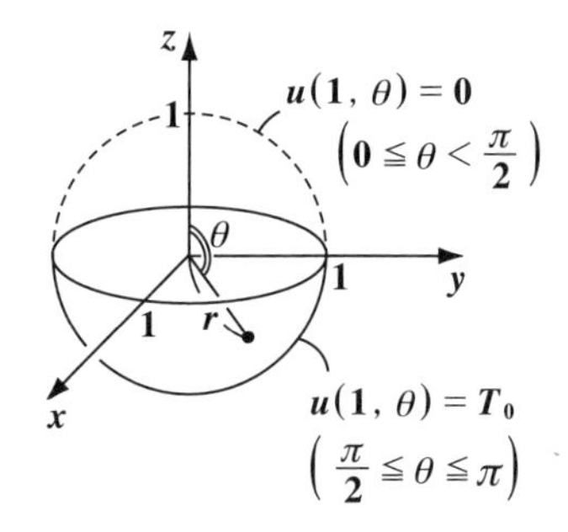


ではまず，変数分離法により，

$u(r, \theta) = R(r) \cdot \Theta(\theta)$ ……② とおけるものとし，②を①に代入してまとめると，

$$R''\Theta + \frac{2}{r} R'\Theta + \frac{1}{r^2} R\Theta'' + \frac{\cos\theta}{r^2 \sin\theta} R\Theta' = 0$$

この両辺に $\dfrac{r^2}{R\Theta}$ をかけて，

$$r^2 \frac{R''}{R} + 2r \frac{R'}{R} + \frac{\Theta''}{\Theta} + \frac{\cos\theta}{\sin\theta} \cdot \frac{\Theta'}{\Theta} = 0$$

ここで，$r$ の式と $\theta$ の式に分離して，

$$r^2 \frac{R''}{R} + 2r \frac{R'}{R} = -\frac{\Theta''}{\Theta} - \frac{\cos\theta}{\sin\theta} \cdot \frac{\Theta'}{\Theta} = C \text{（定数）} \quad \cdots\cdots ③ \quad \text{とおく。}$$

（③の左辺は $r$ のみの式，右辺は $\theta$ のみの式により，これを定数 $C$ とおいた。）

③より，次の 2 つの常微分方程式が導かれる。

(ⅰ) $r^2R'' + 2rR' - CR = 0$ …④　(ⅱ) $\sin\theta\cdot\Theta'' + \cos\theta\cdot\Theta' + C\cdot\sin\theta\cdot\Theta = 0$ …⑤

(ⅰ) まず，④は“**オイラーの微分方程式**”より，解 $R = r^\mu$ とおくと，

オイラーの微分方程式 (P196)
$x^2y'' + axy' + by = 0$ …$(*n_0)$
解を $y = x^\mu$ とおくと，
$y' = \mu x^{\mu-1}$, $y'' = \mu(\mu-1)x^{\mu-2}$ より，
これらを $(*n_0)$ に代入して $x^\mu$ で割ると，
$\mu(\mu-1) + a\mu + b = 0$
特性方程式：$\mu^2 + (a-1)\mu + b = 0$
を解いて，$\mu = \mu_1$, $\mu_2$ を求めると，
解 $y = C_1x^{\mu_1} + C_2x^{\mu_2}$ が得られる。

$R' = \mu r^{\mu-1}$, $R'' = \mu(\mu-1)r^{\mu-2}$

これらを④に代入して $r^\mu$ で割ると，

$\mu(\mu-1) + 2\mu - C = 0$

$\mu^2 + \mu - C = 0$ ……⑥

この解を $\mu_1$, $\mu_2$ とおくと，解と係数の関係より，$\mu_1 + \mu_2 = -1$

よって，$\mu_1 = n$　(0以上の整数) とおくと，$\mu_2 = -n-1$　となる。

よって，ここで，$-C = \mu_1\mu_2 = -n(n+1)$ とおくことにする。

(何故このように $C$ を置くのか？強引過ぎるって!? そうだね。でも，このように $C = n(n+1)$ とおくことにより，実は⑤がルジャンドルの微分方程式になるからなんだ。もう少し後で明らかになる。)

すると，⑥は，

実はこうなるように，$C$ を定めた！

$\mu^2 + \mu - n(n+1) = 0$, $(\mu - n)(\mu + n + 1) = 0$ より, $\mu = n$, $-n-1$　となる。

よって，$R(r) = A_1r^n + A_2\dfrac{1}{r^{n+1}}$　となる。

しかし，$u(r, \theta)$，すなわち $R(r)$ は有界な関数より，$A_2 \neq 0$ ならば，$r \to +0$ のとき，$R(r)$ は発散するので，$A_2 = 0$ でなければならない。

$\therefore R(r) = A_1r^n$ ……⑦　$(n = 0, 1, 2, \cdots)$　となる。

(ⅱ) $C = n(n+1)$ を⑤に代入すると，

$\sin\theta\cdot\Theta'' + \cos\theta\cdot\Theta' + n(n+1)\sin\theta\cdot\Theta = 0$ ……⑤′　となる。

ここで，$\cos\theta = \zeta$　$(0 < \theta < \pi, \ -1 < \zeta < 1)$　とおくと，

$\Theta' = \Theta_\theta = \Theta_\zeta\cdot\zeta_\theta = \Theta_\zeta\cdot(-\sin\theta) = -\sin\theta\cdot\Theta_\zeta$

$\Theta'' = (\Theta_\theta)_\theta = (-\sin\theta\cdot\Theta_\zeta)_\theta = (-\sin\theta)_\theta\cdot\Theta_\zeta - \sin\theta\cdot(\Theta_\zeta)_\theta$

$= -\cos\theta\cdot\Theta_\zeta - \sin\theta\cdot\Theta_{\zeta\zeta}\cdot\zeta_\theta = -\cos\theta\cdot\Theta_\zeta + \sin^2\theta\cdot\Theta_{\zeta\zeta}$

以上を⑤′に代入して，

$\sin\theta(-\cos\theta\cdot\Theta_\zeta + \sin^2\theta\cdot\Theta_{\zeta\zeta}) + \cos\theta\cdot(-\sin\theta)\Theta_\zeta + n(n+1)\sin\theta\cdot\Theta = 0$

両辺を $\sin\theta$ で割ってまとめると，

$\sin^2\theta\cdot\Theta_{\zeta\zeta} - 2\cos\theta\cdot\Theta_\zeta + n(n+1)\Theta = 0$

(ⅱ) の続き

$$\underset{(1-\cos^2\theta)=(1-\zeta^2)}{\sin^2\theta}\cdot\Theta_{\zeta\zeta}-2\underset{\zeta}{\cos\theta}\cdot\Theta_{\zeta}+n(n+1)\Theta=0$$

$$u_{rr}+\frac{2}{r}u_r+\frac{1}{r^2}u_{\theta\theta}+\frac{\cos\theta}{r^2\sin\theta}u_\theta=0\ \cdots①$$

境界条件 : $u(1,\theta)=\begin{cases}0 & \left(0\leqq\theta<\frac{\pi}{2}\right)\\ T_0 & \left(\frac{\pi}{2}\leqq\theta\leqq\pi\right)\end{cases}$

(ⅰ) $R(r)=A_1r^n\ (n=0,\ 1,\ 2,\ \cdots)\ \cdots⑦$

よって,

$$(1-\zeta^2)\Theta_{\zeta\zeta}-2\zeta\Theta_{\zeta}+n(n+1)\Theta=0$$

となる。ここで, 新たに, $\zeta$ での微分を "´" をつけて, すなわち

$\Theta_\zeta=\Theta'$, $\Theta_{\zeta\zeta}=\Theta''$ と表すことにすると,

$$(1-\zeta^2)\Theta''-2\zeta\Theta'+n(n+1)\Theta=0$$

ルジャンドルの微分方程式
$(1-x^2)y''-2xy'+n(n+1)y=0$
の解 $y=C_1P_n(x)+C_2Q_n(x)$

$(\zeta=\cos\theta)$ $(0<\theta<\pi$ より, $-1<\zeta<1)$

となる。これはルジャンドルの微分方程式に他ならない。よって, この一般解は,

$\Theta(\zeta)=C_1P_n(\zeta)+C_2Q_n(\zeta)$ となる。

($P_n(\zeta)$ : ルジャンドル多項式, $Q_n(\zeta)$ : 第 2 種のルジャンドル関数)

$-1\leqq\zeta\leqq1$ で有界　　$\zeta\to1-0$, $\zeta\to-1+0$ のとき有界でない。

しかし, $u(r,\theta)$, すなわち $\Theta(\theta)$ は有界な関数より, $C_2\neq0$ ならば,

$\zeta\to1-0$, または $\zeta\to-1+0$ $(\theta\to+0,\ \theta\to\pi-0)$ のとき $\Theta(\zeta)$ は発散する。よって, $C_2$ は $0$ でなければならない。

$\therefore\ \Theta(\theta)=C_1P_n(\zeta)$ ……⑧ $(n=0,\ 1,\ 2,\ \cdots)$ となる。

以上 (ⅰ)(ⅱ) の⑦, ⑧より, ①の微分方程式の独立解を $u_m(r,\theta)$ とおくと,

$u_m(r,\theta)=b_mr^mP_m(\zeta)$ ……⑨ $(m=0,1,2,\cdots)$ $(\zeta=\cos\theta)$ となる。

$n$ を $m$ に変えたのは, これまでの表記に従っただけで, もちろんそのままでもいい。

解の重ね合せの原理より, ①のラプラス方程式の解 $u(r,\theta)$ は,

$$u(r,\theta)=\sum_{m=0}^{\infty}b_mr^mP_m(\zeta)=\sum_{m=0}^{\infty}b_mr^mP_m(\cos\theta)\ \cdots\cdots⑩$$ となる。

ここで, 境界条件 : $u(1,\theta)=\begin{cases}0 & \left(0\leqq\theta<\frac{\pi}{2}\right)\ (0<\zeta\leqq1)\\ T_0 & \left(\frac{\pi}{2}\leqq\theta\leqq\pi\right)\ (-1\leqq\zeta\leqq0)\end{cases}$ より,

⑩に $r=1$ を代入して,

$$u(1,\theta)=\sum_{m=0}^{\infty}b_mP_m(\zeta)=\sum_{m=0}^{\infty}b_mP_m(\cos\theta)\ \cdots\cdots⑩'$$ となる。

ルジャンドル多項式の級数展開の公式より，係数 $b_m$ は，

> ルジャンドル多項式による級数展開 (P227)
> $f(x)=\sum_{m=0}^{\infty}b_mP_m(x)$ ……………………$(*u_0)$
> $b_m=\dfrac{2m+1}{2}\int_{-1}^{1}P_m(x)\cdot f(x)\,dx$ ⋯$(*u_0)'$

$$b_m=\frac{2m+1}{2}\int_{-1}^{1}P_m(\zeta)\cdot \underline{u(1,\ \theta)}\,d\zeta$$

$$u(1,\ \theta)=\begin{cases}0 & (0<\zeta\leqq 1)\\ T_0 & (-1\leqq\zeta\leqq 0)\end{cases}$$

$$=\frac{2m+1}{2}\cdot T_0\int_{-1}^{0}P_m(\zeta)\,d\zeta\quad(m=0,\ 1,\ 2,\ \cdots)$$

> $P_0(x)=1,\quad P_1(x)=x$
> $P_2(x)=\dfrac{1}{2}(3x^2-1)$
> $P_3(x)=\dfrac{1}{2}(5x^3-3x)$
> $P_4(x)=\dfrac{1}{8}(35x^4-30x^2+3)$
> $P_5(x)=\dfrac{1}{8}(63x^5-70x^3+15x)$
> (P221)

となる。ここで，$P_0(\zeta)=1$，$P_1(\zeta)=\zeta$，

$P_2(\zeta)=\dfrac{1}{2}(3\zeta^2-1)$，$P_3(\zeta)=\dfrac{1}{2}(5\zeta^3-3\zeta)$，

$P_4(\zeta)=\dfrac{1}{8}(35\zeta^4-30\zeta^2+3)$，…… より，

$$b_0=\frac{T_0}{2}\int_{-1}^{0}P_0(\zeta)\,d\zeta=\frac{T_0}{2}\int_{-1}^{0}1\,d\zeta=\frac{T_0}{2}[\zeta]_{-1}^{0}=\frac{T_0}{2}\{0-(-1)\}=\frac{T_0}{2}$$

$$b_1=\frac{3}{2}T_0\int_{-1}^{0}P_1(\zeta)\,d\zeta=\frac{3}{2}T_0\int_{-1}^{0}\zeta\,d\zeta=\frac{3}{2}T_0\left[\frac{1}{2}\zeta^2\right]_{-1}^{0}$$

$$=\frac{3}{4}T_0\{0^2-(-1)^2\}=-\frac{3}{4}T_0$$

$$b_2=\frac{5}{2}T_0\int_{-1}^{0}P_2(\zeta)\,d\zeta=\frac{5}{2}T_0\int_{-1}^{0}\frac{1}{2}(3\zeta^2-1)\,d\zeta=\frac{5}{4}T_0[\zeta^3-\zeta]_{-1}^{0}$$

$$=\frac{5}{4}T_0\{-(-1)^3+(-1)\}=0$$

$$b_3=\frac{7}{2}T_0\int_{-1}^{0}P_3(\zeta)\,d\zeta=\frac{7}{2}T_0\int_{-1}^{0}\frac{1}{2}(5\zeta^3-3\zeta)\,d\zeta=\frac{7}{4}T_0\left[\frac{5}{4}\zeta^4-\frac{3}{2}\zeta^2\right]_{-1}^{0}$$

$$=\frac{7}{4}T_0\left\{-\frac{5}{4}(-1)^4+\frac{3}{2}(-1)^2\right\}=\frac{7}{16}T_0$$

$$b_4=\frac{9}{2}T_0\int_{-1}^{0}P_4(\zeta)\,d\zeta=\frac{9}{2}T_0\int_{-1}^{0}\frac{1}{8}(35\zeta^4-30\zeta^2+3)\,d\zeta$$

$$=\frac{9}{16}T_0[7\zeta^5-10\zeta^3+3\zeta]_{-1}^{0}$$

$$=\frac{9}{16}T_0\{-7\cdot(-1)^5+10\cdot(-1)^3-3\cdot(-1)\}=0$$

………………………………………………………………………………………

以上を⑩に代入して，求める $u(r,\ \theta)$ は，

$$u(r,\ \theta)=T_0\left\{\frac{1}{2}P_0(\cos\theta)-\frac{3}{4}rP_1(\cos\theta)+\frac{7}{16}r^3P_3(\cos\theta)+\cdots\cdots\right\}$$

となる。

| 実践問題 9 | ● 球座標表示のラプラス方程式 ● |
|---|---|

有界な関数 $u(r, \theta)$ について，次の球座標表示のラプラス方程式を解け。

$$\frac{\partial^2 u}{\partial r^2}+\frac{2}{r}\cdot\frac{\partial u}{\partial r}+\frac{1}{r^2}\cdot\frac{\partial^2 u}{\partial \theta^2}+\frac{\cos\theta}{r^2\sin\theta}\cdot\frac{\partial u}{\partial \theta}=0 \quad \cdots ① \quad (0<r<1,\ 0<\theta<\pi)$$

境界条件：$u(1, \theta)=\begin{cases} T_0 & \left(0\leqq\theta\leqq\frac{\pi}{3}\right) \quad (T_0：正の定数) \\ 0 & \left(\frac{\pi}{3}<\theta\leqq\pi\right) \end{cases}$

ヒント！ $u(r, \theta)=R(r)\Theta(\theta)$ と変数分離法により解けばいい。頑張ろう！

## 解答＆解説

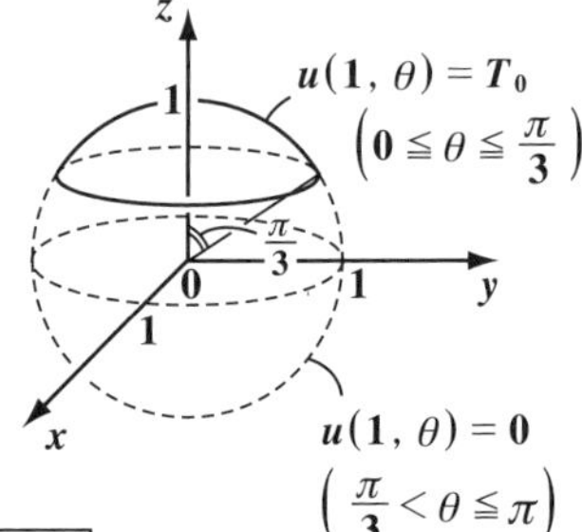

図(ｉ) 境界条件

変数分離法により，

$u(r, \theta)=R(r)\cdot\Theta(\theta)$ …② とおけるものとし，②を①に代入して変形し，左辺は $r$ のみの式，右辺は $\theta$ のみの式に分離し，これを定数 $n(n+1)$ $(n=0,\ 1,\ 2,\ \cdots)$ とおくと，

$$r^2\frac{R''}{R}+2r\frac{R'}{R}=-\frac{\Theta''}{\Theta}-\frac{\cos\theta}{\sin\theta}\cdot\frac{\Theta'}{\Theta}=\boxed{(ア)\quad}$$

となる。これから次の 2 つの常微分方程式が導ける。

(ｉ) $r^2R''+2rR'-n(n+1)R=0$ ………………………③

(ⅱ) $\sin\theta\cdot\Theta''+\cos\theta\cdot\Theta'+n(n+1)\cdot\sin\theta\cdot\Theta=0$ …④ $(n=0,\ 1,\ 2,\ \cdots)$

(ｉ)の③はオイラーの微分方程式より，$R=r^\mu$ とおくと，$\mu=n,\ -n-1$

よって，$R(r)=A_1r^n+A_2\boxed{(イ)\quad}$ $(A_1,\ A_2：任意定数)$

ここで，$r\to+0$ においても $R(r)$ は有界より，$A_2=0$

$\therefore R(r)=A_1r^n$ ……⑤ $(n=0,\ 1,\ 2,\ \cdots)$

(ⅱ) ④について，$\cos\theta=\zeta$ $(0<\theta<\pi$ のとき，$-1<\zeta<1)$ とおくと，

$\Theta'=-\sin\theta\cdot\Theta_\zeta,\qquad \Theta''=-\cos\theta\cdot\Theta_\zeta+\sin^2\theta\cdot\Theta_{\zeta\zeta}$

これらを④に代入して，両辺を $\sin\theta$ で割ってまとめると，

$(1-\zeta^2)\Theta''-2\zeta\Theta'+n(n+1)\Theta=0$

(ただし，$\Theta''=\Theta_{\zeta\zeta}$，$\Theta'=\Theta_\zeta$ とおいた。)

これはルジャンドルの微分方程式より，この一般解は，

$\Theta(\zeta) = C_1 P_n(\zeta) + C_2$ (ウ)

($P_n(\zeta)$ : ルジャンドル多項式，(ウ) : 第 2 種のルジャンドル関数)

ここで，$\zeta \to 1-0$，$\zeta \to -1+0$ においても $\Theta(\theta)$ は有界より，$C_2 = 0$

$\therefore \Theta(\theta) = C_1 P_n(\zeta)$ ……⑥

以上 ( i )( ii ) の⑤，⑥より，解の重ね合せを行うと，①の解 $u(r, \theta)$ は次のようになる。

$$u(r, \theta) = \sum_{m=0}^{\infty} b_m r^m P_m(\zeta) = \sum_{m=0}^{\infty} b_m r^m P_m(\cos\theta) \quad \cdots\cdots ⑦ \quad \left(\frac{1}{2} \leqq \zeta \leqq 1\right)$$

ここで，境界条件より，$u(1, \theta) = \sum_{m=0}^{\infty} b_m P_m(\zeta) = T_0 \left(0 \leqq \theta \leqq \frac{\pi}{3}\right)$，または $0 \left(\frac{\pi}{3} < \theta \leqq \pi\right)$

よって，ルジャンドル多項式の級数展開の公式より，係数 $b_m$ は，

$$b_m = \text{(エ)} \int_{-1}^{1} P_m(\zeta) \cdot u(1, \theta)\, d\zeta = \frac{2m+1}{2} \cdot T_0 \int_{\frac{1}{2}}^{1} P_m(\zeta)\, d\zeta \quad (m = 0, 1, 2, \cdots)$$

より，

$$b_0 = \frac{T_0}{2} \int_{\frac{1}{2}}^{1} 1\, d\zeta = \frac{T_0}{2} [\zeta]_{\frac{1}{2}}^{1} = \frac{T_0}{2} \left(1 - \frac{1}{2}\right) = \frac{T_0}{4}$$

$$b_1 = \frac{3}{2} T_0 \int_{\frac{1}{2}}^{1} \zeta\, d\zeta = \frac{3}{2} T_0 \left[\frac{1}{2} \zeta^2\right]_{\frac{1}{2}}^{1} = \frac{3}{4} T_0 \left(1 - \frac{1}{4}\right) = \frac{9}{16} T_0$$

$$b_2 = \frac{5}{2} T_0 \int_{\frac{1}{2}}^{1} \frac{3\zeta^2 - 1}{2}\, d\zeta = \frac{5}{4} T_0 [\zeta^3 - \zeta]_{\frac{1}{2}}^{1} = \frac{5}{4} T_0 \cdot \frac{3}{8} = \frac{15}{32} T_0$$

$$b_3 = \frac{7}{2} T_0 \int_{\frac{1}{2}}^{1} \frac{5\zeta^3 - 3\zeta}{2}\, d\zeta = \frac{7}{4} T_0 \left[\frac{5}{4} \zeta^4 - \frac{3}{2} \zeta^2\right]_{\frac{1}{2}}^{1} = \frac{7}{4} T_0 \cdot \frac{3}{64} = \frac{21}{256} T_0$$

………………………………………………………………

となる。( ここで，$P_0(\zeta) = 1$，$P_1(\zeta) = \zeta$，$P_2(\zeta) = \frac{1}{2}(3\zeta^2 - 1)$，$P_3(\zeta) = \frac{1}{2}(5\zeta^3 - 3\zeta)$，…… を用いた。)

以上を⑦に代入して，求める①の解 $u(r, \theta)$ は，次のようになる。

$$u(r, \theta) = T_0 \left\{ \frac{1}{4} P_0(\cos\theta) + \frac{9}{16} r P_1(\cos\theta) + \frac{15}{32} r^2 P_2(\cos\theta) + \frac{21}{256} r^3 P_3(\cos\theta) + \cdots \right\}$$

……(答)

………………………………………………………………

**解答** (ア) $n(n+1)$ (イ) $\frac{1}{r^{n+1}}$ (または，$r^{-n-1}$) (ウ) $Q_n(\zeta)$ (エ) $\frac{2m+1}{2}$

## § 6. ルジャンドルの陪微分方程式とルジャンドル陪関数

最後に，$u(r, \theta, \varphi)$ についての球座標表示のラプラス方程式についても解説しよう。これを変数分離法によって解く際に“**ルジャンドルの陪微分方程式**”と“**ルジャンドル陪関数**”が現われる。これは，ルジャンドルの微分方程式とルジャンドル多項式をより一般化したものなんだ。そして，このルジャンドル陪関数も直交性をもつので，ルジャンドル多項式のときと同様に，級数展開も可能なんだね。

計算がかなり大変になるけれど，最後の講義だ。頑張ろう！

### ● $u(r, \theta, \varphi)$ のラプラス方程式の解法の流れをつかもう！

球座標系における関数 $u$ が，$r$ と $\theta$( 天頂角 ) それに $\varphi$( 方位角 ) の関数，すなわち $u(r, \theta, \varphi)$ であるとき，この球座標表示のラプラス方程式は，

$$\frac{\partial^2 u}{\partial r^2} + \frac{2}{r}\cdot\frac{\partial u}{\partial r} + \frac{1}{r^2}\cdot\frac{\partial^2 u}{\partial \theta^2} + \frac{\cos\theta}{r^2\sin\theta}\cdot\frac{\partial u}{\partial \theta} + \frac{1}{r^2\sin^2\theta}\cdot\frac{\partial^2 u}{\partial \varphi^2} = 0 \quad \cdots\cdots①$$

と表される。(P211)　今は境界条件を考慮せずに，これを変数分離法によって解いてみよう。

$u(r, \theta, \varphi) = R(r)\cdot\Theta(\theta)\cdot\Phi(\varphi)$　$\cdots\cdots②$　とおけるものとし，

②を①に代入すると，

$$R''\Theta\Phi + \frac{2}{r}R'\Theta\Phi + \frac{1}{r^2}R\Theta''\Phi + \frac{\cos\theta}{r^2\sin\theta}R\Theta'\Phi + \frac{1}{r^2\sin^2\theta}R\Theta\Phi'' = 0$$

となる。この両辺に $\dfrac{r^2}{R\Theta\Phi}$ をかけてまとめると，

$$r^2\frac{R''}{R} + 2r\frac{R'}{R} + \frac{\Theta''}{\Theta} + \frac{\cos\theta}{\sin\theta}\cdot\frac{\Theta'}{\Theta} + \frac{1}{\sin^2\theta}\cdot\frac{\Phi''}{\Phi} = 0$$

$$r^2\frac{R''}{R} + 2r\frac{R'}{R} = -\frac{\Theta''}{\Theta} - \frac{\cos\theta}{\sin\theta}\cdot\frac{\Theta'}{\Theta} - \frac{1}{\sin^2\theta}\cdot\frac{\Phi''}{\Phi} \quad \cdots\cdots③$$

となる。③の左辺は $r$ のみの式，右辺は $\theta$ と $\varphi$ のみの式より，これが恒等的に成り立つためには，これはある定数と等しくなければならない。

この定数を，前節の時と同様に $n(n+1)$ $(n = 0,\ 1,\ 2,\ \cdots)$ とおくと，

$$r^2\frac{R''}{R} + 2r\frac{R'}{R} = -\frac{\Theta''}{\Theta} - \frac{\cos\theta}{\sin\theta}\cdot\frac{\Theta'}{\Theta} - \frac{1}{\sin^2\theta}\cdot\frac{\Phi''}{\Phi} = n(n+1) \quad \cdots\cdots③'$$

となる。③′から，まず次の常微分方程式が導ける。

(Ⅰ) $r^2R'' + 2rR' - n(n+1)R = 0$　$\cdots\cdots④$

④は，オイラーの微分方程式であり，$R=r^{\mu}$ とおくと，④より，

特性方程式：$\mu(\mu-1)+2\mu-n(n+1)=0$，すなわち $\mu^2+\mu-n(n+1)=0$

から，　$\mu=n,\ -n-1$　が導ける。よって，④の一般解は，

$R(r)=A_1r^n+A_2\dfrac{1}{r^{n+1}}$　……⑤　となる。ここまでは，前節と同様だね。

(Ⅱ) 次に，$\dfrac{\Theta''}{\Theta}+\dfrac{\cos\theta}{\sin\theta}\cdot\dfrac{\Theta'}{\Theta}+\dfrac{1}{\sin^2\theta}\cdot\dfrac{\Phi''}{\Phi}=-n(n+1)$　より，

$\dfrac{\Phi''}{\Phi}=-\sin^2\theta\,\dfrac{\Theta''}{\Theta}-\sin\theta\cos\theta\,\dfrac{\Theta'}{\Theta}-n(n+1)\sin^2\theta$ ……⑥ となる。

ここで，左辺は $\varphi$ のみの式，右辺は $\theta$ のみの式となるので，これが恒等的に成り立つためには，これはある定数と等しくなければならないんだね。これを，$-m^2$ とおくことにする。実は，こうおくことによって，$\Phi$ については単振動の微分方程式を，また $\Theta$ についてはルジャンドルの陪微分方程式を導くことができるからなんだ。よって，⑥は，

$\dfrac{\Phi''}{\Phi}=-\sin^2\theta\,\dfrac{\Theta''}{\Theta}-\sin\theta\cos\theta\,\dfrac{\Theta'}{\Theta}-n(n+1)\sin^2\theta=-m^2$ ……⑥′

となる。これから，次の2つの常微分方程式が導ける。

(ⅰ) $\Phi''=-m^2\Phi$　これは，単振動の微分方程式より，

$\Phi(\varphi)=B_1\cos m\varphi+B_2\sin m\varphi$　……⑦

$\Phi$ は周期関数なので，⑦の形になるように，⑥′の定数を $-m^2$ とおいたと考えていい。

(ⅱ) $\sin^2\theta\cdot\Theta''+\sin\theta\cdot\cos\theta\,\Theta'+\{n(n+1)\sin^2\theta-m^2\}\Theta=0$ ……⑧

ここで，$\cos\theta=\zeta$ とおくと，

$\Theta'=\Theta_\theta=\Theta_\zeta\zeta_\theta=\Theta_\zeta\cdot(-\sin\theta)=-\sin\theta\cdot\Theta_\zeta$

$\Theta''=(\Theta_\theta)_\theta=(-\sin\theta\cdot\Theta_\zeta)_\theta=-\cos\theta\cdot\Theta_\zeta-\sin\theta\cdot\Theta_{\zeta\zeta}\zeta_\theta=-\cos\theta\Theta_\zeta+\sin^2\theta\Theta_{\zeta\zeta}$

以上を⑧に代入して，

$$\underbrace{\sin^2\theta}_{(1-\zeta^2)}(-\underbrace{\cos\theta}_{\zeta}\Theta_\zeta+\underbrace{\sin^2\theta}_{(1-\zeta^2)}\Theta_{\zeta\zeta})-\underbrace{\sin^2\theta\cos\theta}_{\zeta(1-\zeta^2)}\Theta_\zeta+\{n(n+1)\underbrace{\sin^2\theta}_{(1-\zeta^2)}-m^2\}\Theta=0$$

この両辺を $1-\zeta^2(=\sin^2\theta)$ で割り，また，新たに $\Theta_\zeta=\Theta'$，$\Theta_{\zeta\zeta}=\Theta''$ とおくと，

$$(1-\zeta^2)\Theta''-2\zeta\Theta'+\left\{n(n+1)-\frac{m^2}{1-\zeta^2}\right\}\Theta=0\quad\cdots\cdots⑨$$

が導かれる。これが，$\Theta(\zeta)$ の"**ルジャンドルの陪微分方程式**"(***Legendre′s associated differential equation***) と呼ばれる微分方程式なんだ。

このルジャンドルの陪微分方程式：

$$(1-\zeta^2)\Theta'' - 2\zeta\Theta' + \left\{n(n+1) - \frac{m^2}{1-\zeta^2}\right\}\Theta = 0 \quad \cdots\cdots ⑨$$

（$m=0$ のとき，これはルジャンドルの微分方程式になる。）

の一般解は，

$$\Theta(\zeta) = C_1 P_n{}^m(\zeta) + C_2 Q_n{}^m(\zeta) \quad \cdots\cdots ⑩ \quad (\zeta = \cos\theta)$$ となる。

ここで，$P_n{}^m(\zeta)$ と $Q_n{}^m(\zeta)$ は，それぞれ **"第1種，第2種のルジャンドル陪関数"** (***associated Legendre function of the first kind, the second kind***) と呼ばれる関数で，$P_n(x)$ や $Q_n(x)$ を使って，次のように定義される。

$$P_n{}^m(\zeta) = (1-\zeta^2)^{\frac{m}{2}} \frac{d^m}{d\zeta^m} P_n(\zeta), \quad Q_n{}^m(\zeta) = (1-\zeta^2)^{\frac{m}{2}} \frac{d^m}{d\zeta^m} Q_n(\zeta)$$

以上(Ⅰ)と(Ⅱ)−(ⅰ),(ⅱ)の⑤,⑦,⑩より,球座標表示のラプラス方程式:

$$u_{rr} + \frac{2}{r}u_r + \frac{1}{r^2}u_{\theta\theta} + \frac{\cos\theta}{r^2\sin\theta}u_\theta + \frac{1}{r^2\sin^2\theta}u_{\varphi\varphi} = 0 \quad \cdots\cdots ①$$ の独立解を

$u_{mn}(r, \theta, \varphi)$ とおくと，

$$u_{mn}(r, \theta, \varphi) = \left(A_1 r^n + \frac{A_2}{r^{n+1}}\right)(B_1\cos m\varphi + B_2\sin m\varphi)\{C_1 P_n{}^m(\cos\theta) + C_2 Q_n{}^m(\cos\theta)\}$$

と表されるんだね。後は，与えられた境界条件などの各条件を考慮に入れて，解の重ね合せの原理を用いて，最終的な解を求めていけばいいんだね。これで，大きな解法の流れはつかめたと思う。

## ● ルジャンドルの陪関数について調べよう！

一般に **"ルジャンドルの陪微分方程式"** とその解をまとめて下に示す。

### ルジャンドルの陪微分方程式

$y = y(x)$ について，ルジャンドルの陪微分方程式：

$$(1-x^2)y'' - 2xy' + \left\{n(n+1) - \frac{m^2}{1-x^2}\right\}y = 0 \quad \cdots\cdots (*v_0)$$

$$(-1 < x < 1, \ m = 0, 1, 2, \cdots, \ n = 0, 1, 2, \cdots)$$

（$m=0$ のとき，ルジャンドルの微分方程式となる。）

の一般解は次のようになる。

$$y = C_1 P_n{}^m(x) + C_2 Q_n{}^m(x) \quad (C_1, C_2 : \text{任意定数})$$

$$\left(P_n{}^m(x) = (1-x^2)^{\frac{m}{2}} \frac{d^m}{dx^m} P_n(x), \quad Q_n{}^m(x) = (1-x^2)^{\frac{m}{2}} \frac{d^m}{dx^m} Q_n(x)\right)$$

（$P_n{}^m(x)$：第1種のルジャンドル陪関数）（$Q_n{}^m(x)$：第2種のルジャンドル陪関数）

それでは，計算がかなり大変だけど，ルジャンドルの陪関数 $P_n^m(x)$，$Q_n^m(x)$ が，ルジャンドルの陪微分方程式 $(*v_0)$ の解になることを示そう。

まず，$P_n(x)$ と $Q_n(x)$ をまとめて，$u_n(x)$ とおくと，これはルジャンドルの微分方程式：

$(1-x^2)y''-2xy'+n(n+1)y=0$ ……$(*q_0)$ の解より，

$\underbrace{(1-x^2)u_n''}_{(ウ)}-2\underbrace{xu_n'}_{(イ)}+n(n+1)\underbrace{u_n}_{(ア)}=0$ ……① となる。

右肩の $(m)$ は $m$ 階微分を表す。

この $u_n$ を $x$ で $m$ 階微分して，$(1-x^2)^{\frac{m}{2}}$ をかけたもの，すなわち $(1-x^2)^{\frac{m}{2}}u_n^{(m)}$ が，ルジャンドルの陪関数 $P_n^m(x)$ や $Q_n^m(x)$ を表すことになるので，まず，①の両辺を $x$ で $m$ 階微分することから始めよう。まず，項別に(ア)，(イ)，(ウ)を調べると，

(ア) $u_n$ の $m$ 階微分は，当然 $u_n^{(m)}$ でいいね。

(イ) $xu_n'$ を 1 階，2 階，3 階，… と順に微分すると，

$(xu_n')^{(1)}=1\cdot u_n'+xu_n''=1\cdot u_n^{(1)}+xu_n^{(2)}$

$(xu_n')^{(2)}=(1\cdot u_n^{(1)}+xu_n^{(2)})^{(1)}=u_n^{(2)}+u_n^{(2)}+xu_n^{(3)}=2u_n^{(2)}+xu_n^{(3)}$

$(xu_n')^{(3)}=(2u_n^{(2)}+xu_n^{(3)})^{(1)}=2u_n^{(3)}+u_n^{(3)}+xu_n^{(4)}=3u_n^{(3)}+xu_n^{(4)}$

………………………………………………………………………………

以下同様に微分して，$(xu_n')^{(m)}=mu_n^{(m)}+xu_n^{(m+1)}$

(ウ) $(1-x^2)u_n''$ を 1 階，2 階，3 階，… と順に微分すると，

$\{(1-x^2)u_n''\}^{(1)}=-2xu_n^{(2)}+(1-x^2)u_n^{(3)}=0u_n^{(1)}-2xu_n^{(2)}+(1-x^2)u_n^{(3)}$

$\{(1-x^2)u_n''\}^{(2)}=-2u_n^{(2)}-2xu_n^{(3)}-2xu_n^{(3)}+(1-x^2)u_n^{(4)}$

$=-2u_n^{(2)}-4xu_n^{(3)}+(1-x^2)u_n^{(4)}$

$\{(1-x^2)u_n''\}^{(3)}=-2u_n^{(3)}-4u_n^{(3)}-4xu_n^{(4)}-2xu_n^{(4)}+(1-x^2)u_n^{(5)}$

$=-6u_n^{(3)}-6xu_n^{(4)}+(1-x^2)u_n^{(5)}$

$\{(1-x^2)u_n''\}^{(4)}=-6u_n^{(4)}-6u_n^{(4)}-6xu_n^{(5)}-2xu_n^{(5)}+(1-x^2)u_n^{(6)}$

$=-12u_n^{(4)}-8xu_n^{(5)}+(1-x^2)u_n^{(6)}$

………………………………………………………………………………

以下同様に，

$$\{(1-x^2)u_n''\}^{(m)}=-m(m-1)u_n^{(m)}-2mxu_n^{(m+1)}+(1-x^2)u_n^{(m+2)}$$

階差型漸化式 $a_{m+1}-a_m=2m$ より，$a_m=\underset{0}{\underline{a_1}}+\sum_{k=1}^{m-1}2k=m(m-1)$

以上 (ア)(イ)(ウ) より，$\underline{(1-x^2)u_n''}-2x\underline{u_n'}+n(n+1)\underline{u_n}=0$ ……① を

(イ) $mu_n^{(m)}+xu_n^{(m+1)}$　(ア) $u_n^{(m)}$

(ウ) $-m(m-1)u_n^{(m)}-2mxu_n^{(m+1)}+(1-x^2)u_n^{(m+2)}$

$x$ で $m$ 階微分したものは，

$$-m(m-1)u_n^{(m)}-2mx\frac{d}{dx}u_n^{(m)}+(1-x^2)\frac{d^2}{dx^2}u_n^{(m)}-2mu_n^{(m)}-2x\frac{d}{dx}u_n^{(m)}+n(n+1)u_n^{(m)}=0$$

$$(1-x^2)\frac{d^2}{dx^2}u_n^{(m)}-2(m+1)x\frac{d}{dx}u_n^{(m)}+\{n(n+1)-m(m+1)\}u_n^{(m)}=0 \quad \cdots\cdots②$$

となる。

ここで，$u_n^{(m)}=(1-x^2)^{-\frac{m}{2}}y$ とおいて，これを②に代入すると，

$y=(1-x^2)^{\frac{m}{2}}u_n^{(m)}$，すなわち $y$ はルジャンドルの陪関数 $P_n^m(x)$，$Q_n^m(x)$ のことだから，これが，ルジャンドルの陪微分方程式：$(1-x^2)y''-2xy'+\left\{n(n+1)-\dfrac{m^2}{1-x^2}\right\}y=0$ をみたすことを示せばいいんだね。これで，目標が見えただろう？ 頑張ろう！

$$(1-x^2)\{(1-x^2)^{-\frac{m}{2}}y\}''-2(m+1)x\{(1-x^2)^{-\frac{m}{2}}y\}'+\{n(n+1)-m(m+1)\}\cdot(1-x^2)^{-\frac{m}{2}}y=0$$

$-\dfrac{m}{2}(1-x^2)^{-\frac{m}{2}-1}\cdot(-2x)y+(1-x^2)^{-\frac{m}{2}}y'=mx(1-x^2)^{-\frac{m}{2}-1}y+(1-x^2)^{-\frac{m}{2}}y'$

$\{mx(1-x^2)^{-\frac{m}{2}-1}y+(1-x^2)^{-\frac{m}{2}}y'\}'$
$=m(1-x^2)^{-\frac{m}{2}-1}y+m(m+2)x^2(1-x^2)^{-\frac{m}{2}-2}y+mx(1-x^2)^{-\frac{m}{2}-1}y'+mx(1-x^2)^{-\frac{m}{2}-1}y'+(1-x^2)^{-\frac{m}{2}}y''$
$=m(1-x^2)^{-\frac{m}{2}-1}y\{1+(m+2)x^2(1-x^2)^{-1}\}+2mx(1-x^2)^{-\frac{m}{2}-1}y'+(1-x^2)^{-\frac{m}{2}}y''$

両辺に $(1-x^2)^{\frac{m}{2}}$ をかけて，

$$my\{1+(m+2)x^2(1-x^2)^{-1}\}+2mxy'+(1-x^2)y''$$
$$-2m(m+1)x^2(1-x^2)^{-1}y-2(m+1)xy'+\{n(n+1)-m(m+1)\}y=0$$

これを，$y''$，$y'$，$y$ の項にそれぞれまとめると，

$$(1-x^2)y''-2xy'+\left\{n(n+1)+\frac{m(m+2)x^2-2m(m+1)x^2}{1-x^2}-m^2\right\}y=0$$

$\dfrac{-m^2x^2-m^2(1-x^2)}{1-x^2}=-\dfrac{m^2}{1-x^2}$

$\therefore\ y=(1-x^2)^{\frac{m}{2}}u_n^{(m)}$，すなわち $P_n^m(x)$，$Q_n^m(x)$ は，

ルジャンドルの陪微分方程式：

$$(1-x^2)y''-2xy'+\left\{n(n+1)-\frac{m^2}{1-x^2}\right\}y=0 \quad \cdots\cdots(*v_0)$$ の解である。

それでは, ルジャンドルの陪関数にも慣れるために, 次の例題を解いてみよう。

例題 **44**　次のルジャンドルの陪関数を求めよう。

(1) $P_0{}^2(x)$　(2) $P_1{}^2(x)$　(3) $P_2{}^2(x)$　(4) $P_3{}^2(x)$

(5) $P_4{}^2(x)$　(6) $Q_0{}^2(x)$

（ただし, $P_0(x)=1$, $P_1(x)=x$, $P_2(x)=\frac{1}{2}(3x^2-1)$, $P_3(x)=\frac{1}{2}(5x^3-3x)$

$P_4(x)=\frac{1}{8}(35x^4-30x^2+3)$, $Q_0(x)=\frac{1}{2}\log\left(\frac{1+x}{1-x}\right)$ ）

一般にルジャンドル多項式 $P_n(x)$ は, $x$ の $n$ 次式なので, 第 **1** 種ルジャンドルの陪関数の定義式 : $P_n{}^m(x)=(1-x^2)^{\frac{m}{2}}\frac{d^m}{dx^m}P_n(x)$ より, $m>n$ のとき, $P_n(x)$ を $x$ で $m$ 階微分すれば当然 **0** になるのは大丈夫だね。

よって, (1) $P_0{}^2(x)=0$, (2) $P_1{}^2(x)=0$ と, すぐに求まる。

(3) $P_2{}^2(x)=(1-x^2)\frac{d^2}{dx^2}P_2(x)=\frac{1}{2}(1-x^2)(3x^2-1)''=\frac{1}{2}(1-x^2)\cdot 6=3(1-x^2)$

(4) $P_3{}^2(x)=(1-x^2)\frac{d^2}{dx^2}P_3(x)=\frac{1}{2}(1-x^2)(5x^3-3x)''=\frac{1}{2}(1-x^2)\cdot 30x=15x(1-x^2)$

(5) $P_4{}^2(x)=(1-x^2)\frac{d^2}{dx^2}P_4(x)=\frac{1}{8}(1-x^2)(35x^4-30x^2+3)''$

$$=\frac{1}{8}(1-x^2)(140x^3-60x)'=\frac{1}{8}(1-x^2)(420x^2-60)=\frac{15}{2}(1-x^2)(7x^2-1)$$

第 **2** 種ルジャンドルの陪関数の定義式 : $Q_n{}^m(x)=(1-x^2)^{\frac{m}{2}}\frac{d^m}{dx^m}Q_n(x)$

より,

$$Q_0{}^2(x)=(1-x^2)\frac{d^2}{dx^2}Q_0(x)=\frac{1}{2}(1-x^2)\left\{\log\left(\frac{1+x}{1-x}\right)\right\}''$$

$$=\frac{1}{2}(1-x^2)\{\log(1+x)-\log(1-x)\}''=\frac{1}{2}(1-x^2)\left(\frac{1}{1+x}+\frac{1}{1-x}\right)'$$

$$=\frac{1}{2}(1-x^2)\left(\frac{2}{1-x^2}\right)'=(1-x^2)\cdot\frac{2x}{(1-x^2)^2}=\frac{2x}{1-x^2}$$

$-1<x<1$ の範囲で, 第 **1** 種のルジャンドル陪関数 $P_n{}^m(x)$ は有界であるが, 第 **2** 種のルジャンドル陪関数 $Q_n{}^m(x)$ は, $x\to 1-0$, または $x\to -1+0$ で発散する。

## ● ルジャンドルの陪関数にも直交性がある！

第 1 種のルジャンドル陪関数 $P_n{}^m(x)$ と $P_k{}^m(x)$ の間に次の直交性の公式が成り立つ。$m$ は共通であることに気を付けよう。

**ルジャンドル陪関数の直交性**

0 以上の整数 $m$, $n$, $k$ に対して，次式が成り立つ。

$$\int_{-1}^{1} P_n{}^m(x)P_k{}^m(x)\,dx = \begin{cases} \dfrac{2}{2n+1}\cdot\dfrac{(n+m)!}{(n-m)!} & (k=n \text{ のとき}) \\ 0 & (k \neq n \text{ のとき}) \end{cases} \quad \cdots(*w_0)$$

ここでは，$k \neq n$ のとき，区間 $[-1, 1]$ で，$P_n{}^m(x)$ と $P_k{}^m(x)$ が直交することを示してみよう。

$P_n{}^m(x)$ と $P_k{}^m(x)$ は，それぞれルジャンドルの陪微分方程式の解なので，

$$(1-x^2)\cdot(P_n{}^m)'' - 2x(P_n{}^m)' + \left\{n(n+1) - \frac{m^2}{1-x^2}\right\}P_n{}^m = 0 \quad \cdots\cdots①$$

$$(1-x^2)\cdot(P_k{}^m)'' - 2x(P_k{}^m)' + \left\{k(k+1) - \frac{m^2}{1-x^2}\right\}P_k{}^m = 0 \quad \cdots\cdots②$$

① $\times P_k{}^m -$ ② $\times P_n{}^m$ 　を計算して，まとめると，

$$(1-x^2)\underbrace{\{(P_n{}^m)''\cdot P_k{}^m - P_n{}^m(P_k{}^m)''\}}_{\frac{d}{dx}\{(P_n{}^m)'P_k{}^m - P_n{}^m(P_k{}^m)'\}} - 2x\{(P_n{}^m)'P_k{}^m - P_n{}^m(P_k{}^m)'\} + \{n(n+1)-k(k+1)\}P_n{}^mP_k{}^m = 0$$

$$\underbrace{(1-x^2)\{(P_n{}^m)'P_k{}^m - P_n{}^m(P_k{}^m)'\}' - 2x\{(P_n{}^m)'P_k{}^m - P_n{}^m(P_k{}^m)'\}}_{[(1-x^2)\{(P_n{}^m)'P_k{}^m - P_n{}^m(P_k{}^m)'\}]'}$$

$$= \{k(k+1)-n(n+1)\}P_n{}^mP_k{}^m$$

よって，

$\{k(k+1)-n(n+1)\}P_n{}^mP_k{}^m = [(1-x^2)\{(P_n{}^m)'P_k{}^m - P_n{}^m(P_k{}^m)'\}]'$ となる。

この両辺を積分区間 $[-1, 1]$ で $x$ により積分すると，

$$\underbrace{\{k(k+1)-n(n+1)\}}_{\neq 0 \;\leftarrow\; \because\, k \neq n}\int_{-1}^{1} P_n{}^mP_k{}^m\,dx = [(1-x^2)\{(P_n{}^m)'P_k{}^m - P_n{}^m(P_k{}^m)'\}]_{-1}^{1} = 0$$

ここで，$k \neq n$ より，$k(k+1)-n(n+1)$ $(\neq 0)$ でこの両辺を割ると，

$\displaystyle\int_{-1}^{1} P_n{}^m(x)P_k{}^m(x)\,dx = 0$ 　が導けるんだね。

ルジャンドル陪関数のこの直交性を利用して，区間 $[-1, 1]$ で定義された関数 $f(x)$ を次のようにルジャンドル陪関数により級数展開することができる。

## ルジャンドル陪関数による級数展開

区間 $[-1, 1]$ で定義された関数 $f(x)$ は，次のようにルジャンドル陪関数によって級数展開できる。

$$f(x)=\sum_{k=0}^{\infty} b_k P_k{}^m(x) \quad \cdots\cdots (*x_0)$$

$$b_n=\frac{2n+1}{2}\cdot\frac{(n-m)!}{(n+m)!}\int_{-1}^{1}P_n{}^m(x)f(x)\,dx \quad \cdots\cdots (*x_0)'$$

$(*x_0)$ で示されるように，$-1<x<1$ で定義された関数 $f(x)$ に $\sum_{k=0}^{\infty} b_k P_k{}^m(x)$ が一様収束するとき，係数 $b_n$ は $(*x_0)'$ で計算することができる。これを示そう。

$(*x_0)$ より，

$$f(x)=b_0P_0{}^m(x)+b_1P_1{}^m(x)+b_2P_2{}^m(x)+\cdots+b_nP_n{}^m(x)+\cdots$$

となる。この両辺に $P_n{}^m(x)$ をかけて，積分区間 $[-1, 1]$ で $x$ により積分すると，一様収束の条件より，$\Sigma$ 計算と積分操作の順序を入れ替えられるので，

$$\int_{-1}^{1}P_n{}^m(x)f(x)\,dx=b_0\underbrace{\int_{-1}^{1}P_n{}^m(x)P_0{}^m(x)\,dx}_{0}+b_1\underbrace{\int_{-1}^{1}P_n{}^m(x)P_1{}^m(x)\,dx}_{0}+b_2\underbrace{\int_{-1}^{1}P_n{}^m(x)P_2{}^m(x)\,dx}_{0}$$

$$+\cdots+b_n\underbrace{\int_{-1}^{1}\{P_n{}^m(x)\}^2dx}_{\frac{2}{2n+1}\cdot\frac{(n+m)!}{(n-m)!}}+\cdots$$

第 1 種ルジャンドル陪関数の直交性より，この項のみが残る。他はすべて 0 だ！

よって，$b_n\cdot\frac{2}{2n+1}\cdot\frac{(n+m)!}{(n-m)!}=\int_{-1}^{1}P_n{}^m(x)f(x)\,dx$ より，

$$b_n=\frac{2n+1}{2}\cdot\frac{(n-m)!}{(n+m)!}\int_{-1}^{1}P_n{}^m(x)f(x)\,dx \quad \cdots (*x_0)'$$ が導ける。大丈夫？

$m>n$ であれば，$P_n{}^m(x)=0$ だし，またそれ以外でも，$m$ が偶数のとき $P_n{}^m(x)$ は $x$ の $n$ 次多項式になる。だから，$f(x)$ が単純な形の関数であれば，公式 $(*x_0)'$ により，各係数 $b_n$ $(n=0, 1, 2, \cdots)$ の値を具体的に計算できるんだね。

## ● $u(r, \theta, \varphi)$ のラプラス方程式を解こう！

準備が整ったので，これから球座標系における関数 $u(r, \theta, \varphi)$ についてのラプラス方程式の問題を実際に解いてみることにしよう。

例題 45　有界な関数 $u(r, \theta, \varphi)$ について，次の球座標表示のラプラス方程式を解いてみよう。

$$\frac{\partial^2 u}{\partial r^2}+\frac{2}{r}\cdot\frac{\partial u}{\partial r}+\frac{1}{r^2}\cdot\frac{\partial^2 u}{\partial \theta^2}+\frac{\cos\theta}{r^2\sin\theta}\cdot\frac{\partial u}{\partial \theta}+\frac{1}{r^2\sin^2\theta}\cdot\frac{\partial^2 u}{\partial \varphi^2}=0 \quad \cdots①$$

$$(0<r<1,\ 0<\theta<\pi,\ 0<\varphi<2\pi)$$

境界条件：$u(1, \theta, \varphi)=T_0\cos\theta\sin^2\theta\cos 2\varphi \quad (0\leqq\theta\leqq\pi,\ 0\leqq\varphi<2\pi)$

（ただし，$P_3{}^2(\zeta)=15\zeta(1-\zeta^2)$ (P239) を利用してもいい。）

①のラプラス方程式の前段階での解法手順は P234 に詳しく書いているので，ここでは簡略化して進もう。

まず，変数分離法により，

$u(r, \theta, \varphi)=R(r)\Theta(\theta)\Phi(\varphi)$ ……②　とおけるものとして，

②を①に代入して，まとめると，

$$r^2\frac{R''}{R}+2r\frac{R'}{R}=-\frac{\Theta''}{\Theta}-\frac{\cos\theta}{\sin\theta}\cdot\frac{\Theta'}{\Theta}-\frac{1}{\sin^2\theta}\cdot\frac{\Phi''}{\Phi}=n(n+1) \cdots③ \ (n=0,\ 1,\ 2,\ \cdots)$$

となる。これから，

(Ⅰ) $r^2R''+2rR'-n(n+1)R=0$ （オイラーの微分方程式）が導けて，

$R=r^\mu$ とおくと，$\mu=n,\ -n-1$ より，この一般解は，

$$R(r)=A_1r^n+A_2\frac{1}{r^{n+1}} \quad ……④ \quad (n=0,\ 1,\ 2,\ \cdots) \text{ となる。}$$

(Ⅱ) $\dfrac{\Phi''}{\Phi}=-\sin^2\theta\dfrac{\Theta''}{\Theta}-\sin\theta\cos\theta\dfrac{\Theta'}{\Theta}-n(n+1)\sin^2\theta=-m^2 \quad (m=0,\ 1,\ 2,\ \cdots)$

とおくと，

(ⅰ) $\Phi''=-m^2\Phi$ （単振動の微分方程式）が導けて，この一般解は，

$\Phi(\varphi)=B_1\cos m\varphi+B_2\sin m\varphi$ ……⑤　となる。

(ⅱ) $\sin^2\theta\cdot\Theta''+\sin\theta\cdot\cos\theta\Theta'+\{n(n+1)\sin^2\theta-m^2\}\Theta=0$ ……⑥

が導ける。ここで，$\cos\theta=\zeta$ とおくと，

$\Theta'=-\sin\theta\cdot\Theta_\zeta$，　$\Theta''=-\cos\theta\Theta_\zeta+\sin^2\theta\Theta_{\zeta\zeta}$　となる。

これらを⑥に代入してまとめると，

$$(1-\zeta^2)\Theta'' - 2\zeta\Theta' + \left\{n(n+1) - \frac{m^2}{1-\zeta^2}\right\}\Theta = 0$$ （ルジャンドルの陪微分方程式）

（ただし，$\zeta = \cos\theta$，$\Theta' = \Theta_\zeta$，$\Theta'' = \Theta_{\zeta\zeta}$）が導けるので，この一般解は，

$\Theta(\theta) = C_1 P_n{}^m(\zeta) + C_2 Q_n{}^m(\zeta) = C_1 P_n{}^m(\cos\theta) + C_2 Q_n{}^m(\cos\theta)$ …⑦ となる。

以上④，⑤，⑦より，①のラプラス方程式の独立解を $u_{mn}(r, \theta, \varphi)$ とおくと，

$$u_{mn}(r, \theta, \varphi) = \left(A_1 r^n + \cancel{\frac{A_2}{r^{n+1}}}\right)(B_1\cos m\varphi + B_2\sin m\varphi)\{C_1 P_n{}^m(\cos\theta) + \cancel{C_2 Q_n{}^m(\cos\theta)}\}$$

となる。

ここで，$r \to +0$ のとき，$u_{mn}$ は有界より，$A_2 = 0$ となり，

また，$\cos\theta \to 1-0$，または $\cos\theta \to -1+0$ のとき，$u_{mn}$ は有界より，$C_2 = 0$

となる。

よって，解の重ね合せの原理より①の解 $u(r, \theta, \varphi)$ は，

$u(r, \theta, \varphi) = \sum_{m=0}^{\infty}\sum_{n=0}^{\infty} r^n(B_{mn}\cos m\varphi + C_{mn}\sin m\varphi)P_n{}^m(\cos\theta)$ …⑧ となる。

ここで，境界条件：$u(1, \theta, \varphi) = T_0\cos\theta\sin^2\theta\cos 2\varphi$ より，⑧は，

$$u(1, \theta, \varphi) = \sum_{m=0}^{\infty}\sum_{n=0}^{\infty}(\underline{\underline{B_{mn}\cos m\varphi + \cancel{C_{mn}\sin m\varphi}}})P_n{}^m(\cos\theta) = T_0\cos\theta\sin^2\theta\underline{\underline{\cos 2\varphi}}$$

となる。これから，$\varphi$ を含む項を比較すると，すべての $m$ に対して $C_{mn} = 0$

となり，$m \neq 2$ のすべての $m$ に対して，$B_{mn} = 0$ となる。よって，

$u(1, \theta, \varphi) = \cos 2\varphi \sum_{n=0}^{\infty} B_{2n}\cdot P_n{}^2(\underbrace{\cos\theta}_{\zeta}) = T_0\underbrace{\cos\theta\sin^2\theta}_{\cos\theta(1-\cos^2\theta)=\zeta(1-\zeta^2)}\cos 2\varphi$ より，

$\sum_{n=0}^{\infty} B_{2n}P_n{}^2(\zeta) = T_0\zeta(1-\zeta^2)$ となる。

ここで，$P_3{}^2(\zeta) = 15\zeta(1-\zeta^2)$ より，$n \neq 3$ のすべての $n$ に対して，$B_{2n} = 0$

となる。

$\therefore B_{23}\underbrace{P_3{}^2(\zeta)}_{15\zeta(1-\zeta^2)} = T_0\zeta(1-\zeta^2)$ より，$B_{23} = \frac{T_0}{15}$ となる。

以上を⑧に代入すれば，①のラプラス方程式の解 $u(r, \theta, \varphi)$ は，

$u(r, \theta, \varphi) = r^3\cdot\underbrace{B_{23}}_{\frac{T_0}{15}}\cos 2\varphi\cdot P_3{}^2(\cos\theta) = \frac{T_0}{15}r^3\cos 2\varphi P_3{}^2(\cos\theta)$ となる。

それでは最後にもう**1**題，球座標表示のラプラス方程式の問題を解いてみよう。

例題 **46**　有界な関数 $u(r,\ \theta,\ \varphi)$ について，次の球座標表示のラプラス方程式を解いてみよう。

$$\frac{\partial^2 u}{\partial r^2}+\frac{2}{r}\cdot\frac{\partial u}{\partial r}+\frac{1}{r^2}\cdot\frac{\partial^2 u}{\partial\theta^2}+\frac{\cos\theta}{r^2\sin\theta}\cdot\frac{\partial u}{\partial\theta}+\frac{1}{r^2\sin^2\theta}\cdot\frac{\partial^2 u}{\partial\varphi^2}=0 \quad \cdots①$$

$$(0<r<1,\ 0<\theta<\pi,\ 0<\varphi<2\pi)$$

境界条件：$u(1,\ \theta,\ \varphi)=T_0\cos 2\varphi \quad (0\leqq\theta\leqq\pi,\ 0\leqq\varphi<2\pi)$

（ただし，$P_0{}^2(\zeta)=P_1{}^2(\zeta)=0$，$P_2{}^2(\zeta)=3(1-\zeta^2)$，$P_3{}^2(\zeta)=15\zeta(1-\zeta^2)$

$P_4{}^2(\zeta)=\frac{15}{2}(1-\zeta^2)(7\zeta^2-1)$　(**P239**) を利用してもいい。）

例題 **45** と，境界条件以外は，全く同じ球座標表示のラプラス方程式の問題なので，変数分離法による解法の結果，①の独立解 $u_{mn}(r,\ \theta,\ \varphi)$ が，

$$u_{mn}(r,\ \theta,\ \varphi)=\left(A_1r^n+\frac{A_2}{r^{n+1}}\right)(B_1\cos m\varphi+B_2\sin m\varphi)\{C_1P_n{}^m(\cos\theta)+C_2Q_n{}^m(\cos\theta)\}$$

と求まったところから始めよう。慣れると，偏微分方程式の解法って，結構機械的に進めることができるんだね。

ここで，$r\to+0$ のとき，$u_{mn}$ は有界より，$A_2=0$　となり，

また，$\cos\theta\to1-0$，または $\cos\theta\to-1+0$ のときも $u_{mn}$ は有界より，$C_2=0$ となる。

以上より，解を重ね合せて，①のラプラス方程式の解 $u(r,\ \theta,\ \varphi)$ は，

$$u(r,\ \theta,\ \varphi)=\sum_{m=0}^{\infty}\sum_{n=0}^{\infty}r^n(B_{mn}\cos m\varphi+C_{mn}\sin m\varphi)P_n{}^m(\cos\theta) \quad \cdots②$$ となる。

ここで，境界条件：$u(1,\ \theta,\ \varphi)=T_0\cos 2\varphi$　より，②は，

$$u(1,\ \theta,\ \varphi)=\sum_{m=0}^{\infty}\sum_{n=0}^{\infty}(B_{mn}\cos m\varphi+C_{mn}\sin m\varphi)P_n{}^m(\cos\theta)=T_0\cos 2\varphi$$

となる。これから $\varphi$ を含む項を比較すると，すべての $m$ に対して，$C_{mn}=0$ となり，$m\neq2$ のすべての $m$ に対して $B_{mn}=0$　となる。よって，

$$u(1,\ \theta,\ \varphi)=\sum_{n=0}^{\infty}B_{2n}\cos 2\varphi\cdot P_n{}^2(\cos\theta)$$　より，

$$\cos 2\varphi\sum_{n=0}^{\infty}B_{2n}P_n{}^2(\cos\theta)=T_0\cos 2\varphi$$

ここで，$\cos\theta=\zeta \quad (-1<\zeta<1)$，$B_{2n}=b_n$　とおくと，

$$T_0 = \sum_{n=0}^{\infty} b_n P_n{}^2(\zeta) \quad \cdots\cdots ③$$ となる。

ルジャンドル陪関数による級数展開

$$f(x) = \sum_{k=0}^{\infty} b_k P_k{}^m(x)$$

$$b_n = \frac{2n+1}{2} \cdot \frac{(n-m)!}{(n+m)!} \int_{-1}^{1} P_n{}^m(x) f(x)\, dx$$

③は定数関数 $T_0$ を，ルジャンドル陪関数 $P_n{}^2(x)$ で級数展開した形の式なので，係数 $b_n$ は公式より，

$$b_n = \frac{2n+1}{2} \cdot \frac{(n-2)!}{(n+2)!} \int_{-1}^{1} P_n{}^2(\zeta) \cdot T_0\, d\zeta = \frac{2n+1}{2} \cdot \frac{(n-2)!}{(n+2)!}\, T_0 \int_{-1}^{1} P_n{}^2(\zeta)\, d\zeta$$

となる。

③について，$P_0{}^2(\zeta) = P_1{}^2(\zeta) = 0$　より，$b_0$，$b_1$ は求める必要はないが，形式的に $b_0 = b_1 = 0$　とおく。

では，$b_2$，$b_3$，$b_4$ を順に求めると，

$$b_2 = \frac{5}{2} \cdot \frac{0!}{\underbrace{4!}_{24}} \cdot T_0 \int_{-1}^{1} \underbrace{P_2{}^2(\zeta)}_{3(1-\zeta^2)}\, d\zeta = \frac{5}{2} \cdot \frac{1}{24} \cdot T_0 \cdot 3 \int_{-1}^{1} \underbrace{(1-\zeta^2)}_{\text{偶関数}}\, d\zeta$$

$$= \frac{5}{8} T_0 \int_0^1 (1-\zeta^2)\, d\zeta = \frac{5}{8} T_0 \left[\zeta - \frac{1}{3}\zeta^3\right]_0^1 = \frac{5}{8} T_0 \cdot \frac{2}{3} = \frac{5}{12} T_0$$

$$b_3 = \frac{7}{2} \cdot \frac{1!}{\underbrace{5!}_{120}} \cdot T_0 \int_{-1}^{1} \underbrace{P_3{}^2(\zeta)}_{15\zeta(1-\zeta^2)}\, d\zeta = \frac{7}{2} \cdot \frac{T_0}{120} \cdot 15 \int_{-1}^{1} \underbrace{(\zeta-\zeta^3)}_{\text{奇関数}}\, d\zeta = 0$$

$$b_4 = \frac{9}{\cancel{2}} \cdot \frac{\cancel{2!}}{\underbrace{6!}_{720}} \cdot T_0 \int_{-1}^{1} \underbrace{P_4{}^2(\zeta)}_{\frac{15}{2}(-7\zeta^4+8\zeta^2-1)}\, d\zeta = \frac{9}{720} T_0 \cdot \frac{15}{2} \cdot \int_{-1}^{1} \underbrace{(-7\zeta^4+8\zeta^2-1)}_{\text{偶関数}}\, d\zeta$$

$$= \frac{3}{32} T_0 \cdot 2 \int_0^1 (-7\zeta^4+8\zeta^2-1)\, d\zeta = \frac{3}{16} T_0 \left[-\frac{7}{5}\zeta^5 + \frac{8}{3}\zeta^3 - \zeta\right]_0^1 = \frac{T_0}{20}$$

以上の結果を，②より導いた次の式に代入すると，

$$u(r,\theta,\varphi) = \sum_{n=0}^{\infty} b_n r^n \cos 2\varphi \cdot P_n{}^2(\cos\theta)$$

$$= \frac{5}{12} T_0 r^2 \cos 2\varphi \cdot P_2{}^2(\cos\theta) + \frac{T_0}{20} r^4 \cos 2\varphi \cdot P_4{}^2(\cos\theta) + \cdots$$

$$= T_0 r^2 \left\{ \frac{5}{12} \cos 2\varphi \cdot P_2{}^2(\cos\theta) + \frac{r^2}{20} \cos 2\varphi \cdot P_4{}^2(\cos\theta) + \cdots \right\}$$

となって，答えだ。

以上で，偏微分方程式の講義はすべて終了です。ここまで読み進めてくるのは大変だったと思うけれど，様々な物理現象や社会現象を数学的に記述しようとしたとき，この偏微分方程式の知識は欠かせない。だから，ここまで頑張って読んでこられた方たちは，物理学や経済学など他分野の数理解析的な専門書も読める準備が整ったと言える。これって，素晴らしいことだね。

しかし，**1** 回読了しただけでは，偏微分方程式の全体像はつかめたとしても，本当の意味でマスターしたことにはならないと思う。今は疲れているだろうから，少し休んでも構わない。でもまた元気が出たら，**2** 回，**3** 回…と繰り返し読まれることをお勧めする。**1** 回目では気付かなかった事も沢山出てくると思う。人類の英智の **1** つの結晶である偏微分方程式を是非じっくりと味わって頂きたいものである。

読者の皆様のさらなる御成長を楽しみにしています。

**マセマ代表　馬場敬之**（けいし）

## 講義 4 ● 円柱・球座標での偏微分方程式　公式エッセンス

**1.　円柱座標系におけるラプラシアン $\Delta u$ の円柱座標表示**

$$\Delta u = \frac{\partial^2 u}{\partial r^2} + \frac{1}{r} \cdot \frac{\partial u}{\partial r} + \frac{1}{r^2} \cdot \frac{\partial^2 u}{\partial \theta^2} + \frac{\partial^2 u}{\partial z^2}$$

**2.　ベッセルの微分方程式 $x^2 y'' + xy' + (\lambda^2 x^2 - \alpha^2)y = 0$ の一般解**

（i）$\alpha$ が整数 $n$ のとき，$y = A_1 J_n(\lambda x) + A_2 Y_n(\lambda x)$

（$J_n(x)$ : $n$ 次の第 1 種ベッセル関数, $Y_n(x)$ : $n$ 次の第 2 種ベッセル関数）

**3.　ベッセル関数による級数展開**

$$f(x) = \sum_{m=1}^{\infty} b_m J_\alpha(\lambda_m x) \qquad \left( b_m = \frac{2}{J_{\alpha+1}{}^2(\lambda_m)} \int_0^1 x J_\alpha(\lambda_m x) f(x)\, dx \right)$$

**4.　球座標系におけるラプラシアン $\Delta u$ の球座標表示**

$$\Delta u = \frac{\partial^2 u}{\partial r^2} + \frac{2}{r} \cdot \frac{\partial u}{\partial r} + \frac{1}{r^2} \cdot \frac{\partial^2 u}{\partial \theta^2} + \frac{\cos\theta}{r^2 \sin\theta} \cdot \frac{\partial u}{\partial \theta} + \frac{1}{r^2 \sin^2\theta} \cdot \frac{\partial^2 u}{\partial \varphi^2}$$

**5.　ルジャンドルの微分方程式 $(1 - x^2)y'' - 2xy' + n(n+1)y = 0$ の一般解**

$y = C_1 P_n(x) + C_2 Q_n(x)$

（$P_n(x)$ : ルジャンドル多項式，$Q_n(x)$ : 第 2 種のルジャンドル関数）

**6.　ルジャンドル多項式による級数展開**

$$f(x) = \sum_{m=0}^{\infty} b_m P_m(x) \qquad \left( b_m = \frac{2m+1}{2} \int_{-1}^1 P_m(x) \cdot f(x)\, dx \right)$$

**7.　ルジャンドルの陪微分方程式**

$(1 - x^2)y'' - 2xy' + \left\{ n(n+1) - \dfrac{m^2}{1 - x^2} \right\} y = 0$ の一般解は，

$y = C_1 P_n{}^m(x) + C_2 Q_n{}^m(x)$　（$C_1$，$C_2$ : 任意定数）

$$\left( P_n{}^m(x) = (1 - x^2)^{\frac{m}{2}} \frac{d^m}{dx^m} P_n(x),\ \ Q_n{}^m(x) = (1 - x^2)^{\frac{m}{2}} \frac{d^m}{dx^m} Q_n(x) \right)$$

$P_n{}^m(x)$ : 第 1 種のルジャンドル陪関数　　$Q_n{}^m(x)$ : 第 2 種のルジャンドル陪関数

**8.　ルジャンドル陪関数による級数展開**

$$f(x) = \sum_{k=0}^{\infty} b_k P_k{}^m(x)$$

$$\left( b_n = \frac{2n+1}{2} \cdot \frac{(n-m)!}{(n+m)!} \int_{-1}^1 P_n{}^m(x) f(x)\, dx \right)$$

## ◆◆Appendix(付録)◆◆

# §1. シュレーディンガー方程式

まだ解説していない有名な微分方程式として"シュレーディンガー方程式"(***Schrödinger equation***)があるので，ここでその概略を解説しておこう。

一般に，物質には，粒子と波動の**2**重性があり，この物質波を表す波動関数 $\Psi(x, t)$ (プサイ(大文字)) や $\psi(x)$ (プサイ(小文字)) についての微分方程式がシュレーディンガーの波動方程式と呼ばれるものなんだね。このシュレーディンガーの波動方程式は，量子力学において量子的(ミクロな)粒子の運動を記述する重要な基礎方程式で，**1**次元の方程式は次のように表される。

**シュレーディンガーの波動方程式**

(Ⅰ)時刻 $t$ を含む波動関数 $\Psi(x, t)$ についての波動方程式

$$i\hbar\frac{\partial\Psi}{\partial t}=-\frac{\hbar^2}{2m}\frac{\partial^2\Psi}{\partial x^2}+V(x)\Psi \quad\cdots\cdots\cdots(*a_1)$$

(Ⅱ)時刻 $t$ を含まない波動関数 $\psi(x)$ についての波動方程式

$$E\psi=-\frac{\hbar^2}{2m}\frac{d^2\psi}{dx^2}+V(x)\psi \quad\cdots\cdots\cdots(*b_1)$$

(ここで，$\Psi(x, t)$，$\psi(x)$：波動関数，$i$：虚数単位 $(i^2=-1)$

$\hbar\left(=\frac{h}{2\pi}\right)$：プランク定数 $h(\fallingdotseq 6.6\times10^{-34}(\mathrm{J\cdot s}))$ を $2\pi$ で割ったもの

$t$：時刻 (s)，$x$：変位 (m)，$m$：粒子の質量 (kg)

$V(x)$：ポテンシャルエネルギー (J)，$E$：力学的エネルギー (J))

物理学(量子力学)の方程式なので，$(*a_1)$，$(*b_1)$ 共に物理定数 $(\hbar, m, E)$ が含まれているけれど，$(*a_1)$ は，位置 $x$ と時刻 $t$ を独立変数にもつ波動関数 $\Psi(x, t)$ の偏微分方程式であり，$(*b_1)$ は，位置 $x$ のみを独立変数にもつ波動関数 $\psi(x)$ の常微分方程式になっているんだね。

しかし，これらシュレーディンガーの波動方程式 $(*a_1)$, $(*b_1)$ が，これまでに解説した一般の1次元の波動方程式：$\frac{\partial^2 u}{\partial t^2} = v^2 \frac{\partial^2 u}{\partial x^2}$ ………$(*o)$(P106) と大きく異なることに気付かれたと思う。そう…，$(*o)$ では時刻 $t$ による2階の偏微分の項が含まれているけれど，$(*a_1)$ では，時刻 $t$ による1階の偏微分の項しか含まれておらず，さらに $(*b_1)$ においては，時刻 $t$ による偏微分の項そのものが欠落して，位置変数 $x$ のみによる常微分方程式になっているんだね。同じ波動方程式と呼ばれているにも関わらず，何故このような大きな差異が生じているのか？その理由を解説しよう。

実は，シュレーディンガーの波動関数 $\Psi(x, t)$ や $\psi(x)$ は実数関数ではなく，次に示すような複素指数関数を前提としているからなんだね。

$\Psi(x, t) = e^{i\left(\frac{p}{\hbar}x - \frac{E}{\hbar}t\right)}$ ………①

$\psi(x) = e^{i\frac{p}{\hbar}x}$ ………………②

$\begin{pmatrix} p：運動量 \\ i：虚数単位 \end{pmatrix}$

オイラーの公式：$e^{i\theta} = \cos\theta + i\sin\theta$ より，

①は，$\Psi(x, t) = \cos\left(\frac{p}{\hbar}x - \frac{E}{\hbar}t\right) + i\sin\left(\frac{p}{\hbar}x - \frac{E}{\hbar}t\right)$

②は，$\psi(x) = \cos\frac{p}{\hbar}x + i\sin\frac{p}{\hbar}x$ 　と表すことができる。

(I)の波動方程式 $(*a_1)$ は①の波動関数と，古典力学のエネルギー保存則：$E = \frac{p^2}{2m} + V$ ………③から導くことができる。

$E$：全力学的エネルギー　$\frac{p^2}{2m}$：運動エネルギー　$V$：ポテンシャルエネルギー

運動エネルギー
$K = \frac{1}{2}mv^2 = \frac{(mv)^2}{2m}$
$= \frac{p^2}{2m}$ となる。
($p$：運動量)

まず①を $t$ と $x$ で，それぞれ偏微分すると

$$\begin{cases} \cdot \frac{\partial \Psi}{\partial t} = -i\frac{E}{\hbar}e^{i\left(\frac{p}{\hbar}x - \frac{E}{\hbar}t\right)} = -i\frac{E}{\hbar}\Psi & \cdots\cdots④ \\ \cdot \frac{\partial \Psi}{\partial x} = i\frac{p}{\hbar}e^{i\left(\frac{p}{\hbar}x - \frac{E}{\hbar}t\right)} = i\frac{p}{\hbar}\Psi & \cdots\cdots⑤ \end{cases}$$ となる。

④より，$E\Psi = -\frac{\hbar}{i}\frac{\partial \Psi}{\partial t} = \frac{i^2}{i}\hbar\frac{\partial \Psi}{\partial t} = i\hbar\frac{\partial \Psi}{\partial t}$ ………④′ となり，

また，⑤より

$$p\Psi = \frac{\hbar}{i}\frac{\partial \Psi}{\partial x} = -\frac{i^2\hbar}{i}\frac{\partial \Psi}{\partial x} = -i\hbar\frac{\partial \Psi}{\partial x} \quad \cdots\cdots\cdots ⑤'$$

$E = \dfrac{p^2}{2m} + V$ ……③

$E\Psi = i\hbar\dfrac{\partial \Psi}{\partial t}$ ……④′

$\dfrac{\partial \Psi}{\partial x} = i\dfrac{p}{\hbar}\Psi$ ……⑤

が導けるんだね。ここで

$p$ を $\Psi$ にかけるということは「$-i\hbar\dfrac{\partial}{\partial x}$ という演算子を $\Psi$ に作用させることである。」と考えると，⑤′より

$$p^2\Psi = \left(-i\hbar\frac{\partial}{\partial x}\right)^2\Psi = i^2\hbar^2\frac{\partial^2}{\partial x^2}\Psi = -\hbar^2\frac{\partial^2 \Psi}{\partial x^2} \quad \cdots\cdots\cdots ⑤''$$ となるんだね。

以上より，まず，③の両辺に波動関数 $\Psi$ を右からかけると

$$E\Psi = \left(\frac{p^2}{2m} + V\right)\Psi = \frac{1}{2m}p^2\Psi + V\Psi \quad \cdots\cdots\cdots ⑥$$ となる。

（$E\Psi$：$i\hbar\dfrac{\partial \Psi}{\partial t}$（④′）より，$p^2\Psi$：$-\hbar^2\dfrac{\partial^2 \Psi}{\partial x^2}$（⑤″）より）

⑥に④′と⑤″を代入すると，時刻 $t$ を含む波動関数 $\Psi(x, t)$ のシュレーディンガー方程式：

$$i\hbar\frac{\partial \Psi}{\partial t} = -\frac{\hbar^2}{2m}\frac{\partial^2 \Psi}{\partial x^2} + V(x)\Psi \quad \cdots\cdots\cdots (*a_1)$$ が導かれる。大丈夫だった？

では次，時刻 $t$ を含まない波動関数 $\psi(x)$ のシュレーディンガー方程式 $(*b_1)$ も導いてみよう。まず，時刻 $t$ を含む波動関数 $\Psi(x, t)$ が次のように $x$ のみの関数 $\psi(x)$ と $t$ のみの関数 $\tau(t)$ に変数分離できるものとすると，

$$\Psi(x, t) = \psi(x)\tau(t) \quad \cdots\cdots\cdots ⑦$$ となる。

（$\psi(x)$：$t$ を含まない波動関数のこと）

⑦を $(*a_1)$ に代入すると

$$i\hbar\psi\dot{\tau} = -\frac{\hbar^2}{2m}\psi''\tau + V\psi\tau \quad \cdots\cdots\cdots ⑦'$$ となる。

$\dot{\tau} = \dfrac{d\tau}{dt}$

$\psi'' = \dfrac{d^2\psi}{dx^2}$

⑦′の両辺を $\psi\tau$ で割ると，次のように，左辺は $t$ のみの式になり，右辺は $x$ のみの式になる。よって，これが恒等的に成り立つためには，これはある定数に等しくなければならない。この定数を $E(>0)$ とおくと，

$i\hbar\dfrac{\dot{\tau}}{\tau} = -\dfrac{\hbar^2}{2m}\dfrac{\psi''}{\psi} + V = E$(正の定数) ………⑧　となる。

(i) $t$ のみの式　(ii) $x$ のみの式

(i) まず，$i\hbar\dfrac{\dot{\tau}}{\tau} = E$ より，　$\dot{\tau} = \dfrac{E}{i\hbar}\tau = -\dfrac{i^2 E}{i\hbar}\tau = -i\dfrac{E}{\hbar}\tau$　となる。

よって，$\dfrac{d\tau}{dt} = -i\dfrac{E}{\hbar}\tau$　をみたす $\tau(t)$ は，

$\tau(t) = e^{-i\frac{E}{\hbar}t}$ ………⑨　となる。

本当は $\tau(t) = ce^{-i\frac{E}{\hbar}t}$ だけれど，積分定数 $c$ は省略した。

(ii) 次に，$-\dfrac{\hbar^2}{2m}\dfrac{\psi''}{\psi} + V = E$ より，両辺に $\psi$ をかけると時刻 $t$ を含まない

波動関数 $\psi(x)$ のシュレーディンガー方程式：

$E\psi = -\dfrac{\hbar^2}{2m}\dfrac{d^2\psi}{dx^2} + V\psi$ ………$(*b_1)$　が導けるんだね。

以上 (i)(ii) より，$\Psi(x, t) = \psi(x)\,\tau(t)$ と表されるとき，これは，⑨より

$\Psi(x, t) = \psi(x)\cdot e^{-i\frac{E}{\hbar}t}$　と表され，$\psi(x)$ はシュレーディンガー方程式 $(*b_1)$ をみたすことが分かったんだね。

ここで，2 つのシュレーディンガーの波動方程式 $(*a_1)$ と $(*b_1)$ は，次のように表すことができる。

$$i\hbar\frac{\partial\Psi}{\partial t} = \left(-\frac{\hbar^2}{2m}\frac{\partial^2}{\partial x^2} + V\right)\Psi \cdots\cdots(*a_1)$$

これを 1 まとめに，$\Psi$ に作用する演算子として，$\hat{H}$ とおく

$$E\psi = \left(-\frac{\hbar^2}{2m}\frac{d^2}{dx^2} + V\right)\psi \cdots\cdots(*b_1)$$

これも 1 まとめに，$\psi$ に作用する演算子として，$\hat{H}$ とおく

このように，$-\dfrac{\hbar}{2m}\dfrac{\partial^2}{\partial x^2} + V$ $\left(\text{または，} -\dfrac{\hbar^2}{2m}\dfrac{d^2}{dx^2} + V\right)$ を $\Psi$ や $\psi$ に作用する演算子として，$\hat{H}$ とおくと，シュレーディンガーの波動方程式はシンプルに，

これを"エイチハット"または"エイチマウント"と呼ぼう

$i\hbar\dfrac{\partial\Psi}{\partial t} = \hat{H}\Psi$ ……$(*a_1)'$ や $E\psi = \hat{H}\psi$ ……$(*b_1)'$ と表現することができる。

それでは，$(*a_1)$ と $(*b_1)$ の波動方程式とそれらの解の波動関数 $\Psi(x,\ t)$ と $\psi(x)$ について，重要な性質を示そう。

シュレーディンガーの波動方程式
$i\hbar\frac{\partial \Psi}{\partial t} = \hat{H}\Psi$ ……$(*a_1)'$
$E\psi = \hat{H}\Psi$ ………$(*b_1)'$

(Ⅰ) 波動方程式 $(*a_1)'$ は線形方程式なので，$\Psi_1$ と $\Psi_2$ が解とするならば，$C_1\Psi_1 + C_2\Psi_2$ ($C_1$，$C_2$：定数) も $(*a_1)'$ の解になる。これは次のように示せる。

$\Psi_1$ と $\Psi_2$ が $(*a_1)'$ の解のとき，

$i\hbar\frac{\partial}{\partial t}\Psi_1 = \hat{H}\Psi_1$ ………①，　$i\hbar\frac{\partial}{\partial t}\Psi_2 = \hat{H}\Psi_2$ ………②

が成り立つ。よって，$C_1\times$①$+C_2\times$②を実行すると，

$C_1 i\hbar\frac{\partial}{\partial t}\Psi_1 + C_2 i\hbar\frac{\partial}{\partial t}\Psi_2 = C_1\hat{H}\Psi_1 + C_2\hat{H}\Psi_2$　より，

$i\hbar\frac{\partial}{\partial t}(C_1\Psi_1 + C_2\Psi_2) = \hat{H}(C_1\Psi_1 + C_2\Psi_2)$　となるので，

$C_1\Psi_1 + C_2\Psi_2$ も $(*a_1)'$ の解になるんだね。これを，解の線形性と呼んだり，解の重ね合わせの原理と呼ぶ。

(Ⅱ) 波動方程式 $(*b_1)$ は，任意のエネルギー $E$ に対して解をもつとは限らない。これは，微分方程式の固有値問題に対応する。$E$ がある $E_1$ の値であるとき，$(*b_1)$ が解 $\psi_1(x)$ をもつとき，$E_1$ を "**固有値**" といい，$\psi_1(x)$ を "**固有関数**" という。

(Ⅲ) 従って，$H$ が時刻 $t$ を含まないとき，$E\psi = \hat{H}\psi$ ……$(*x)'$ が，離散的な固有値 $E_1$, $E_2$, …, $E_n$, …　をもつとき，これらに対応する固有関数をそれぞれ $\psi_1$, $\psi_2$, …, $\psi_n$, …　とおくと，$i\hbar\frac{\partial \Psi}{\partial t} = \hat{H}\Psi$ ……$(*a_1)'$ の一般解は，解の線形性 (解の重ね合わせ) により，

$\Psi(x,\ t) = \sum_n C_n\psi_n(x)e^{-i\frac{E_n}{\hbar}t}$　と表せる。

(Ⅳ) 波動関数 $\Psi(x,\ t)$ は，量子的粒子の量子力学的な状態を表し，$\Psi(x,\ t)$ と $C\Psi(x,\ t)$ ($C$：定数係数) は同じ量子的状態を表す。何故なら，

$\int |\Psi(x,\ t)|^2 dt = \frac{1}{|C|^2}$ （$C$ は，複素定数）のとき，$C\Psi(x,\ t)$ を新たな $\Psi(x,\ t)$ とおいて正規化すれば，$\Psi(x,\ t)$ は，

$\int |\Psi(x,\ t)|^2 dt = 1$ （全確率）をみたすからなんだね。

この正規化された波動関数 $\Psi(x,\ t)$ に対して，図1に示すように，粒子が微小な範囲 $[x,\ x+dx]$ に存在する（見出される）確率は $|\Psi(x,\ t)|^2 dx$ となる。

図1　確率密度 $|\Psi(x,\ t)|^2$

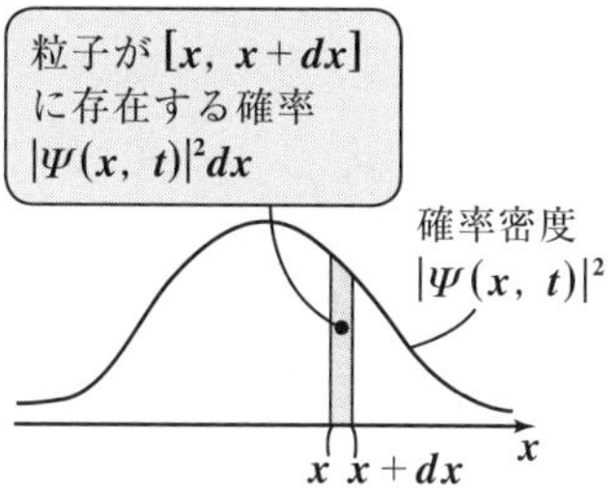

粒子が $[x,\ x+dx]$ に存在する確率 $|\Psi(x,\ t)|^2 dx$

確率密度 $|\Psi(x,\ t)|^2$

$x$　$x$　$x+dx$

ここで，$\Psi(x,\ t) = \psi(x)\cdot e^{-i\frac{E}{\hbar}t}$ のとき，

$|\Psi(x,\ t)|^2 = |\psi(x)|^2 \underbrace{\left|e^{-i\frac{E}{\hbar}t}\right|^2}_{1} = |\psi(x)|^2$ より，

一般に，実数 $\theta$ に対して，

$$|e^{i\theta}|^2 = e^{i\theta}(e^{i\theta})^* = e^{i\theta}\cdot e^{-i\theta} = e^{i\theta - i\theta} = e^0 = 1$$

粒子が，微小区間 $[x,\ x+dx]$ に存在する確率は，

$\underbrace{|\psi(x)|^2}_{\text{確率密度}} dx$ と表すこともできる。

以上より，正規化された波動関数 $\Psi(x,\ t)$，$\psi(x)$ に対して，粒子が区間 $\underbrace{[a,\ b]}_{a \leqq x \leqq b\ のこと}$ に存在する（見出される）確率は，$\int_a^b |\Psi(x,\ t)|^2 dx = \int_a^b |\psi(x)|^2 dx$

となるんだね。

このように，波動関数のノルム（絶対値）の2乗がミクロな粒子の存在確率と密接に関わっていることが，量子力学の大きな特徴と言えるんだね。興味を持たれた方は，さらに「**量子力学キャンパス・ゼミ**」で学習して下さい。このシュレーディンガーの波動方程式を基に，様々な数学的な手法を駆使して，ミクロな粒子の世界が描きだされていく様子をお楽しみ頂けると思う。

## §2. 数値解析入門

これまで，様々な偏微分方程式を解析的に手計算で解を求める手法について詳しく解説してきた。しかし，実はそれ以外にも"**差分方程式**(さぶん)"を作って，コンピュータ・プログラムにより，偏微分方程式を"**数値解析**(すうち)"により近似的に解く手法もあるんだね。

ここでは，この数値解析の入門として，**1**次元熱伝導方程式の差分方程式を導き，これを利用して**BASIC**プログラムにより，ある初期温度分布がどのように経時変化していくのか，(i)放熱条件の場合と(ii)断熱条件の場合のそれぞれについて，数値解析の結果のグラフを示そうと思う。

### ● 熱伝導方程式の差分方程式を求めよう！

それではまず，**1**次元熱伝導方程式：

$\frac{\partial u}{\partial t}=a\cdot\frac{\partial^2 u}{\partial x^2}$ ……① （$a$：温度伝導率） の差分方程式を導いてみよう。

①の温度 $u$ は，時刻 $t$ と位置変数 $x$ の **2** 変数関数なので，$u=u(x,t)$ と表される。ここで，差分方程式とは①の近似方程式のことなので，①の左・右両辺の近似式を導いてみる。

(i)(①の左辺) $=\frac{\partial u}{\partial t}\fallingdotseq\frac{\Delta u}{\Delta t}$ ← $\lim_{\Delta t\to 0}\frac{\Delta u}{\Delta t}=\frac{\partial u}{\partial t}$

$=\frac{u(x,t+\Delta t)-u(x,t)}{\Delta t}$ ……② となる。数値解析では，

この位置 $x$ の範囲 $0\leqq x\leqq L$ を $n$ 等分に分割して，$x_i=i\cdot\Delta x$ ($i=0, 1, 2, \cdots, n$, $n\cdot\Delta x=L$) として，各位置 $x_i$ における温度を，右図に示すように $u_i$ ($i=0, 1, 2, \cdots, n$) で表す。さらに，時刻 $t$ を旧時刻，$t+\Delta t$ を新時刻とおくことにすると，②は次のようにシンプルに表すことができるんだね。

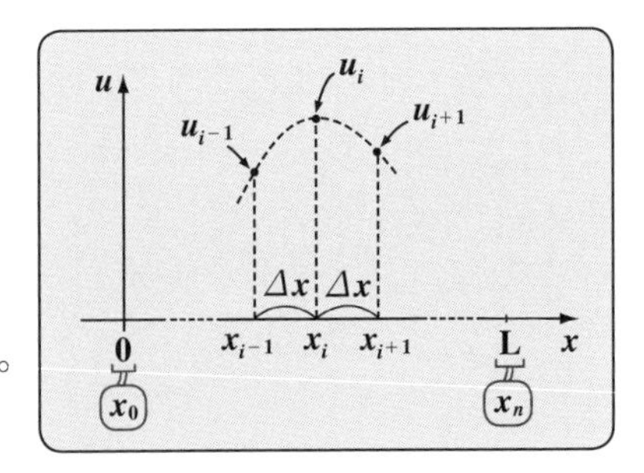

$$(\text{①の左辺}) \fallingdotseq \frac{\overset{\text{新時刻}}{u_i} - \overset{\text{旧時刻}}{u_i}}{\Delta t} \quad \cdots\cdots③$$

(ⅱ) $(\text{①の右辺}) = a\dfrac{\partial^2 u}{\partial x^2} = a\dfrac{\partial}{\partial x}\left(\dfrac{\partial u}{\partial x}\right)$

$$\fallingdotseq \frac{a}{\Delta x}\cdot\left\{\frac{u(x+\Delta x,t)-u(x,t)}{\Delta x} - \frac{u(x,t)-u(x-\Delta x,t)}{\Delta x}\right\} \cdots④ \text{ となる。}$$

ここで，時刻はすべて旧時刻 $t$ であり，$x_{i+1}=x+\Delta x$，$x_i = x$，$x_{i-1}=x-\Delta x$ に対応する温度 $u$ を，P254 右下の図に示すように，それぞれ $u_{i+1}$，$u_i$，$u_{i-1}$ とおくと，④も次のようにシンプルな近似式：

$$(\text{①の右辺}) \fallingdotseq \frac{a}{\Delta x}\left(\frac{u_{i+1}-u_i}{\Delta x} - \frac{u_i - u_{i-1}}{\Delta x}\right)$$

← $u_{i+1}$，$u_i$，$u_{i-1}$ はすべて旧時刻 $t$ における値

$$= \frac{a}{(\Delta x)^2}(u_{i+1}-2u_i+u_{i-1}) \quad \cdots\cdots⑤ \text{ で表すことができる。}$$

よって，③，⑤を①に代入してまとめると，

$\dfrac{u_i - u_i}{\Delta t} = \dfrac{a}{(\Delta x)^2}(u_{i+1}-2u_i+u_{i-1})$ となって，①の差分方程式は，

$$u_i = u_i + \frac{a\cdot\Delta t}{(\Delta x)^2}(u_{i+1}-2u_i+u_{i-1}) \cdots⑥ \quad (i = 1,\ 2,\ 3,\ \cdots,\ n-1) \text{ となる。}$$

（左辺の $u_i$：新時刻 $t+\Delta t$，右辺：すべて，旧時刻 $t$）

⑥式の右辺は，すべて旧時刻 $t$ の式であり，左辺は新時刻 $t+\Delta t$ の式である。

ここで，時刻 $t=0$ のときの温度分布を初期条件とし，また (ⅰ) 放熱条件や (ⅱ) 断熱条件などの境界条件が与えられると，⑥式を利用して温度分布の経時変化を調べることができる。より具体的に示すと，

(ⅰ) $t=0$ のとき，初期条件の温度分布 $u_{i-1}$，$u_i$，$u_{i+1}$ を旧時刻の温度分布として，⑥の右辺に代入して，$t=0+\Delta t=\Delta t$ 秒後の新時刻の温度分布 $u_i$ $(i=0,\ 1,\ 2,\ \cdots,\ n)$ を算出する。

(ⅱ) $t=\Delta t$ のときの温度分布 $u_{i-1}$，$u_i$，$u_{i+1}$ を旧時刻の温度分布として，⑥の右辺に代入して，$t=\Delta t+\Delta t=2\cdot\Delta t$ 秒後の新時刻の温度分布 $u_i$ $(i=0,\ 1,\ 2,\ \cdots,\ n)$ を算出する。

(ⅲ) $t=2\cdot\Delta t$ のときの温度分布 $u_{i-1}$，$u_i$，$u_{i+1}$ を旧時刻の温度分布として，⑥の右辺に代入して，$t=2\cdot\Delta t+\Delta t=3\cdot\Delta t$ 秒後の新時刻の温度分布 $u_i$ $(i=0,\ 1,\ 2,\ \cdots,\ n)$ を算出する。

以下同様に，$t=4\cdot\Delta t$, $5\cdot\Delta t$, $6\cdot\Delta t$, …における温度分布 $u_i$ の経時変化の様子を⑥式により算出していくことができるんだね。これで，プログラムによる計算のアルゴリズム(手順)をご理解頂けたと思う。

それでは，具体例として(i)放熱条件と(ii)断熱条件の2つの境界条件について，1次元熱伝導方程式を解いた結果を示そう。

## ● 1次元熱伝導方程式(放熱条件)の数値解を示そう！

それでは，具体例として次の例題の1次元熱伝導方程式の数値解析の結果を示そう。

例題1　次の1次元熱伝導方程式を，与えられた次の初期条件と境界条件(放熱条件)の下で，数値解析により解け。

$$\frac{\partial u}{\partial t}=\frac{\partial^2 u}{\partial x^2} \quad \cdots\cdots ① \quad (0<x<1,\ t>0)$$ ←(定数 $a=1$ とした。)

境界条件：$u(0,\ t)=u(1,\ t)=0$ ←(放熱条件)

初期条件：$u(x,\ 0)=\begin{cases}10 & \left(0<x\leqq\frac{1}{2}\right)\\ 0 & \left(\frac{1}{2}<x\leqq 1\right)\end{cases}$

この問題を $\Delta x=10^{-2}$, $\Delta t=10^{-5}$ として，数値解析した結果，図1の初期条件(初期温度分布)が，時刻 $t$ の経過と共に放熱条件により，図2に示すように零分布に近づいていく様子が分かるんだね。

図1　初期条件

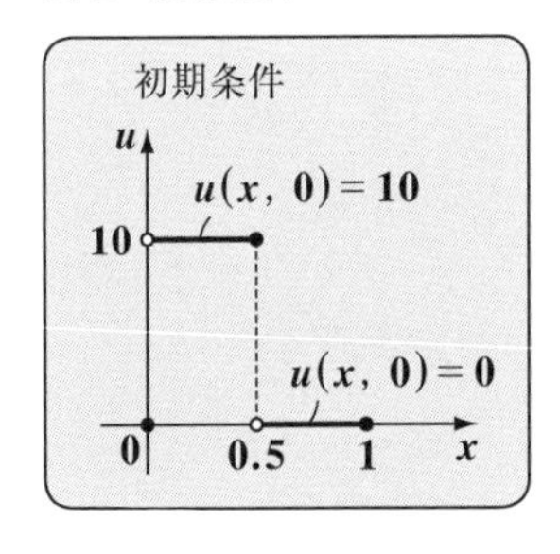


図2　温度分布の経時変化(放熱条件)

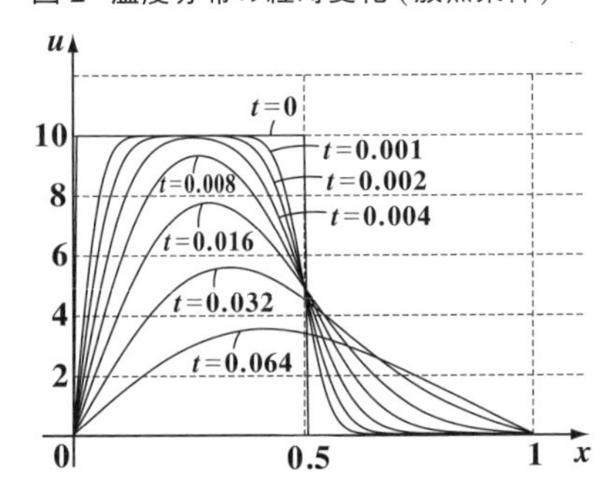

## ● 1次元熱伝導方程式(断熱条件)の数値解を示そう!

次に，断熱条件の境界条件の下，1 次元熱伝導方程式の数値解を示そう。

例題 2　次の 1 次元熱伝導方程式を，与えられた初期条件と境界条件(断熱条件)の下で，数値解析により解け。

$$\frac{\partial u}{\partial t} = \frac{\partial^2 u}{\partial x^2} \quad \cdots\cdots① \quad (0 < x < 1,\ t > 0)$$ ← 定数 $a=1$ とした。

境界条件：$\dfrac{\partial u(0,\ t)}{\partial x} = \dfrac{\partial u(1,\ t)}{\partial x} = 0$ ← 断熱条件

初期条件：$u(x,\ 0) = \begin{cases} 10 & \left(0 \leqq x \leqq \dfrac{1}{2}\right) \\ 0 & \left(\dfrac{1}{2} < x \leqq 1\right) \end{cases}$

この問題は，境界条件以外は例題 1 と同じ問題なんだね。同様に $\Delta x = 10^{-2}$，$\Delta t = 10^{-5}$ として，数値解析を行った結果を初期条件と共に，図 3，図 4 に示す。

図 3　初期条件

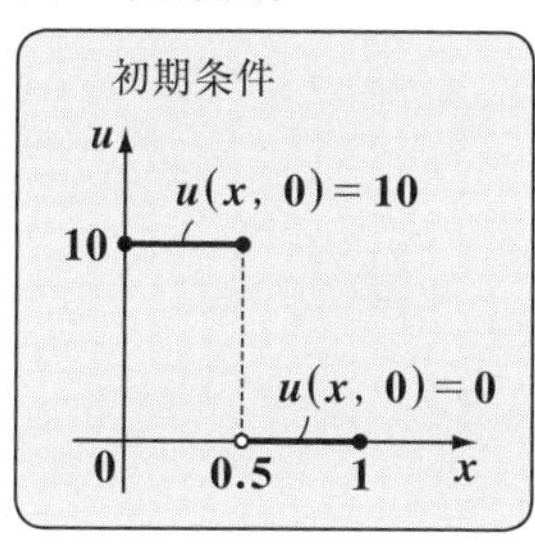


図 4　温度分布の経時変化(断熱条件)

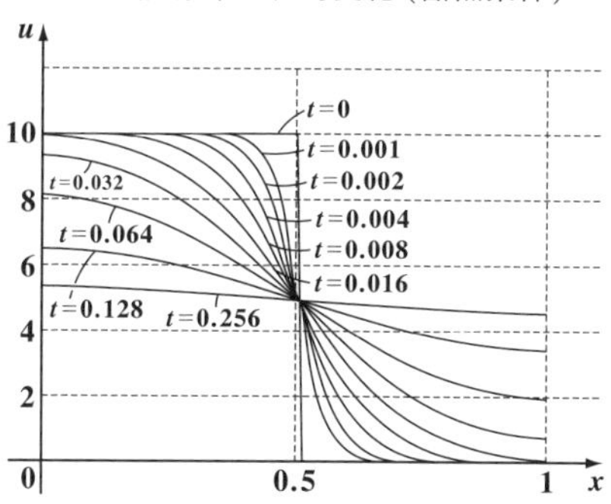


今回は，境界 ($x = 0$ と $x = 1$) において断熱条件なので，図 4 に示すように温度分布は時刻の経過と共に，零分布に近づくのではなく，一様分布に近づいていくんだね。

例題 1 の放熱条件をプログラムで表すと，$u_0 = 0$，$u_n = 0$ であり，
($x = 0$ と $x = 1$ での温度が 0)

例題 2 の断熱条件をプログラムで表すと，$u_0 = u_1$，$u_{n-1} = u_n$ であるんだね。
($x = 0$ と $x = 1$ での温度勾配が 0)

ただこれだけで，まったく異なる温度分布の経時変化が現れるんだね。この数値解析をさらに楽しみたい方はマセマの**「数値解析キャンパス・ゼミ」**で学習されることを勧める。

## 補充問題 1 ● div(grad $u$), rot(grad $u$) ●

$u(x, y, z) = e^{x-y} + e^{2z}$ のとき，div(grad $u$) と rot(grad $u$) を求めよ。

ヒント！ $\mathrm{div}(\mathrm{grad}\,u) = \Delta u = u_{xx} + u_{yy} + u_{zz}$，$\mathrm{rot}(\mathrm{grad}\,u) = \mathbf{0}$ となることは分かっているが，実際に自分で計算して，確認しよう。いい練習になるからね。

### 解答＆解説

$u = e^x \cdot e^{-y} + e^{2z}$ より，grad $u$ を求めると，

$$\mathrm{grad}\,u = \left[\frac{\partial}{\partial x}(e^x \cdot \underbrace{e^{-y} + e^{2z}}_{\text{定数扱い}}),\ \frac{\partial}{\partial y}(\underbrace{e^x}_{\text{定数扱い}} \cdot e^{-y} + \underbrace{e^{2z}}),\ \frac{\partial}{\partial z}(\underbrace{e^x \cdot e^{-y}}_{\text{定数扱い}} + e^{2z})\right]$$

$= [e^x \cdot e^{-y},\ -e^x \cdot e^{-y},\ 2e^{2z}]$ ……① となる。

(i) ①を用いて，div(grad $u$) を求めると，

$$\mathrm{div}(\mathrm{grad}\,u) = \frac{\partial}{\partial x}(e^x \cdot \underbrace{e^{-y}}_{\text{定数扱い}}) + \frac{\partial}{\partial y}(\underbrace{-e^x}_{\text{定数扱い}} \cdot e^{-y}) + \frac{\partial}{\partial z}(2e^{2z})$$

$= e^x \cdot e^{-y} + e^x \cdot e^{-y} + 4e^{2z}$

$= 2 \cdot e^{x-y} + 4 \cdot e^{2z}$

$= 2(e^{x-y} + 2e^{2z})$ となる。……(答)

$\mathrm{div}(\mathrm{grad}\,u) = \Delta u$
$= u_{xx} + u_{yy} + u_{zz}$
$= e^x \cdot e^{-y} + e^x \cdot e^{-y} + 4e^{2z}$
$= 2(e^{x-y} + 2e^{2z})$
と一致する。

(ii) ①を用いて，rot(grad $u$) を求めると，
右のように計算して，

rot(grad $u$)

$= [0-0,\ 0-0,\ -e^{x-y} + e^{x-y}]$

$= [0,\ 0,\ 0]$

$= \mathbf{0}$ となる。………………(答)

$\dfrac{\partial}{\partial x}$ $\dfrac{\partial}{\partial y}$ $\dfrac{\partial}{\partial z}$ $\dfrac{\partial}{\partial x}$

$e^x \cdot e^{-y}$ ↓ $-e^x \cdot e^{-y}$ ↓ $2e^{2z}$ ↓ $e^x \cdot e^{-y}$

$-e^x \cdot e^{-y} + e^x \cdot e^{-y}$] [$0-0$, $0-0$,

この結果は，公式 $\mathrm{rot}(\mathrm{grad}\,u) = \mathbf{0}$ と一致する。

#  Term・Index 

## あ行



## か行



## さ行



## た行

## な行



## は行



## や行



## ら行

メモ

スバラシク実力がつくと評判の

# 偏微分方程式 キャンパス・ゼミ 改訂6

マセマ

著　者　馬場 敬之
発行者　馬場 敬之
発行所　マセマ出版社
〒 332-0023 埼玉県川口市飯塚 3-7-21-502
TEL 048-253-1734　FAX 048-253-1729
Email：info@mathema.jp
https://www.mathema.jp

編　集　七里 啓之
校閲・校正　高杉 豊　秋野 麻里子
制作協力　満岡 咲枝　滝本 修二
五十里 哲　真下 久志
冨木 朋子　町田 朱美
カバーデザイン　馬場 冬之
ロゴデザイン　馬場 利貞
印刷所　中央精版印刷株式会社

平成 21 年 10 月 26 日　初版発行
平成 27 年 2 月 23 日　改訂 1 4 刷
平成 29 年 8 月 26 日　改訂 2 4 刷
平成 31 年 4 月 19 日　改訂 3 4 刷
令和 2 年 12 月 21 日　改訂 4 4 刷
令和 4 年 7 月 4 日　改訂 5 4 刷
令和 6 年 3 月 9 日　改訂 6 初版発行

ISBN978-4-86615-332-2 C3041